电力行业"十四五"规划教材
储能科学与工程专业系列教材

储能电化学工程：基础和应用

主　编　陈宏刚

副主编　苗　政　赤　骋

参　编　童晓峰

主　审　郝晓刚

中国电力出版社
CHINA ELECTRIC POWER PRESS

内容提要

　　本书共 13 章，主要介绍电化学工程的基本概念、原理与方法，从电化学热力学、电化学动力学出发，结合工程科学的传递现象和过程分析与设计内容，构建电化学工程的理论框架体系。电化学体系中的质量传递、电流分布和多孔电极模拟分析是电化学工程的特色内容。本书紧密结合储能和氢能科学与工程的实践，将电化学工程理论应用于电池、燃料电池、液流电池、超级电容器、电解制氢、电动车辆等多种电化学储能领域，适当介绍前沿领域。书中各章均设计了例题和习题，以便读者在后续课程和实际工作中将基本概念、原理和方法应用于工程实际。

　　本书可作为高等院校储能科学与工程和氢能科学与工程专业的教材或教学参考书，也可供电化学储能领域的工程技术人员参考使用。

图书在版编目（CIP）数据

储能电化学工程：基础和应用/陈宏刚主编；苗政，
赤骋副主编. -- 北京：中国电力出版社，2025.7.
ISBN 978-7-5198-9370-5

Ⅰ. TK01

中国国家版本馆 CIP 数据核字第 2024N1V762 号

出版发行：中国电力出版社
地　　址：北京市东城区北京站西街 19 号（邮政编码 100005）
网　　址：http://www.cepp.sgcc.com.cn
责任编辑：周巧玲
责任校对：黄　蓓　李　楠
装帧设计：赵姗姗
责任印制：吴　迪

印　　刷：固安县铭成印刷有限公司
版　　次：2025 年 7 月第一版
印　　次：2025 年 7 月北京第一次印刷
开　　本：787 毫米×1092 毫米　16 开本
印　　张：19.25
字　　数：475 千字
定　　价：68.00 元

编 委 会

序

　　储能技术是现代能源体系的核心支撑，其在电力系统调峰调频、可再生能源规模化消纳、应急保供及多能互补协同等关键环节，发挥着不可或缺的战略作用。伴随碳达峰碳中和的深化推进与能源结构转型加速，储能技术在基础理论探索、重大工程应用与产业创新发展层面，日益呈现出鲜明的跨学科交叉性与复杂系统集成特征。这为储能领域高水平、复合型、创新型人才的培养，提出了前所未有的机遇与挑战。

　　科学、系统、前沿的教材体系，是支撑高质量人才培养的基石。当前，储能技术深度融汇电化学储能、热（冷）储能、氢能与燃料电池、机械储能、储能材料与器件、系统集成与控制工程等多学科知识体系。不同技术路线在基本原理、性能表征与评价方法、工程化实现路径及应用场景适配性方面，均存在显著的差异性与内在复杂性。因此，构建一套结构严谨、内容完备、紧密追踪产业发展前沿并与工程实践深度融合的教材体系，对于奠定储能科学与工程学科基础、形成系统化知识传授体系、加速培养具备多学科背景的复合型储能人才，具有重大而深远的意义。

　　华北电力大学在国家储能技术产教融合创新平台支持下，组织编写的此套系列教材，凡十二册，内容涵盖储热技术、电化学储能材料与器件、氢能与燃料电池技术、储能电站系统工程、综合能源系统、化学与材料基础、机械储能技术等核心方向，系统构建了覆盖储能技术全链条的知识图谱与理论框架。本系列教材在内容编排上，既注重基础理论的系统性与严谨性，又着力反映领域前沿进展；在知识体系构建上，充分体现了储能技术的多学科深度交叉融合本质；在工程实践关联部分，则紧密结合我国储能产业发展的重大需求与实际应用场景。此体系化教材建设工程，不仅为储能科学与工程相关专业的本科生、研究生提供了权威而系统的学习范本，亦为行业工程技术人员和科研工作者提供了极具价值的参考依据。

　　该教材体系的建立与完善，将有效促进储能技术领域教学与科研的深度协同，有力支撑储能相关学科方向的体系化建设与内涵式发展，为我国培养兼具深厚理论基础与卓越工程实践能力的高层次储能人才奠定坚实的基础。本系列教材的出版与推广，必将对我国储能技术的学科体系构建、拔尖创新人才培养以及核心技术自主创新能力提升，产生积极而深远的推动作用。

杨勇平　院士

2025 年 8 月

前　言

储能技术是我国实现"双碳"目标，深入推进能源革命，大规模使用风、光、水等可再生能源，加快推进能源绿色低碳转型，构建新型能源体系及新型电力系统的关键。新型储能中的锂离子电池、液流电池等电化学储能具有能效高、响应快、灵活性强、建设周期短、选址简单灵活等优势，与新能源开发消纳的匹配性好，是当前主流的储能技术。截至 2023 年底，全球新型储能累计装机规模达 91.3GW，98％为电化学储能，其中锂离子电池占 96.9％。氢（氨）储能技术被认为是智能电网和可再生能源发电规模化发展的有力支撑。

储能科学与工程和氢能科学与工程是战略性新兴产业相关专业，电化学工程是电化学储能、氢（氨）储能技术的学科理论基础。本书面向储能科学与工程和氢能科学与工程专业核心课程的需要，在现有应用电化学教材的基础上，较系统、完整地阐述和介绍电化学工程的概念、原理、方法和工程应用。全书注重工程科学特色，强化工程实际应用，充实并强化了基本概念与基本原理的论述；取材广泛，内容全面，力求理论体系严密、结构清晰，突出系统性、完整性与适用性的有机结合，体现出先进性、系统性和良好的实用性。针对储能科学与工程和氢能科学与工程与物理、化学、材料、能源、化工、信息、运载等诸多领域深度交叉融合的学科特点，本书内容紧密结合工程实践，强调理论联系实际，包括众多计算实例（Microsoft Excel 电子表格文件和 Wolfram 语言的笔记本文件见二维码资源）和习题，注重定性分析和定量计算并重，强化计算思维和数值计算方法的应用，力求读者能学以致用。

本书由华北电力大学组织编写，陈宏刚任主编，苗政、赤骋任副主编。具体编写分工如下：陈宏刚（第 1～5 章，第 7、13 章，附录），童晓峰（第 6 章），赤骋（第 8、11、12 章），苗政（第 9 章和第 10 章），全书由陈宏刚负责统稿。

在本书编写过程中，参考了华北电力大学储能科学与工程专业电化学工程课程教学内容和讲义，部分文字、数据和图表引自国内外相关著作及文献资料，在此向各位作者一并致以诚挚的谢意。

本书的编写和出版得到了华北电力大学国家储能技术产教融合创新平台给予的大力支持。同时在教材出版过程中，得到了华北电力大学能源动力与机械工程学院、能源电力创新研究院、教务处等部门领导及相关专家的支持，在此一并表示感谢。

本书由太原理工大学郝晓刚教授主审，郝教授提出了许多宝贵的意见和积极的建议，谨在此表示衷心的感谢。

由于储能电化学工程涉及面广、发展迅速，且编者水平有限，书中错误和不足之处在所难免，敬请有关专家和广大读者批评指正。

编者

2025.5

目 录

第 1 章

电 化 学 工 程 概 述

电化学（electrochemistry）是研究由电流流过所引发的化学变化或反过来利用化学变化产生电流相互关系的一门学科，是归属于物理化学的一个分支。电子转移是电化学反应的核心，电化学是研究电能与化学能、电能与物质之间相互转换以及这个转换过程中有关现象及其规律的学科。由于自然界、生物体和过程工程设备中电化学现象普遍存在，电化学研究的领域十分广泛，其理论方法与技术应用越来越多地与其他自然科学和工程技术学科相互交叉、渗透。当今的电化学实际上正逐渐发展成为控制离子导体、电子导体、半导体、量子半导体、介电体的本体及界面间荷电状态与传输的科学，具有重要应用背景和发展前景、横跨基础科学（理学）和应用科学（工程、技术）两大领域的多科性学科。在人类认识自然、改造自然的过程中，电化学的地位与作用日益重要。

电化学反应是在电极和电解质两相界面上、由于电解质相中的反应组分在电极表面卸荷或载荷而发生自由电子通过界面转移的氧化还原反应，其反应过程涉及离子传输和自由电子传导过程。电化学反应实质上是氧化还原反应，但实现反应的方式与通常的热化学反应截然不同。

能导电的物质统称为导体。导体基本上可分为两大类。一类导体是依靠电子传送电流的，可称为电子导体或第一类导体，金属、石墨、某些金属氧化物（如 PbO_2、Fe_3O_4）、金属碳化物（如 WC）等都属于这类导体。另一类导体则是依靠离子的定向移动来实现导电任务，称为离子导体或第二类导体，包括由水或其他有机物为溶剂而形成的电解质溶液、熔融盐及其他离子液体、固体电解质、掺杂晶体等。

电解质水溶液是最常见的离子导体。溶液中带正电的离子和带负电的离子总是同时存在（如 $CuSO_4$ 溶液可电离形成 Cu^{2+} 和 SO_4^{2-}），而且正电荷和负电荷数量相等，保持着溶液的电中性。这两种离子在外电场作用下分别沿着一定的方向移动而导电。正离子移向负极，而负离子则向正极的方向移动。两种离子的移动方向相反，但它们的导电方向却是一致的。

离子晶体熔化后就成为熔融电解质，也属于离子导体。例如，加热 NaCl 晶体使之熔化为液态，由于其中含有可自由移动的 Na^+ 和 Cl^-，故也具有离子导电性。

固体电解质是指在电场作用下由于离子移动而具有导电性的固态物质。由于固体电解质中的离子可以在外电场作用下快速移动，故固体电解质有时也称快离子导体。各种固体电解质的导电能力往往相差悬殊。例如，25℃下 KAg_4I_5 的电导率为 4S/m，而 AgBr 仅为 $4×10^{-7}$S/m。固体电解质的纯度通常不高，经常掺杂有一定的电子导电成分，故称为混合导体。

当前应用最广泛的离子导体是电解质水溶液。一般来说，离子导体的导电能力比电子导体（半导体除外）小得多。

电子导体（如金属导线）能够独立地完成导电任务，而单独的离子导体（如电解质 $CuSO_4$ 水溶液）则不能。要想让离子导体导电，必须有电子导体与之相连接。因此，在使离子导体导电时，不可避免地会出现两类导体相串联的局面。例如，为了使电流在溶液中通过，显然需要有金属导线（如铜）分别插入溶液的两端，才能使之构成通路，于是形成了金属-溶液-金属串联的体系。该体系中出现了金属铜与硫酸铜溶液相接触的两个界面。也就是说，溶液中出现了两个电极，一个电极连接在直流电源的负极上，另一个电极则与电源的正极相连接。应当注意，这里的电极绝非泛指一般的电子导体。电化学中的电极是专指与离子导体（如电解质水溶液）相接触的电子导体（如金属）。由于这种电极总是与离子导体连接在一起，而且它的特性也常与其上所进行的反应分不开，故有时人们也将在这种情况下两类导体共同组成的这个整体（如金属浸在溶液中）称为电极。如果电子导体脱离了离子导体，则它就不应再被视为电化学中的电极了。

因此，电化学也是研究电子导体（或半导体材料）/离子导体（通常为电解质溶液）和离子导体/离子导体的界面结构、界面现象及其变化过程与机理的科学。

电化学工程是集电化学和工程于一体的交叉边缘学科，是以电化学转化过程为核心的过程和产品工程科学。电化学工程将电化学科学中的电荷传递、热力学、动力学等基本原理、方法与工程科学中的流体流动、质量传递、热量传递等知识相结合，为研究工艺过程、反应工程、设备和产品设计及过程控制提供理论基础和模拟分析工具。

电化学反应需在一个反应体系中实现，实现电化学反应的体系都可称为电化学体系（electrochemical system）。应用电化学原理开发产品或器件需要从电化学体系概念考虑，工程系统总是由其构成组件协调一致地运行工作的。除了电化学以外，其他如热量传递、结构分析、材料学等多种工程要素对电化学体系的设计和运行也至关重要。电化学工程主要的研究对象就是电化学体系。

尽管电化学体系的形式各异，但每一系统至少要包括两个极性相反的电极（electrode）、电极间传递离子的电解质（electrolyte），以及连接两个电极、传导自由电子的外部电子导体（electronic conductor）的回路，在发生电荷转移的同时伴随着物质变化的体系。根据电量守恒原理，电化学氧化、还原反应需成对地在两个极性相反的电极上同时进行，而且两个电极上的电流大小相等、方向相反。为了防止两个电极区域的反应物和生成物相互混合而降低法拉第电流效率，电极间常设有可以传递离子的隔膜（separator）。常见的锂离子电池、铅酸电池和燃料电池都属于电化学体系。

♻ 1.1 电 化 学 池

电化学池（electrochemical cell）是电化学体系的核心和实现电能和化学能之间相互转化的最小装置单元。典型的电化学池包括两个电极：发生氧化反应的阳极（anode）和发生还原反应的阴极（cathode）。电子在连接阳、阴极间的电子导体——外电路中流动。两电极间的液体是电解质。电解质不能传导电子，也不含有自由电子。电解质中含有的是带正电荷的阳离子（cation）、带负电荷的阴离子（anion）。这些阴离子和阳离子可自由运动，是电解质中的载流子。电极表面发生电极反应时，阴、阳极的电势差将形成电场，阴离子向阳极移动，阳离子向阴极移动。

发生在电极表面的电化学反应是异相电子转移反应（heterogeneous electron-transfer reaction）。如图 1-1 所示的 Daniell 电池中铜的沉积反应表示为

$$Cu^{2+}(aq)+2e^-\longrightarrow Cu(s) \tag{1-1}$$

溶液中的铜离子从金属铜电极上得到两个电子生成固态的铜。这个反应之所以被称为异相反应，是由于溶液中不存在自由电子，该反应只能发生在电极表面而不是在液相本体。重要的是，电化学反应总是表面反应。接受或提供电子的金属称为电极。铜离子得到电子，被还原为金属铜。因为发生了还原反应，此铜电极是阴极。

图 1-1　典型的电化学池 Daniell 电池

在此同一电化学池中，在另一电极上发生的反应为

$$Zn(s)\longrightarrow Zn^{2+}(aq)+2e^- \tag{1-2}$$

金属锌被氧化，释放出两个电子而生成溶液中的锌离子。因此，在电极表面发生的是氧化反应，这个锌电极为阳极。

式（1-1）和式（1-2）所描述的锌和铜参与的反应称为电极反应（electrode reaction）或半反应（half-cell reaction），即分别描述发生在其中某一个电极上的反应。电极反应中总有电子参与，电子可以是反应物，也可以是反应产物，即在电化学反应中电子起着氧化还原试剂的作用。此外，电极反应总是保持电荷平衡。电荷平衡意味着反应式左侧的净电荷数必须等于右侧的净电荷数。例如式（1-2）中左侧锌原子的净电荷是零，右侧的净电荷为（+2）+2×（-1）=0，二者相等。电荷平衡反映了电化学反应本质就是卸荷或载荷。电化学池虽然不断有电子输出，但也会有电子不断来补充，因此在任何时刻，整个电化学池的内部几乎呈现电中性。

图 1-1 所示的 Daniell 电池是 1836 年由 John Frederic Daniell 发明的。在 Daniell 电池中，无论是作为产物还是反应物，电极（固体铜和锌）本身就参与了电化学反应。以后将看到，情况并不总是这样。用来还原 Cu^{2+} 的电子来自另一发生氧化的锌电极。锌原子被氧化所释放出来的电子流经外电路参与了阴极上的还原反应。电子的流动形成了外电路中的电流。阴极和阳极反应可以组合为总的电化学池反应，称为电池反应（full-cell reaction）。注意，电池反应中没有电子出现，但电荷仍然保持平衡。

Daniell 电池的电池反应为

$$Zn(s)+Cu^{2+}(aq)\longrightarrow Zn^{2+}(aq)+Cu(s) \tag{1-3}$$

氧化反应释放出的电子恰好都被用于还原反应。每还原一个铜离子，就会形成一个锌离子。因为在阳极产生了电荷，在阴极消耗了电荷，所以在溶液中从阳极到阴极就有了电荷的净移动。在溶液中虽然有电流流动，但溶液中的净电荷仍保持不变。

电化学池中电流流动如图 1-1 所示。按照规定，外电路中的电流（从阴极到阳极）方向与电子流动方向相反。在由电解质溶液和外电路组成的连续电路中，电流按逆时针方向流

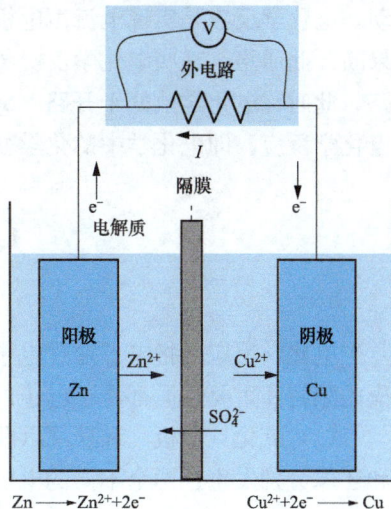

动。电化学反应是实现电流由电极（阳极）到溶液和由溶液至电极（阴极）的必要手段。如果断开此通路，这些电化学反应将不会发生。最常见的断路方式是打开两个电极之间的外电路，此时称电化学池处于开路（open circuit）状态。开路时电化学池两个电极上也不发生净电化学反应，即电化学中的化学变化与电流流动是密不可分的。

⚡ 1.2 电化学反应特征

电化学反应是指电子通过电子导体由被氧化的组分传递到被还原组分的反应。电化学反应的独特和重要性质都源于电子的这种传递方式。电化学反应的特征表现如下：

（1）氧化（阳极）和还原（阴极）反应的分离。由于电子是通过电子导体传递的，氧化和还原分别发生在两个不同的电极上，在空间上被隔离，这是电化学池最普通的构型。

（2）利用电子做功。像 Daniell 电池这样的电化学池，因为阳极电子的能量高于阴极，当外电路闭合时电子自发地从阳极流向阴极。电子流经负载（如电子设备）时会对外做功。最常见的应用就是移动电话和笔记本电脑的电池。

（3）反应速率可直接测量。普通热化学反应的速率通常是很难测量的。电化学反应中电子的传递是通过电子导体的，导致反应速率的测量却是很容易的——只需要测量两个电极之间金属导线中通过的电流即可。该电流与电极反应速率直接相关。本章后续介绍法拉第定律（Faraday's law）时将深入讨论。

（4）反应方向和速率易于控制。一般来说，任何的氧化还原反应原则上都能以电化学反应的形式进行，其总反应和能量的变化相同，但能量效应和反应动力学规律却不同。电化学反应的速度不仅与温度、参与反应物质的活度、催化剂材料（电极）这些决定氧化还原反应速度的共同因素有关，还依赖于电极电势这一特定因素。控制电极电势或两电极之间的电势差就可控制电化学反应速度。因为电子不论是作为反应物还是作为产物，均参与了氧化和还原反应，可通过改变电极间电势差或电流的手段来改变其反应速率。电势是电子能量的度量。通过调整电势，既可以加速反应，也可以减慢反应，甚至让其逆向进行。

在电化学工程中就要充分利用电化学反应的上述显著特征设计电化学体系的产品和过程。

在上述 Daniell 电池中，电极或者作为反应物（Zn）或者作为产物（Cu）直接参与了电化学反应。但在许多情形下，电极只是起到卸荷或载荷的作用，此时电极为惰性的。Daniell电池中的每个电化学反应都涉及一个固体组分和一个液相组分，这并不是必须或典型的情况。电化学反应中反应物和产物可以是固体、液体、溶解的组分或气体。

例如，式（1-4）所示氢气的析出就是发生在惰性电极上的还原（阴极）反应，反应物是溶解在溶液中的组分，而产物则是气体。

$$2H^+(aq) + 2e^- \longrightarrow H_2(g) \tag{1-4}$$

式（1-5）所示 Fe^{2+} 被氧化为 Fe^{3+} 的例子中，反应物和产物均是溶解的组分。

$$Fe^{2+}(aq) \longrightarrow Fe^{3+}(aq) + e^- \tag{1-5}$$

在上述电化学反应中，每个铜离子得到 2 个电子，锌原子失去 2 个电子形成锌离子，氢离子获得 1 个电子生成氢气，Fe^{2+} 离子失去 1 个电子变为 Fe^{3+}。这些得失电子的数量是由电极反应中组分氧化态的变化决定的。至于电极发生的是氧化反应还是还原反应则取决于电极电势的相对高低。

电化学反应实质上是氧化还原反应。在电化学体系中，氧化和还原反应总是成对同时发生，二者对立统一、相辅相成。

附表 B-1 列出了常见的电极反应及其标准平衡电势。标准平衡电势的重要性见第 2 章。按惯例，将电极反应写成还原反应的形式，尽管它们是可逆的。

例 1-1 写出下列两种情形下的电极反应和电池反应方程式：

（1）铁在被氧气所饱和的酸性溶液中的腐蚀；

（2）碱性水溶液中银离子的沉积。

解 （1）在一个电极上，金属铁被氧化为 Fe^{2+}，在另一个电极上，氧气被还原。从附表 B-1 查得，Fe^{2+} 的还原半反应为 $Fe^{2+} + 2e^- \longrightarrow Fe$

将其写为如下的氧化半反应为 $Fe \longrightarrow Fe^{2+} + 2e^-$

从附表 B-1 查得酸性溶液中氧气的还原半反应为 $O_2 + 4H^+ + 4e^- \longrightarrow 2H_2O$

为消除反应式中的电子，把铁的氧化半反应乘以 2，与氧的还原半反应相加，得到体系的电池化学反应方程式为 $O_2 + 4H^+ + 2Fe \longrightarrow 2H_2O + 2Fe^{2+}$

（2）从附表 B-1 容易查得，银离子沉积的还原半电极反应为 $Ag^+ + e^- \longrightarrow Ag$

同时发生的碱性水溶液中的氧化半反应为 $4OH^- \longrightarrow O_2 + 2H_2O + 4e^-$

为消除反应式中的电子，把银离子的还原半反应乘以 4，与氧化半反应相加，得到体系的电池化学反应式为 $4Ag^+ + 4OH^- \longrightarrow O_2 + 2H_2O + 4Ag$

1.3 电化学工程主要应用领域

随着电化学科学和工程的不断完善和发展，电化学工程理论和方法已广泛应用于现代科学技术和工业领域的各个方面，涉及能源、化工、冶金、材料、电子工业、环境保护、生物医学、地质、采矿、选矿等许多工业领域。

1.3.1 电化学储能技术

随着碳达峰碳中和进程的推进，未来将形成以电力为中心的清洁低碳高效、数字智能互动的能源体系。储能技术是推进能源革命和能源结构调整，普及应用可再生能源的关键技术。大规模储能、高效电氢转换、CCUS（碳捕集、利用与封存）等技术在源网荷储协同互动与多能互补、构建新型电力系统方面将发挥重要作用。发展高容量、高功率、长寿命、高安全性和低成本的储能技术，是我国国民经济发展的重大需求和电化学工程学科发展的战略重点。

锂离子电池是当前电化学储能的主要形式。锂离子电池具有工作电压高、循环寿命长、无记忆效应、转换效率高等特点，已广泛应用于便携式电子设备和电动汽车储能装置等领域。

液流电池是适用于电网及大规模储能电站的技术。液流电池通过正、负极电解质溶液活性物质发生可逆氧化还原反应（即价态的可逆变化）实现电能和化学能的相互转换。与一般固态电池不同的是，传统的双液流电池（如铁铬液流电池、全钒液流电池、多硫化钠/溴液流电池等）的正极和负极电解质溶液储存于电池外部的储罐中，通过电解质溶液循环泵和管路输送到电池内部进行反应，因此电池功率与容量可独立设计。

超级电容器是一种主要依靠双电层和氧化还原赝电容电荷储存电能的新型储能装置。与传统的化学电源不同，它是一种介于传统电容器与电池之间的电源，具有功率密度高、充放电时间短、循环寿命长、工作温度范围宽等优势。因此，超级电容器可以广泛应用于辅助峰值功率、备用电源、存储再生能量、替代电源等不同的应用场景，在工业控制、电力、交通运输、智能仪表、消费型电子产品、国防、通信、新能源汽车等众多领域有着巨大的应用价值和市场潜力。

1.3.2 电化学能量转换

除了能量的来源外，能量的存储与转换同样重要。将新能源产生的能量转换为便于存储与利用的化学能，是十分重要的新能源利用的解决方案。其中，电化学能量转换正扮演着越来越重要的角色。太阳能产生的电能，可以用来分解水制氢，进而通过形成氢气间接存储电能。风能和水能也是如此。氢能的化学能向电能的转换，可以通过燃料电池实现。产生的电能可以用于日常汽车动力源、热电联产电厂、家用电源和移动电源、便携式电子产品等。电化学能量转化是人类社会未来能源解决方案中必不可少的一种高效手段，包括质子交换膜燃料电池、固体氧化物燃料电池、燃料电池工业化、水电解技术等。

通过质子交换膜燃料电池（proton exchange membrane fuel cell，PEMFC）与固体聚合物电解质（solid polymer electrolyte，SPE）水电解制氢技术，可以实现化学能（氢能）与电能之间的高效转换和绿色能量耦合循环，能够有效促进氢能这一理想的清洁能源的循环利用，有利于缓解当前社会对化石能源高度需求，同时减少由化石能源造成的环境污染。

PEMFC功率密度高，能够在室温下快速启动，在交通运输和固定电站领域有着广泛的应用前景。其中，PEMFC在交通运输领域的应用以燃料电池汽车产业化程度最高。

固体氧化物燃料电池（SOFC）以具有氧离子导电性的稳定化氧化锆（YSZ）为电解质材料，具有工作温度高、发电理论效率高、全固态、易于模块化组装、有害排放少、能量和功率密度高、效率不受规模限制等特点，在分布式发电/热电联供系统、备用电源和便携式电源方面具有广阔的应用前景。通过采用具有更高氧离子导电率的掺杂氧化铈（如钆掺杂氧化铈GDC或钐掺杂氧化铈SDC）或掺杂镓酸镧（如LSGM）电解质，配合高催化活性的电极材料，可使SOFC运行温度降到600℃，成为中低温固体氧化物燃料电池。

近年来将SOFC逆向应用［即将其作为固体氧化物电解槽（SOEC）用于电解水或CO_2生成氢气或合成气］的研究受到重视，开发用于大规模能量储存与转换的可逆固体氧化物电池。SOEC电解水产氢比低温电解效率高，用于电解CO_2具有很好的经济效益。将水和CO_2共电解能直接生产合成气或生产不同类型的化学品，从而将电能以化学品的方式储存起来，因此 SOFC 的逆过程（SOEC）也可看作一个储能过程。SOFC 和 SOEC 实际上是在一个装置上的两种运行模式，该装置统称为可逆固体氧化物电池（solid oxide cell，SOC）。可逆 SOC 技术有望发展成高效大规模储能技术，在可再生能源的有效利用和电网削峰填谷中有很好的应用前景。可逆 SOC 的主要优势如下：①构成电解技术成本重要部分的外供能源（如可再生能源、地热能、核能）成本低；②能够很好地在电解槽和燃料电池两种模式下运行；③H_2O 和 CO_2 共电解的灵活性，可提供各种各样的化学品（从甲烷到合成气、甲醇、二甲醚及各种高碳的碳氢化合物）。

1.3.3　化学电源

电化学电池又称化学电源，是一种直接把化学能转变成低压直流电能的能源装置，一直在工业生产和科学研究中占有重要地位。电化学电池具有使用方便，性能可靠，便于携带，容量、电流和电压可在相当大的范围内任意组合等优点。在现实生活中的汽车启动、各种便携式电器和通信设备、计算机、家用电器和电动工具等方面，以及军用、航天航空工业中的宇宙飞船、卫星等设备中都得到了广泛的应用。我国化学电源工业发展十分迅速，为世界电池生产第一大国。

锂离子电池具有电压高、比能量高、充放电寿命长、无记忆效应、对环境污染小、快速充电、自放电率低等优点，已由手机、笔记本电脑及便捷式小型电器所用电池和潜艇、航天、航空领域所用电池逐步走向电动汽车领域。在全球能源与环境问题越来越严峻的情况下，交通工具纷纷采用储能电池作为主要动力源，锂离子电池被认为是高容量、大功率电池的理想之选。

1.3.4　电化学工业

现代工业中利用电化学工程方法可以制备氯气、氢氧化钠、氯酸盐、过氧化氢和织物尼龙的基本原料己二腈等许多基本化工产品，如氯碱工业已成为目前最大的电化学工业。另外，许多有机合成也常常采用电化学反应来完成，工业中常用的氢气和氧气也可采用电化学工程方法制得，从海水中获得饮用水最经济的方法也与电化学工程原理有关。

1.3.5　电化学冶金

电化学冶金包括电解提取和电解精炼，具有制品纯度高、能处理低品位矿石或复杂多金属矿等优点。电解提取是通过电解方法从溶液或熔体中提取有价金属。周期表中几乎所有金属都可以采用水溶液电解或熔盐电解的方法提取，用这种方法常常得到高纯的金属。熔盐电解的方法是得到金属铝、碱金属和碱土金属的主要工业方法，有些甚至是唯一的工业方法。电解方法可以获得致密金属，也可以制取金属粉末，如高熔点的金属铍、铀、钨、钼、锆、铌、钽、钛等常常以粉末状析出。电解精炼是在一定条件下，使含有一定杂质的金属阳极溶解，而在阴极获得纯度高的金属。电解精炼一般是得到高纯度铜、铅、锌、金、银、镍、锡等金属的主要工业方法，纯度通常可以达到 99.99% 以上。

1.3.6　电化学腐蚀和防腐

日常生活和工业生产使用大量的金属材料，全世界每年因腐蚀损失的金属材料数量为年产量的三分之一。金属的腐蚀与防护与国民经济发展息息相关，而大多数金属腐蚀又是一个电化学过程。目前，金属腐蚀与防护已发展成为一门独立的学科，其腐蚀原理和各种防护方法都与电化学工程有着必然的联系。

1.3.7　电镀与表面精饰

电镀与表面精饰涉及电镀、化学镀、阳极氧化、磷化、钝化、蚀刻、抛光、电解加工等，电镀不仅在金属元件上进行，现在也可在塑料和陶瓷等非金属元件上进行。镀层分防护性镀层、防护-装饰性镀层和功能性镀层。

半导体集成电路制造中涉及大量的电化学技术，如芯片制造中的铜互连电镀成形工艺、电化学机械抛光工艺，硅通孔垂直互连电化学镀铜填充工艺，电子封装集成中的芯片表面再布线（RDL）电化学镀铜工艺、高密度键合凸点电化学镀铜/锡工艺、IC引线框架封装基板等电化学沉积与蚀刻工艺，印制电路板（PCB）的覆铜板电化学蚀刻工艺等。此外，其他很多电子元器件也大量用到电化学技术，如线材、存储器、被动元器件、传感器、接插件和端子、太阳能面板、显示器面板等。

1.3.8　电化学分析和生物科学与技术

电化学分析是利用电化学的基本原理和实验方法进行分析与测量，具有仪器简单、便于操作、易于自动化选择性好、灵敏度高、精准、响应速度快等独特优势，与生命科学研究的联系日益紧密，电化学生物传感器、电化学发光生物传感器、光电化学生物传感器、单细胞电化学分析、活体电化学分析、生物燃料电池及其传感分析和纳米孔电化学均已经取得了很大的发展。

1.3.9　环境污染物电化学治理技术

电化学工程在环境问题修复方面已有许多应用，比常规方法有竞争力，其优点如下：①具有多功能性，除破坏污染物外，在某些情况下可同时实现有用物质的回收，被处理的废液容积可从几微升到几百万升；②设备相对简单，投资费用不大，易于实现自动化，且能量效率高。

环境污染物的电化学工程处理方法有多种形式：①利用电还原或电氧化处理废水及含重金属、砷、氰化物类废水；②利用电化学方法去除二氧化硫、氮氧化物；③利用电气浮和电絮凝可大幅度降低金属加工、造纸、纤维、油脂、食品加工等工业部门的排放水中悬浮物或油污的含量；④利用电渗析清除废水中的带电粒子、电沉积净化放射性液体；⑤利用电动力学进行土壤修复等。

♻ **1.4　法拉第定律和法拉第过程**

1.4.1　法拉第定律

英国科学家 Michael Faraday 总结了大量电解过程通过的电量与物质量间的关系，提出了电化学最早的基本定律——著名的法拉第定律。法拉第定律的本质是物质守恒定律和电荷守恒定律在电化学过程中的具体体现，揭示了电化学反应中物质变化与外电路中流过的电量间的客观联系。该定律不受温度、压力、电解质溶液的组成和浓度、电极材料、形状等因素的影响，在水溶液中、非水溶液中或熔融盐中均可使用。

任一电极反应可表示为如下的形式：

$$\sum_i s_i A_i + ne^- = 0 \tag{1-6}$$

式中：A_i 为组分 i（如 Zn^{2+}）；s_i 为组分 i 的计量系数，当 A_i 是产物时 s_i 为正，当 A_i 是反应物时 s_i 为负；n 为电极反应中转移的电子数。

积分形式的法拉第定律为

$$m_i = \frac{|s_i| M_i Q}{nF} \tag{1-7}$$

式中：m_i 为组分 i 的质量；M_i 为组分 i 的分子量；Q 为电量；F 为法拉第常数。

法拉第常数 F 的物理意义是每摩尔电子所携带的电量，是最重要的物理常数之一，有

$$F = N_A q = 6.021\,41 \times 10^{23} mol^{-1} \times 1.602\,177 \times 10^{-19} C = 96\,485 C/mol$$

其中，N_A 为 Avogadro 常数，$N_A = 6.021\,41 \times 10^{23} mol^{-1}$；$q$ 为每个电子的电荷，$q = 1.602\,177 \times 10^{-19} C$。

式（1-7）中考虑了计量系数。大多数情形下积分形式的法拉第定律可写为

$$m_i = \frac{M_i Q}{nF} \tag{1-8}$$

此时需要注意到 n 代表的是每摩尔组分 i 所对应的电子数。

电流 I 和电量 Q 的关系式如下：

$$Q = \int I \, \mathrm{d}t \tag{1-9}$$

其中，t 为时间。当电流 I 恒定时，式（1-9）简化为

$$Q = It \tag{1-10}$$

由此可得到电化学反应速率 r 与电流 I 的关系：

$$r = \frac{\mathrm{d}n_i}{\mathrm{d}t} = \frac{\mathrm{d}m_i}{M_i \mathrm{d}t} = \frac{I}{nF} \tag{1-11}$$

式（1-11）可称为微分形式的法拉第定律。以后将会经常利用微分形式的法拉第定律计算组分反应的摩尔数、反应的速率和电极表面反应组分的摩尔通量。

例 1-2　对于锌的氧化反应 $Zn(s) \longrightarrow Zn^{2+}(aq) + 2e^-$，12A 的恒定电流通过 2h。求锌反应的摩尔数和质量。

解　通过的总电量　$Q = It = 12 \times 2 \times 3600 = 86\,400$（C）

对于锌的氧化反应　$Zn(s) \longrightarrow Zn^{2+}(aq) + 2e^-$，$n = 2$

锌反应的摩尔数　$n_{Zn} = \dfrac{Q}{nF} = \dfrac{86\,400}{2 \times 96\,485} = 0.448$（mol）

锌反应的质量　$m_{Zn} = M_{Zn} n_{Zn} = 65.38 \times 0.448 = 29.3$（g）

例 1-3　铅酸电池放电时的总反应为

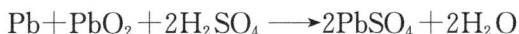

$$Pb + PbO_2 + 2H_2SO_4 \longrightarrow 2PbSO_4 + 2H_2O$$

当放电电流为 20A 时，求 Pb 的反应速率 r_{Pb} 和 H^+ 的消耗速率 r_{H^+}，以及 SO_4^{2-} 的反应速率 $r_{SO_4^{2-}}$。

解 首先写出负极和正极的反应分别如下：

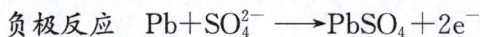

负极反应 $Pb + SO_4^{2-} \longrightarrow PbSO_4 + 2e^-$

正极反应 $PbO_2 + SO_4^{2-} + 4H^+ + 2e^- \longrightarrow PbSO_4 + 2H_2O$

由负极反应，根据微分形式的法拉第定律，用电流 I 取代 Q 以表示速率，有

$$r_{Pb} = \frac{I}{nF} = \frac{20}{2 \times 96\,485} = 1.04 \times 10^{-4} \,(mol/s)$$

同理由正极反应，得 $\quad r_{H^+} = \dfrac{I}{\dfrac{n}{|s_i|}F} = \dfrac{20}{\dfrac{2}{4} \times 96\,485} = 4.15 \times 10^{-4} \,(mol/s)$

正、负极反应都有 SO_4^{2-} 参与，由总的电化学反应方程式知每消耗 1mol 的 Pb 需要 2mol 的 SO_4^{2-}，或每转移 1mol 的电子需要 1mol 的 SO_4^{2-}，此时 $n=1$，则

$$r_{SO_4^{2-}} = 2r_{Pb} = \frac{I}{F} = \frac{20}{96\,485} = 2.07 \times 10^{-4} \,(mol/s)$$

电化学反应涉及的反应物和产物可能是带电组分也可能是中性组分，可具有多种形态，既有溶解在电解质中的组分，也可能是沉积在电极上的固体或析出的气体。[例 1-3] 中就有固体反应产物 $PbSO_4(s)$。[例 1-4] 考虑溶液中 Cl^- 被氧化为 Cl_2 的反应：

$$2Cl^- \longrightarrow Cl_2 + 2e^- \tag{1-12}$$

溶液中每 2 个 Cl^- 释放出 2 个电子，在金属电极表面复合生成 Cl_2。

例 1-4 对式（1-12）所表示的电极反应，20A 的恒定电流通过 10min。求生成 Cl_2 的质量。若生成的 Cl_2 可看作在常压（100kPa）和常温（25℃）下的理想气体，则其体积为多少？

解 根据积分形式的法拉第定律式（1-8），有

$$m_i = \frac{M_i Q}{nF}$$

此时 $n=2$，$M_{Cl_2} = 70.906 \, g/mol$，则

$$m_i = \frac{M_i Q}{nF} = \frac{70.906 \times 20 \times 10 \times 60}{2 \times 96\,485} = 4.41 \,(g)$$

由理想气体状态方程 $pV = nRT$ 可求出 Cl_2 在 100kPa、25℃ 下的体积为

$$V = \frac{m_i RT}{M_i p} = \frac{4.41 \times 8.314 \times 298.15}{70.906 \times 100\,000} = 0.001\,5 \,(m^3)$$

法拉第定律还为原子量的准确测定提供了强有力的工具，也是测量电量的仪器——库仑计的设计基础。在电解和电沉积行业，电解池和电极的设计及大量辅助设计计算也离不开法拉第定律。

1.4.2　法拉第过程

电化学池的电极上会有两种过程发生。一种就是以上讨论的电极反应，在这些电极反应中，电荷（如电子）在电极-电解质界面上转移。电子转移引起氧化或还原反应的发生。由于这些反应遵守法拉第定律（即因电流通过引起的化学反应的量与所通过的电量成正比），所以称为法拉第过程（Faradaic process）。发生法拉第过程的电极有时称为电荷转移电极（charge transfer electrode）。另一种过程是指在某些条件下，对于一个给定的电极-电解质界面，在一定的电势范围内，由于热力学或动力学方面的不利因素，没有电荷转移反应发生，只有像吸附和脱附这样的过程可以发生，电极-电解质界面的结构可以随电势或电解质组成的变化而改变。这些过程称为非法拉第过程（nonfaradaic processes）。虽然电荷并不通过电极-电解质界面，但电势、电极面积和电解质组成改变时，外部电流可以流动（至少瞬间地）。当电极反应发生时，法拉第和非法拉第过程两者均发生。虽然在研究一个电极反应时，通常主要的兴趣是法拉第过程（研究电极-电解质界面本身性质时除外），在应用电化学数据获得有关电荷转移及相关反应的信息时，必须考虑非法拉第过程的影响。

发生法拉第过程对应的电流称为法拉第电流。有法拉第电流流过的电化学池可分为原电池（galvanic cell）和电解池（electrolytic cell）两种。原电池常用于将化学能转换成电能。商业上重要的原电池包括一次电池（不可再充电的电池，如 $Zn-MnO_2$ 电池）、二次电池（可再充电的电池，如可充电的 $Pb-PbO_2$ 蓄电池）和燃料电池（如 H_2-O_2 燃料电池）。电解池是由外部电源所提供的电能驱使反应进行，将外部电能转换为化学能的电化学池。商业化的电解过程包括电解合成（如氯气和铝的生产）、电解精炼（如铜）和电镀（如银和金）。铅酸蓄电池充电时也是一个电解池。

1.5　法 拉 第 效 率

以上讨论的电化学反应都是法拉第反应（Faradaic reactions），它们涉及的电子转移与反应物的消耗和产物的生成直接相关，皆遵守法拉第定律。此前只考虑了一个电极上只发生一个电极反应的情况。但在实际电化学体系中，在单一电极上可能会同时发生多个竞争反应，这些竞争反应也会消耗或释放电子。其中一个是所期望的主反应，另外的反应可视为副反应（side reactions）。在这种情况下，并非所有的电流都去驱动所期望的主反应。法拉第效率（Faradaic efficiency）η_F 表征了总电流中用于驱动所期望主反应的分率：

$$\eta_F = \frac{目标产物的实际生成量}{全部电量用于生成目标产物的理论产量} \times 100\%$$

法拉第效率的计算见［例 1-5］。当考虑法拉第效率时，式（1-8）的法拉第定律可表示为

$$m_i = \frac{\eta_F M_i Q}{nF} \tag{1-13}$$

例 1-5　从 $NiSO_4$ 溶液中沉积 Ni 的电极反应为 $Ni^{2+} + 2e^- \longrightarrow Ni$，1.0A 的恒定

电流通过 3h，沉积 Ni 的质量为 3.15g。求此过程的法拉第效率。

解 首先由式 (1-8) 法拉第定律求理论上 Ni 的最高沉积质量：

$$m_i = \frac{M_i Q}{nF} = \frac{M_i It}{nF} = \frac{58.7 \times 1.0 \times 3 \times 3600}{2 \times 96\,485} = 3.285 (g)$$

所以
$$\eta_F = \frac{3.15}{3.285} \times 100\% = 96\%$$

从电解质水溶液中沉积金属最常见的副反应是水的电解生成氢气。

1.6 电 流 密 度

此前一直考虑的都是电化学体系的总电流。而一些像助听器电池这样的小型电化学装置与汽车的启动蓄电池相比，其总电流是不能相提并论的。因为电化学反应总是发生在界面上的，为了更好地理解和表征这些电化学体系，把总电流归一化在电极表面上。电流密度 i 的定义是单位电极表面上的电流，即总电流 I 除以电极面积 A，即 $i = \frac{I}{A}$。

类似地，电化学反应速率也常由通量 N (flux) 表示，单位为 $\mathrm{mol/(m^2 \cdot s)}$。摩尔通量在研究传质过程中使用广泛。

例 1-6 [例 1-4] 中电极的面积为 $80\mathrm{cm}^2$，求电流密度 i 和 Cl^- 的摩尔通量 N_{Cl^-}。

解 $i = \frac{I}{A} = \frac{20}{0.008} = 2500 \ (\mathrm{A/m^2})$

由法拉第定律可以把电荷同消耗的 Cl^- 的量联系起来。同样，电流密度和 Cl^- 的通量 N_{Cl^-} 是相对应的。

$$N_{Cl^-} = \frac{i}{nF} = \frac{25\,000}{1 \times 96\,485} = 0.026 [\mathrm{mol/(m^2 \cdot s)}]$$

例 1-7 [例 1-3] 中铅酸电池的电极面积为 $0.04\mathrm{m}^2$，求 Pb 的摩尔通量 N_{Pb} 和 SO_4^{2-} 的摩尔通量 $N_{SO_4^{2-}}$。

解 将反应速率 r_{Pb} 除以电极面积 A 就是 Pb 的摩尔通量 N_{Pb}，即

$$N_{Pb} = \frac{r_{Pb}}{A} = \frac{1.04 \times 10^{-4}}{0.04} = 0.002\,6 [\mathrm{mol/(m^2 \cdot s)}]$$

Pb 的摩尔通量 N_{Pb} 代表了负极上的铅溶解到电解质溶液中的速率。

SO_4^{2-} 同时参与了正负极上的电极反应，需分别计算每个电极上的通量

在负极 $\quad N_{SO_4^{2-}} = \frac{\frac{I}{A}}{nF} = \frac{\frac{20}{0.04}}{2 \times 96\,485} = 0.002\,6 [\mathrm{mol/(m^2 \cdot s)}]$

在正极
$$N_{SO_4^{2-}} = \dfrac{\dfrac{I}{A}}{nF} = \dfrac{\dfrac{20}{0.04}}{2 \times 96\,485} = 0.002\,6\,[\text{mol}/(\text{m}^2 \cdot \text{s})]$$

SO_4^{2-} 以 $0.002\,6\,\text{mol}/(\text{m}^2 \cdot \text{s})$ 的通量由电解质溶液传递到负极，同样以 $0.002\,6$ $\text{mol}/(\text{m}^2 \cdot \text{s})$ 的通量由电解质溶液传递到正极。

　　严格来说，摩尔通量和电流密度都是向量，即既有大小又有方向。电流密度 i 可表示为

$$i = \dfrac{I}{A} = F \sum z_i N_i \qquad (1\text{-}14)$$

式中：N_i 为摩尔通量，$\text{mol}/(\text{m}^2 \cdot \text{s})$；$z_i$ 为组分 i 的电荷数。

　　式（1-14）表明电流流动需要带电组分的净移动。在电化学体系高于一维的情况下，需要特别考虑摩尔通量和电流密度的多维分量。即便对于一维的电流流动，也需要考虑其对应于所选坐标系的方向。［例 1-4］中，Cl^- 的通量方向是从右向左（见图 1-2），因为与 x 坐标方向相反，其值为负。又因为 Cl^- 的电荷数 z_i 为 -1，由式（1-14）知在此例中电流为正值。

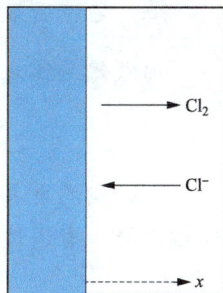

图 1-2　［例 1-4］中 Cl^- 的通量方向示意

🔄 1.7　电势和欧姆定律

　　电势是电化学体系研究中的一个重要物理量，是带电粒子感受到的势能的高低。静电势 φ 的定义是把单位正电荷由无穷远处移动到金属或溶液中某位置处时所需要的功。这个电功可认为是能量。电势的单位是 V，等价于 J/C。由于电极通常是金属，电子是其载流子，也就常把电势看作金属中电子能量的度量。图 1-1 中由电压表测出的电压代表了两个电极中电子的能量差。

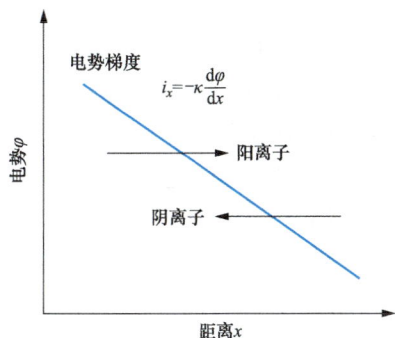

图 1-3　电势梯度和电流流动示意

　　金属和电解质溶液中电流的流动对理解和分析电化学体系至关重要。金属或电解质溶液中电势差导致了电流的流动。电势差常可表述为电势梯度（potential gradient），即电势随着距离的变化率。按规定，电流由高电势流向低电势，即正电荷移动的方向为正，如图 1-3 所示，电流方向由左向右。金属（如导线）中的电流是由电子移动形成的。电子带负电，电子的移动方向是由低电势向高电势。

　　欧姆定律把电流和电势联系起来。对一维电流传导

$$i_x = -\kappa \dfrac{\mathrm{d}\varphi}{\mathrm{d}x} \qquad (1\text{-}15)$$

其中，κ 为电解质的电导率。电导率是表征材料传输电荷能力的物性，单位为 S/m。

　　当电流密度恒定时，积分式（1-15）得到

$$\Delta\varphi = \frac{iL}{\kappa} \tag{1-16}$$

式（1-16）适用于组成恒定电解质中的一维电流流动，通常也适用于金属。

例 1-8 某燃料电池的运行电流为 350A，电极面积为 0.04m²，电极间距为 0.07mm，电解质电导率为 10S/m，求电流密度和电解质的电压降。

解 电流密度 $\quad i = \dfrac{I}{A} = \dfrac{350}{0.04} = 8750$（A/m²）

由欧姆定律求电解质的电压降

$$\Delta\varphi = \frac{iL}{\kappa} = \frac{8750 \times 0.000\,07}{10} = 0.061\,25(\text{V}) = 61(\text{mV})$$

已知铜的电导率为 $5.85 \times 10^7 \text{S/m}$，将上述结果同直径为 1cm，长度为 10cm 的铜导线相比较。当通过的电流相同时，铜导线的电压降为

$$\Delta\varphi = \frac{iL}{\kappa} = \frac{\dfrac{I}{\pi \times 0.01^2 / 4}L}{\kappa} = \frac{\dfrac{350}{\pi \times 0.01^2 / 4} \times 0.1}{5.85 \times 10^7} = 0.007\,622(\text{V}) = 7.6(\text{mV})$$

1.8　电化学体系工业实例

氯碱工业中的氯碱法联产氯气、烧碱和氢气工艺是电化学体系工业化的典型范例，是世界上生产规模最大的电化学工业过程，产业链长，衍生产品多达上百种，全球每年约生产 7.1×10^7t 氯气，消耗 15GW 电能，占全球年发电量 1% 以上。氯碱法生产的氢气纯度超过 99%，氯气纯度超过 98%。每万吨氯碱产品可带动国内生产总值 10 亿元以上，由于氯碱工业所具有的特殊地位，我国一直将主要氯碱产品产量及经济指标作为我国国民经济统计和考核的重要指标。下面通过对电解氯化钠水溶液过程的简要介绍，首先回顾前述电化学体系所涉及的一些重要原理和术语，其次是介绍电化学池的电流-电压（I-V）关系曲线。电流和电压之间的关系是分析电化学体系的核心必要内容，探求并准确理解电化学体系的 I-V 关系曲线是贯穿本书始终的主题。

图 1-4 所示为氯碱过程电化学池示意。总反应可写为

$$2H_2O + 2Cl^- \longrightarrow Cl_2 + H_2 + 2OH^- \tag{1-17}$$

为了使整个过程不间断地连续运行，反应物要连续供应，产物要持续移出。此过程的原料是净化后的 NaCl 溶液。NaCl 溶液以稳态的方式流入电化学池，也可称为电化学反应器（electrochemical reactor）。电解过程除生产氯气外，还同时联产烧碱和氢气两种产品。这三种产品也以稳态的方式连续流出电解槽。

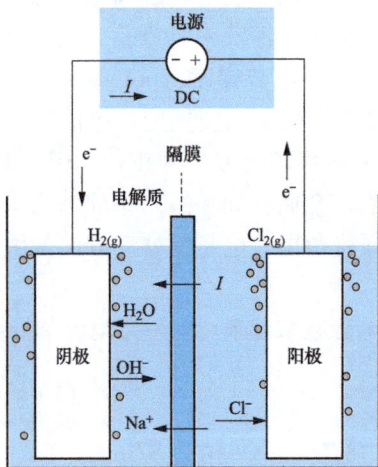

图 1-4　氯碱过程电化学池示意

从式（1-17）表面上看似乎是个均相反应。但事实

上，在两个金属电极表面发生的是两个异相的电子转移反应：

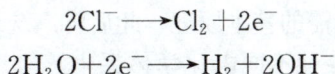

$$2Cl^- \longrightarrow Cl_2 + 2e^-$$

$$2H_2O + 2e^- \longrightarrow H_2 + 2OH^-$$

发生上述反应的两种金属都称为电极，且为惰性电极，因为它们没有直接参与反应。这两个电子转移反应属法拉第过程，遵从法拉第定律。

第一个电极上发生氧化，两个氯离子失去两个电子生成氯气，因此这个电极是阳极。电子进入金属电极，流过外电路。在另一个电极即阴极上，水被还原生成氢气。阴极上所需要的电子是由外电路提供的，阳极上产生的电子数量恰等于阴极上所消耗的电子数量。两个电极之间的电解质中含有 Na^+、Cl^- 和 OH^-。

此电化学体系中的隔膜有两个作用：①保持两个气体产品（氢气和氯气）处于分隔的状态；②允许钠离子从阳极室流动到阴极室，但是不允许阴离子透过。正是钠离子的跨膜传递承载了电解质中的电流。

在这个电化学体系当中，有三相共存：固相（电极）、液相（电解质）和气相（反应产物）。而且，不是所有的组分都在每个相中出现。例如，自由电子只存在于金属中，离子仅局限于电解质中，氢气只在阴极附近出现。这种非均匀性是电化学体系的显著特征之一，即几乎所有的作用仅发生在电极和电解质的界面上。

电化学体系在本质上是很复杂的，此前已经看到两个电极是必需的，而且要同时加以考虑。许多过程和现象在同一时间内同时发生：电子转移、吸附、脱附、反应物和产物的传递、表面反应以及电解质中的电流流动。为了认识、理解和分析电化学体系，需要同时应用热力学、动力学和传递的相关知识。这些有关内容，后续章节中要系统地予以介绍。

电化学池分为两大类：伽伐尼池（galvanic cell）或电池（battery）和电解池（electrolytic cell）。这两种类型电化学池之间的相似之处远大于其差别，它们都遵从同样的工程原理。主要区别就在于对于伽伐尼池（如电池放电或燃料电池），电功或能量是输出，而电能对于电解池却是输入。电解池反应可以认为是电池反应的逆反应。如果电池是一个"发电厂"，通过化学能对外发电；电解池就是一个"化工厂"，在电能作用下合成需要的物质的装置。图 1-4 中是直流电源给氯碱过程输入电功，因此这个过程是电解过程。电化学池有伽伐尼模式、平衡模式和电解模式三种运行模式，其中当电化学池处于平衡模式时，电流为零。

电化学体系的一个重要特点：电流就是反应速率的直观体现。在上述氯碱过程电化学池示例中，根据法拉第定律通过电化学池的电流直接与氢气、氯气的生成速率和氯化钠的消耗速率相对应。可以通过控制电流的方式来调节反应速率。若要得到电流所做的功，还需要知道电化学池的电势。电势表示了带电组分（离子和电子）的能量，电势差是电化学反应的推动力，同样也是电流在金属和电解质中流动的推动力。

电化学体系的电压和电流之间是彼此互相关联的，不能被同时分别指定。电化学池有两种基本的运行方式：恒电势（potentiostatic）模式和恒电流（galvanostatic）模式。如果提高电解池的电压，氢气和氯气的生成速率也将增加，这也就意味着电流也要相应增大；反过来，也可以通过设定电流的方法来确定产物的生成速率，此时电化学体系的电压也将被相应地固定。当把电流作为电势差的函数作图时，可得到电流-电压曲线（current-voltage curve，I-V），该曲线可提供相关电解质溶液和电极的性质，以及在界面上所发生电极反应的非常有用的信息。如前所述，电化学体系分析的一个关键目标就是探求电流和电压之间的关系。

电流和电压之间的关系可能是很复杂的，但是通过仔细研究热力学、动力学和传质，那么它也是容易被理解的。本章建立所需的基本原理，此后将系统地把这些基本原理应用到许多电化学体系中，而且将反复研究各种不同电化学体系电流和电压（I-V）之间的特征关系曲线。本书的大部分内容都是用来建立和应用这种描述电流（即反应速率）与电势（推动力）的关系。

对电阻而言，电流和电压（I-V）之间的关系是最简单的。采用欧姆定律的等量形式式（1-15），可以关联电阻的电流和电压。如果电流密度是恒定的，可以把式（1-16）写成电阻的形式：

$$\Delta\varphi = \frac{iL}{\kappa} = iR_\Omega \tag{1-18}$$

式（1-18）表明了电势和电流密度之间的线性关系。对于电化学系统而言，电流-电压的关系通常更为复杂，将需要综合应用热力学（第 2 章）、电极动力学（第 3 章）和传质学（第 4 章）原理和知识才能准确而详细描述它。下面只介绍 I-V 关系曲线的一些基本特征。

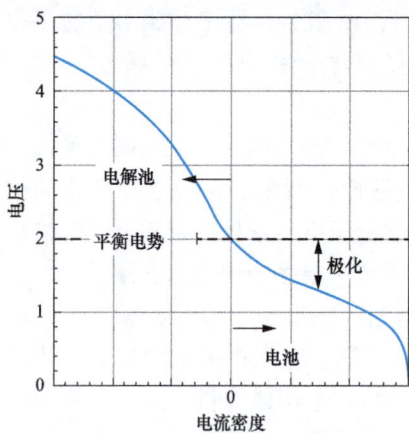

图 1-5　电化学池稳态运行时电流-电压关系典型曲线

图 1-5 所示为电化学池稳态运行时电流-电压关系典型曲线。首先，当电流密度为零时对应的电化学池电压并不为零。如果外电路是断开的，即没有电流通过时，称此时电学池处于开路状态。开路电压的大小在很大程度上取决于电化学池的热力学，即取决于电极的类型和电解质成分、组成。如图 1-5 所示，氯碱电解池的开路电压约为 2V。开路电压与电化学池的平衡电势数值相近，但两者在概念上有区别。平衡电势是第 2 章的主题。如果外部电路在没有直流电源的情况下只是简单闭合（即连接），电路中就会有电流流动。但此时电化学池中发生的反应方向与式（1-17）所示的方向恰好相反，即氯气、氢气和 OH^- 离子将自发反应形成氯离子和水，而电化学池的电压将低于平衡电势。这种情况相当于利用反应物的化学能来做功，电化学电池处于电池的状态。平衡电势或开路电压与实际电压之间的差称为极化（polarization）。

当然，这并不是氯碱电化学池实际运行的方式，我们的目的是生产氯气、氢气和烧碱。通过输入电功的方式就可以驱动反应反向进行，即式（1-17）所示的方向发生。要做到这一点，电化学池电压必须大于平衡电势。因为需要给电化学池输入电功，所以称为电解池或电解槽。如图 1-4 所示，给氯碱电化学池施加一个直流电源，提供反应按目标方向进行所需要的电功。电解池电压和平衡电势之间的差值，反映了反应以一定速率进行时必须输入的电功或能量的大小。

图 1-5 显示了电化学池的完整 I-V 曲线。以上已经看到，电化学池在开路时电流为零，对应的电势并不为零。这个电势是由体系热力学所决定的，反映了两个电极中电子能量的差距。电化学池按伽伐尼模式运行时，电压低于平衡电势，相当于将化学能转化为电能；相反，电化学池在电解模式下运行时，电压需要大于平衡电势，以向电化学池输入能量。在这两种模式下，平衡电势和有电流流动时的电压之差称为极化。如图 1-5 所示，电流和电压之

间的 I-V 关系，在大多数情况下是非线性的，具体将在后续章节中介绍。还要注意，该 I-V 曲线是不对称的，虽然伽伐尼模式下曲线的基本形状与电解模式的曲线有些相似，但细节却很不相同。

习　题

1-1　现行国际单位制中安培的定义：在真空中放置两根平行长直导线，它们之间相距 1m，并使两导线的电流流向相同、大小相等；调节电流的大小，使得导线上每米受到的力为 2×10^{-7} N，这时导线中的电流就定为 1A。1A 在电化学上曾经的定义是每秒从硝酸银溶液中沉积 1.118mg 银所需的电流。请对二者进行比较。

1-2　在 Daniell 电池中，当外电路中 0.15A 的电流通过 1.5h 时，锌金属电极要消耗多少克？

1-3　已知钼在熔融盐中以离子形式存在，采用电解的方式可从含钼的熔融盐中制取金属钼。当电解电流是 7A，在 1h 内沉积了 12.85g 钼。每生成 1mol 的钼消耗多少电子？钼在熔融盐中的氧化态是多少？

1-4　一个功率为 50kW 的氢氧燃料电池连续运行 3h 需要多少氢气？该燃料电池的电压为 0.7V，阳极发生的反应是 $H_2 \longrightarrow 2H^+ + 2e^-$。

1-5　某电解铝生产装置的运行电流为 150 000A，法拉第效率为 89%，计算这个电解铝生产装置的日产量。该电解池内发生的反应是 $2Al_2O_3 + 3C \longrightarrow 4Al + 3CO_2$。

1-6　全球氯气的年产量约为 7.1×10^7 t。假设典型的氯碱厂一年正常运行时间为 90%，电解槽的工作电压为 3.4V。

(1) 写出氯离子氧化生成氯气的电极反应。

(2) 求全世界生产所需氯气需要的总电流。

(3) 计算用电解法生产氯气全世界所需的电力。

1-7　通过氯化铝熔融盐电解池的电流为 25A。在两个电极上发生的反应分别是什么？这个电流必须持续多久才能沉积 50g 铝？在相同的时间内，析出的气体体积是多少？（温度和压力为 273K、100kPa）

1-8　某铝电解槽以 Al_2O_3 为原料，操作电压为 4.2V，电流为 200kA。如果法拉第效率为 95%，该装置每天可生产多少千克金属铝？

1-9　容量为 1320mAh 的手机锂离子电池中含有多少克的锂？

1-10　有一块钢板在过去一年中因腐蚀而损失了 50g。请问与这一腐蚀速度对应的电流是多少？

1-11　不锈钢腐蚀加速测试中，与铁被氧化成 Fe^{2+} 的竞争反应有

$$2OH^- \longrightarrow 0.5O_2 + 2H_2O + 2e^-$$

当 1.4mA 的电流通过 100h 时，铁的质量损失了 0.11g，铁氧化反应的法拉第效率是多少？共有多少摩尔的氧气析出？

1-12　某一镍锌电池放电时的电流密度为 $4500A/m^2$，二电极之间填满了碱性电解液，其电导率为 60S/m，两个电极之间的距离为 2mm，求欧姆损失所导致的电压降。

第 2 章

电化学热力学

本章把热力学定律应用到电化学体系，从热力学的角度，探讨电化学反应与能量转换的关系，建立电化学体系中电能与化学能变化之间的定量规律，研究电化学体系在平衡状态下的基本理论。本章的内容是关于电化学系统的热力学，目标有两个，一是介绍电化学池的电势，二是在平衡状态下建立电化学池电势和化学环境之间的关系式。本章将利用热力学原理计算电化学池的电势随着电化学池的化学组分变化的函数关系。电化学体系的热力学与其他体系的热力学相比并无本质区别，都是指处于动态平衡，即当推动力有无限小的变化时，体系的平衡会发生可逆移动，建立一个新的平衡状态。电化学体系的一个特征是体系中存在着带电组分和涉及电子转移反应。因此，在描述电化学体系的平衡时一个新的性质——电状态，就显得很重要。

对于一个处于平衡的电化学体系来言，没有净电流流过。电化学池外电流为零的状态称为开路（open circuit），此时相对应的电势称为开路电势（open-circuit potential）。这里研究的平衡电势，比开路电势更严格。不仅要求外电流为零，在电化学池中还要求有更一般的动态平衡存在。平衡电势或热力学电势是影响电化学装置设计和操作的关键特性。电化学池实现了化学能和电能之间的直接转换，从储存的化学品中产生能量，或使用电能来驱动化学变化的发生。这种区别是围绕着电化学池的热力学电势而定的。

2.1 电化学反应

电化学反应是指通过电子导体，电子从被氧化的组分转移到被还原的组分、在电荷转移的同时伴随着物质变化的一类反应。电化学反应实现了化学能与电能之间的相互转换，涉及电荷转移和氧化还原反应。电化学反应的核心是电荷转移，通常发生在电极与电解质的界面。通常情况下，电子导体是金属。因为电子转移是通过导体而不是直接在反应组分之间进行的，我们就可以把两个电子转移反应实行分离，并利用它们之间电子的流动（电流）来做功。氧化反应或阳极反应发生在阳极，还原反应或阴极反应发生在阴极。阳极反应举例如下：

$$Fe^{2+} \longrightarrow Fe^{3+} + e^-$$

其中，每氧化 1mol 的 Fe^{2+} 可产生 1mol 的电子。阴极反应举例如下：

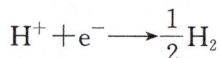

$$H^+ + e^- \longrightarrow \frac{1}{2} H_2$$

电化学池中既需要氧化反应也需要还原反应，因此阳极或阴极反应均被称为半反应，如

第 1 章所述。电池反应是由两个半反应加和而得到的。例如上述两个反应相加,得到如下电池反应:

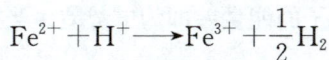

$$Fe^{2+} + H^+ \longrightarrow Fe^{3+} + \frac{1}{2}H_2$$

注意到电池反应中没有净电子,反应两侧的电荷数也是平衡的。识别和理解半反应对于分析电化学体系至关重要。常见的一些典型半反应列于附表 B-1。

2.2 电化学池的电势

开路时电极之间没有电流通过。热力学分析认为每个电极半反应处于平衡,即没有净阳极或阴极反应发生。在这些条件下,可以把半反应写作可逆反应,电子既参与了阴极的阴极反应,也参与了阳极的阳极反应。在每个电极(导体)中,电子的能量是由各自电极的反应平衡决定的。但对于两个电极,电子的电势是不同的。两个电极中电子的能量差很容易由电压表以电压或电势差的形式测量。这个电势差就是本章的主要内容。因为半反应处于平衡,该电势差也称作热力学电势 U。

在分析电化学体系之前,先考虑一个简单的化学反应:

$$a\text{A} + b\text{B} \longrightarrow c\text{C} + d\text{D} \tag{2-1}$$

判断这个反应是否自发进行的准则是看该反应的 Gibbs 自由能变化的符号,即

$$\Delta_r G = c\Delta G_{f,c} + d\Delta G_{f,d} - a\Delta G_{f,a} - b\Delta G_{f,b}$$

其中,$\Delta G_{f,i}$ 为组分 i 的 Gibbs 生成自由能。如果反应的 Gibbs 自由能变化 $\Delta_r G$ 小于零,就认为该反应能自发进行。注意,反应 Gibbs 自由能变化 $\Delta_r G$ 的符号与反应方程式的写法有关,须明确地指明哪些组分是产物(C、D),哪些组分是反应物(A、B)。更准确地说,只有如式(2-1)所示的反应是自发的。反之,上述反应的逆反应 $c\text{C} + d\text{D} \longrightarrow a\text{A} + b\text{B}$ 就是非自发的。

如果一个反应是自发进行的,就可以由反应得到功。如果所写的反应不是自发的,就需要外界加入功去强制反应按这个方向发生。

自由能的变化与电池净反应方向有关,应该有正负号。可以通过改变反应的方向来改变其正负号。

熟悉的氢气和氧气的反应,即氢气在氧气中燃烧生成水:

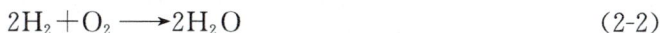

$$2H_2 + O_2 \longrightarrow 2H_2O \tag{2-2}$$

由附表 B-2 查得氢、氧和水在标准状态下各自的 Gibbs 生成自由能 $\Delta G_f^{\ominus}$,计算得到反应的 Gibbs 自由能变化 $\Delta_r G$,是很大的负值(-474kJ/mol),因此,可以认为如式(2-2)所写的氢气和氧气的反应是自发进行的,这也与我们的日常经验一致。事实上,当氢气和氧气在常压下混合在一起,达到热力学平衡。在平衡体系中,绝大部分的组分是液态的水,只有极少量的氧气和氢气存在于气相。在该平衡体系中反应物和产物远离标准态,体系的 Gibbs 生成自由能变化 $\Delta_r G$ 将趋于零。

电化学体系平衡的重要特征是,体系中有两个电极,每个电极上不能包含体系中的所有组分,至少有一个组分在一个电极上是缺失的。此外,两个半反应中都有电子参与。外电路不闭合时，在两个电极之间没有电子的流动。因此，每个电极的半反应都涉及电子且达到动态平衡，即半反应的正向和逆向的反应速率相等，没有净的电流。处于平衡的两个半反应中电子的能量是不一样的，这个电子的能量差即为电势差。当外电路闭合时，电势差就是电池反应的推动力。

上述氢和氧的总反应可以按电化学的方式拆分为两个半反应，例如：

$$O_2 + 4H^+ + 4e^- \Longleftrightarrow 2H_2O$$

和

$$2H_2 \Longleftrightarrow 4H^+ + 4e^-$$

注意氧电极反应中没有氢气，氢电极反应中没有氧气。在开路时即没有外电流通过，容许足够长的时间建立平衡，可利用热力学建立平衡电势 U 和反应物与产物之间热力学状态性质之间的关系。与燃烧情形不同的是，可以在同一电化学池中建立一个大量的氢气、氧气和水同时存在的平衡状态。这是因为氢气和氧气是分离的，氢气的反应在一个电极达到平衡，氧气的反应则在另一个电极达到平衡。事实上，可以彼此独立地分别变化氢气、氧气和水的量。当然，电化学池的平衡电压 U 也会随之发生变化。

由恒温恒压下封闭可逆体系热力学定律知道，体系对环境所做的最大功等于摩尔 Gibbs 自由能的变化 $\Delta_r G[\text{J/mol}]$。对所研究的电化学体系，这个功就是电功。体系对环境所做的功定义为正。

$$\Delta_r G = -W_{电} \tag{2-3}$$

电化学池电势 U 的单位是焦耳每库仑（J/C，也是 V），表示将单位电荷从一个电极移动到另一个电极所需的电功。在电池反应中转移的电荷量等于 nF，其中 n 为所写反应中电子的摩尔数，F 为法拉第常数即每摩尔电子的电荷数。因此电功为

$$W_{电} = nFU \tag{2-4}$$

结合式（2-3）和式（2-4），得到

$$\Delta_r G = -nFU \tag{2-5}$$

式（2-5）适用于由阳极和阴极反应组成的整个电化学池，将电化学反应的 Gibbs 自由能变化 $\Delta_r G$ 与两个电极间电子的能量差联系起来。宏观上，电化学池电势是由全电化学池反应的 Gibbs 自由能的变化 $\Delta_r G$ 决定的。我们一般将整个电化学池的电势 U 视为正极和负极之间的电势差。这样对于处于平衡状态的整个电化学池，U 为正，$\Delta_r G$ 为负。如前所述，Gibbs 自由能 $\Delta_r G$ 的负值意味着反应自发进行。促使电子连续不断流动形成电流的动力在于电化学池内部的化学反应。正是由于在两电极上得电子和失电子的反应在空间上被隔离开了，才使得电子能在外电路中通过形成电流并做出相应的电功。当任何处于平衡状态且具有非零电势差的电化学池的电路闭合时，电流会自发流动。为了确定正在发生的反应和电流的方向，只需选择反应进行的方向，使 Gibbs 自由能的变化 $\Delta_r G$ 为负。在氢气和氧气反应的示例中将反应写为

$$2H_2 + O_2 \longrightarrow 2H_2O$$

就会使 Gibbs 自由能的变化 $\Delta_r G$ 为负，表明在电路闭合时在一个电极上氢气被氧化（阳极），而在另一个电极氧气被还原（阴极），产物为水。

2.3 电化学池电势的表达式

式（2-5）不仅表示了化学能与电能转换的定量关系，也是联系热力学和电化学热力学

的主要桥梁，是电池热力学定量计算的基础。

需要说明的是，式（2-5）的应用前提是可逆电池体系。只有在这个前提下，电池对外所做的功才等于体系 Gibbs 自由能的减小量。对于不可逆体系，一部分能量会以热能的形式损失，体系 Gibbs 自由能的减小量要大于对外做的电功 $W_电$。

既然可把整个电池反应视为两个电极反应之和，电池也可看作都是由两个"半电池"或电极所组成的，不同的"半电池"或电极可组成不同的电池。

为了研究和书写方便，通常用图式的方法来表示电池。IUPAC 规定，用图式法表示电池时，将原电池中发生氧化作用的负极写在左边、发生还原作用的正极写在右边，中间为电解质溶液。用实垂线"|"表示相与相之间的界面，两液体之间的接界用单虚垂线"⁝"表示，若加入盐桥则用双垂线"‖"或"⁞⁞"表示，同一相中的物质用逗号","隔开。此外，还必须注意以下两点：

（1）注明温度和压力（若不注明，则一般指 298.15K 和标准压力 $p^{\ominus}$），写出电极的物态，在两电极间的溶液须注明活度或浓度。

（2）氧化还原电极溶液中同种金属不同价态离子和气体电极的气体反应物不能直接构成电极，必须依附于惰性的金属（如 Pt 等），电极旁的溶液均假定已为电极上的气体所饱和，气体须注明压力或逸度。不活泼的金属有时也可以省略不写。

按照上述规定表示电池，可很方便地根据反应设计电池，同时也很容易根据书写的电池表示式写出其电池反应，总反应是氧化与还原半反应之和。

Daniell 电池的图式表示如下：

$$Zn(s)\,|\,ZnSO_4(aq)\,⁝\,CuSO_4(aq)\,|\,Cu(s)$$

Daniell 电池有 4 个相界面和 5 个相区。左侧是金属锌，金属锌电极插在硫酸锌水溶液中，该溶液不传导电子却允许离子在两个金属电极间移动。硫酸锌溶液和硫酸铜溶液间由半透膜隔开。此半透膜只允许硫酸根离子通过，不允许锌、铜离子通过。如前所述，在每个电极上至少有一种物质是不存在的。在锌 | 硫酸锌界面，没有铜离子；同样在右侧铜 | 硫酸铜界面，没有锌离子。

两个电极反应分别为

$$Zn \Longleftrightarrow Zn^{2+} + 2e^- \tag{2-6}$$

$$Cu \Longleftrightarrow Cu^{2+} + 2e^- \tag{2-7}$$

双向箭头 $\Longleftrightarrow$ 用来表示电极反应处于平衡。

电池的平衡电势 U 等于右侧电极（正极）的电势减去左侧电极（负极）的电势：

$$U = \varphi_右 - \varphi_左 = \varphi_{正极} - \varphi_{负极} \tag{2-8}$$

通常总是把平衡电势 U 定义为正值。当外电路闭合，允许有少量电流通过时，电子由于带负电，会由电势低的左侧电极流向电势高的右侧电极。左侧的电极释放出电子，发生的是氧化反应：

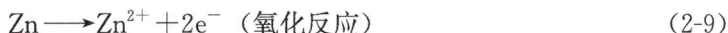

$$Zn \longrightarrow Zn^{2+} + 2e^- \quad （氧化反应） \tag{2-9}$$

相反，在右侧电极上发生的却是得到电子的还原反应：

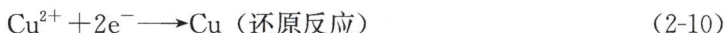

$$Cu^{2+} + 2e^- \longrightarrow Cu \quad （还原反应） \tag{2-10}$$

金属锌自发地在左侧电极上被氧化，金属铜自发地在右侧电极上被还原，即

$$Zn + Cu^{2+} \longrightarrow Zn^{2+} + Cu \tag{2-11}$$

自发的电池反应的方向对应于电池的图式表示法，即左侧是阳极反应、右侧为阴极反应。电池半反应、电池反应和电池平衡电势之间有明确的对应关系。

对于任何可逆电池，写在左边的电极为负极发生氧化反应，写在右边的电极为正极发生还原反应。其电池电势等于右边电极与左边电极的平衡电极电势之差。由组成可逆电池的两个可逆电极的平衡电极电势，可计算求得可逆电池的平衡电势 U。

电池反应 Gibbs 自由能的变化 $\Delta_r G$ 的表达式为

$$\Delta_r G = \Delta_r G^{\ominus} + RT \ln \prod a_i^{s_i} \tag{2-12}$$

式中：$\Delta_r G^{\ominus}$ 为标准状态下反应的 Gibbs 自由能的变化，上角标 $\ominus$ 代表标准状态，25℃和组分 i 的活度为 1；a_i 为组分 i 的活度；s_i 为组分 i 的反应计量系数（对产物为正，对反应物为负）。

把式（2-12）与式（2-5）相结合，得到

$$U = U^{\ominus} - \frac{RT}{nF} \ln \prod a_i^{s_i} \tag{2-13}$$

其中，$U^{\ominus}$ 为 25℃时电池的标准平衡电势，$\Delta_r G^{\ominus} = -nFU^{\ominus}$。式（2-13）为电池反应的能斯特（Nernst）方程，是电化学池热力学的基础，建立起化学热力学与电化学池热力学的联系。它表示一定温度下可逆电化学池的平衡电势与参加电化学池反应各组分的活度之间的关系，反映各组分的活度对电化学池平衡电势 U 的影响。求取电池标准平衡电势 $U^{\ominus}$ 的一个方法就是由电池反应的标准 Gibbs 自由能的变化 $\Delta_r G^{\ominus}$ 确定，更简便的方法是标准电极电势法。

2.4 标准电极电势

为了便于使用，可以把电池的平衡电势 U 一分为二，使之成为正极平衡电势与负极平衡电势的差。不过由于无法用实验方法单独直接测量单个电极的电势，只能测得两个电极组成的电池的总平衡电势，只好采用确定一个标准电极测定出相对值的方法来解决此问题。

Daniell 电池也可看成是金属锌插入硫酸锌溶液构成的"锌电极"与金属铜插入硫酸铜溶成的"铜电极"组合而成。实际上电池都是由两个电极构成的。不同的电极可组合成不同的电池。不能用实验方法单独测定这些电极的平衡电势，而只能测得两个电极组成的电池的平衡电势。只要选定一个电极作为标准，测得其他电极与这一标准电极组成可逆电池的平衡电势，就可以确定任意两个电极所组成电池的平衡电势。目前国际上采用的标准电极是氢电极。在氢电极上所进行的反应为

$$H_2(g) \Longrightarrow 2H^+ + 2e^-$$

在一定温度下，如果构成氢电极的溶液中氢离子的活度等于 1、在气相中氢气的分压为 100kPa，这样的氢电极就作为标准氢电极（SHE），标准氢电极的电极电势规定为零。对于任意给定的电极，使其与标准氢电极组合为可逆电池，可逆电池形式可简写为

标准氢电极‖给定电极

测得此可逆电池的平衡电势就是该给定电极的平衡电极电势，用符号 $\varphi_{电对}^{\ominus}$ 表示。

在电化学普遍使用的电极电势的概念，绝非单个电极与电解质界面间的真实电势差，而是指该电极与标准氢电极所组成的电化学池的电势差，也可称为氢标电极电势。标准氢电极永远是负极，发生氧化反应。任意给定电极与标准氢电极组合成可逆电池，这样定义的电极电势为 **还原电极电势**，该电极上进行的总是还原反应，与电极实际发生的反应无关。

对于任意给定电极作为正极与标准氢电极组成可逆电池时，其电极反应可以写成

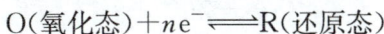

$$O(氧化态) + ne^- \rightleftharpoons R(还原态)$$

平衡电极电势的通式：

$$\varphi = \varphi^{\ominus} - \frac{RT}{nF} \ln \frac{a_R}{a_O} \tag{2-14a}$$

或

$$\varphi = \varphi^{\ominus} + \frac{RT}{nF} \ln \frac{a_O}{a_R} \tag{2-14b}$$

式（2-14）即为平衡电极电势的能斯特（Nernst）公式。公式中的 φ 单位是伏（V），RT/nF 的单位也是伏（V）。为了便于计算，有时做如下换算：

$$\frac{RT}{F} \ln(x) = 2.303 \times 8.314 \times T \lg(x)/96\,485$$

298K 时

$$\frac{RT}{F} \lg(x) = 2.303 \times 8.314 \times 298/96\,485 = 0.059$$

为此，25℃时的能斯特公式也可写成

$$\varphi = \varphi^{\ominus} - \frac{0.059}{n} \lg \frac{a_R}{a_O}$$

标准电极电势可通过实验测定，也可通过热力学函数计算得出。为方便起见，将 25℃ 时水溶液中一些电极反应的标准电极电势值列于附表 B-1。还原电极电势的高低反映了电极氧化态物质获得电子变成还原态物质趋向的大小。随着电极电势的升高，氧化态物质获得电子变为还原态物质的能力在增强；反之，随着电极电势的降低，还原态物质失去电子变成氧化态物质的趋势在增强。

根据式（2-8），电池的平衡电势是两个电极电势之差，即电池的标准平衡电势为

$$U^{\ominus} = \varphi^{\ominus}_{右} - \varphi^{\ominus}_{左} \tag{2-15}$$

例 2-1　求 Daniell 电池的标准平衡电势。

解　查附表 B-1 知，铜电极的标准平衡电势为 $\varphi^{\ominus}_{Cu^{2+}/Cu} = 0.341\,9V$，锌电极的标准平衡电势为 $\varphi^{\ominus}_{Zn^{2+}/Zn} = -0.761\,8V$。

正极反应：
$$Cu^{2+} + 2e^- \rightleftharpoons Cu$$

负极反应：
$$Zn \rightleftharpoons Zn^{2+} + 2e^-$$

电池反应：
$$Zn + Cu^{2+} \longrightarrow Zn^{2+} + Cu$$

$n = 2$，Daniell 电池的标准平衡电势

$$U^{\ominus} = \varphi^{\ominus}_{右} - \varphi^{\ominus}_{左} = \varphi^{\ominus}_{Cu^{2+}/Cu} - \varphi^{\ominus}_{Zn^{2+}/Zn} = 0.341\,9 - (-0.761\,8) = 1.104(V)$$

例 2-2　某电池的负极同 Daniell 电池的负极，但正极反应是：

$$O_2 + 4H^+ + 4e^- \rightleftharpoons 2H_2O$$

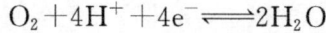

求此电池的标准平衡电势。

解 查附表 B-1 知，正极反应对应的氧电极的标准平衡电势为 $\varphi_{O_2/H_2O}^{\ominus} = 1.229V$。

正极反应：$\qquad\qquad\qquad O_2 + 4H^+ + 4e^- \rightleftharpoons 2H_2O \qquad\qquad\qquad$ (a)

负极反应：$\qquad\qquad\qquad Zn \rightleftharpoons Zn^{2+} + 2e^- \qquad\qquad\qquad$ (b)

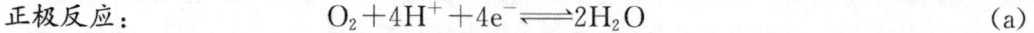

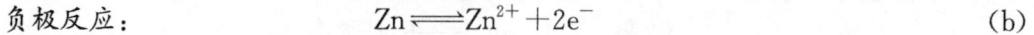

电池反应由式（a）+2 式（b），得到

$$O_2 + 4H^+ + 2Zn \longrightarrow 2Zn^{2+} + 2H_2O$$

$n = 4$，则此电池的标准平衡电势为

$$U^{\ominus} = \varphi_{右}^{\ominus} - \varphi_{左}^{\ominus} = \varphi_{O_2/H_2O}^{\ominus} - \varphi_{Zn^{2+}/Zn}^{\ominus} = 1.229 - (-0.7618) = 1.991(V)$$

［例 2-2］中为得到电池总反应，负极反应需乘以 2，以保持电子数平衡，但电极标准平衡电势并不需要乘以 2。

这是因为，由式（2-5）易知 $U = \dfrac{-\Delta_r G}{nF}$，$U^{\ominus} = \dfrac{-\Delta_r G^{\ominus}}{nF}$，表明电化学池平衡电势 U 和标准平衡电势 $U^{\ominus}$ 都是强度量。

对于一个电化学池，只有一个平衡电势 U，与电池反应计量式的写法无关。但电池反应的摩尔反应 Gibbs 函数 $\Delta_r G$ 却与反应计量式的写法有关。对于同一电化学池，若电池反应计量式的写法不同，则转移的电子数不同，由于摩尔反应 Gibbs 函数是与反应计量式相对应的，所以也不同；但电化学池平衡电势 U 是电化学池固有的性质，只要组成电化学池的各种条件（如温度、组分的浓度等）确定了，电化学池平衡电势 U 也就随之确定了，不会因为反应计量式的写法不同而改变。

利用 $\Delta_r G^{\ominus}$ 重做［例 2-2］。

正极反应：$\quad\quad O_2 + 4H^+ + 4e^- \rightleftharpoons 2H_2O, \Delta_r G_{正}^{\ominus} = -4F\varphi_{O_2/H_2O}^{\ominus} \quad\quad$ (a)

负极反应：$\quad\quad Zn \rightleftharpoons Zn^{2+} + 2e^-, \Delta_r G_{负}^{\ominus} = -2F\varphi_{Zn^{2+}/Zn}^{\ominus} \quad\quad$ (b)

负极反应×2：$\quad\quad 2Zn \rightleftharpoons 2Zn^{2+} + 4e^-, \Delta_r G_{负}^{\ominus} = -4F\varphi_{Zn^{2+}/Zn}^{\ominus}$

电池反应：

$$O_2 + 4H^+ + 2Zn \longrightarrow 2Zn^{2+} + 2H_2O$$

$$\Delta_r G^{\ominus} = \Delta_r G_{正}^{\ominus} - \Delta_r G_{负}^{\ominus} = -4F\varphi_{O_2/H_2O}^{\ominus} - (-4F\varphi_{Zn^{2+}/Zn}^{\ominus}) = -4F(\varphi_{Zn^{2+}/Zn}^{\ominus} - \varphi_{O_2/H_2O}^{\ominus})$$

$$U^{\ominus} = \frac{\Delta_r G^{\ominus}}{-4F} = \varphi_{右}^{\ominus} - \varphi_{左}^{\ominus} = \varphi_{O_2/H_2O}^{\ominus} - \varphi_{Zn^{2+}/Zn}^{\ominus} = 1.229 - (-0.7618) = 1.991(V)$$

由上述计算可见，正极反应和负极反应的电子数是相等的，致使电化学池标准平衡电势 $U^{\ominus}$ 等于左右两个电极的标准电极电势之差，即式（2-15）。

表面看来，上面的计算中利用式（2-5）表示了电极半反应的 $\Delta_r G^{\ominus}$，但从式（2-5）的推导过程发现其实它只适用于两个电极反应电子数平衡时的电池总反应。把式（2-5）应用于电极半反应时隐含的条件是，另一个电极为标准氢电极。按定义标准氢电极的标准平衡电势为零。如果要单独计算电极半反应的摩尔反应 Gibbs 函数必须考虑电子的化学势，详见 2.12。

2.4.1　标准平衡电势的计算

应用上述方法还可以利用已知的标准平衡电极电势计算相关反应的未知标准平衡电极电势。例如电极半反应 $Cr^{3+}+e^-\longrightarrow Cr^{2+}$ 的标准平衡电极电势从附表 B-1 中查不到，但可由下列两电极的标准平衡电极电势计算：

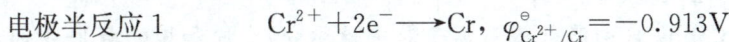

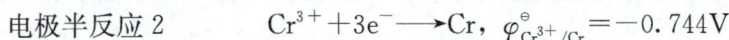

电极半反应 1　　　　　　$Cr^{2+}+2e^-\longrightarrow Cr$，$\varphi^{\ominus}_{Cr^{2+}/Cr}=-0.913V$

电极半反应 2　　　　　　$Cr^{3+}+3e^-\longrightarrow Cr$，$\varphi^{\ominus}_{Cr^{3+}/Cr}=-0.744V$

由始态 Cr^{3+} 还原至中间态 Cr^{2+} 的标准 Gibbs 自由能变化为 $\Delta_r G^{\ominus}_3$，而始态 Cr^{3+} 先直接还原至 Cr 的标准 Gibbs 自由能变化为 $\Delta_r G^{\ominus}_2$，然后再由 Cr 氧化至中间态 Cr^{2+}，这时标准 Gibbs 自由能变化为 $-\Delta_r G^{\ominus}_1$。因状态函数 $\Delta_r G^{\ominus}$ 的变化只取决于最终状态和最初状态，与所经历的途径无关，故

$$\Delta_r G^{\ominus}_3=\Delta_r G^{\ominus}_2-\Delta_r G^{\ominus}_1$$

电极半反应为 $Cr^{3+}+e^-\longrightarrow Cr^{2+}$，相当于电极半反应 2-电极半反应 1。

因为

$$\Delta_r G^{\ominus}_3=-F\varphi^{\ominus}_{Cr^{3+}/Cr^{2+}}$$

$$\Delta_r G^{\ominus}_1=-2F\varphi^{\ominus}_{Cr^{2+}/Cr}$$

$$\Delta_r G^{\ominus}_2=-3F\varphi^{\ominus}_{Cr^{3+}/Cr}$$

所以

$$-F\varphi^{\ominus}_{Cr^{3+}/Cr^{2+}}=-3F\varphi^{\ominus}_{Cr^{3+}/Cr}-(-2F\varphi^{\ominus}_{Cr^{2+}/Cr})$$

得到　　$\varphi^{\ominus}_{Cr^{3+}/Cr^{2+}}=3\varphi^{\ominus}_{Cr^{3+}/Cr}-2\varphi^{\ominus}_{Cr^{2+}/Cr}=3\times(-0.744)-2\times(-0.913)=-0.406$（V）

将两个电极半反应组合为一新的电极半反应时，标准平衡电极电势不具有加和性，而电极半反应的标准 Gibbs 自由能变化 $\Delta_r G^{\ominus}$ 才具有加和性。需先求出新的电极半反应的标准 Gibbs 自由能变化 $\Delta_r G^{\ominus}$，再利用 $U^{\ominus}=\dfrac{-\Delta_r G^{\ominus}}{nF}$ 可得到其正确的标准平衡电极电势。

2.4.2　由热力学数据确定标准平衡电势

电池的标准平衡电势也可用式（2-5）直接由 Gibbs 自由能数据确定。在 25℃、100kPa 条件下各种状态（气相、液相、水溶液或固相）化合物的标准生成 Gibbs 自由能已列于附表 B-2。对于电池反应有

$$\Delta_r G^{\ominus}=\sum_i s_i\Delta G^{\ominus}_{f,i} \tag{2-16}$$

其中，s_i 是反应物和产物的计量系数，对于产物 s_i 为正，对于反应物 s_i 为负。电化学反应中经常包括离子，电解质体系中离子标准态的定义只包含离子和溶剂之间的相互作用，与对离子（counterion）无关，对离子的影响体现在活度项中。附表 B-3 中所列离子的 $\Delta G^{\ominus}_{f,i}$ 可直接使用。当单个离子的 $\Delta G^{\ominus}_{f,i}$ 缺失时，可利用含有同种对离子的两个中性组分的 $\Delta G^{\ominus}_{f,i}$ 来求取。

对于中性组分的解离：

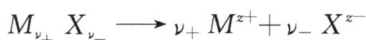

$$M_{\nu_+}X_{\nu_-}\longrightarrow \nu_+M^{z+}+\nu_-X^{z-}$$

由式（2-16）知

$$\Delta G^{\circ}_{f,M_{\nu_+}X_{\nu_-}}=\nu_+\Delta G^{\circ}_{f,M^{z+}}+\nu_-\Delta G^{\circ}_{f,X^{z-}} \tag{2-17}$$

因此，对离子的贡献将会抵消。$\Delta_r G^\ominus$ 也可由 $\Delta H_f^\ominus$ 和 $S^\ominus$ 来估算。下面举例说明如何由热力学数据确定电池的标准平衡电势 $U^\ominus$。

例 2-3 对于铁被氧气氧化的反应：

$$2Fe + O_2 + 4H^+ \longrightarrow 2Fe^{2+} + 2H_2O$$

利用标准电极电势数据、Gibbs 自由能数据（离子和中性组分）、焓和熵的数据分别求其标准平衡电势 $U^\ominus$。

解 （1）电池反应可拆分为如下的正极反应和负极反应：

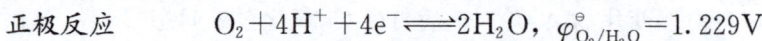

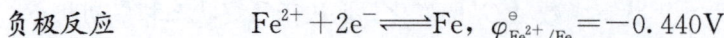

正极反应 $\qquad O_2 + 4H^+ + 4e^- \rightleftharpoons 2H_2O$, $\varphi_{O_2/H_2O}^\ominus = 1.229V$

负极反应 $\qquad Fe^{2+} + 2e^- \rightleftharpoons Fe$, $\varphi_{Fe^{2+}/Fe}^\ominus = -0.440V$

因此 $\qquad U^\ominus = \varphi_{O_2/H_2O}^\ominus - \varphi_{Fe^{2+}/Fe}^\ominus = 1.229 - (-0.440) = 1.669$ （V）

（2）由附表 B-2 和附表 B-3 查得电池反应 $2Fe + O_2 + 4H^+ \longrightarrow 2Fe^{2+} + 2H_2O$ 中，各组分包括离子组分的 Gibbs 自由能数据为 $\Delta G_{f,Fe}^\ominus = 0kJ/mol$，$\Delta G_{f,O_2}^\ominus = 0kJ/mol$，$\Delta G_{f,H^+}^\ominus = 0kJ/mol$，$\Delta G_{f,Fe^{2+}}^\ominus = -78.90kJ/mol$，$\Delta G_{f,H_2O}^\ominus = -237.129kJ/mol$。

由式（2-16），得

$$\Delta_r G^\ominus = 2\Delta G_{f,Fe^{2+}}^\ominus + 2\Delta G_{f,H_2O}^\ominus = 2 \times (-78.90) + 2 \times (-237.129) = -632(kJ)$$

$$n = 4$$

则 $\qquad U^\ominus = \dfrac{-\Delta_r G^\ominus}{4F} = \dfrac{-(-632) \times 1000}{4 \times 96\,485} = 1.64$ （V）

（3）已知各组分（水溶液中性组分）的 Gibbs 自由能数据为 $\Delta G_{f,Fe}^\ominus = 0kJ/mol$，$\Delta G_{f,O_2}^\ominus = 0kJ/mol$，$\Delta G_{f,HCl(aq)}^\ominus = -131.25kJ/mol$，$\Delta G_{f,FeCl_2(aq)}^\ominus = -341.30kJ/mol$，$\Delta G_{f,H_2O}^\ominus = -237.129kJ/mol$。

由式（2-16），得

$$\Delta_r G^\ominus = 2\Delta G_{f,FeCl_2}^\ominus + 2\Delta G_{f,H_2O}^\ominus - 4\Delta G_{f,HCl}^\ominus$$
$$= 2 \times (-341.30) + 2 \times (-237.129) - 4 \times (-131.25) = -632 \text{ (kJ)}$$

$$n = 4$$

则 $\qquad U^\ominus = \dfrac{-\Delta_r G^\ominus}{4F} = \dfrac{-(-632) \times 1000}{4 \times 96\,485} = 1.64$ （V）

注意到上面计算中，$2\Delta G_{f,Fe^{2+}}^\ominus = 2\Delta G_{f,FeCl_2}^\ominus - 4\Delta G_{f,HCl}^\ominus$，对离子 Cl^- 的贡献被抵消了。

（4）由附表 B-2 和附表 B-3 查得各组分的焓数据为 $\Delta H_{f,Fe}^\ominus = 0kJ/mol$，$\Delta H_{f,O_2}^\ominus = 0kJ/mol$，$\Delta H_{f,H^+(aq)}^\ominus = 0kJ/mol$，$\Delta H_{f,Fe^{2+}(aq)}^\ominus = -89.1kJ/mol$，$\Delta H_{f,H_2O}^\ominus = 285.830kJ/mol$。

电池反应 $2Fe + O_2 + 4H^+ \longrightarrow 2Fe^{2+} + 2H_2O$ 的标准摩尔反应焓变：

$$\Delta_r H^\ominus = 2\Delta H_{f,Fe^{2+}}^\ominus + 2\Delta H_{f,H_2O}^\ominus = 2 \times (-89.1) + 2 \times (-285.830) = -749.86 \text{ (kJ/mol)}$$

由附表 B-2 和附表 B-3 查得各组分的熵数据为 $S_{Fe}^\ominus = 27.28J/(K \cdot mol)$，$S_{O_2}^\ominus = 205.138J/(K \cdot mol)$，$S_{H^+(aq)}^\ominus = 0J/(K \cdot mol)$，$S_{Fe^{2+}(aq)}^\ominus = -137.7J/(K \cdot mol)$，$S_{H_2O}^\ominus = 69.91J/(K \cdot mol)$。

电池反应 $2Fe + O_2 + 4H^+ \longrightarrow 2Fe^{2+} + 2H_2O$ 的标准摩尔反应熵变：

$$\Delta_r S^\ominus = 2S^\ominus_{f,Fe^{2+}} + 2S^\ominus_{f,H_2O} - 2S^\ominus_{f,Fe} - S^\ominus_{f,O_2} - 4S^\ominus_{f,H^+}$$

$$= 2\times(-137.7) + 2\times(69.91) - 2\times(27.28) - 205.138 - 0 = -395.28 \ (J/K)$$

$$\Delta_r G^\ominus = \Delta_r H^\ominus - T\Delta_r S^\ominus = -749.86 - 298\times\frac{-395.28}{1000} = -632 \ (kJ)$$

这 4 种计算方法的结果都互相吻合。

2.5　温度对标准平衡电势的影响

以上电池的标准平衡电势都是在 25℃下的值，工程实践中经常需要求不同温度下电化学池的电压，这就要求确定不同温度下的标准平衡电势。

由热力学关系式：

$$\left(\frac{\partial G}{\partial T}\right)_p = -S \tag{2-18}$$

结合式（2-5），得

$$nF\left(\frac{\partial U}{\partial T}\right)_p = \Delta S \tag{2-19a}$$

如果 ΔS 在考虑的温度范围内变化不明显，则

$$\left(\frac{\partial U^\ominus}{\partial T}\right)_p = \frac{\Delta S^\ominus}{nF} \tag{2-20}$$

积分后，得到

$$U^\ominus|_T \cong U^\ominus|_{25℃} + [T(℃) - 25]\left(\frac{\partial U^\ominus}{\partial T}\right)_p \tag{2-21}$$

其中，$\left(\frac{\partial U^\ominus}{\partial T}\right)_p$ 为标准平衡电势的温度系数，可从相关文献中查到。

如果 ΔS 在所考虑的温度范围内变化显著，与温度相关的熵变的积分项为

$$\int dU^\ominus = \frac{1}{nF}\int \Delta S^\ominus \, dT$$

另外，由热力学中的 Gibbs-Helmholtz 方程：

$$\left(\frac{\partial \frac{\Delta G}{T}}{\partial T}\right)_p = -\frac{\Delta H}{T}$$

结合式（2-5）还能得到

$$\left(\frac{\partial \frac{G}{T}}{\partial T}\right)_p = \frac{\Delta H}{nFT^2} \tag{2-19b}$$

式（2-19b）与式（2-19a）同样严格，其优点是当 ΔS 或 ΔH 随温度变化显著时，可利用恒压热容 C_p 的数据，求得 ΔH。

$$\left(\frac{\partial \Delta H}{\partial T}\right)_p = \Delta C_p \tag{2-22}$$

例2-4 某氯碱电解槽阳极室的 pH＝4，阳极液 NaCl 的浓度是 5M，阴极室的 pH＝14。求在 65℃时，此电解槽的标准平衡电势。

解 对电解槽而言，正极对应的是阳极，负极对应的是阴极。首先写出正负极的电极半反应并查得其标准平衡电极电势分别如下：

正极 $Cl_2 + 2e^- \rightleftharpoons 2Cl^-$，$\varphi^{\ominus}_{Cl_2/Cl^-} = 1.360V$（25℃）

负极 $2H_2O + 2e^- \rightleftharpoons H_2 + 2OH^-$，$\varphi^{\ominus}_{H_2/OH^-} = -0.828V$（25℃）

电池总反应为 $Cl_2 + H_2 + 2OH^- \rightleftharpoons 2H_2O + 2Cl^-$

特别注意的是，电解槽实际发生的反应与上述反应恰好相反。

25℃时的标准平衡电势为

$$U^{\ominus}(25℃) = \varphi^{\ominus}_{Cl_2/Cl^-} - \varphi^{\ominus}_{H_2/OH^-} = 1.360 - (-0.828) = 2.188 \text{ (V)}$$

由附表 B-2 和附表 B-3 查到反应各组分的标准摩尔熵，计算反应中标准摩尔熵变为

$$\Delta_r S^{\ominus} = 2S^{\ominus}_{f,Cl^-} + 2S^{\ominus}_{f,H_2O} - S^{\ominus}_{f,Cl_2} - S^{\ominus}_{f,H_2} - 2S^{\ominus}_{f,OH^-}$$

$$= 2 \times 56.48 + 2 \times 69.91 - 223.1 - 130.7 - 2 \times (-10.75) = -79.52 \text{ (J/K)}$$

由式（2-20）可求得

$$U^{\ominus}|_{65℃} = U^{\ominus}|_{25℃} + (65-25)\frac{\Delta S^{\ominus}}{nF} = 2.188 + 40 \times \frac{-79.52}{2 \times 96\,485} = 2.172 \text{ (V)}$$

2.6 简化的活度校正

前面曾得出计算电化学池平衡电势的表达式（2-13）：

$$U = U^{\ominus} - \frac{RT}{nF}\ln\prod a_i^{s_i}$$

其中含有活度校正项。活度是组分的一个取决于标准态的无因次热力学性质，可以先简单使用下面的初步校正：

离子组分：$\qquad\qquad\qquad a_i = \dfrac{c_i}{c_i^{\ominus}}$ $\qquad\qquad\qquad$ (2-23a)

纯固相：$\qquad\qquad\qquad a_i = 1$ $\qquad\qquad\qquad$ (2-23b)

溶剂（如水）：$\qquad\qquad\qquad a_i = 1$ $\qquad\qquad\qquad$ (2-23c)

气相组分：$\qquad\qquad\qquad a_i = \dfrac{p_i}{p^{\ominus}}$ $\qquad\qquad\qquad$ (2-23d)

气体组分的标准态是 100kPa 时的理想气体，溶液中离子的标准态为理想的 1m 溶液。

作为初步的近似用体积摩尔浓度代替质量摩尔浓度，基于上述假设，式（2-13）简化为

$$U = U^{\ominus} - \frac{RT}{nF}\ln\left[\prod_{离子组分}\left(\frac{c_i}{c_i^{\ominus}}\right)^{s_i}\prod_{气体组分}\left(\frac{p_i}{p^{\ominus}}\right)^{s_i}\right] \qquad (2-24)$$

其中，计量系数 s_i 对于产物为正，对于反应物为负。式（2-24）与经典的 Nernst 方程相似。此处隐含的假设是求取电池平衡电势时经常采用的。因为把固相组分和溶剂的活度都视为1，

这些组分不会在式（2-24）中出现。

下面用计算实例说明如何利用式（2-24）确定电化学池的平衡电势。

例 2-5　求［例 2-4］中氯碱电解槽在 25℃、200kPa 时的平衡电势。

解　按［例 2-4］的解法，先求出电解槽 25℃时的标准平衡电势为

$$U^{\ominus}(25℃)=\varphi^{\ominus}_{Cl_2/Cl^-}-\varphi^{\ominus}_{H_2/OH^-}=1.360-(-0.828)=2.188（V）$$

电化学池总反应为 $Cl_2+H_2+2OH^-\rightleftharpoons 2H_2O+2Cl^-$，反应方向是自发进行的方向，其 Gibbs 自由焓变为负值，平衡电势为正值，其中组分 OH^- 对应的是阴极室的组分 OH^-，因为阴极反应与 pH 相关，活度校正需要采用电极半反应局部的浓度、压力来计算。因阴极室的 pH=14，c_{OH^-}=1M。转移的电子数 n=2。由式（2-24），得

$$U(25℃)=U^{\ominus}(25℃)-\frac{RT}{2F}\ln\left(\frac{c^2_{Cl^-}}{c^2_{OH^-}\frac{p_{Cl_2}p_{H_2}}{(p^{\ominus})^2}}\right)$$

$$=2.188-\frac{8.314\times(273.15+25)}{2\times98\,485}\ln\left(\frac{5^2}{1^2\times2\times2}\right)=2.164（V）$$

利用标准电极电势和能斯特方程，可以计算由任意两个电极构成的电化学池的平衡电势。方法有二：一是先按式（2-15）计算电化学池的标准平衡电势，然后按电化学池的能斯特方程式（2-24）考虑简化活度项的校正后，计算出电池的电势 U，［例 2-5］采用的就是这个方法；二是先按电极的能斯特方程式（2-14a）分别计算两个电极的电极电势 $\varphi_{右}$ 和 $\varphi_{左}$，然后按式（2-8）计算得到电化学池的平衡电势。

例 2-6　用方法二，重做［例 2-5］。

解　正极的平衡电极电势为

$$\varphi_{Cl_2/Cl^-}=\varphi^{\ominus}_{Cl_2/Cl^-}-\frac{RT}{2F}\ln\left(\frac{c^2_{Cl^-}}{\frac{p_{Cl_2}}{p^{\ominus}}}\right)=1.360-\frac{8.314\times(273.15+25)}{2\times98\,485}\ln\left(\frac{5^2}{2}\right)=1.327\,6（V）$$

负极的平衡电极电势为

$$\varphi_{H_2/OH^-}=\varphi^{\ominus}_{H_2/OH^-}-\frac{RT}{2F}\ln\left(\frac{c^2_{OH^-}p_{H_2}}{p^{\ominus}}\right)=-0.828-\frac{8.314\times(273.15+25)}{2\times98\,485}\ln\left(\frac{1^2\times2}{1}\right)$$

$$=-0.836\,9（V）$$

由式（2-8），得

$$U=\varphi_{Cl_2/Cl^-}-\varphi_{H_2/OH^-}=1.327\,6-(-0.836\,9)=2.164（V）$$

与［例 2-5］的结果相同。方法二不需要写出整个电池反应，不容易混淆校正活度时采用哪个浓度值。

例2-7 铅酸蓄电池中电解质是5M的硫酸溶液，求在25℃时的热力学平衡电势。

解 铅酸蓄电池中负极的电极半反应及标准平衡电极电势为

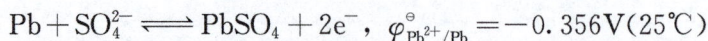

$$Pb + SO_4^{2-} \rightleftharpoons PbSO_4 + 2e^-, \quad \varphi_{Pb^{2+}/Pb}^{\ominus} = -0.356V(25℃)$$

正极的电极半反应及标准平衡电极电势为

$$PbO_2 + SO_4^{2-} + 4H^+ + 2e^- \rightleftharpoons PbSO_4 + 2H_2O, \quad \varphi_{Pb^{2+}/PbO_2}^{\ominus} = 1.685V(25℃)$$

电池反应为 $PbO_2 + Pb + 2SO_4^{2-} + 4H^+ \rightleftharpoons 2PbSO_4 + 2H_2O$

电池的标准平衡电势：

$$U^{\ominus} = \varphi_{Pb^{2+}/PbO_2}^{\ominus} - \varphi_{Pb^{2+}/Pb}^{\ominus} = 1.685 - (-0.356) = 2.041(V)$$

电池的平衡电势：

$$U = U^{\ominus} - \frac{RT}{2F}\ln\left(\frac{1}{c_{SO_4^{2-}}^2 \cdot c_{H^+}^4}\right)$$

$$= 2.041 - \frac{8.314 \times (273.15 + 25)}{2 \times 98485}\ln\left[\frac{1}{5^2 \times (2 \times 5)^4}\right] = 2.20(V)$$

室温下车用启动铅酸电池的开路电压约为2.13V。

2.7　由电池标准平衡电势求反应平衡常数

化学反应平衡常数的定义为

$$K = \prod a_i^{s_i} \tag{2-25}$$

利用式（2-13），可知反应平衡常数和电池平衡电势的关系为

$$U = U^{\ominus} - \frac{RT}{nF}\ln\prod a_i^{s_i} = U^{\ominus} - \frac{RT}{nF}\ln K \tag{2-26}$$

当反应达到平衡时，$\Delta G = 0$，$U = 0$，有

$$\ln K = \frac{nF}{RT}U^{\ominus} \tag{2-27a}$$

和

$$K = \exp\left(\frac{nF}{RT}U^{\ominus}\right) \tag{2-27b}$$

以难溶盐AgCl的溶度积计算为例，溶度积是特殊的平衡常数。难溶盐AgCl在溶液中的离解平衡为

$$AgCl_{(s)} \rightleftharpoons Ag^+ + Cl^-$$

其溶度积为 $K = a_{Ag^+} \cdot a_{Cl^-}$。

由平衡电势法求溶度积就是要组成一个包含难溶盐的电池，例如 Ag(s)|AgCl(s)，KCl(aq)||AgNO₃(aq)|Ag(s)，AgCl的离解平衡可视为以下两个还原/氧化反应的加和：

还原反应（正极反应） $AgCl(s) + e^- \rightleftharpoons Ag + Cl^-$, $\varphi_{AgCl/Ag}^{\ominus} = 0.222V$ （25℃）

氧化反应（负极反应） $Ag \rightleftharpoons Ag^+ + e^-$, $\varphi_{Ag^+/Ag}^{\ominus} = 0.7996V$ （25℃）

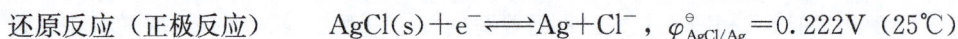

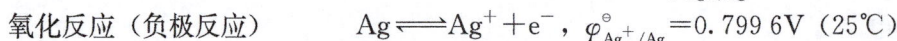

因此，25℃时对应的电池标准平衡电势为

$$U^{\ominus}=\varphi^{\ominus}_{\mathrm{AgCl/Ag}}-\varphi^{\ominus}_{\mathrm{Ag^+/Ag}}=0.222-0.799\,6=-0.577\,6\ (\mathrm{V})$$

由式（2-24）和式（2-27b），知

$$K=\prod a_i^{s_i}=\frac{a_{\mathrm{Ag^+}}a_{\mathrm{Cl^-}}}{a_{\mathrm{AgCl(s)}}}=a_{\mathrm{Ag^+}}a_{\mathrm{Cl^-}}=\exp\left(\frac{F}{RT}U^{\ominus}\right)=\exp\left[\frac{96\,485}{8.314\times298.15}\times(-0.577\,6)\right]$$
$$=1.72\times10^{-10}$$

如此小的溶度积用化学方法难以测出，而用电化学方法却能准确地测定，显示了电化学方法的优越性。

只要把化学反应写作两个电池半反应之和，就能用式（2-27）求取其平衡常数，注意温度须与电池标准平衡电势的温度一致。

2.8　φ-pH 图

电化学体系中反应平衡与条件的热力学关系可用一种 φ-pH 图（Pourbaix 图）表示，φ-pH 图是表述在标准状态下（$1.01\times10^5\mathrm{Pa}$，298K）金属元素不同价态的平衡电极电势 φ 与 pH 值的关系。平衡电极电势 φ 的数值反映了物质的氧化还原能力，可以用来判断电化学反应进行的可能性。平衡电极电势 φ 的数值与反应组分的活度有关，对有 $\mathrm{H^+}$ 离子或 $\mathrm{OH^-}$ 离子参与的反应来说与溶液中离子的浓度和 pH 值有关。如果指定其离子浓度，平衡电极电势就只与溶液的 pH 值有关。由此，根据热力学数据画出相应反应的一系列等温等浓度的 φ-pH 关系线就是 φ-pH 图，从图上可以清楚地看出一个电化学体系中，发生各种电化学反应所必须具备的电极电势和溶液 pH 值条件，或者可以判断在给定条件下某电化学反应进行的可能性。φ-pH 图是由热力学数据绘制成的，其作用主要是反映金属元素在一定电极电势和 pH 值条件下的存在状态和元素不同价态的变化倾向。φ-pH 图与热力学的相图一样，属于热力学平衡图，只能用来讨论电化学体系中某些反应发生的可能性和反应平衡等热力学问题，而无法解决其反应速度等动力学问题。最简单的 φ-pH 图只涉及一种元素（包括它的氧化物与氢化物）和水组成的体系。以下只讨论理论 φ-pH 图的建立及其分析。

一般来说，φ-pH 图的绘制大致包括以下步骤：

（1）确定体系中可能发生的各种反应，并写出其反应方程式。

（2）查出参加反应的各种物质的热力学数据，确定其反应的 $\Delta_rG^{\ominus}$、平衡常数 K 和标准电极电势 $\varphi^{\ominus}$。

（3）确定所有反应的平衡电极电势 φ 和 pH 值的计算式。

（4）利用 φ 和 pH 值的计算式，在指定离子浓度（或活度）、气相分压和一定温度条件下计算出所有反应的 φ 和 pH 值。

（5）将计算结果以 φ 为纵坐标，pH 值为横坐标作图，便得到了指定离子浓度（或活度）、气相分压和一定温度条件下的 φ-pH 图。

以图 2-1 所示的简化的锌 φ-pH 图的绘制加以

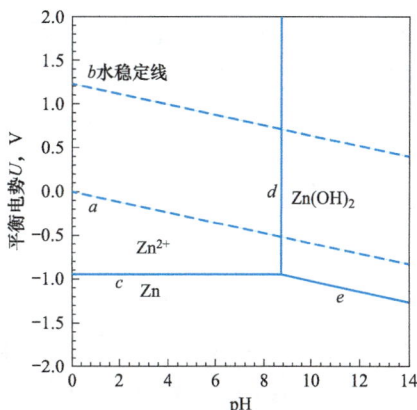

图 2-1　简化的锌 φ-pH 图

说明。

首先，图 2-1 中和其他 φ-pH 图一样，都包括两条参考线：a、b 两条虚线。因为，水是所有水溶液中最基本的组成，水溶液中 H_2O 分子、H^+ 离子和 OH^- 离子都有可能与溶液中的氧化剂或还原剂发生反应。因此，研究金属-水系的 φ-pH 图，首先要研究水的电化学平衡图。水的 φ-pH 图实际上也是氢电极和氧电极的 φ-pH 图。

在酸性溶液中，氢电极半反应为

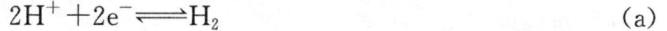

$$2H^+ + 2e^- \rightleftharpoons H_2 \tag{a}$$

其平衡电极电势为

$$\varphi_a = \varphi^\ominus_{H_2/H^+} - \frac{RT}{nF}\ln\left[\frac{\frac{p_{H_2}}{p^\ominus}}{\left(\frac{c_{H^+}}{c^\ominus}\right)^2}\right] = -\frac{RT}{2F}\ln\left[\frac{\frac{p_{H_2}}{p^\ominus}}{\left(\frac{c_{H^+}}{c^\ominus}\right)^2}\right]$$

其中 $\varphi^\ominus_{H_2/H^+} = 0V$。

在 25℃和 $p_{H_2} = p^\ominus$，$c^\ominus = 1M$ 时，有

$$\varphi_a = -\frac{RT}{2F}\ln\left[\frac{1}{\left(\frac{c_{H^+}}{c^\ominus}\right)^2}\right] = \frac{RT}{F}\ln\left(\frac{c_{H^+}}{c^\ominus}\right) = -2.303\frac{RT}{F}pH = -0.0592pH \tag{2-28}$$

φ_a 仅随 H^+ 浓度即 pH 值的变化而变化。

在酸性溶液中，氧电极半反应为

$$\frac{1}{2}O_2 + 2H^+ + 2e^- \rightleftharpoons H_2O \tag{b}$$

其中，$\varphi^\ominus_{O_2/H_2O} = 1.229V$。

在 25℃和 $p_{O_2} = p^\ominus$ 时，其平衡电极电势为

$$\varphi_b = \varphi^\ominus_{O_2/H_2O} - 2.303\frac{RT}{F}pH = 1.229 - 0.0592pH(V) \tag{2-29}$$

φ_b 也仅随 H^+ 浓度即 pH 值的变化而变化。

从式（2-28）和式（2-29）可知，氢和氧的 φ-pH 关系是平行的（斜率相同）。线 a 是反应（a）的平衡条件。在线 a 的下方，水倾向于发生还原反应而分解，析出氢气；在线 a 的上方，有利于氧化反应，H^+ 是稳定的组分。同理，线 b 是反应（b）的平衡条件。在线 b 的上方，水倾向于发生氧化反应而分解，析出氧气；在线 b 的下方，有利于还原反应，水是稳定的组分。因此，只有在线 a 和线 b 之间的区域内是水的热力学稳定区。

下面考虑 Zn 的解离平衡：

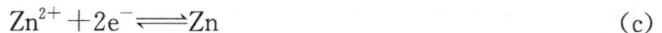

$$Zn^{2+} + 2e^- \rightleftharpoons Zn \tag{c}$$

其平衡电极电势为

$$\varphi_c = \varphi^\ominus_{Zn^{2+}/Zn} - \frac{RT}{nF}\ln\frac{c^\ominus}{c_{Zn^{2+}}} \tag{2-30}$$

当电势低于 φ_c 时，金属是 Zn 稳定的。因 H^+ 离子和 OH^- 离子均不参与反应（c），线 c 与 pH 值无关，是一条水平线。由附表 B-1 查得 $\varphi^\ominus_{Zn^{2+}/Zn} = -0.7618V$，并未在图 2-1 中标出。这是因为由式（2-30）可以看出，φ_c 与 Zn^{2+} 离子浓度有关。按惯例，当离子浓度取 $10^{-6}M$ 时，$\varphi_c = -0.94V$，这是图 2-1 中所示的值。

φ-pH 图及相关计算与体系中组分的选择有关。金属 Zn 的 φ-pH 图包含多达 16 个不同的组分。为了说明 φ-pH 图的绘制和使用，以下仅选代表性的反应。

$$Zn^{2+} + 2OH^- \rightleftharpoons Zn(OH)_2 \tag{d}$$

反应（d）是另一种反应类型。该反应不是包括电子转移的电化学反应，与电势无关，因此在 φ-pH 图中用一条垂线表示，以描述 Zn^{2+} 和 Zn (OH)$_2$ 的稳定边界。

与 Zn (OH)$_2$ 处于平衡时相应的 pH 值由下式确定：

$$K_{sp} = \frac{a_{Zn^{2+}} \, a_{OH^-}^2}{a_{Zn(OH)_2}} = 3 \times 10^{-17}$$

当 Zn^{2+} 浓度为 10^{-6}M 时，pH＝8.74。

再考虑反应（e）：

$$Zn(OH)_2 + 2H^+ + 2e^- \rightleftharpoons Zn + 2H_2O \tag{e}$$

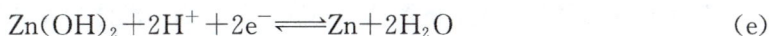

其电极电势为

$$\varphi_e = \varphi_{Zn(OH)_2/Zn}^{\ominus} - 2.303 \frac{RT}{F} pH = -0.425 - 0.059\,2pH\,(V)$$

为图 2-1 中的线 e。

从 φ-pH 图中可以清楚地看出各相的热力学稳定区域和各组分生成的电势和 pH 条件。从线 c 可知，当电势低于－0.94V 时，金属 Zn 是稳定的；当电势升高超过－0.94V 时，金属 Zn 会发生溶解。在高电势下当溶液 pH 值提高到 8.74 以上时，会生成 Zn (OH)$_2$ 沉淀。当 pH 值高于 8.74，电势高于线 e 时，金属 Zn 会与水直接反应生成 Zn (OH)$_2$。

2.9 液体接界电势

前面介绍的 Daniell 电池采用选择性渗透膜作为隔膜把两个电极分隔开。实践中常常采用简单的多孔介质作隔膜，既避免了电解质的整体混合，又允许离子在电极间移动。因此，电化学池中经常会出现两电极间存在不同浓度和/或组成电解质溶液相接触的情形。

两个不同的电解质溶液相接触的界面上存在的微小电势差称为液体接界电势（liquid junction potential）。

液体接界处在开路状态下，电流为零，没有净电荷的传递，但扩散现象仍然发生。

两个组成或浓度不同的电解质溶液相接触时，带有相反电荷的正、负离子将以不同速度从高浓度向低浓度进行扩散，随之出现的电荷分离现象在溶液界面两侧形成一个微观电场。这一微观电场的作用使扩散迁移速度快的离子扩散迁移减慢，扩散迁移速度慢的离子扩散迁移加快，最后使正、负离子以相同的迁移速度进行扩散。当正、负离子以相同的迁移速度在溶液界面两侧形成稳定的微观电场，其电势差就是液体接界电势。这一电势差是由于离子从高浓度向低浓度进行扩散而产生的，因而也称为扩散电势（diffusion potential）。

现以一个简单的例子说明液体接界电势产生的原因。两个浓度分别为 1.0M 和 0.1M 的 1∶1 二元电解质 HCl 溶液位于多孔介质两侧，如图 2-2 所示。在开路状态下，依然有扩散现象存在，因为溶液界面两

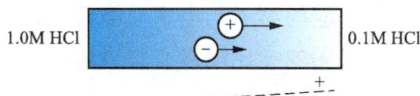

图 2-2　液体接界电势示意

侧存在浓度梯度，溶质将由浓度高的一侧向浓度低的一侧扩散。当 H^+ 离子和 Cl^- 离子同时从高浓度向低浓度扩散时，阳离子 H^+ 的扩散系数大于阴离子 Cl^- 的扩散系数，阳离子 H^+ 的扩散速度大于阴离子 Cl^- 的扩散速度，在一定的时间间隔内，通过界面的阳离子 H^+ 要多于阴离子 Cl^-。这一现象使界面两侧电荷出现稍微的不平衡，导致了跨界面的电势差，该电势差使通过界面的阳离子 H^+ 迁移速度降低，加快阴离子 Cl^- 通过界面的迁移速度。最后阳离子 H^+ 与阴离子 Cl^- 以相同的速度通过界面，达到一个稳定状态，在界面形成稳定的电势差——液体接界电势。

这个稳定状态绝不是平衡状态，因为扩散一直在进行，这是一个不可逆过程。液体接界电势是传递过程的结果，本质上不是热力学平衡。液体接界电势较小，一般为 1mV 到几十毫伏，通常可以忽略。

定量度量液体接界电势的数值是不容易的，因为液体接界电势值的理论计算中将包括各种离子的迁移数，而离子迁移数又与溶液的浓度有关即迁移数是浓度的函数。在理论上推导液体接界电势公式时需要规定若干条件，做出某些假设。推导出的公式也仅仅是适用于一定条件下的近似公式。常用 Henderson 方程式（2-31）直接估算液体接界电势：

$$\Delta\varphi = \varphi^L - \varphi^R = \frac{RT}{F(u_+ - u_-)}\left(\frac{u_+}{z_+} - \frac{u_-}{z_-}\right)\ln\left(\frac{c^R}{c^L}\right) \tag{2-31}$$

式中：上角 L、R 分别为接界的左、右两侧；u_+、u_- 分别为阳、阴离子淌度（单位电场强度下离子的迁移速度）；z_+、z_- 分别为阳、阴离子的电荷数。

在选择参考电极时要注意液体接界电势带来的误差。大多数情况下在测量过程中把液体接界电势消除或使其减小到可以忽略的程度。

2.10 参比电极及应用

2.10.1 参比电极

附表 B-1 中列出的标准电极电势是以标准氢电极为基准的。标准氢电极是气体电极，使用条件要求十分严格，其制备和纯化也比较复杂，用它作为比较的标准显然不太方便。实验工作中常用一些性能稳定且使用方便的电极来取代标准氢电极作为互相比较的标准，一般称它们为参比电极（reference electrode）。

通常使用的参比电极都是由被金属难溶的化合物（如金属盐与氧化物）覆盖的金属电极浸在含有与难溶物有共同负离子的溶液组成的金属-难溶物电极。

采用参比电极的目的是提供已知准确、稳定的电势测量值。原理上没有电流通过参比电极，因此它仍然维持其平衡电势。实际上有非常小的电流通过参比电极，不足以影响其平衡电极电势。

对理想参比电极的要求如下：①电极反应可逆；②具有稳定、明确的电极电势；③参与电极反应的离子与电解质溶液中的离子相同；④与电解质溶液无液体接界电势。

常用的参比电极有甘汞电极和银/氯化银电极。

1. 甘汞电极

甘汞电极示意见图 2-3。甘汞电极由 $Hg(l)$、$Hg_2Cl_2(s)$ 和 KCl 溶液组成，$Hg_2Cl_2(s)$

是微溶盐。电极的玻璃管中装有少量的汞直接与固态甘汞（Hg_2Cl_2）糊相接触，同时保持甘汞糊与氯化钾溶液通过多孔陶瓷相接触，多孔陶瓷相当于盐桥或接界区。铂丝和汞之间的电接触由液汞中插入铂丝实现。电极反应为

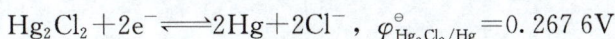

$$Hg_2Cl_2 + 2e^- \rightleftharpoons 2Hg + 2Cl^-, \quad \varphi_{Hg_2Cl_2/Hg}^{\ominus} = 0.267\,6V$$

甘汞电极在一定温度下具有稳定的平衡电极电势而且容易制备、使用方便。甘汞电极可以选用三种不同浓度的 KCl 溶液：0.1M、1.0M 和饱和溶液。

饱和甘汞电极（SCE）中，电解质 KCl 维持饱和以保证 Cl^- 浓度恒定。标准电极电势对应的是 1m 的理想溶液，而非 Cl^- 的饱和浓度。饱和甘汞电极的平衡电极电势为 0.242V。

甘汞电极最适合用于含有 Cl^- 的电解质，不适用于低浓度 Cl^- 会造成污染的场合。对其他电解质，可采用含汞的参比电极有 Hg/Hg_2SO_4 和 Hg/HgO（碱性溶液）。

2. 银/氯化银电极

银/氯化银电极是将一根覆有氯化银涂层的银丝浸入氯化钾饱和溶液，氯离子浓度保持在饱和极限值。电极反应为

$$AgCl + e^- \rightleftharpoons 2Ag + Cl^-, \quad \varphi_{AgCl/Ag}^{\ominus} = 0.222V$$

银/氯化银电极具有较稳定、可重现的电极电势，作为固体电极，体积小巧，结构紧凑，清洁、安全，使用方便，可直接插入电解质溶液中而不会造成显著污染，应用广泛。

此外，$Ag/Ag_2SO_4(s)$ 参比电极的电极反应为

$$Ag_2SO_4 + 2e^- \rightleftharpoons 2Ag + SO_4^{2-}, \quad \varphi_{Hg_2SO_4/Hg}^{\ominus} = 0.612\,5V$$

因含有 SO_4^{2-}，适用于铅酸电池体系。

图 2-3　甘汞电极示意

2.10.2　电化学三电极测试体系

电化学测试系统中，为了充分利用电化学体系反应中阳极氧化部分与阴极还原部分可以彼此单独进行研究的特点，常采用三电极测试体系，即在一般电化学体系中增加一个参比电极的三电极体系，电化学三电极测试体系示意如图 2-4 所示。在三电极体系中，研究电极（也称工作电极）上所发生的过程是所要研究的对象，辅助电极（也称作对电极）主要用来通过电流使研究电极发生极化，参比电极作为参考点用于测定研究电极在通电发生极化时的电极电势。三电极体系构成两个回路：研究电极和辅助电极组成的极化回路或电流测量路，实验时有电流通过；研究电极和参比电极组成电势测量回路，实验时无电流通过或通过的电流很小可忽略不计。三电极体系可以很方便地用于电极过程动力学研究。

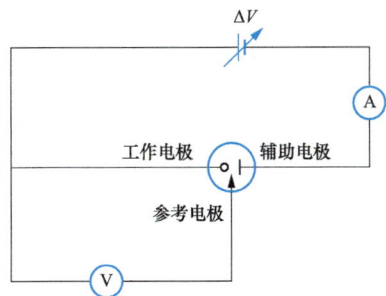

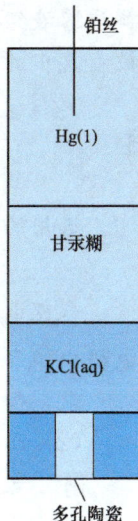

图 2-4　电化学三电极测试体系示意

例2-8　在实验室电化学三电极体系中研究酸性硫酸铜溶液中铜的沉积过程。电

解质溶液组成为 0.25M $CuSO_4$ 和 1.8M H_2SO_4。此三电极体系中无隔膜，电解质溶液被空气中的氧气所饱和，压力为 100kPa。两个电极反应分别为

$$Cu^{2+} + 2e^- \Longrightarrow Cu$$

和

$$O_2 + 4H^+ + 4e^- \Longrightarrow 2H_2O$$

选用的参比电极为 Hg/Hg_2SO_4，其电极反应及标准电极电势为

$$Hg_2SO_4 + 2e^- \Longrightarrow 2Hg + SO_4^{2-}, \quad \varphi_{Hg_2SO_4/Hg}^{\ominus} = 0.6125V$$

参比电极中实际电解质溶液为饱和的 K_2SO_4 溶液（$c_{SO_4^{2-}} = 0.689M$）。可忽略参比电极中饱和 K_2SO_4 溶液与 $CuSO_4/H_2SO_4$ 溶液之间的液体接界电势。

求：（1）相对于参比电极，氧电极和铜电极的平衡电势各为多少？

（2）阳极和阴极之间的平衡电势为多少？

解 首先求氧电极相对于标准氢电极的电极电势：

$$\varphi_{O_2/H_2O} = \varphi_{O_2/H_2O}^{\ominus} - \frac{RT}{nF} \ln \left[\frac{1}{\left(\frac{c_{H^+}}{c^{\ominus}} \right)^4 \left(\frac{p_{O_2}}{p^{\ominus}} \right)} \right]$$

$$= 1.229 - \frac{8.314 \times 298.15}{4 \times 96485} \ln \left[\frac{1}{(2 \times 1.8)^4 \times (1 \times 0.21)} \right] = 1.252(V)$$

参比电极相对于标准氢电极的电极电势：

$$\varphi_{Hg_2SO_4/Hg} = \varphi_{Hg_2SO_4/Hg}^{\ominus} - \frac{RT}{nF} \ln \left(\frac{c_{SO_4^{2-}}}{c^{\ominus}} \right) = 0.6125 - \frac{8.314 \times 298.15}{2 \times 96485} \ln 0.689 = 0.617(V)$$

氧电极相对于参比电极的电极电势：

$$U_{O_2/\text{参比}} = \varphi_{O_2/H_2O} - \varphi_{Hg_2SO_4/Hg} = 1.252 - 0.617 = 0.635(V)$$

类似地，铜电极相对于标准氢电极的电极电势：

$$\varphi_{Cu^{2+}/Cu} = \varphi_{Cu^{2+}/Cu}^{\ominus} - \frac{RT}{nF} \ln \left(\frac{c^{\ominus}}{c_{Cu^{2+}}} \right) = 0.3419 - \frac{8.314 \times 298.15}{2 \times 96485} \ln \frac{1}{0.25} = 0.324(V)$$

所以，铜电极相对于参比电极的电极电势：

$$U_{Cu/\text{参比}} = \varphi_{Cu^{2+}/Cu} - \varphi_{Hg_2SO_4/Hg} = 0.324 - 0.617 = -0.293(V)$$

阳极相对于阴极的平衡电势：

$$U_{O_2/Cu} = U_{O_2/\text{参比}} - U_{Cu/\text{参比}} = 0.635 - (-0.293) = 0.928(V)$$

阳极相对于阴极的平衡电势也可直接求得

$$U_{O_2/Cu} = \varphi_{O_2/H_2O} - \varphi_{Cu^{2+}/Cu} = 1.252 - 0.324 = 0.928(V)$$

由上述计算可知，参比电极实质上只是把电化学池阳极和阴极之间的电势分割成了两部分。这种分割的概念后续还会经常应用。

🔄 2.11 电极界面的平衡

上述由热力学可得到电化学反应对应的平衡电势，即 $\Delta_r G = -nFU$，然而整个电化学池

的电化学反应显然不处于平衡，因为反应平衡时其 $\Delta_r G = 0$。平衡电势指的是电化学池的外电路电流为零时，两个电极的电极半反应都处于平衡。

以铜电极插入酸性硫酸铜溶液所组成的电极体系为例加以说明。金属是由金属离子和自由电子按一定的晶格形式排列组成的晶体。铜离子要脱离晶格就必须克服晶格间的结合力，即金属键力。在金属表面的铜离子，由于键力不饱和，有吸引其他正离子以保持与内部铜离子相同的平衡状态的趋势；同时，又比内部离子更易于脱离晶格。这就是金属表面的特点。

水溶液（如硫酸铜溶液）的特点是，溶液中存在着极性很强的水分子、被水化了的铜离子和硫酸根离子等，这些离子在溶液中不停地进行着热运动。

当金属浸入溶液时，便打破了各自原有的平确状态：极性水分子和金属表面的铜离子相互吸引而定向排列在金属表面上；同时铜离子在水分子的吸引和持续的热运动冲击下，脱离晶格的趋势增大了，这就是所谓水分子对金属离子的水化作用。这样，在金属/溶液界面上，对于铜离子，存在着两种相互矛盾的作用：

（1）金属晶格中自由电子对铜离子的静电引力。它既起到阻止表面的铜离子脱离晶格而溶解到溶液中的作用，又促使界面附近溶液中的水化铜离子脱水化而沉积到金属表面来。

（2）极性水分子对铜离子的水化作用。它既促使金属表面的铜离子进入溶液，又起到阻止界面附近溶液中的水化铜离子脱水化而沉积的作用。

在金属/溶液界面上首先是发生铜离子的溶解还是沉积，要看上述矛盾作用中，哪一种作用占主导地位。对于铜浸入硫酸铜溶液，水化作用是主要的，因此界面上首先发生铜离子的溶解和水化，其反应为

$$Cu \longrightarrow Cu^{2+} + 2e^-$$

以上溶解反应的 $\Delta_r G$ 为负，留在金属铜上的过剩电荷导致电子能量升高，进入溶液的阳离子 Cu^{2+}，使 Cu^{2+} 的活度增加。

金属铜和硫酸铜溶液原本都是电中性的，但铜离子发生溶解后，在金属上留下的电子使金属带负电。溶液中则因铜离子增多而有了剩余的正电荷。这样，由于金属表面剩余负电荷的吸引和溶液中剩余正电荷的排斥，铜离子的继续溶解变得困难，而水化铜离子的沉积却变得容易了。因此，有利于下列反应的发生：

$$Cu^{2+} + 2e^- \longrightarrow Cu$$

随着过程的进行，铜原子溶解速度逐渐变小，铜离子沉积速度逐渐增大。最终，当溶解速度和沉积速度相等时，在界面上就建立起一个动态平衡。即

$$Cu \rightleftharpoons Cu^{2+} + 2e^-$$

此时溶解和沉积两个过程仍在进行，只不过速度相等而已。也就是说，在任意瞬间，有多少铜原子溶解到溶液中，同时就有多少铜离子沉积到金属表面上。因此，界面两侧（金属与溶液两相中）积累的剩余电荷数量不再变化，界面上的反应处于相对稳定的动态平衡之中。上述过程也可以理解为，由于在金属和溶液中的电化学势（electrochemical potentials）不相等，必然发生铜离子从一相向另一相转移的自发过程。建立动态平衡后，铜离子在两相中的电化学势就相等了。也可以说，整个电极体系中各组分的电化学势的代数和为零，此时 $\Delta_r G = 0$。

在恒温、恒压下，反应的 Gibbs 自由能变化 $\Delta_r G$ 可表示为参与反应各组合电化学势的代数和：

$$\Delta_r G = \sum_i s_i \mu_i = 0 \tag{2-32}$$

式中：s_i 为组分 i 的计量系数。

电化学势 μ_i 的定义是：

$$\mu_i = \mu_i^{化学} + \mu_i^{电} = \mu_i^{\ominus} + RT\ln a_i + z_i F\varphi \tag{2-33}$$

电化学势可看作是由两部分组成的：一部分是荷电粒子所需的电功，这是电的部分，也称为 Galvani 电势或内电势（inner potential）；另一部分则是由于荷电粒子与带电物相间的化学作用所引起的偏摩尔 Gibbs 自由能的变化，可将它作为化学部分。应当指出，将电荷与物质截然分开是没有物理意义的，将电化学势区分为电部分和化学部分只是为了便于理解。

显然，对于带电组分而言，它们在两相间的分配达到平衡的条件，应是它们的电化学势相等。

将式（2-32）和式（2-33）应用于上述铜电极体系，有

$$\sum_i s_i \mu_i = 0 = \mu_{Cu(M)} - \mu_{Cu^{2+}(aq)} - 2\mu_{e^-(M)} \tag{2-34a}$$

其中

$$\mu_{Cu^{2+}(aq)} = \mu_{Cu^{2+}(aq)}^0 + RT\ln a_{Cu^{2+}(aq)} + 2F\varphi_s \tag{2-34b}$$

$$\mu_{Cu(M)} = \mu_{Cu(M)}^0 + RT\ln a_{Cu(M)} = \mu_{Cu(M)}^0 \tag{2-34c}$$

$$\mu_{e^-(M)} = \mu_{e^-(M)}^0 + RT\ln a_{e^-(M)} - F\varphi_M = \mu_{e^-(M)}^0 - F\varphi_M \tag{2-34d}$$

由于金属铜和电子都处于标准态，把式（2-34b）～式（2-34d）代入式（2-34a），整理得

$$\Delta\varphi = \varphi_M - \varphi_s = \frac{\mu_{Cu^{2+}(aq)}^0 + 2\mu_{e^-(M)}^0 - \mu_{Cu(M)}^0}{2F} + \frac{RT}{2F}\ln a_{Cu^{2+}(aq)}$$

$$\Delta\varphi = \Delta\varphi^{\ominus} + \frac{RT}{2F}\ln a_{Cu^{2+}(aq)} \tag{2-35}$$

其中，$\Delta\varphi^{\ominus}$ 为标准状态下金属和溶液间的电势差；$\Delta\varphi = \varphi_M - \varphi_s$ 是平衡时界面处的电势差。对于电极体系而言，它就是金属溶液之间的相间电势，即电极电势。

界面电势差在电化学体系中发挥着重要作用。例如，当界面电势差大于其平衡值时，将会发生阳极反应；当界面电势差小于其平衡值时，发生的将会是阴极反应。

界面电势差 $\Delta\varphi$ 虽然可以清楚地定义，但却无法实际测量。这是因为无论使用任何装置来测量，都会产生新的界面，使得所测数值必定包含新产生的界面电势。

电极的绝对电势虽然无法测量，实际采用的方法是测量两个电极间的电势，即把电极电势保持恒定的参比电极与被测电极组成测量回路，以确定出电极的相对电势。事实上，影响电化学反应进行的方向和速度的关键因素是电极电势的变化值，即相对电势。电化学中通用的、最重要的参比电极是标准氢电极，人为规定标准氢电极的相对电势为零。选用标准氢电极作参比电极时，电极的相对电势就称为氢标电极电势或氢标电势。通常文献中的各种电极电势，除特别注明外，都是氢标电势。一般情况下，氢标电势无须注明。

2.12 电解质溶液中的电势：DEBYE-HÜCKEL 理论

电极表面与邻近溶液间的电势差是由于电极表面或电解质溶液中的离子所带电荷造成溶

液中的电荷不平衡所导致的。电极表面和电解质溶液中的离子这两种情形可用类似的方法来描述，其关键参数 Debye 长度也相同。

非缔合式电解质稀溶液中离子是带电的，它们之间存在着库仑力。在异性电荷相吸引，同性电荷相排斥的作用下，离子倾向于按一定规则排列。另外，离子在溶液中的热运动则力图使离子均匀地分散在整个溶液中。离子在稀溶液中所处的状态，正是这两种作用力相互作用的结果。Debye 和 Hückel 提出的离子氛理论能够解释稀溶液的许多性质，在理论上具有重要意义。

为了便于讨论，可以选择任何一个离子作为中心，姑且称为中心离子。例如，选择一个正离子作为中心离子，分析其他离子在这个中心离子电场作用下所处的状态。这时，库仑力将使得负离子靠近这个中心离子，而正离子则将远离它；另外，离子的热运动又促使离子在溶液中均匀地分布。在溶液很稀、离子间距离较远的情况下，库仑力比热运动作用力小得多。由于这个中心离子对正离子排斥和对负离子吸引的结果，统计平均地来看，距中心离子越近，正离子出现的概率越小（正电荷越少），而负离子出现的概率越大（负电荷越多）。反之，距中心离子越远，正电荷越多，负电荷越少。中心离子周围的大部分正负电荷相互抵消，但总的效果仍然是中心离子（带正电荷）周围的负电荷超过正电荷，所超过的电量与中心离子大小相等，符号相反。中心离子就好像是被一层符号相反的电荷包围着。由于中心离子的电场是球形

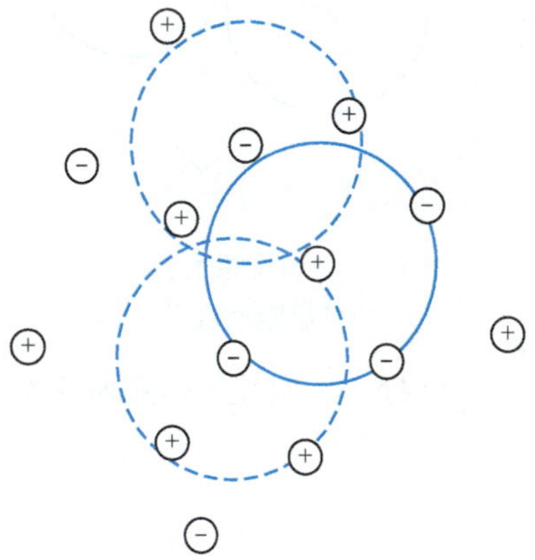

图 2-5　中心离子和离子氛示意

的，故这一层电荷的分布也是球形对称的。中心离子周围的这层电荷所构成的球体称为离子氛（ionic cloud），见图 2-5。把离子氛与中心离子作为一个整体来看，它是电中性的。

库仑力和热运动综合的效应可由 Boltzmann 因子定量表示为

$$\frac{c_i}{c_{i,\infty}} = \exp\left(\frac{-z_i F\varphi}{RT}\right) \tag{2-36}$$

式中：c_i 为局部浓度；$c_{i,\infty}$ 为平均浓度；$z_i F\varphi$ 为将 1mol 离子从电势为零处移动到此处所需的功。

式（2-36）对电势很敏感，电势只变化 10mV，负离子浓度变化将达到近 50%。

电势分布由 Poisson 方程给出：

$$\nabla^2\varphi = \frac{-F}{\varepsilon}\sum_i z_i c_i \tag{2-37}$$

式中：ε 为介电常数，$C/(V\cdot m)$。

考虑到球形对称，把式（2-36）代入得到

$$\frac{1}{r^2}\frac{d}{dr}\left(r^2\frac{d\varphi}{dr}\right) = \frac{-F}{\varepsilon}\sum_i z_i^2 c_{i,\infty}\exp\left(\frac{-z_i F\varphi}{RT}\right) \tag{2-38}$$

此处加和是对溶液中所有的离子。

边界条件为
$$r\to\infty,\ \varphi=0$$
$$r=a,\ \left.\frac{d\varphi}{dr}\right|_{r=a}=\frac{-z_c q}{4\pi\varepsilon a^2}$$

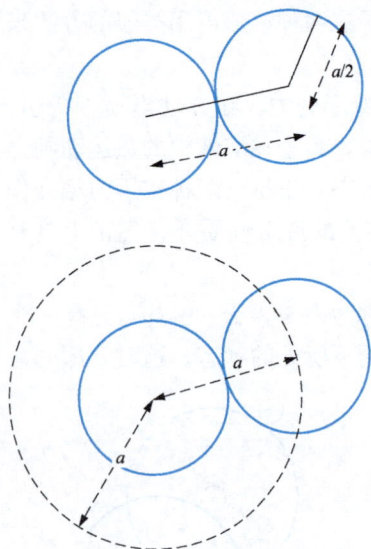

图 2-6　离子相互靠近的最小距离示意

其中，a 为其他离子能靠近中心离子的最小距离，可称为离子体积参数，见图 2-6。溶液中至少有两种离子，其半径各不相同。如果将它们近似看作球形，则 a 相当于两种离子有效半径之和，也可将 a 看作两种离子的平均直径。

上述第 2 个边界条件是指整个包围中心离子的体积内电荷密度的积分必等于中心离子的电荷数 z_c。根据 Gauss 定律，得

$$z_c q = -\varepsilon \frac{\mathrm{d}\varphi}{\mathrm{d}r} 4\pi a^2 \qquad (2\text{-}39)$$

式（2-38）中的指数项近似由二项的 Maclaurin 级数表示：

$$\exp\left(\frac{-z_i F\varphi}{RT}\right) \approx 1 - \frac{z_i F\varphi}{RT}$$

得到

$$\frac{1}{r^2}\frac{\mathrm{d}}{\mathrm{d}r}\left(r^2\frac{\mathrm{d}\varphi}{\mathrm{d}r}\right) = \frac{\varphi}{\lambda^2} \qquad (2\text{-}40)$$

此处引入电化学体系研究中的一个关键参数 Debye 长度 λ，其定义如下：

$$\lambda = \left(\frac{\varepsilon RT}{F^2 \sum_i z_i^2 c_{i,\infty}}\right)^{0.5} \qquad (2\text{-}41)$$

Debye 长度在描述电势分布时极重要，它是表征中心离子周围溶液中电荷密度的特征长度，也称为离子氛厚度或离子氛半径。在距离中心离子 λ 处，离子氛的电荷密度达到最大值。

式（2-40）的解为

$$\varphi = \frac{z_c q}{4\pi\varepsilon r}\frac{\exp\left(\frac{a-r}{\lambda}\right)}{1+\frac{a}{\lambda}} \qquad (2\text{-}42)$$

对于中心离子，离子氛是球形对称的。在半径 r 的球面上各点电势相等。可以将分布于中心离子周围广大区域内的离子氛想象成一个与中心离子距离为 $(a+\lambda)$ 的球形薄壳。以 Debye 长度为参数的电势分布图见图 2-7。

溶液越浓，Debye 长度越小。水溶液中典型的 Debye 长度值为 1nm。1nm 似乎很小，但此特征距离对分子间相互作用力而言却是非常大的。电极表面电荷对溶液中电荷密度影响的尺度与 De-bye 长度相当。

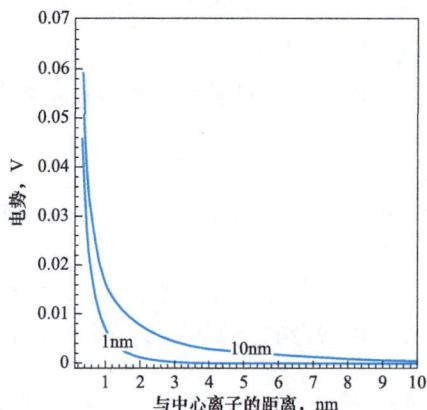

图 2-7　以 Debye 长度为参数的电势分布

2.13　活度和活度系数的估算

在电解质溶液中，离子将在其周围建立带有相反电荷的离子氛。在电极表面或溶液中的

中心离子发生反应前，必须首先剥离其周围的离子氛，这个过程需要一定的额外能量，损耗体系的能量，降低了离子的自由能及反应活性。随溶液浓度的增大，离子的自由能和反应活性的降低会变得更加明显。

2.6 节引入了简化的活度校正。通过完全的活度修正，电化学池平衡电势表达式的计算精度还可以进一步提高。逸度在相平衡计算中用作化学势的代理。组分的活度定义为混合物中组分 i 的逸度与纯组分 i 在标准态时的逸度之比，即

$$a_i = \frac{\hat{f}_i}{f_i^0} \tag{2-43}$$

活度是无因次的。

分析电化学体系时，需要计算固体、气体、溶剂和溶质的活度。对于固体组分，一般标准态就取为纯组分。在本书中，只考虑纯固体组分。因此，其逸度就等于纯固体组分逸度 f_i，所以

$$a_{i, \text{纯固体}} = 1 \tag{2-44}$$

对于气体组分，标准态是压力为 100kPa 的理想气体。

混合物中组分 i 的逸度定义为

$$\hat{f}_i = \hat{\varphi}_i p y_i \tag{2-45}$$

式中：$\hat{\varphi}_i$ 为混合物中组分 i 的逸度系数；p 为总压；y_i 为气相中组分 i 的摩尔分率。

在本书中假设 $\hat{\varphi}_i = 1$，即认为气体为理想气体混合物。基于上述假设，气体组分的活度为

$$a_{i, \text{气体}} = \frac{p_i}{p^{\ominus}} = \frac{p y_i}{p^{\ominus}} \tag{2-46}$$

电化学体系中包含电解质，常见的液体电解质是一种或多种盐溶解在溶剂（如水）中构成的溶液。对于电解质溶液，组成常用质量摩尔浓度 m_i，即每千克溶剂所含溶质 i 的摩尔数来表示，因为它只依赖于组分的质量，不受温度压力的影响，与溶液体积无关，不需要密度的值。因溶液的密度与温度相关，这样在计算非理想溶液的活度时就避免了采用体积摩尔浓度所引入的误差。质量摩尔浓度 m_i 和体积摩尔浓度 c_i 间的关系式为

$$m_i = \frac{c_i}{\rho - \sum_{j \neq 0}^{c_j} M_j} = \frac{c_i}{c_0 M_0} \tag{2-47}$$

其中，下标 0 指溶剂；M 代表摩尔质量；分母中的加和 $\sum_{j \neq 0}^{c_j} M_j$ 是指单位体积溶液中溶质组分的总质量。

在本书中，除特别指明外，均近似取溶剂的活度为 1。

电解质溶液中溶质的活度常常需要进行校正。单个离子活度的定义是：

$$a_i = \frac{\gamma_i m_i}{f_i^{\ominus}} = \frac{\gamma_i m_i}{m^{\ominus}} = \gamma_i m_i \tag{2-48}$$

其中，γ_i 为单个离子 i 的活度系数（activity coefficient），是无因次的数值。式（2-48）最后表示略去了质量摩尔浓度的标准态 $m^{\ominus} = 1$。

式（2-48）定义的标准态是指浓度为 1m、只存在离子-溶剂相互作用的理想溶液。显然这个标准态是假想的，因为在此浓度时真实电解质溶液中离子-离子相互作用是很重要

的。由于离子-离子相互作用而偏离理想溶液需通过活度系数来表征，当 $m_i \rightarrow 0$ 时，$\gamma_i \rightarrow 1$。

由于电解质溶液总体呈电中性，正、负离子共存而不能自由地单独存在，只含单个离子的溶液是不存在的，因此不能实测得到单个离子的活度。

含有 ν_+ 个正离子和 ν_- 个负离子的盐 $M_{\nu_+} X_{\nu_-}$ 在水溶液中解离，形成二元电解质溶液：

$$M_{\nu_+} X_{\nu_-} \longrightarrow \nu_+ M^{z+} + \nu_- X^{z-} \tag{2-49}$$

溶液中盐的活度为

$$a_{M_{\nu_+} X_{\nu_-}} = (a_{M^{z+}})^{\nu_+} (a_{X^{z-}})^{\nu_-} = a_+^{\nu_+} a_-^{\nu_-} \tag{2-50}$$

此处下标＋、－分别代表正、负离子。提出基于单个离子活度且可以通过实验测量的平均离子活度的定义：

$$a_\pm^\nu = a_+^{\nu_+} a_-^{\nu_-} \tag{2-51}$$

其中

$$\nu = \nu_+ + \nu_- \tag{2-52}$$

类似地有平均离子活度系数的定义（均为几何平均值）：

$$\gamma_\pm^\nu = \gamma_+^{\nu_+} \gamma_-^{\nu_-} \tag{2-53}$$

盐在溶液中完全解离时，中性盐的质量摩尔浓度与单个离子的质量摩尔浓度之间的关系式是：

$$m = \frac{m_+}{\nu_+} = \frac{m_-}{\nu_-} \tag{2-54}$$

结合式（2-50）~式（2-54）和单个离子活度的定义式（2-48），得到溶液中盐 $M_{\nu_+} Z_{\nu_-}$ 的活度为

$$a_{M_{\nu_+} Z_{\nu_-}} = a_\pm^\nu = (\gamma_+ m_+)^{\nu_+} (\gamma_- m_-)^{\nu_-} = (\gamma_\pm m)^\nu (\nu_+^{\nu_+} \nu_-^{\nu_-}) \tag{2-55}$$

当溶液浓度越来越稀，即 $m \rightarrow 0$ 时，活度系数有极限存在 $\gamma_\pm \rightarrow 1$。

式（2-52）~式（2-58）适用于溶液中只含单盐或二元电解质溶液，不需要单个离子的活度系数就可以求出盐的活度。像锂离子电池和铅酸电池这样实用的电化学体系就是二元电解质溶液或者可近似为二元电解质溶液。在文献中可查到许多二元电解质溶液平均离子活度系数的实测值，这些平均离子活度系数的实验数据可用于模型的拟合。在一些条件下，活度系数可由理论模型预测。

在电解质稀溶液中，长程静电力占主导，Debye-Hückel 认为离子间的静电作用是引起电解质溶液偏离理想溶液（离子间无相互作用）的根本原因。电解质组分的活度系数可由恒温恒压下将离子从无静电相互作用变化到有静电相互作用即荷电过程（charging process）所做的可逆功来确定：

$$\ln \gamma_i = \frac{-z_i^2 Fq}{8\pi \varepsilon RT\lambda} \frac{1}{1 + a/\lambda} \tag{2-56}$$

定义离子强度 I（ionic strength）为溶液中每种离子 i 的质量摩尔浓度 m_i 乘以该离子的价数 z_i 的平方所得各项之和的一半，用公式表示为

$$I = \frac{1}{2} \sum_i z_i^2 m_i \tag{2-57}$$

并记溶剂常数

$$A = \frac{F^2 q \sqrt{2}}{8\pi (\varepsilon RT)^{1.5}} \sqrt{\rho_0} \tag{2-58}$$

$$B = \frac{F}{\sqrt{\varepsilon RT/2}} \sqrt{\rho_0} \tag{2-59}$$

其中，q 为电子电荷量；ε 为溶剂的介电常数；ρ_0 为纯溶剂的密度。在 25℃水溶液中 $A = 0.509$。

则离子 i 的活度系数表示为

$$\ln\gamma_i = \frac{-z_i^2 A\sqrt{I}}{1 + Ba\sqrt{I}} \tag{2-60}$$

由式（2-53）以及 $z_+\nu_+ = -z_-\nu_-$，得到电解质的平均活度系数为

$$\ln\gamma_\pm = \frac{z_+ z_- A\sqrt{I}}{1 + Ba\sqrt{I}} \tag{2-61}$$

式中：a 为两个水化离子有效半径之和。

电解质的平均活度系数主要取决于电解质溶液的重要性质——离子强度 I。

平均活度系数一般小于 1，而且对于稀溶液，平均活度系数的对数与离子强度 I 的平方根成正比。当离子强度 I 趋近于零时，式（2-61）的极限为著名的 Debye-Hückel 极限公式，即

$$\ln\gamma_\pm = z_+ z_- A\sqrt{I} \tag{2-62}$$

虽然 Debye-Hückel 理论在推导过程中引入了许多近似，对于稀溶液 Debye-Hückel 模型计算出的活度系数是合理准确的。事实上，Debye-Hückel 极限公式在浓度低于 0.1M 时的误差小于 10%。式（2-62）的准确性更高一些。a 的值通常为 0.3～0.5nm。

例 2-9　由 Debye-Hückel 模型分别计算 25℃时浓度为 0.1m 的 NaCl 和 CaCl$_2$ 水溶液的平均活度系数。

解　25℃时溶剂水的介电常数 $\varepsilon = 6.9331 \times 10^{-10}$ F/m，密度 $\rho_0 = 997.10$ kg/m^3。

25℃时溶剂水的两个常数分别为

$$A = \frac{F^2 q\sqrt{2}}{8\pi(\varepsilon RT)^{1.5}}\sqrt{\rho_0} = \frac{(96\,485)^2 \times 1.602 \times 10^{-19} \times \sqrt{2}}{8 \times 3.14 \times (6.9331 \times 10^{-10} \times 8.314 \times 298.15)^{1.5}} \times \sqrt{997.10}$$
$$= 1.1776(\text{kg}^{1/2}/\text{mol}^{1/2})$$

$$B = \frac{F}{\sqrt{\varepsilon RT/2}}\sqrt{\rho_0} = \frac{96\,485}{\sqrt{6.9331 \times 10^{-10} \times 8.314 \times 298.15/2}} \times \sqrt{997.10}$$
$$= 3.2875 \times 10^9 [\text{kg}^{1/2}/(\text{mol}^{1/2} \cdot \text{m})]$$

浓度为 0.1m 的 NaCl 水溶液的离子强度：

$$I_{\text{NaCl}} = \frac{1}{2} \times [1^2 \times 0.1 + (-1)^2 \times 0.1] = 0.1(\text{mol/kg})$$

NaCl 的有效半径之和 $a = 0.304$nm。

浓度为 0.1m 的 CaCl$_2$ 水溶液的离子强度：

$$I_{\text{CaCl}_2} = \frac{1}{2} \times [2^2 \times 0.1 + (-1)^2 \times 0.2] = 0.3(\text{mol/kg})$$

$CaCl_2$ 的有效半径之和 $a = 0.467nm$。

由式（2-64）得

$$\ln\gamma_{\pm NaCl} = \frac{1 \times (-1) \times 1.1776 \times \sqrt{0.1}}{1 + 3.2875 \times 10^9 \times 0.304 \times 10^{-9} \times \sqrt{0.1}} = -0.28259$$

$$\gamma_{\pm NaCl} = e^{-0.28259} = 0.754$$

同理

$$\ln\gamma_{\pm CaCl_2} = \frac{2 \times (-1) \times 1.1776 \times \sqrt{0.3}}{1 + 3.2875 \times 10^9 \times 0.467 \times 10^{-9} \times \sqrt{0.3}} = -0.69964$$

$$\gamma_{\pm CaCl_2} = e^{-0.69964} = 0.497$$

习 题

2-1 写出下列过程对应的电化学反应并由标准 Gibbs 自由能变化 $\Delta_r G^\ominus$ 求标准平衡电势 $U^\ominus$：

（1）电解 $NaCl$ 水溶液生产氢气和氯气的氯碱过程。

（2）采用酸性电解质的醋酸/氧燃料电池，其中醋酸反应生成液态的水和二氧化碳，负极反应为 $CH_3COOH + 2H_2O(g) \longrightarrow 2CO_2 + 8H^+ + 8e^-$。

2-2 下述的氧化还原反应在 25℃和标准条件下能自发进行吗？

$$2Ag^+ + H_2 \longrightarrow 2Ag(s) + 2H^+$$

2-3 酸性条件下甲烷氧化的标准电极电势是多少？哪种元素被氧化了？其氧化态是如何变化的？已知甲烷的电极反应为 $CH_4(g) + 2H_2O(l) \longrightarrow CO_2 + 8H^+ + 8e^-$。

2-4 如果甲烷的电极反应为 $CH_4(g) + 2H_2O(g) \longrightarrow CO_2 + 8H^+ + 8e^-$，甲烷/氧燃料电池的标准平衡电势是多少？

2-5 在固体氧化物燃料电池（SOFC）中电解质的载流子是 O^{2-} 而不是质子 H^+。在以甲烷和氧气为原料的固体氧化物燃料电池（SOFC）中，是利用氧导体（O^{2-}）而不是质子导体作为电解质，在燃料电池中实现甲烷的氧化。

（1）O^{2-} 在哪个电极（氧气或甲烷）上生成，在哪个电极上被消耗？

（2）O^{2-} 在电解质中向哪个方向移动？为什么？

（3）写出两个电极反应式。

（4）与质子交换膜燃料电池（PEMFC）相比，固体氧化物燃料电池（SOFC）的标准平衡电势 $U^\ominus$ 是否变化？为什么？

2-6 作为一种高能电池，锂空气电池的负极反应是：

$$Li \Longrightarrow Li^+ + e^-$$

正极反应可能是：

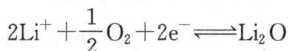

$$2Li^+ + O_2 + 2e^- \Longrightarrow Li_2O_2$$

$$2Li^+ + \frac{1}{2}O_2 + 2e^- \Longrightarrow Li_2O$$

估算两种可能情形下该电池的标准平衡电势。

2-7 某电池的负极反应是： $Fe + 2OH^- \longrightarrow Fe(OH)_2 + 2e^-$

正极反应是： $O_2 + 2H_2O + 4e^- \longrightarrow 4OH^-$

试写出此电池平衡电势的表达式。已知 $Fe(OH)_2$ 的 Gibbs 生成自由能为 $-486.6kJ/mol$。

2-8 写出在酸性条件下运行的氢/氧燃料电池平衡电势的计算表达式。

两个电极反应分别为 $H_2 \longrightarrow 2H^+ + 2e^-$ 和 $O_2 + 4H^+ + 4e^- \longrightarrow 2H_2O$，其标准 Gibbs 生成自由能数据查附表 B-2 和附表 B-3。由计算结果判断附表 B-1 中标准电极电势值相对应水的标准态是液体还是气体。

2-9　求下述电池的平衡电势：

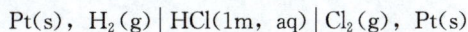

$$Pt(s)，H_2(g) \mid HCl(1m，aq) \mid Cl_2(g)，Pt(s)$$

如果氢气、氯气的压力为 250kPa、150kPa，求 25℃下，HCl 浓度为 1m 时电池平衡电势 U。

2-10　由 Debye-Hückel 理论计算 25℃下 0.1mMgCl$_2$ 水溶液的活度系数。已知 Mg^{2+} 和 Cl$^-$ 离子的半径分别为 8Å 和 3Å。

2-11　计算 25℃，0.001M 和 0.1M NaCl 水溶液中的 Debye 长度。

2-12　某固体氧化物燃料电池（SOFC）的操作温度为 1000℃，总的反应为 $\frac{1}{2}O_2 + H_2 \Longleftrightarrow H_2O$。

（1）假设反应物和产物都是气体，求 25℃时的标准平衡电势。

（2）由式（2-21）计算 1000℃时的标准平衡电势。

（3）由热容与温度的关联式：$C_p = A + BT + C/T^2$（其中 A、B、C 的数值见表 2-1）计算 1000℃时的标准平衡电势，并与（2）中 $\Delta S^{\ominus}$ 为常数的结果做比较。

表 2-1　　　　　　　　　　　　　　习题 2-12 表

组分	$A[J/(mol \cdot K)]$	$10^3 B[J/(mol \cdot K^2)]$	$10^{-5}C(J \cdot K/mol)$
H$_2$O	30.54	10.29	0
O$_2$	29.96	4.184	−16.7
H$_2$	27.28	3.26	0.50

第 3 章

电 化 学 动 力 学

电化学反应的一个重要特征是反应速率与电极电势相关。电子转移步骤一般指反应物在电极/电解质双电层界面得失电子，发生反应并生成产物的过程。这个过程实际上包括化学反应和电子转移两部分。电子转移步骤为控制步骤，就是通常讲的电化学极化过程，反应遵从电子转移步骤的动力学规律。很多电化学反应过程都会受到电子转移步骤的控制。

电化学反应可以通过改变电势控制反应的速率大小甚至反应的方向。电化学反应中电子转移的发生需要通过导体，而导体的电势是容易被改变和控制的。本章首先要仔细考察金属电极和邻近电解质溶液之间的界面，该界面对于理解和操控电极反应至关重要；然后重点学习反应速率，以及如何定量地描述反应速率。第 2 章在电流为零的情况下求得了平衡时电极的电势，本章要确定当有电流通过时的电极电势，此时的电极电势与平衡时电极电势之差称为超电势（overpotential）。

🔄 3.1 双 电 层

电化学反应作为一种界面反应过程，其主要的特点是直接在电极/电解质界面上进行。最常见的电极/电解质界面是电极/电解质溶液界面。在电化学中，所谓电极/电解质溶液界面实际上是指两相之间的一个界面层，即与任何一相基体性质不同的相间过渡区域。因而电化学所研究的界面结构主要是指在这一过渡区域中剩余电荷和电势的分布，以及它们与电极电势的关系，界面性质则主要指界面层的物理化学特性尤其是电性质。电极/电解质溶液界面对电化学过程有极为重要的影响，大致可以归纳为以下两方面：

（1）电极材料的物理化学性质与表面状况对反应过程的影响。这方面的因素可称为影响电化学反应特性的化学因素，本质上与化学反应过程一致。通过控制这些因素，可以大幅度地改变电化学反应速率。

（2）电极/电解质溶液界面上的电场强度对反应过程的影响。这方面的因素可称为电场因素，通过影响反应的活化能来起到改变电化学反应特性的作用，是电化学反应的独特之处。在同一电极表面上，同一电极反应的进行速度可以随着电极电势的改变而有很大的变化。对于许多电极反应只要电极电势改变 $100 \sim 200 \mathrm{mV}$，就可以使反应速度改变 10 倍。通常电极电势的变化范围为 $1 \sim 2 \mathrm{V}$，因此通过改变电极电势，能使电极反应速度改变约 10 个数量级，不仅可以连续改变电化学反应速率，而且可以改变电化学反应的方向。即使保持电极电势不变，改变界面层中的电势分布情况也对电极反应速度有重要的影响。

电极/电解质溶液界面上的电场强度常用界面上的相间电势差，也就是电极电势来衡量。因而研究电极/电解质溶液界面的性质，如电极、溶液两相间离子分布特性、电势分布与电势差等，对研究电化学过程都极为重要。

3.1.1 双电层的形成

由于不同物相的物理化学性质差别很大，在任何两相界面间组分所受的作用力总是与各相内部组分不同，因此界面间将出现游离电荷（电子和离子）或取向的偶极子（如极性分子）的重新排布。

在电极与溶液两相互相接触时，在界面附近会出现一个性质与电极和溶液自身均不相同的界面区。电化学反应发生在电极与溶液界面之间，电子从电极与溶液的一侧转移到另一侧是电化学反应的关键步骤，电极/电解质溶液界面的结构与电荷分布对电化学反应影响显著。本章所讨论的界面，都是假定界面的曲率半径比界面区的厚度大得多，因而可以认为界面区与界面平行。

在电极与溶液接触形成新的界面时，来自体相中的游离电荷或偶极子，必然要在界面上重新排布，出现分列开的符号相反的两层电荷。在电极/电解质溶液界面上带电组分和偶极子的定向排列称为双电层（double layer）。双电层在界面区会形成相应的电势差。一般来说，电极/电解质溶液界面电势的出现主要是界面层中带电组分或者偶极子出现非均匀分布导致的。根据两相界面区双电层在结构上的特点，可将它们分为三类。

（1）离子双电层。带电组分在两相中的电化学势不同而发生转移或利用外电源向界面两侧充电，都可以使两相中出现剩余电荷。如果有两层符号相反的游离电荷分别分布在电极与溶液界面区的两侧，即每一相中均有一定数量的剩余电荷，库仑力作用使得这些剩余电荷都分布在界面区内，形成离子双电层，从而产生电势差。若金属表面带正电，则溶液中将以负离子与之形成双电层；若金属表面带负电，与之形成双电层的将是溶液中的正离子。其特点是每一相中有一层电荷，且符号相反，如图 3-1 所示。

（2）偶极双电层。原子或者分子（水、乙醇或者其他有机分子）在电解质溶液界面一侧定向排列，由偶极子中正负电荷分隔开而形成偶极子层，从而产生电势差，如图 3-2 所示。对任何一种金属与溶液的界面来说，总是存在这种偶极双电层的。

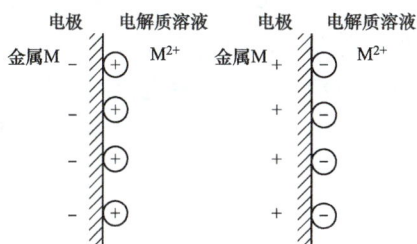

图 3-1 电极/电解质溶液界面剩余
电荷引起的离子双电层示意

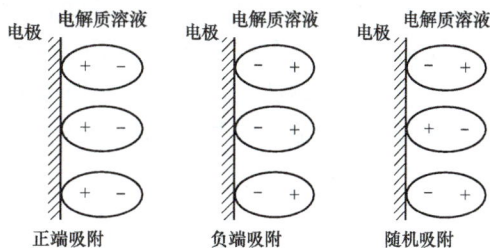

图 3-2 偶极子吸附形成的偶极双电层示意

（3）吸附双电层。溶液中带电离子（如阳离子和阴离子）在金属与电解质溶液界面发生吸附形成一层电荷，这层电荷又靠库仑力吸引溶液中同等数量的带相反电荷的离子，造成界

图 3-3　界面离子
吸附双电层示意

面出现数值相等、符号相反的电荷的离子，在电解质溶液一侧形成双电层，从而产生电势差，如图 3-3 所示。界面上第一层电荷的出现，是由库仑力以外的其他化学与物理作用引起的，而第二层电荷则是由第一层电荷的库仑力引起的。

金属与溶液界面间电势差是由上述三种类型电势差的一部分或全部组成，但其中对于电极反应速度有重大影响的还是离子双电层的电势差。双电层的电势差就是相间电势。

任何两相界面区都会形成各种不同形式的双电层，也都存在着一定大小的电势差。双电层绝不是金属与溶液界面间所特有的，而是两相界面的普遍现象。

严格地讲，只有第一种情况是跨越两相界面的相间电势差，其他两种情况下的相间电势实质上是同一相中的表面电势。在电化学体系中离子双电层是相间电势的主要来源。对于两个相互接触的相来说，带电组分在相间转移时建立相间平衡的条件就是带电组分在两相中的电化学势相等。同样，对于离子的吸附、偶极子的定向排列等情形，在建立相间平衡之后，这些组分在界面层和该相内部的电化学势也是相等的。

在电极/电解质溶液界面存在着两种相间相互作用：一种是电极与溶液两相中的剩余电荷所引起的静电作用；另一种是电极和溶液中各种组分（离子、溶质分子和溶剂分子等）之间的短程作用，如特性吸附、偶极子定向排列等，它只在零点几个纳米的距离内发生。这些相互作用决定着界面的结构和性质。

当带电组分在两相间的转移过程达到平衡后，就在相界面区形成一种稳定的非均匀分布，从而在界面区建立起稳定的双电层。

3.1.2　理想极化电极与理想非极化电极

在电极的工作过程中，外电路流向电极/电解质溶液界面的电荷可参与两种不同的过程。

（1）在电极/电解质溶液界面上参与电化学反应。电子在电极/电解质溶液界面上转移，引起氧化或还原反应的发生，为了维持相应于一定电极电势下的恒定反应速率，必须由外界不断地补充电荷，即在整个电路中引起持续的电流，持续发生电化学反应。因这种过程遵守法拉第定律，称该过程为法拉第过程（Faradaic processes），对应的这种电流也称为法拉第电流。

（2）参与构造电极/电解质溶液界面。形成相应于一定电极电势的界面结构只需要一定的有限的电量。这个过程与电容器的充/放电过程相似，称为非法拉第过程（non-Faradaic processes），它只在电路中引起瞬间的非法拉第电流，这种电流也称为电容电流或充电电流。

一般来说，电流既在电极/电解液界面上参与电化学反应，也参与改变界面构造，其等效电路如图 3-4（a）所示。

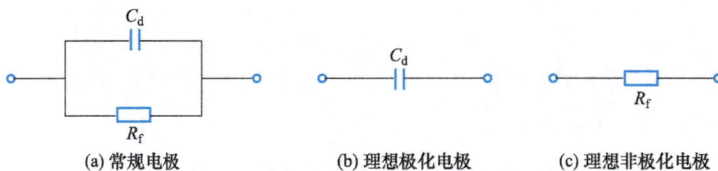

(a) 常规电极　　　　　(b) 理想极化电极　　　　　(c) 理想非极化电极

图 3-4　电极的等效电路

如果无论外部所施加电势如何，电荷只用于界面的改造与界面电势的改变，都没有发生跨越电极/电解质界面的电荷转移，电极体系不发生电化学反应，这种电极称为理想极化电极（ideal polarizable electrode，IPE），其等效电路如图 3-4（b）所示。此时，可通过改变电势来改变界面组成与分布，也可以定量计算用来建立相应于该电势下的界面结构所需的电量，加深对电极/电解液界面的认识。

严格地说，完全的理想极化电极并不存在。但在一定的电势范围内，存在基本符合理想极化电极条件的实际电极体系。例如，纯净的汞与去除氧分子和其他杂质的氯化钾溶液组成的电极体系，形成了最常使用和研究双电层界面构造的理想极化电极。

与理想极化电极对应，一般把外界电流全部用于电子转移过程的电极称为理想非极化电极（ideal nonpolarizable electrode）。这种情况下，电流通过理想非极化电极时所引起的极化十分微小，理想非极化电极的电势不随通过的电流而变化，即它的电势是固定的。理想非极化电极在电化学的研究和生产实践中有重要作用，其等效电路如图 3-4（c）所示，其电极电势在电化学反应过程中基本保持恒定。常用的参比电极，如标准氢电极、饱和甘汞电极、氯化银电极等都是理想非极化电极。

3.1.3　双电层的电容和微分电容

已知一个电极体系中，界面剩余电荷 Q 的变化将引起界面双电层电势差的改变，因而电极/电解质溶液界面具有储存电荷的能力，即具有电容的特性。理想极化电极上没有电极反应发生，可以等效成一个电容性元件，如图 3-4（b）所示。如果把理想极化电极作为平行板电容器处理，把电极/电解质溶液界面的两个剩余电荷层比拟成电容器的两个平行板，该电容器的电容值为一常数，即

$$C = \frac{\varepsilon_0 \varepsilon_r}{l} \tag{3-1}$$

式中：C 为电容；ε_0 为真空中的介电常数；ε_r 为实物相的相对介电常数；l 为电容器两平行板之间的距离。

界面双电层的电容并不完全像平行板电容器那样是恒定值，而是随着电极电势的变化而变化的。因此，应该用微分形式来定义界面双电层的电容，称为微分电容，即

$$C_d = \frac{dQ}{d\varphi} \tag{3-2}$$

其中，微分电容 C_d 表征界面上电极电势发生微小变化（扰动）时所具备的储存电荷的能力。

3.2　电极/电解质溶液界面模型

在认识电极/电解质溶液界面结构的过程中，人们曾提出过各种电极/电解质溶液界面结构模型，这些模型不但应能解释当时已经获得的主要实验事实，还必须不断经受此后实验事实的考验。因此，这些模型总是不断发展的，越来越接近客观事物的真实状况。对于这些模型都要用发展的观点来看待，而不能期望有完美无缺的模型。

界面双电层结构的认识与理论描述，一直是电化学基础研究中的核心问题之一。界面结构模型也不断发展，日臻完善。下面主要介绍迄今为人们普遍接受的基本观点和有代表性的界面结构模型。

在电化学发展过程中，首先是 Helmholtz 认为电极表面上和溶液中的剩余电荷像刚性小球一样都平行排布、紧密地排列在界面两侧，形成类似荷电平板电容器的界面双电层结构，界面两侧都是紧密层，提出了平板电容器模型或称为紧密双电层模型，这也是双电层（double layer）一词的由来。如图 3-5 所示，正、负离子整齐地排列于界面两侧，具有恒定的电场强度，电势在双电层内呈线性分布。

Helmholtz 平板电容器模型仅考虑了电极与电解质溶液两相中剩余电荷之间的静电作用。静电作用是一种长程性质的相互作用，它使符号相反的剩余电荷力图相互靠近，趋向于紧贴着电极表面排列，形成紧密双电层结构，简称紧密层（compact layer）。Helmholtz 模型可以较为准确地解释浓溶液的界面状态，但预测的界面双电层微分电容 C_d 是一个不随电极电势变化的恒定值。这与实验事实不符。

金属电极是一种良导体，在平衡时其内部不存在电场。任何金属相的过剩电荷都严格存在于表面。但电解质溶液中的荷电组分不是静止不动的，而是处于不停的热运动之中。热运动促使荷电组分倾向于均匀分布，从而使剩余电荷不可能完全紧贴着电极表面分布，而具有一定的分散性。

Gouy 和 Chapman 改进了 Helmholz 模型，各自独立地在溶液侧引入了分散层（diffuse layer）的概念，采用了与 Debye-Huckel 建立强电解质溶液中离子氛理论时大致相近的基本概念与数学方法，采用 Boltzmam 公式描述分散层内反离子浓度分布与电势的关系，见图 3-6。该模型认为，电解质溶液中的反离子在静电作用和热运动作用下按势能场中组分的分布规律分散在邻近界面的分散层中，完全忽略了紧密层的存在。因而尽管 Gouy-Chapman 模型能较好地解释稀溶液的界面状态，以及微分电容最小值的出现和电容随电极电势的变化，但此模型计算的微分电容值却比实验测定值大得多，而且解释不了微分电容曲线上平台区的出现，不符合物理实际。

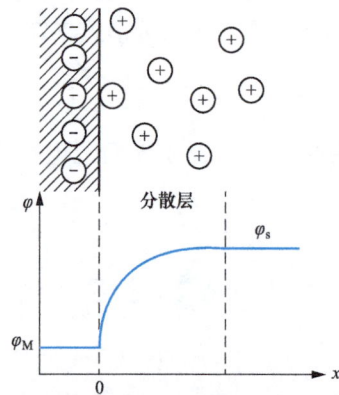

图 3-5　电极/电解质溶液界面的
紧密双电层结构及电势分布

图 3-6　电极/电解质溶液界面的
分散双电层结构及电势分布

Stern 结合了 Helmholtz 模型和 Gouy-Chapman 模型，在分散层与金属电极表面之间人为加入了一个 Helmholtz 平面，建立 Gouy-Chapman-Stern 模型（GCS 模型）的双电层模型，见图 3-7。GCS 模型认为双电层是由紧密层和分散层两部分组成的，同时具有紧密性和分散性。GCS 模型是 Helmholtz 模型和 Gouy-Chapman 模型的串联，较为紧密的内层是 Helmholtz 层，该层产生的紧密层电容 $C_{紧}$ 不受电势差的影响；外层为分散层，产生分散层电容 $C_{分}$。GCS 模型是目前应用最为广泛的电极/电解质溶液界面模型。

通常情况下，双电层中紧密层的厚度等于水化离子的半径，若紧密层内介电常数为恒定值时，该层内电势是线性分布的。电极界面的双电层电容由紧密层 $C_{紧}$ 和分散层电容 $C_{分}$ 两部分串联而成，可表示如下：

$$\frac{1}{C_d}=\frac{1}{C_{紧}}+\frac{1}{C_{分}} \tag{3-3}$$

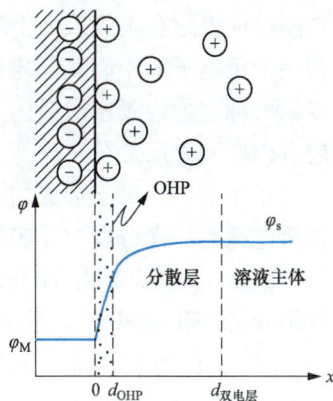

图 3-7 电极/电解质溶液界面的紧密/分散双电层结构及电势分布

GCS 模型能比较好地反映界面结构的真实情况。但是，该模型在推导双电层方程式时做了一些假设，使该模型对界面结构的描述只能是一种近似的、统计平均的结果，而不能用作准确地计算。GCS 模型的另一个重要缺点是对紧密层的描述过于粗糙，只是简单地把紧密层描述成厚度不变的离子电荷层，而没有考虑到紧密层组成的细节及由此引起的紧密层结构与性质上的特点。

事实上，电极/电解质溶液界面的真实情况远比上述模型复杂。

Grahame 认为 GCS 模型没有考虑离子水合现象，特性吸附离子比非特性吸附的反离子距离电极表面更近，因而在 Stern 模型的基础上将 Helmholtz 面进一步细分为内 Helmholtz 面（inner Helmholtz plane，IHP）和外 Helmholz 面（outer Helmholtz plane，OHP），以体现特性吸附的结构影响，特性吸附离子电中心的位置在内 Helmholtz 面（IHP）。

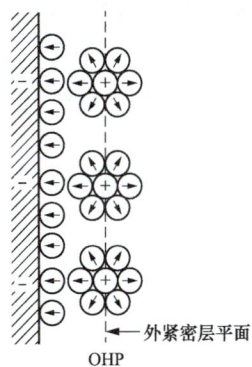

图 3-8 外紧密层示意

Bockris、Devanathan 和 Muller 在 Grahame 模型基础上进一步强调表面水分子对界面特性的影响，提出了 BDM 模型。水分子是偶极子。无论电极表面带电与否，总会有一定数量的水分子吸附于电极表面，可能是单个的水分子，也可能是由于少量水分子组成的水分子聚集体。除了溶液中的离子是水化的以外，实际上电极也是水化的。图 3-8 中的箭头表示水分子的偶极。箭头所指的方向为偶极的正端。在强电场作用下，电极表面上吸附的第一层水分子可以达到介电饱和，因而其相对介电常数降至 5 左右。从第二层水分子开始，相对介电常数逐渐增大，在紧密层内水分子的相对介电常数将达 40 以上。

电极表面存在着负的剩余电荷时，水化的正离子并非与电极直接接触，二者之间存在着一层吸附水分子。在这种情况下，正离子距电极表面稍远些，其水化膜基本上未被破坏。由这种离子电荷构成的紧密层，可称为外紧密层或外 Helmholtz 层，见图 3-8。

电极表面的剩余电荷为正时，溶液中构成双电层的水化负离子的水化膜被破坏了，并且它能挤掉吸附在电极表面上的水分子而与电极表面直接接触。其结构模型如图 3-9 所示。紧密层中负离子的中心线与电极表面距离比正离子小得多，即这种情况下紧密层的厚度薄得多，可称之为内紧密层或内 Helmholtz 层。因此，根据构成双电层的离子位置的不同，紧密层有内层和外层之分。

正是由于负离子形成的内紧密层比由正离子形成的外紧密层薄得多，故电极表面有正的剩余电荷时，微分电容比表面剩余电荷为负时大得多。

BDM 模型认为内 Helmholtz 面（IHP）上也有溶剂水分子，水合离子的中心位于外 Helmholtz 面（OHP），外 Helmholtz 面（OHP）之外则是分散双电层（diffuse double lay-er，DL），由内 Helmholtz 面（IHP）、外 Helmholtz 面（OHP）和分散双电层（DL）构成的双电层结构成为目前被广泛接受的模型。电极/电解质溶液界面双电层结构的 Grahame 和 BDM 模型及电势分布见图 3-10。

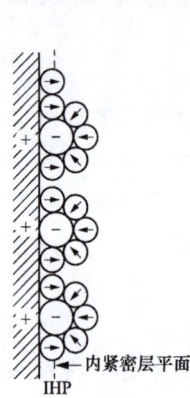

图 3-9　内紧密层示意

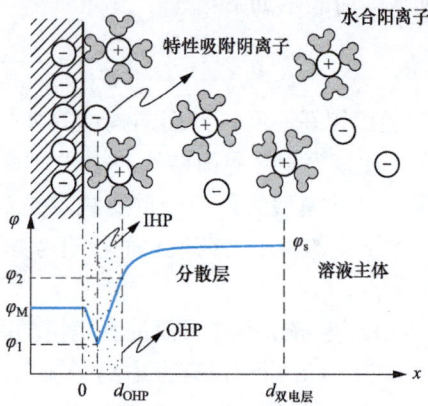

图 3-10　电极/电解质溶液界面双电层结构的 Grahame 和 BDM 模型及电势分布

根据双电层模型，剩余离子将不均匀地分布在电极附近，其浓度在电极表面最大，且以非线性的方式往主体溶液的方向递减，其间的范围即为分散双电层（DL），数量级约为 10^{-8}m。注意此处的分散层概念与传质过程的扩散边界层（diffusion layer）不同。随流动状况的不同扩散边界层的厚度范围为 $10^{-6}\sim10^{-4}$m。

图 3-11 所示为电极/电解质溶液界面双电层、分散层和主体电解质溶液相对尺度大小示意。

图 3-11　电极/电解质溶液界面双电层、分散层和主体电解质溶液相对尺度大小示意

对双电层结构全面的描述见图 3-12。内 Helmholtz 面（IHP）是直接吸附在电极表面的离子或分子中心的位置，其间存在着 van der waals 力和库仑力。要直接吸附在电极表面，离子至少需要部分地脱除水化膜。带负电的阴离子与阳离子相比水化作用弱一些，更多地出现在内 Helmholtz 面，甚至可以吸附在带负电的电极表面。一般而言，阴离子的水化作用越弱，表面的特性吸附作用就越强。外 Helmholtz 面（OHP）是最接近电极表面的溶剂化离子的中心所处的位置，溶剂鞘阻碍了特性吸附。外 Helmholtz 面的位置由包含水化层的最大溶剂化离子半径（约 0.2nm）确定。

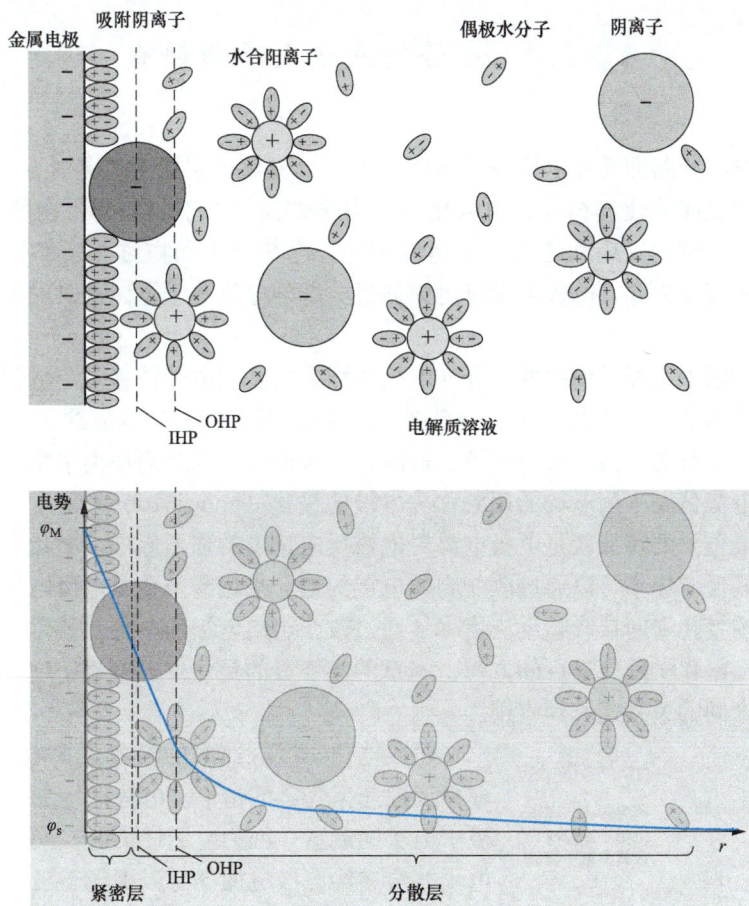

图 3-12　电极/电解质溶液界面双电层详细结构及电势分布示意

双电层的最外部分称为分散双电层（diffuse double layer）。在分散双电层中正、负离子均存在，布朗运动和库仑力作用达到了平衡。从外 Helmholtz 面到分散双电层的溶液侧，剩余电荷逐渐减少直至电中性。分散双电层的厚度由 Debye 长度 λ 表征，是溶液浓度的函数：

$$\lambda = \left(\frac{\varepsilon R T}{F^2 \sum_i z_i^2 c_{i,\infty}} \right)^{0.5}$$

在低浓度时分散双电层很重要，当离子强度为 1mM 时，其厚度约为 10nm。

与厚度很薄的分散双电层不同，扩散边界层厚度的尺度为 1mm，扩散边界层厚度的数量级大于双电层的厚度。由金属电极的电势 φ_M 到双电层外溶液侧的电势 φ_s 的电势分布见

图 3-12。当电势差为 1V 时，双电层内电场强度约为

$$E \approx \frac{\Delta \varphi}{\lambda} = \frac{1}{1 \times 10^{-8}} = 10^8 (\text{V/m})$$

因此，在如此巨大的界面电场下，电极反应速度必将发生极大的变化，甚至某些在其他场合难以发生的化学反应也得以进行。特别的是，电极电势可以被人为地、连续地加以改变，因而可以通过控制电极电势来有效地、连续地改变电极反应速度。这正是电极反应区别于其他化学反应的一大优点。

3.3 电势对反应速率的影响

电化学体系在开路即无外电流条件的情况下，电极双电层电势差是处于平衡的。此时，正、逆向电化学反应的速率相等。由电化学热力学知道，处于热力学平衡状态的电极体系（可逆电极），由于氧化反应和还原反应速度相等，电荷交换和物质交换都处于动态平衡之中，因而净反应速度为零，电极上没有电流通过，即外电流等于零。这时的电极电势就是平衡电势。

当电解质溶液中的离子或中性组分与电极表面之间发生电子转移时，电化学反应就发生了。电化学反应的速率大小受双电层电势差的控制。当电极上有电流通过，就有净反应发生，这表明电极原有的平衡状态被打破。这时，电极电势将因此而偏离平衡电势。这种有电流通过时电极电势偏离平衡电势的现象称为电极的极化（polarization）。

电极过程最重要的特征就是电极电势对电极反应速度的强烈影响，电化学反应的独特优势之一就在于其反应速率可以通过改变金属电极的电势来调节。金属电极电势的改变会通过双电层电势差的变化来间接影响反应速率。通过改变金属电极的电势，就可以控制电化学反应的速率，甚至电化学反应进行的方向。本章的主要目的是建立以电流密度表达的电化学反应速率和电势之间的关系式及其应用。

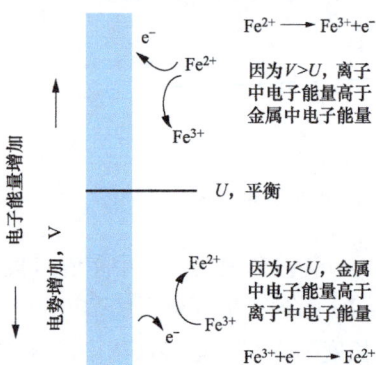

图 3-13 电极电势、电子能量和电化学反应方向间的关系示意

研究电化学反应速率的参考点是电极的平衡电势，即净反应速率为零的情形。电势的增加意味着降低了电极中电子的能量，因为电子带负电，使原子或分子失去电子并传递给电极更加容易，相当于汲取电子，所以电极电势高于平衡电势，代表氧化反应活化能降低，就会促进阳极反应的发生，即氧化反应（R $\longrightarrow$ O+e$^-$）的进行；反之亦然。降低电极电势，增加电极中电子的能量，会促进电子由电极向电解质溶液中的组分转移，相当于注入电子。因而当电势低于平衡电势时，代表还原反应活化能降低，会发生阴极反应，也就是还原反应（O+e$^-$ $\longrightarrow$R）。图 3-13 所示以 Fe^{3+} 和 Fe^{2+} 之间的氧化和还原反应为例进行说明。

例 3-1 现有两个惰性的 Pt 电极插入含有 Fe^{3+} 和 Fe^{2+}、pH＝3 的溶液中，其中

一个电极的电势被设定为 0.44V（相对于标准氢电极 SHE）。

问：（1）此电极上发生的是 Fe^{2+} 的氧化反应，还是 Fe^{3+} 的还原反应？

（2）此电极上有可能发生 Fe 的沉积反应吗？

（3）有人声称电极电势为 0.44V 时，还会有析氢反应，对吗？

解　此体系中可能发生的反应及其标准平衡电势分别为

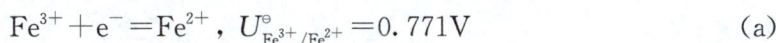

$$Fe^{3+}+e^-=Fe^{2+}, \quad U^{\ominus}_{Fe^{3+}/Fe^{2+}}=0.771V \tag{a}$$

和

$$Fe^{2+}+2e^-=Fe, \quad U^{\ominus}_{Fe^{2+}/Fe}=-0.440V \tag{b}$$

由于没有给出溶液中 Fe^{3+} 和 Fe^{2+} 的浓度值，而且相对于标准平衡电势，浓度变化带来的校正值通常是很小的，以下计算就不考虑浓度对电极电势的影响。

（1）考虑反应式（a），其标准平衡电势为 0.771V。当电极电势值被设定为 0.44V，低于其标准平衡电势，因此该电极上会发生的是还原反应，即 $Fe^{3+}+e^- \longrightarrow Fe^{2+}$，$Fe^{3+}$ 被还原。同时，确定这个电极是阴极。

（2）考虑反应式（b），其标准平衡电势为 $-0.440V$。当电极电势值被设定为 0.44V，高于其标准平衡电势，因此 Fe 的沉积反应不会在此 Pt 电极上发生。

（3）对于析氢反应 $2H^++2e^-=H_2$，当 $pH=3$ 时，由 Nernst 方程计算出的平衡电势：

$$U=U^{\ominus}_{H^+/H_2}-0.059\,2pH=0-0.059\,2\times3=-0.179\,6 \ (V)$$

当电极电势值被设定为 0.44V，高于析氢反应的平衡电势，因此析氢反应也不会在此 Pt 电极上发生。

由于组分（离子、原子或分子）同时得到或失去两个或两个以上电子的可能性很小，因而大多数情况下，一个电化学反应步骤中只转移一个电子，而不能一次转移多个电子。多个电子参与的电极反应，往往是通过几个电子转移步骤连续进行而完成的。电子从电极/电解质溶液的一侧转移至另一侧，是电化学反应的关键步骤。为便于理解，首先以只有一个电子参与的反应（单电子反应）为例，讨论电子转移步骤的基本动力学规律。

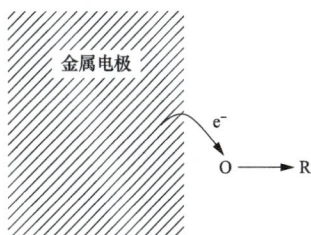

图 3-14　金属电极表面发生的电子转移反应示意

以上定量研究了电极电势对反应方向同时也就是电流方向的影响，下面从单电子转移的基元反应 $O+e^- \rightleftharpoons R$ 出发，探讨电流密度随电极电势变化的定量函数关系，见图 3-14。

其中，O 代表氧化态组分，R 代表还原态组分。如前所述，在同一电极表面上正向反应（此情形下为还原）和逆向反应同时发生。当电极电势恰为平衡电势 U 时，反应的净速率为零；当电极电势较平衡电势 U 为正时，阳极反应（氧化反应）占主导；当电极电势较平衡电势 U 为负时，阴极反应（还原反应）占主导。按国际纯粹与应用化学联合会（IUPAC）规定，阳极电流为正。

电极反应能量变化示意见图 3-15。反应发生就意味着必须跨越能垒，经过过渡态（活化状态），过渡态的能量位于能量曲线的顶端。活化能是温度的函数。正向反应的速率可表示为反应物浓度和反应速率常数 k_f 的乘积，而反应速率常数 k_f 又是反应物初态和过渡态间

Gibbs 能量差 $\Delta G_{\mathrm{f}}^{\neq}$ 的函数。对于 $O+e^- \Longleftrightarrow R$ 所代表的一级基元反应，正向反应的速率为

$$r_{\mathrm{f}} = k_{\mathrm{f}} c_{\mathrm{O}} = k_{\mathrm{f}}^0 c_{\mathrm{O}} \exp\left(\frac{-\Delta G_{\mathrm{f}}^{\neq}}{RT}\right)$$

其中，c_{O} 为氧化态组分 O 的浓度。正向反应 Gibbs 能量差 $\Delta G_{\mathrm{f}}^{\neq}$ 的下降即活化能的减小会引起正向反应速率的提高。对于逆反应，可以写出类似的速率表达式：

$$r_{\mathrm{b}} = k_{\mathrm{b}} c_{\mathrm{R}} = k_{\mathrm{b}}^0 c_{\mathrm{R}} \exp\left(\frac{-\Delta G_{\mathrm{b}}^{\neq}}{RT}\right)$$

对于 $O+e^- \Longleftrightarrow R$ 所代表的单电子转移电化学反应，电极电势的改变使电化学反应的活化能也发生相应改变，见图 3-15。电极电势对电子转移步骤的直接影响正是通过对该步骤活化能的改变而实现的。由于只对能量差感兴趣，可以任意设置两个电极电势相对应曲线还原态的能量相等。因为电势降低相应的是电子能量的提高，上方的曲线对应较低（相对更负）的电势 V_1，即较低的电势 V_1，其能量较高，且 $\Delta V = V_2 - V_1 > 0$。

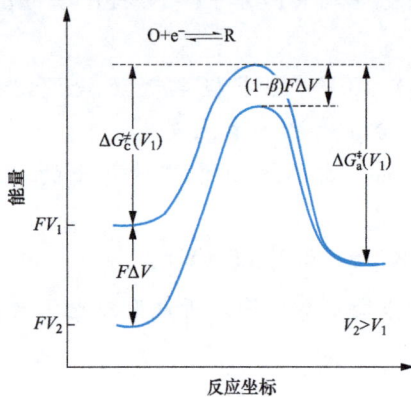

图 3-15　电极反应能量变化示意
（a、c 分别代表阳极和阴极）

沿着反应坐标自左向右移动，表示发生的是还原反应。当电极电势处于 V_1 时，对还原反应是有利的，因为此时还原态的能量低于氧化态的能量，还原反应的活化能垒也低于氧化反应（逆反应）的活化能垒。然而，当电极电势由 V_1 变化到 V_2 时，情况发生了变化，这时随着电势的提高氧化反应变得更加有利。

电极电势由 V_1 变化到 V_2，电子在氧化状态下的能量比其在还原状态时的能量降低了 $F\Delta V$。还原（阴极）反应和氧化（阳极）反应的活化能也都同时发生了改变。定义 β 是总能量变化中影响阴极反应的分率，$1-\beta$ 就是其中影响氧化反应活化能的分率，

β 称为传递系数（transfer coefficient），$\beta = 0 \sim 1$。因此电势由 V_1 到 V_2 的变化，对所考虑的单一电子转移电化学反应活化能的影响如下：

对于阴极反应：

$$\Delta G_{\mathrm{c}}^{\neq}(V_2) = \Delta G_{\mathrm{c}}^{\neq}(V_1) + F\Delta V - (1-\beta)F\Delta V = \Delta G_{\mathrm{c}}^{\neq}(V_1) + \beta F\Delta V \tag{3-4}$$

对于阳极反应：

$$\Delta G_{\mathrm{a}}^{\neq}(V_2) = \Delta G_{\mathrm{a}}^{\neq}(V_1) - (1-\beta)F\Delta V \tag{3-5}$$

其中，下角 c 代表阴极，下角 a 代表阳极。因为 V_2 大于 V_1，ΔV 是正值。利用式（3-4）写出阴极反应在电势 V_2 时的速率表达式：

$$r_{\mathrm{c}}(V_2) = k_{\mathrm{c}}^0 c_{\mathrm{O}} \exp\left[-\frac{\Delta G_{\mathrm{c}}^{\neq}(V_1) + \beta F(V_2 - V_1)}{RT}\right] \tag{3-6}$$

事实上，电势坐标是可以任意选择的，不妨设定一个参考电势，令 V_1 的值为零（$V_1 = 0$）。参考电势下的活化能 $\Delta G_{\mathrm{c}}^{\neq}(V_1)$ 可视为常数，并与速率常数合并，有

$$k_{\mathrm{c}} = k_{\mathrm{c}}^0 \exp\left[-\frac{\Delta G_{\mathrm{c}}^{\neq}(0)}{RT}\right]$$

去掉 V_2 的下脚标，得到的阴极反应速率表达式如下：

$$r_c(V) = k_c c_O \exp\left(-\frac{\beta FV}{RT}\right) \tag{3-7}$$

利用式（3-7）写出阴极电流密度表达式时，要注意阴极电流的方向是由电解质溶液流向电极，而电子流动的方向与电流方向相反。在阴极，电子由电极流向电解质溶液中被还原的组分。按规定，阴极电流为负。转移的电子数 $n=1$ 时，阴极电流密度表达式为

$$\frac{i_c}{F} = -r_c(V) = -k_c c_O \exp\left(-\frac{\beta FV}{RT}\right) \tag{3-8}$$

同理，可得到阳极电流密度表达式为

$$\frac{i_a}{F} = r_a(V) = k_a c_R \exp\left[\frac{(1-\beta)FV}{RT}\right] \tag{3-9}$$

处于平衡电势 U 时，净电流为零，即阳极电流和阴极电流的大小相等。处于平衡电势时的电流密度值定义为交换电流密度（exchange-current density）i_o（切记此时净电流为零）：

$$\frac{i_o}{F} \equiv k_a c_R \exp\left[\frac{(1-\beta)FU}{RT}\right] = k_c c_O \exp\left(-\frac{\beta FU}{RT}\right) \tag{3-10}$$

把式（3-9）同时乘以和除以阳极交换电流密度 i_o：

$$\frac{i_a}{F} = \left\{k_a c_R \exp\left[\frac{(1-\beta)FU}{RT}\right]\right\} \frac{k_a c_R \exp\left[\dfrac{(1-\beta)FV}{RT}\right]}{k_a c_R \exp\left[\dfrac{(1-\beta)FU}{RT}\right]} \tag{3-11}$$

化简得出阳极电流密度为

$$i_a = i_o\left[\exp\left(\frac{(1-\beta)F(V-U)}{RT}\right)\right] \tag{3-12}$$

同理，可得阴极电流密度为

$$i_c = -i_o \exp\left[-\frac{\beta F(V-U)}{RT}\right] \tag{3-13}$$

定义电化学反应的推动力——表面超电势 η_s 为

$$\eta_s = V - U \tag{3-14a}$$

其中，V 和 U 是相对于双电层溶液侧同一参考电极的电极电势和平衡电极电势。这些电势是可测的，而且定义明确。表面超电势 η_s 同时也等于电势 V 时双电层两侧电压降（不可测）与平衡电势 U 时双电层两侧电压降（不可测）之差。由于 V 和 U 均相对于同一参考电极，因而参考电极可任意选择。表面超电势极其重要，后续内容经常使用。

尽管由式（3-14a）定义的表面超电势已足以解决许多问题，但当分析更为复杂的体系时还常有必要进一步明确其电势值。为便利起见，进一步把 η_s 的表示式扩展为

$$\eta_s = V - U = (\varphi_M - \varphi_s) - U = (\varphi_1 - \varphi_2) - U \tag{3-14b}$$

其中，φ_1 是电极（如金属）的电势，φ_2 是由位于双电层溶液侧参考电极所测量的电势，U 是由同一参考电极定义的平衡电势。注意，平衡电势 U 的值随所选的参考电极的变化而变化。

由式（3-12）、式（3-13）和式（3-14a），得到净电流密度表达式：

$$i = i_a + i_c = i_o\left\{\exp\left[\frac{(1-\beta)F}{RT}\eta_s\right] - \exp\left(-\frac{\beta F}{RT}\eta_s\right)\right\} \tag{3-15}$$

式（3-15）称为单电子转移基元反应的 Butler-Volmer（BV）方程。该类反应的 β 值约

为 0.5。对任何基元反应均可进行类似推导过程，式（3-15）也适用于多电子步骤的电化学反应过程。

形如式（3-15）的方程可以用于描述各种类型的基元反应和非基元反应，在电化学工程中应用广泛。通过引入阳极传递系数 α_a 和阴极传递系数 α_c 概念，将其普遍化为

$$i = i_o\left[\exp\left(\frac{\alpha_a F}{RT}\eta_s\right) - \exp\left(-\frac{\alpha_c F}{RT}\eta_s\right)\right] \tag{3-16}$$

式（3-16）是经常用到的 Butler-Volmer（BV）方程的形式。传递系数是能垒对称性的度量。阳极传递系数 α_a 和阴极传递系数 α_c，分别表示电极电势对氧化反应活化能和还原反应活化能影响的程度，其数值大小取决于电极反应的性质。通常 $\alpha_a + \alpha_c = n$ 是成立的，n 为反应中转移的电子数。Butler-Volmer 方程是电化学动力学的一个最基本的动力学规律，考虑了同一电极会同时发生的阳极反应和阴极反应，描述了电子转移过程为控制步骤时电极电势和反应电流密度之间的定量关系。

图 3-16 所示为根据 BV 方程绘制的电化学动力学规律曲线，表示了阳极电流密度、阴极电流密度和净电流密度与超电势的关系。由图 3-16 可看出，阳极电流密度 i_a 随超电势 η_s 越正，数值呈指数关系增大；阴极电流密度 i_c 随超电势 η_s 越负，数值呈指数方关系增大。净电流密度 i 随超电势 η_s 越正，接近 i_a；随超电势 η_s 越负越接近 i_c。净电流密度 i 为正时，发生阳极极化，产生净的阳极电流；净电流密度 i 为负时，发生阴极极化，产生净的阴极电流。由 BV 方程得到的净电流 I 与超电势 η_s 的关系曲线即极化曲线示意见图 3-17。

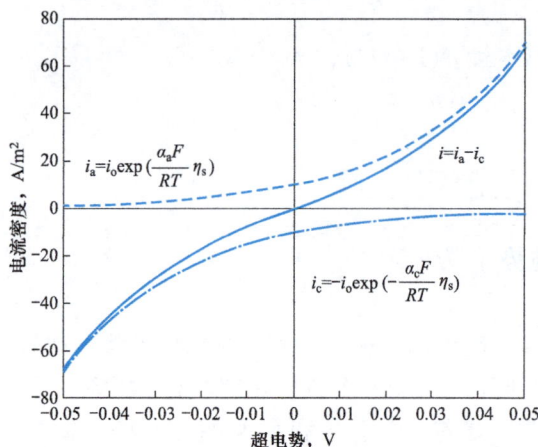

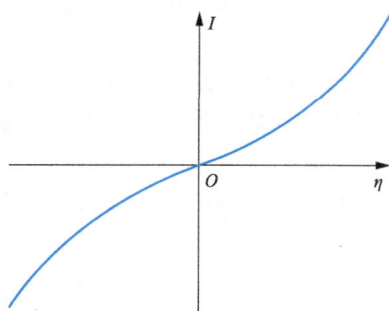

图 3-16　根据 BV 方程绘制的电化学动力学规律曲线　　　图 3-17　由 BV 方程描述的极化曲线示意

3.4　Butler-Volmer 动力学方程的应用

Butler-Volmer 方程是关于电流密度 i 随表面超电势 η_s 变化而变化的关系式，包含交换电流密度 i_o、阳极传递系数 α_a 及阴极传递系数 α_c 三个参数。经常通过拟合实验数据得到这些参数值。

表面超电势 η_s 是由式（3-14）定义的，其中，V 表示电极的电势 φ_1（常为金属）和位

于双电层溶液侧的参考电极电势 φ_2 的差值；U 是平衡时电极电势与参考电极电势的差。如前所述，V 和 U 必须是相对于同一参考电极的。如果参考电极和所研究电极相同，则 $U=0$。例如，研究电极和参考电极都是金属 Zn 电极时，平衡电势 $U=0$。平衡电势 U 是电极表面组分浓度的函数，具体计算方法见第 2 章。

电流密度 i 是单位面积上的电流，典型的单位是 mA/cm^2 或 A/m^2。理论上电流密度 i 是基于发生反应的实际电极面积的，但这个面积的确定可能是个问题。例如，当交换电流密度 i_o 是基于体系的表观面积，而此体系的微观面积远远大于其表观面积时，交换电流密度 i_o 将不能直接应用于另一微观结构不同的体系（见图 3-18）。图 3-18（b）所示的粗糙表面给电化学反应提供了更大的表面积。

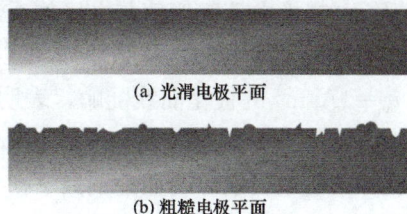

(a) 光滑电极平面

(b) 粗糙电极平面

图 3-18　粗糙表面的电极表面积远大于光滑表面的电极表面积

表面粗糙度 Ra 值的定义是真实表面积和表观表面积之比，这个比值有时会很大，因此需要准确定义电流密度值对应的面积。

交换电流密度 i_o 代表了电极反应处于平衡即总电流为零时，单位电极面积上正、逆反应的速率，见式（3-15）。交换电流密度 i_o 和平衡电极电势 U 是分别从不同的角度描述电极平衡状态的两个参数。平衡电极电势可认为是电极的静态性质，而交换电流密度 i_o 则可认为是其动态性质。交换电流密度值的大小可度量电极反应的动力学难易程度，体现了电极反应的反应能力与反应活性，也反映了电极反应的可逆性。不同电极反应的交换电流密度 i_o 值相差若干个数量级，见表 3-1。即使是同一电极反应，在不同的电极表面上进行时其交换电流密度 i_o 值变化也非常显著。25℃、1mM H_2SO_4 时析氢反应在不同金属电极表面的交换电流密度 i_o 数量级见表 3-2。

表 3-1　　　　　　　　　不同电极反应的交换电流密度 i_o 值

反应	i_o（A/m^2）
$O_2+4H^++4e^-=2H_2O$	4×10^{-9}
$NiOOH+H_2O+e^-\longrightarrow Ni(OH)_2+OH^-$	6.1×10^{-1}
$H_2=2H^++2e^-$，Pt 电极，1M HCl	10
$Fe^{3+}+e^-=Fe^{2+}$	20
$Zn+2OH^-\longrightarrow Zn(OH)_2+2e^-$	600
$[Fe(CN)_6]^{3-}+e^-=[Fe(CN)_6]^{4-}$，0.001M	230

表 3-2　　　　　25℃、1mM H_2SO_4 时析氢反应交换电流密度 i_o 的数量级

金属	i_o（A/m^2）	金属	i_o（A/m^2）
Pb，Hg	10^{-8}	Fe，Au，Mo	10^{-2}
Zn	10^{-7}	W，Co，Ta	10^{-1}
Sn，Al，Be	10^{-6}	Rh，Ir	2.5
Ni，Ag，Cu，Cd	10^{-3}	Pd，Pt	10

交换电流密度受电极材料、电极表面状态等因素的影响，还受电解质溶液组成、浓度、

温度等其他因素的影响。电极反应是一种异相催化反应，电极材料表面起着催化剂表面的作用。交换电流密度越大，说明电极反应活性越高、可逆性越好。交换电流密度高的反应更容易进行，在低超电势时就易于达到较大的电流密度；相反，交换电流密度很低的反应进行得很缓慢。交换电流密度值与电极体系动力学性质之间的关系见表3-3。交换电流密度对极化曲线的影响见图3-19。从图3-19可以看出，$i_o = 10^3 \text{A/m}^2$的极化曲线几乎贴近纵轴，明显比$i_o = 1 \text{A/m}^2$的极化曲线陡峭，表明在同一超电势下前者可产生比后者大很多的电流，显示出前者的不极化性；$i_o = 10^{-3} \text{A/m}^2$的极化曲线很平缓，几乎贴近横轴，表明只要微量的电流即可使电极电势明显地偏离平衡电势。

表 3-3 交换电流密度值与电极体系动力学性质之间的关系

动力学性质	i_o的数值			
	$i_o \rightarrow 0$	i_o 小	i_o 大	$i_o \rightarrow \infty$
极化性能	理想极化	易极化	难极化	理想不极化
电极反应的可逆性	完全不可逆	可逆性小	可逆性大	完全可逆
$i \sim \eta_s$ 关系	电极电势可任意改变	一般为半对数关系	一般为直线关系	电极电势不会改变

理想极化电极，就是在一定条件下，电极上不发生电极反应的电极。理想极化电极通电时流入电极的电荷全部在电极表面积累，只起到改变电极电势，即改变双电层结构的作用。理想极化电极的交换电流密度i_o趋近于零。因此，可根据需要对理想极化电极通以不同的电流密度，使电极极化到人们所需要的电势。反之，如果电极反应速度很大，有电流通过时电极电势几乎不变化，即电极不出现极化现象，这类电极就是理想非极化电极。理想非极化电极的交换电流密度i_o趋近于∞。例如，常用的饱和甘汞电极等参比电极，在电流密度较小时，就可以近似看作不极化电极。

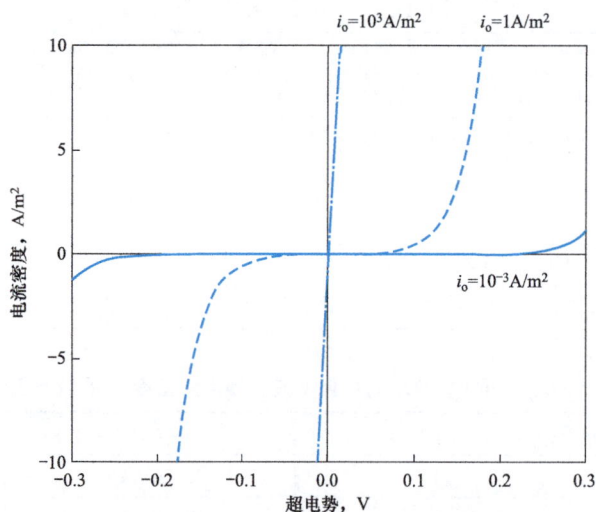

图 3-19 交换电流密度对极化曲线的影响

需要指出，电极反应的可逆性是针对电极反应是否容易进行以及电极是否容易极化而言的，与热力学中的可逆电极和可逆电池的概念是两回事，不可混为一谈。

交换电流密度对温度的依赖关系呈指数形式，可由 Arrhenius 公式表示：

$$i_o(T) = A\exp\left(\frac{-E_a}{RT}\right) \tag{3-17}$$

其中，A 是指前因子；E_a 是反应的活化能，单位是 J/mol。由不同温度下交换电流密度 i_o 的值可确定反应的活化能。

对于前述基元反应，由式（3-10）可联立求出反应的平衡电势 U：

$$U = \frac{RT}{F}\ln\frac{k_c c_O}{k_a c_R} \tag{3-18}$$

式（3-18）具有 Nernst 方程的形式。将式（3-18）代回到式（3-10）中正向或逆向反应表达式中，得出

$$\frac{i_o}{F} = k_a^\beta k_c^{1-\beta} c_R^\beta c_O^{1-\beta} \tag{3-19a}$$

式（3-19a）适用于前述考虑的单电子基元反应。一般地，交换电流密度 i_o 对反应组分表面浓度的依赖呈幂指数形式。浓度的幂指数项可由反应机理导出或者通过不同浓度下多个 i_o 的实验值拟合求得。若确定了浓度的幂指数项，通常把 i_o 表示为下列形式：

$$i_o = i_{o,ref}\left(\frac{c_1}{c_{1,ref}}\right)^{\gamma_1}\left(\frac{c_2}{c_{2,ref}}\right)^{\gamma_2} \tag{3-19b}$$

其中，下标 ref 指参考浓度。

最后，传递系数 α_a 和 α_c 是正值，且有界。一般地，$\alpha_a + \alpha_c = n$，n 为反应转移的电子数。$\alpha F\eta_s/RT$ 项是无因次的。由实验测出的传递系数 α 值可推测反应机理信息，如 $\alpha_a = \alpha_c = 0.5$，表明是单电子基元反应，因此传递系数有时又称为对称系数。

例 3-2　电化学分析中有时用到的反应：

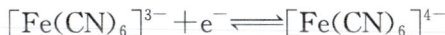

$$[Fe(CN)_6]^{3-} + e^- \rightleftharpoons [Fe(CN)_6]^{4-}$$

可认为是基元反应。25℃下在 Pt 电极上该反应的交换电流密度 i_o 为 229A/m²，反应物和产物的参考浓度均为 0.001M。现在中性 0.1M KCl 溶液中进行实验，$[Fe(CN)_6]^{3-}$ 的浓度是 0.02M，而 $[Fe(CN)_6]^{4-}$ 的浓度是 0.015M。

（1）相对于饱和甘汞电极（SCE），尺寸为 0.5cm×0.75cm 的 Pt 片的电势为 0.10V。求通过 Pt 片的电流值有多大？（可以忽略接界电势，各组分的活度系数均为 1）

（2）如果相对于参考电极饱和甘汞电极，Pt 片电极的电势维持恒定，那么对电极上会发生什么电化学反应？

解　（1）首先查得反应 $[Fe(CN)_6]^{3-} + e^- \rightleftharpoons [Fe(CN)_6]^{4-}$ 的标准平衡电极电势 $U^\ominus_{[Fe(CN)_6]^{3-}/[Fe(CN)_6]^{4-}} = 0.358V$。

采用式(2-24)对电极电势值进行校正：

$$U_{[Fe(CN)_6]^{3-}/[Fe(CN)_6]^{4-}} = U^\ominus_{[Fe(CN)_6]^{3-}/[Fe(CN)_6]^{4-}} - \frac{RT}{nF}\ln\left(\frac{c_{[Fe(CN)_6]^{4-}}}{c_{[Fe(CN)_6]^{3-}}}\right)$$

$$= 0.358 - \frac{8.314 \times 298}{1 \times 96\,485}\ln\left(\frac{0.015}{0.02}\right) = 0.365\,4\,(V)$$

这个电势值是相对于标准氢电极(SHE)的。上面的计算实际上假设了溶液主体的浓度与电极表面浓度值相等,当反应速率很高时,这个假设就不够合理了。各个组分的活度系数值应该不会太大,因为各个离子的浓度都相对很低,此外分子和分母的校正值相近可以互相抵消。由于 K^+ 和 Cl^- 具有相近的传递性质,液体接界电势(由于离子传递性质的不平衡所致)应该很小。即便如此,上述计算中也保留了较多的有效数字。

为了得到 BV 方程中所需要的超电势,平衡电势和电极电势都需要相对于同一参考电极。查得饱和甘汞电极(SCE)的标准平衡电势值为 0.242V,故相对于饱和甘汞电极(SCE)为 0.10V 就等于相对于标准氢电极(SHE)的 0.342V。

因此,超电势 $\eta_s = 0.342 - 0.365\ 4 = -0.023\ 4(V)$

超电势 η_s 的值为负,表明在此电极上阴极反应占主导。

需要先求出实验浓度条件下的交换电流密度 i_o,由式(3-19b)有

$$i_o = i_{o,ref}\left(\frac{c_1}{c_{1,ref}}\right)^{\gamma_1}\left(\frac{c_2}{c_{2,ref}}\right)^{\gamma_2} = 229 \times \left(\frac{0.015}{0.001}\right)^{0.5} \times \left(\frac{0.02}{0.001}\right)^{0.5} = 3966(A/m^2)$$

上式中指数项均为 0.5,因为所考虑的反应是单电子基元反应,根据式(3-19a)得出, $\beta = 1-\beta = 0.5$。

将上述数值代入 BV 方程就可以得到电流密度：

$$i = i_o\left[\exp\left(\frac{\alpha_a F}{RT}\eta_s\right) - \exp\left(-\frac{\alpha_c F}{RT}\eta_s\right)\right]$$

$$= 3966 \times \left\{\exp\left[\frac{0.5 \times 96\ 485 \times (-0.023\ 4)}{8.314 \times 298}\right] - \exp\left[-\frac{0.5 \times 96\ 485 \times (-0.023\ 4)}{8.314 \times 298}\right]\right\}$$

$$= -3740(A/m^2)$$

计算所得电流密度为负值,因为该电极是阴极。如果此 Pt 片电极两面均具有活性,就需要乘以总的表面积来计算电流值：

$$I = i \times 2 \times S = -3740 \times 2 \times 0.5 \times 0.75 \times 10^{-4} = -0.374(A)$$

(2) 当 Pt 片电极的电势维持恒定的负值时,对电极上一定发生的是氧化反应。最容易的反应是 $[Fe(CN)_6]^{4-}$ 的氧化反应：

$$[Fe(CN)_6]^{4-} \longrightarrow [Fe(CN)_6]^{3-} + e^-$$

如果这个反应的速率不够快,还不足以提供足够的阳极电流的话,水系电化学池中还经常发生水的氧化生成氧气的反应。

从实用的工程角度看,BV 方程是一个含有三个参数的电化学动力学方程,通过各类电化学实验数据的拟合,在电化学工程中具有非常广泛的应用。

3.5 Butler-Volmer 方程的简化形式

3.5.1 Tafel 方程

Butler-Volmer 方程有两个指数项,第一项 $\exp\left(\frac{\alpha_a F}{RT}\eta_s\right)$ 代表阳极电流 ($i>0$, $\eta_s>0$),

第二项 $\exp\left(-\dfrac{\alpha_c F}{RT}\eta_s\right)$ 代表阴极电流（$i<0$，$\eta_s<0$）。

当超电势 η_s 为正且数值很大时，Butler-Volmer 方程的阳极项占主导，阴极项对电流的贡献不明显。因电极反应的活化能是电势的函数，此时阴极反应的活化能远大于阳极反应的活化能，可略去 Butler-Volmer 方程中的第二个指数项，得

$$i = i_o \exp\left(\frac{\alpha_a F}{RT}\eta_s\right) \tag{3-20}$$

这个简化形式称为 Tafel 方程。容易由此解得超电势 η_s 为电流密度 i 的函数为

$$\eta_s = \frac{RT}{\alpha_a F}\ln i - \frac{RT}{\alpha_a F}\ln i_o \tag{3-21}$$

式（3-21）是 η_s 关于 $\ln i$ 直线关系的方程。α_a 和 i_o 可由电流-电压实验数据拟合出的直线关系求取。Tafel 方程的优势之一为只有两个参数需要拟合，比 Butler-Volmer 方程少一个需拟合的参数。如果作图分析实验数据时，常把式（3-21）中的自然对数转换为以 10 为底的常用对数：

$$\eta_s = a + b\lg i \tag{3-22}$$

其中，$a = -\dfrac{2.303RT}{\alpha_a F}\lg i_o$，$b = \dfrac{2.303RT}{\alpha_a F}$。当 $\alpha_a = 1$，$T = 298.15\text{K}$ 时，斜率 b 的值为 59.2mV。由实验数据的斜率可快速求得 a 值。如果某单电子转移反应的 Tafel 斜率为 118mV，则对应的 $\alpha_a = 0.5$。

也可相应得出当超电势 η_s 为负且数值很大时阴极反应的 Tafel 表达式：

$$i = -i_o \exp\left(-\frac{\alpha_c F}{RT}\eta_s\right) \tag{3-23}$$

取对数，化简整理

$$\eta_s = -\frac{RT}{\alpha_c F}\ln(-i) + \frac{RT}{\alpha_c F}\ln i_o = -\frac{RT}{\alpha_c F}\ln|i| + \frac{RT}{\alpha_c F}\ln i_o \tag{3-24}$$

注意对于阴极电流 $i<0$，因此对数项中的 $-i$ 为正值。图 3-20 所示为 25℃，$\alpha = 0.5$，$i_o = 10^{-4}\text{A/m}^2$ 的典型 Tafel 图。为了强调，在式（3-24）和图 3-20 中应用绝对值符号。阴极直线的斜率为负值。图 3-20 把 η_s 视为 $\lg|i|$ 函数，不仅包括阳极和阴极的 Tafel 直线，二者的交点位于 $\eta_s = 0$、$|i| = i_o$ 处；还包括完整的 Butler-Volmer 方程曲线。当超电势 η_s 数值很大时，Tafel 近似和完整的 Butler-Volmer 方程是一致的；但当超电势 η_s 接近于零时，二者存在明显的差距。

至于超电势 η_s 究竟多大时才能应用 Tafel 表达式，可通过比较 Tafel 表达式和完整的 Butler-Volmer 方程，得到

$$|\eta_s| > \frac{B}{\alpha_a + \alpha_c}\frac{T}{298.15} \tag{3-25}$$

其中，B 为常数。当最大误差小于 1％时，$B = 0.12\text{V}$；当最大误差小于 10％时，$B = 0.062\text{V}$。T 的单位为 K。

式（3-25）提供了一个满足误差要求的简易计算方法，当然其前提条件是已知 α_a 和 α_c。一般的通用经验规则是当超电势 $|\eta_s| > 100\text{mV}$ 时就可以使用 Tafel 简化。通过观察需要拟合数据的图形是否在半对数图的直线区，也可以判定 Tafel 方程是否适用。

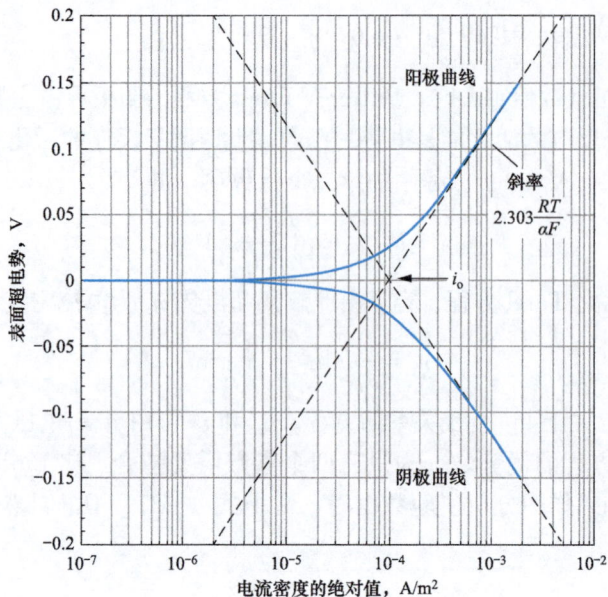

图 3-20   25℃，$\alpha=0.5$，$i_o=10^{-4}\text{A}/\text{m}^2$ 的典型 Tafel 图

当电流密度很小（$i\to0$）时，Tafel 方程就不再成立了。因为当 $i\to0$ 时，按照 Tafel 方程将出现 $\eta_s\to-\infty$，这显然与实际情况不符。实际情况是：当电流密度很小时，电极电势偏离平衡电势也很小，即 $i\to0$ 时，$\eta_s\to0$。

✦✧ 例3-3 20℃时电解浓度为 5M 的 NaCl 水溶液生成氯气的电流密度 i-超电势 η_s 实验数据见表 3-4。

表 3-4   [例3-3] 电流密度 i-超电势 η_s 实验数据

电流密度 i（A/m²）	超电势 η_s（V）	电流密度 i（A/m²）	超电势 η_s（V）
30.1	0.004 89	2070.0	0.079 34
58.4	0.011 75	4110.0	0.103 60
116.0	0.016 58	6180.0	0.120 80
173.0	0.022 04	8080.0	0.135 90
240.0	0.025 47	12 400.0	0.151 50
427.0	0.034 33	22 300.0	0.170 30
621.0	0.040 47	41 300.0	0.199 40
817.0	0.047 27	60 300.0	0.209 10
1230.0	0.055 12		

（1）写出生成氯气的电极反应式，并判断是阳极反应还是阴极反应。

（2）求反应的 Tafel 斜率。

（3）求该反应的交换电流密度。

（4）求传递系数 α_a。

解　(1) 电极反应式为 $2Cl^- \longrightarrow Cl_2 + 2e^-$，是阳极反应。

(2) 由 Tafel 方程

$$i = i_o \exp\left(\frac{\alpha_a F}{RT} \eta_s\right)$$

方程两边取对数，整理，得

$$\eta_s = 2.303 \frac{RT}{\alpha_a F} \lg i - 2.303 \frac{RT}{\alpha_a F} \lg i_o$$

将表 3-4 中的实验数据按 $\eta_s\text{-}\lg i$ 关系在半对数坐标上作图，见图 3-21。二者在整个电流密度的实验值范围内并不呈线性关系。在超电势 η_s 较大时，Tafel 方程成立，斜率为一定值。采用超电势 $\eta_s > 50\text{mV}$ 时的数据做线性拟合，Tafel 斜率为 92mV。

(3) 当超电势 $\eta_s = 0$ 时，对应的电流密度 i 就是该反应的交换电流密度 i_o，直接从拟合图线上读取时误差比较大。可由线性回归的表达式求取。

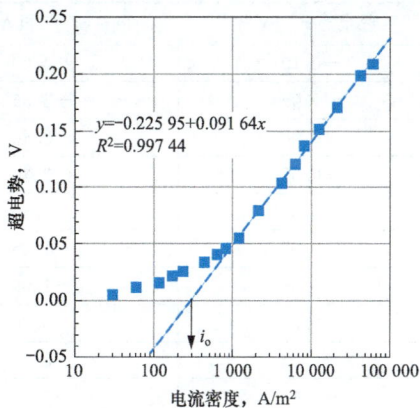

图 3-21　表 3-4 实验数据线性拟合图

令 $\eta_s = -0.225\,95 + 0.091\,64 \lg i_o = 0$，解得 $i_o = 292\text{A/m}^2$。

(4) 利用线性回归表达式中的斜率值。

$$斜率 = \frac{2.303RT}{\alpha_a F} = 0.091\,64$$

求得阳极传递系数　$\alpha_a = \frac{1}{0.091\,64} \times \frac{2.303RT}{F} = 0.63$

3.5.2　线性近似

在低超电势时，Butler-Volmer 方程的近似采用 $\eta_s = 0$ 附近的 Taylor 级数展开式，对阳极项和阴极项只保留 Taylor 级数展开式中的前两项：

$$i \approx \left[i_o + i_o \frac{\alpha_a F}{RT}(\eta_s - 0)\right] - \left[i_o - i_o \frac{\alpha_a F}{RT}(\eta_s - 0)\right] = i_o \frac{(\alpha_a + \alpha_c)F}{RT} \eta_s \qquad (3\text{-}26)$$

所得到的线性表达式在低超电势时是准确的。通常的适用范围是超电势 $\eta_s < 10\text{mV}$。该线性近似的误差与其中所用的参数有关。

3.6　Butler-Volmer 方程的直接拟合

当电流-电压数据只有在高超电势区和低超电势区之间的过渡区域，通常称为弱极化区时，阳极反应和阴极反应速度的差别介于上述 Tafel 方程和线性近似二种极限情况之间，电化学动力学须用完整的 Butler-Volmer 方程直接拟合得到。

拟合可以直接利用非线性求解器或最优化程序以使实验数据和 Butler-Volmer 方程表达式间的误差最小化。以下用 Microsoft Excel 示例拟合过程。

某 NiOOH 电极上发生单电子转移反应的超电势 η_s-电流密度 i 实验数据列于表 3-5，请拟合出合适的动力学表示式。

表 3-5   某 NiOOH 电极反应的 η_s-i 实验数据

超电势 η_s（V）	电流密度 i（A/m²）	超电势 η_s（V）	电流密度 i（A/m²）
-0.10	-4.20	0.01	0.24
-0.09	-3.36	0.02	0.45
-0.08	-2.40	0.03	0.80
-0.07	-2.30	0.04	1.00
-0.06	-1.80	0.05	1.45
-0.05	-1.25	0.06	1.80
-0.04	-1.00	0.07	2.10
-0.03	-0.80	0.08	2.80
-0.02	-0.50	0.09	3.50
-0.01	-0.22	0.10	4.10

注意最大的超电势实验值为 100mV，因此不能期望只用 Tafel 方程来拟合阳极和阴极电流。首先把实验数据绘制在线性坐标轴的 η_s-i 图（见图 3-22）中，呈非线性。

然后将同样的实验数据绘制在半对数坐标的 η_s-$\lg|i|$ 图（见图 3-23）中，虽然大部分数据不处于 Tafel 区，但可利用对应于阳极和阴极电流最大值的几个实验数据来初步估算 Tafel 斜率初值。

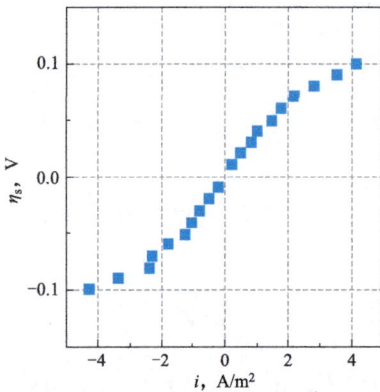

图 3-22   表 3-5 实验数据（线性坐标轴）

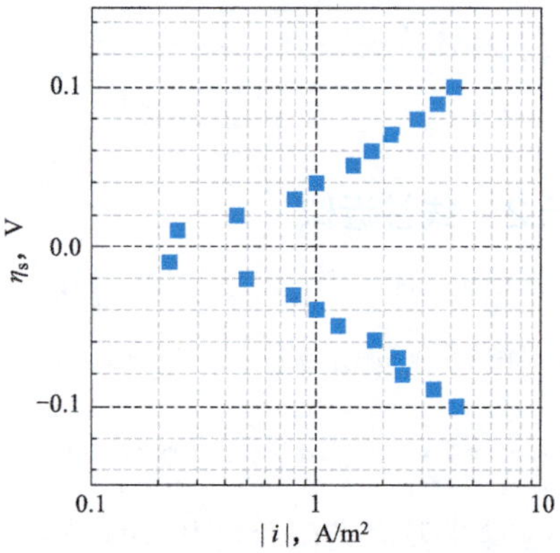

图 3-23   表 3-5 实验数据（半对数坐标轴）

以下利用 Microsoft Excel 中的"规划求解"功能求取最佳拟合的完整 Butler-Volmer 方程中三个参数：i_o、α_a 和 α_c。

如果"规划求解"图标没有出现在"数据"菜单中，请从"文件"→"选项"→"加载项"→"Excel 加载项转到（G）"→"确定"来加载。

α_a 和 α_c 是有界的，相对易于以合理的精度估值；但 i_o 的变化范围很大，有数量级大小的差别。采用阴极曲线的最后 4 个实验点线性拟合 η_s-$\ln|i|$ 关系，得到斜率为 -0.0435，截

距为-0.0376，由此计算出 $\alpha_c=0.59$，$i_o=0.42A/m^2$。这是拟合完整 Butler-Volmer 方程的两个初值，第三个初值取 $\alpha_a=1-\alpha_c=0.41$，因为这是个单电子转移反应。Excel 电子表格计算界面见表 3-6，"规划求解"参数设置见图 3-24。

表 3-6   **Excel 电子表格计算界面**

常数（25℃）：

$F/RT=$ 38.923 78

需拟合的参数：

$\alpha_c=$ 0.59

$i_o=$ 0.42

$\alpha_a=$ 0.41

超电势（V）	电流密度的实验值（A/m²）	电流密度的计算值（A/m²）	绝对误差（A/m²）
−0.10	−4.20	−4.089 4	−0.111
−0.09	−3.36	−3.218 1	−0.142
−0.08	−2.40	−2.520 0	0.120
−0.07	−2.30	−1.958 6	−0.341
−0.06	−1.80	−1.504 7	−0.295
−0.05	−1.25	−1.135 0	−0.115
−0.04	−1.00	−0.830 6	−0.169
−0.03	−0.80	−0.576 3	−0.224
−0.02	−0.50	−0.359 6	−0.140
−0.01	−0.22	−0.170 4	−0.050
0.01	0.24	0.158 9	0.081
0.02	0.45	0.312 6	0.137
0.03	0.80	0.467 0	0.333
0.04	1.00	0.627 6	0.372
0.05	1.45	0.799 6	0.650
0.06	1.80	0.988 3	0.812
0.07	2.10	1.199 4	0.901
0.08	2.80	1.438 7	1.361
0.09	3.50	1.713 0	1.787
0.10	4.10	2.029 5	2.071

绝对误差的平方和=   11.866

其中，"电流密度的计算值"列采用需拟合的三个参数初值由完整 Butler-Volmer 方程计算得到；"绝对误差"列是"电流密度的实验值"与"电流密度的计算值"的差值；"绝对误差的平方和"利用 Excel 中的 SUMSQ 函数求出；"规划求解"就是通过调整拟合参数使其最小化。首先选择"绝对误差的平方和"所在的单元格（其初始值为 11.866），然后调用 Excel "数据"菜单中的"规划求解"功能，设置目标为"绝对误差的平方和"所在的单元格到最小值，"通过更改可变单元格"为需要拟合的三种参数值所在的单元格，"求解方法"选缺省的非线性 GRG。

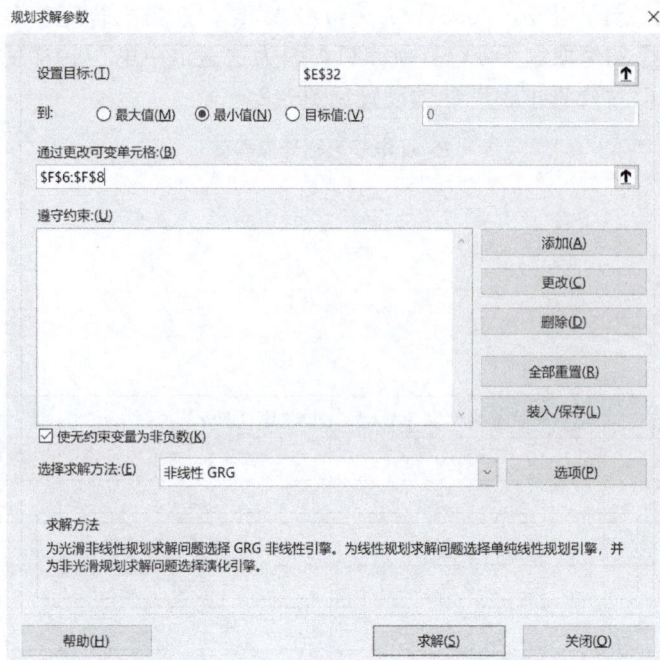

图 3-24　"规划求解"参数设置

拟合的结果为

$\alpha_c =$　　0.503 541

$i_o =$　　0.589 357

$\alpha_a =$　　0.508 697

此时，"规划求解"把"绝对误差的平方和"的值由 11.866 减小至 0.186。注意拟合过程并没有添加 $\alpha_a + \alpha_c = 1$ 的约束，因此这两个参数是独立拟合的，其结果验证了此为单电子转移反应。只要电流密度值大小的波动不是跨越若干个数量级，上述参数拟合求解过程易于收敛。如果电流密度大小变化很大，大电流密度值带来的误差权重对拟合收敛不利，可采用归一化的误差来补偿。当然此种情形最好是仅使用 Tafel 方程拟合，因为此时一定有在 Tafel 区的数据，Tafel 拟合足以处理波动范围很大的数据。

🌀 3.7　传质对反应速率的影响

正如式（3-19a）所示，交换电流密度和电流的大小与电极表面反应物和产物的浓度相关。在电极表面，反应物经表面电化学反应转化为产物，导致反应物和产物在电极表面的浓度与电解质溶液主体有显著差别，如图 3-25 所示。

以下仅限于研究反应速率与表面反应物的浓度线性相关的情形。随着所施加电势的增加，反应速率增加，表面反应物的浓度会降低，由电解质溶液主体到电极表面的传质阻力变得更加重要。在有支持电解质存在或反应组分不带电的情况下，传质速率表达式可以简化，详见第 4 章。体系中存在支持电解质或反应组分不带电条件下，反应物传递到电极表面的传

质速率可以近似表示为

$$N_R = k_c(c_{R,\infty} - c_{R,0}) \tag{3-27}$$

其中，k_c 为传质系数。在稳态情况下，传质速率必定等于表面处的反应速率，如果反应速率用 Tafel 方程表示，有

$$i = nFk_c(c_{R,\infty} - c_{R,0}) = i_{0,ref}\left(\frac{c_{R,0}}{c_{R,ref}}\right)\exp\left(\frac{\alpha_a F}{RT}\eta_s\right) \tag{3-28}$$

为了简化起见，此处假设 $c_{R,ref} = c_{R,\infty}$，以消去未知的表面浓度值，解得电流密度为

$$i = \frac{1}{\dfrac{1}{nFk_c c_{R,\infty}} + \dfrac{1}{i_{0,ref}\exp\left(\dfrac{\alpha_a F}{RT}\eta_s\right)}} \tag{3-29}$$

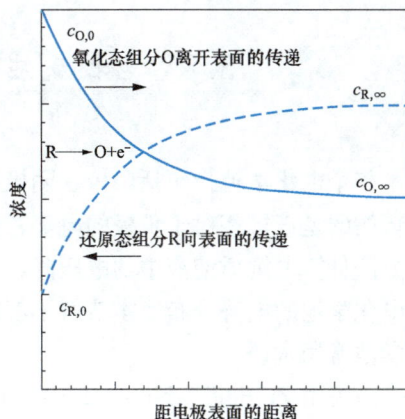

图 3-25　考虑传质的电极表面浓度分布示意

式（3-29）表明电流密度取决于两个串联的阻力：一个是传质阻力，另一个是反应阻力。如果相对于传质速率，反应动力学是缓慢，式（3-29）分母中的第二项的数值就大于第一项，那么电流密度受到了反应动力学的限制；相反地，如果传质速率慢于反应速率，式（3-29）分母中的第一项就占主导（k_m 小，其倒数值就大），电流密度就主要取决于传质速率。介于上述两个极端情况之间，传质阻力和动力学阻力对电流密度都有影响。总的影响情况见图 3-26 所示的传质极限电流示意，随着表面超电势的增加，电流密度先呈指数式增大（动力学阻力占主导），然后逐渐趋于平缓（受传质限制）。在高超电势下情况，表面反应过程已不再是限制因素，电流密度只取决于传质速率。传质速率与超电势高低无关。在高表面超电势的情况下，相对于传质速率表面反应如此之快，以至于反应物经传递过程一到达电极表面，就被快速转化，可认为反应物在电极表面的浓度实际上是零。

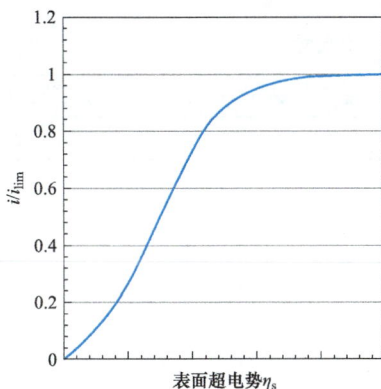

图 3-26　传质极限电流示意

在传递速率表达式中，令反应物表面浓度等于零，就可计算出受传质限制的极限电流（limiting current）：

$$i_{lim} = nFk_c c_{R,\infty} \tag{3-30}$$

其中，n 是由电化学反应决定的反应 1mol c_R 所转移的电子数。实际上，有许多工业电化学过程就是添加支持电解质的情况下在极限电流下操作的。

如果 i_0 与浓度的关系是非线性的（如分数指数），上述问题很难显式解出。如果与 i_0 相关联的浓度与主体浓度不同，可数值求解式（3-31）得到表面浓度：

$$nFk_c(c_{R,\infty} - c_{R,0}) = i_{0,ref}\left(\frac{c_{R,0}}{c_{R,ref}}\right)^{\gamma}\left[\exp\left(\frac{\alpha_a F}{RT}\eta_s\right) - \exp\left(-\frac{\alpha_c F}{RT}\eta_s\right)\right] \tag{3-31}$$

若已得出表面浓度值，由传质速率方程或反应速率方程都可计算出电流密度。

以上通过有意保持简洁的传质速率表达式，首次引入了极限电流的概念。极限电流对于电化学系统的设计和运行至关重要。第 4 章将详细研究电化学系统中涉及的传递过程。

3.8 电极反应动力学在整个电化学池中的应用

整个电化学池指包括阳极、阴极以及它们之间起分隔作用的电解质溶液的电化学池。池电势指的是正极相对于负极的电势，而不是某一电极相对于参考电极的电势。采用一个简单的方法计算电解质溶液中的电压降，重点放在反应速率表达式的应用上，主要目的是考察整个电化学池的电势分布。本节暂不考虑浓度效应。此外还要介绍一些以后章节将要涉及的电化学池常用术语。

考虑由 Zn 电极、NiOOH 电极和 KOH 溶液构成电化学池。这是一个简称为 Ni/Zn 电池的电化学体系，Zn 发生氧化应，而 NiOOH 发生还原反应：

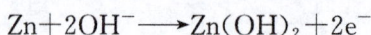

$$Zn+2OH^- \longrightarrow Zn(OH)_2+2e^-$$

$$NiOOH+H_2O+e^- \longrightarrow Ni(OH)_2+OH^-$$

该电池的物理性质数据和几何尺寸列于表 3-7，待求的是：

(1) 当电流密度为 $1000A/m^2$ 时，电池的电压是多少？

(2) 当电池的电压是 1.3V 时，对应的放电电流密度有多大？

(3) 当池电压是 2.0V 时，对应的充电电流密度有多大？

表 3-7　　　　　　　　图 3-27 对应的相关物理性质数据和几何尺寸

符号	数值	解释
Ra_{Ni}	100	Ni 电极的表面粗糙度
Ra_{Zn}	2	Zn 电极的表面粗糙度
$i_{o,Ni}$	0.61	Ni 的交换电流密度，A/m^2
$i_{o,Zn}$	60	Zn 的交换电流密度，A/m^2
T	298.15	温度，K
U_{Ni}	1.74	Ni 相对于 Zn 参考电极的平衡电势，V
$\alpha_{a,Ni}$	0.5	Ni 电极的阳极传递系数
$\alpha_{a,Zn}$	1.5	Zn 电极的阳极传递系数
$\alpha_{c,Ni}$	0.5	Ni 电极的阴极传递系数
$\alpha_{c,Zn}$	0.5	Zn 电极的阴极传递系数
κ	60	电解质的电导率，S/m
L	2	电解质的厚度，mm

此处定义放电电流为正，充电电流为负。此体系为一维，电流在两个等面积平板电极间流动，两电极之间充满了厚度为 L 的电解质溶液。电流密度为 $1000A/m^2$ 时对应的电势见图 3-27。Ni 电极为正极，Zn 电极为负极，分别用上标 p、n 表示。需要考虑三个电势：电解质溶液相对于参考电极的电势 φ_2，金属正极的电势 φ_1^p 和负极的电势 φ_1^n。注意 φ_2 在两个电极之间是变化的，即电解质溶液中 Zn 电极处的电势与 Ni 电极处的电势是不同的。

电解质溶液中的电压降遵从欧姆定律，即

$$i = -\kappa \frac{\Delta \varphi_2}{\Delta x} \tag{3-32}$$

其中，κ 为电解质溶液的电导率。

电池电压就是用电压表测得的正负极间的电势差，即 $V_{cell} = \varphi_1^p - \varphi_1^n$，因此可以任意指定电化学池中某点的电势值。在此一维的体系中，指定金属 Zn 的电势为 0，即 $\varphi_1^n = 0$。同时取 Zn 电极的表面处 $x = 0$。此外，还选择参考电极就是金属 Zn 电极。

（1）首先求当电流密度为 $1000 A/m^2$ 时电池的电压。动力学表示式中的电势 V 就是相对于双电层溶液侧电解质溶液而言金属电极的电势〔见式（3-14）〕。因此

$$\eta_s = V - U = \varphi_1 - \varphi_2 - U$$

对于负极和正极，二个表面超电势分别是：

$$\eta_s^n = \varphi_1^n - \varphi_2^n - U_n$$

和

$$\eta_s^p = \varphi_1^p - \varphi_2^p - U_p$$

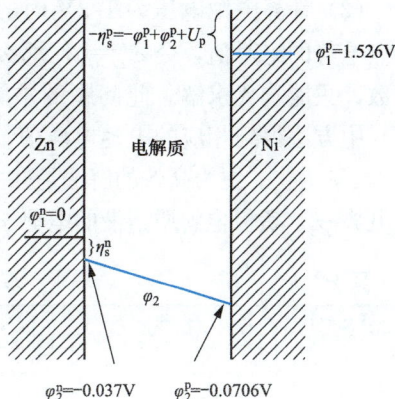

图 3-27　Ni/Zn 电池中当电流密度为 $1000 A/m^2$ 时金属电极和溶液的电势示意

由于阳极和参考电极均为金属 Zn 电极，其平衡电势 $U_n = 0$。当电流密度 i 已知，就可以由电池的一侧开始沿一维方向逐步求解电势值。可方便地从金属 Zn 电极处开始计算，因为已指定此处金属的电势 $\varphi_1^n = 0$。对金属 Zn 电极列出 BV 方程，其中唯一的未知量是表面超电势 η_s^n。需要注意的是，用 Ra_{Zn} 乘以 $i_{o,Zn}$ 以考虑表面粗糙度的影响，电极的实际表面积比其表观面积要大。数值求解得出 $\eta_s^n = 0.0373 V$。不出所料，阳极的超电势为正值。同时可求出金属 Zn 电极表面双电层溶液侧电解质溶液电势 $\varphi_2^n = -\eta_s^n$，因为 $\varphi_1^n = U_n = 0$。知道了金属 Zn 电极界面处电解质溶液的电势，下一步计算电解质溶液中的电压降和 Ni 电极界面处电解质溶液的电势。

$$i = -\kappa \frac{\Delta \varphi}{\Delta x} = -\kappa \frac{\varphi_2^p - \varphi_2^n}{L} \tag{3-33}$$

因此有

$$\varphi_2^p = \varphi_2^n - \frac{iL}{\kappa} = -0.0706 V \tag{3-34}$$

注意到由阳极到阴极的电流为正，电解质溶液中的电势是下降的。最后一步是对 Ni 电极应用 BV 方程解出固相 Ni 电极的电势 φ_1^p。U_p 是 Ni 电极相对于 Zn 参考电极的平衡电势，即表 3-7 中的 U_{Ni}。当 $i = 1000 A/m^2$ 时，数值求解出 $\eta_s^p = -0.1438 V$。在阴极，超电势为负值。因为 Ni 电极的交换电流密度小于 Zn 电极的交换电流密度，Ni 电极超电势的数值绝对值更大。最后得出正极的电势为

$$\varphi_1^p = U_p + \eta_s^p + \varphi_2^p = 1.74 - 0.1438 - 0.0706 = 1.526 (V)$$

电池的电压　　　　　　　$$V_{cell} = \varphi_1^p - \varphi_1^n = 1.526 V$$

这就是当电池的运行电流密度为 $1000 A/m^2$ 时，测得的两个电极间电势差。以上这些电势值均标注在图 3-27 中。仔细观察该图对理解电化学池中电势的变化和分布很有帮助。

（2）计算电池电压为 1.3V 时的放电电流密度。由于电池电压 $V_{cell}=\varphi_1^p-\varphi_1^n$，可指定某一点电势的绝对值，令 $\varphi_1^n=0$，那么 $\varphi_1^p=1.3V$。这个问题求解更复杂，因为电流密度是未知数，只能迭代求解。此问题的求解可以手工迭代，即先猜测一个电流密度的初值，采用（1）中方法得到相应的电池电压值；不断调整电流密度的猜测值直到计算出的电池电压值达到 1.3V 为止。更为高效的解法是联立求解三个方程，同时得出三个未知数：正极电解质溶液的电势 φ_2^p、负极电解质溶液的电势 φ_2^n 和电流密度 i。联立求解三个方程及其结果见表 3-8。

表 3-8   **联立求解三个方程及其结果**

指定变量	未知变量	方程
$\varphi_1^n=0V$ $\varphi_1^p=1.3V$	$i=4640A/m^2$ $\varphi_2^n=-0.062\,7V$ $\varphi_2^p=-0.218V$	$\varphi_2^p=\varphi_2^n-\dfrac{iL}{\kappa}$ $i=Ra_{Zn}i_{o,Zn}\left\{\exp\left[\dfrac{a_{a,Zn}F(\varphi_1^n-\varphi_2^n-U_n)}{RT}\right]-\exp\left[\dfrac{-a_{c,Zn}F(\varphi_1^n-\varphi_2^n-U_n)}{RT}\right]\right\}$ $-i=Ra_{Ni}i_{o,Ni}\left\{\exp\left[\dfrac{a_{a,Ni}F(\varphi_1^p-\varphi_2^p-U_p)}{RT}\right]-\exp\left[\dfrac{-a_{c,Ni}F(\varphi_1^p-\varphi_2^p-U_p)}{RT}\right]\right\}$

计算过程中需要注意，当电流由阳极流向阴极时，电解质溶液中的电流值为正。相反的是，阴极电流虽然流动方向相同，但按规定仍然为负，电解质溶液中的电流密度必须设定为阴极电流密度的负值。

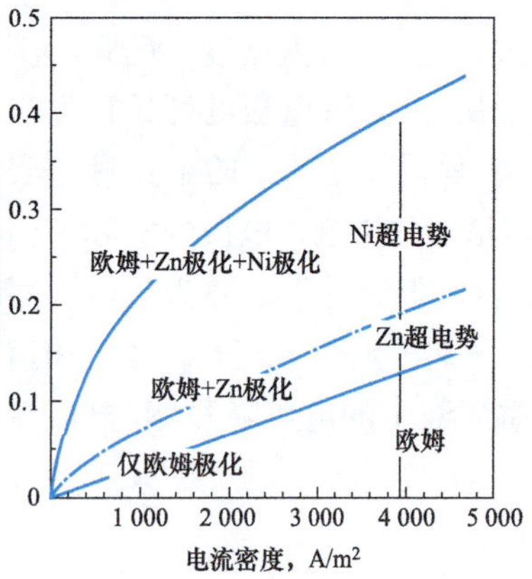

图 3-28 Ni/Zn 电池的动力学和欧姆极化

（3）上述计算步骤对于电池的充电和放电过程同样有效，无须变动所用的方程。当然，充电时指定的充电电压须大于电池的开路电压。通过求解同样的一组方程，当所施加的充电电压是 2.0V 时，解出相应的充电电流密度是 $-821A/m^2$。

电池的电压总损失或称为极化等于 $\eta_{Zn}+\Delta\varphi_{溶液}-\eta_{Ni}$。上述模型可以用于评价不同电流密度下各种电压损失的相对大小，Ni/Zn 电池的动力学和欧姆极化结果见图 3-28。由图 3-28 可见，金属 Zn 电极的超电势远小于 Ni 电极的超电势；在没有浓度梯度的条件下，电解质溶液中的电压降随着电流密度的增加而线性增大，在高电流密度时电解质溶液中的电压降的相对重要性也增大。

3.9 电 流 效 率

可用多个效率表征电化学过程和电化学体系。第 1 章曾引入了法拉第效率 η_F。电流效率 η_c 的定义为

$$\eta_c=\frac{目标反应的电流}{总的电流}\times100\% \tag{3-35}$$

电解池和电池中都会有不希望的副反应发生，降低了电流效率。下面以铅酸蓄电池的充电过程为例加以说明。铅酸蓄电池充电时，正极可能发生两个反应。第一个是希望发生的固

体硫酸铅的氧化反应：

$$PbSO_4 + 2H_2O \longrightarrow PbO_2 + SO_4^{2-} + 4H^+ + 2e^-, \quad U_1^\ominus = 1.685V$$

第二个则是不希望发生的析氧副反应：

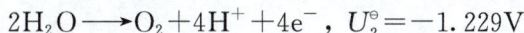

$$2H_2O \longrightarrow O_2 + 4H^+ + 4e^-, \quad U_2^\ominus = -1.229V$$

那么，给蓄电池充电的电流中，对应于主反应的电流占多大比例呢？此问题的答案取决于电极动力学。铅酸蓄电池正极的平衡电势比析氧反应的平衡电势高 0.4V 以上，因此析氧反应的超电势会更大。

⭐ **例 3-4** 某铅酸蓄电池充电时，硫酸铅的氧化反应的超电势 $\eta_{s,1} = 0.05V$，而与此同时析氧反应的超电势 $\eta_{s,2} = 0.6V$，这两个反应的动力学参数列于表 3-9。试计算该铅酸蓄电池充电时正极的电流效率。

表 3-9　　　　　　　[例 3-4] 铅酸蓄电池充电时正极的动力学参数

硫酸铅的氧化反应（1）	析氧反应（2）
反应动力学方程：Butler-Volmer	反应动力学方程：Tafel
$\alpha_{a,1} = 1.0$	$\alpha_{a,2} = 0.5$
$\alpha_{c,1} = 1.0$	$i_{o,2} = 2 \times 10^{-6} A/m^2$
$i_{o,1} = 1A/m^2$	

解　硫酸铅的氧化反应（1）的电流密度值：

$$i_1 = i_{o,1} \left[\exp\left(\frac{\alpha_{a,1}F}{RT}\eta_{s,1}\right) - \exp\left(-\frac{\alpha_{c,1}F}{RT}\eta_{s,1}\right) \right]$$

$$= 1 \times \left[\exp\left(\frac{1.0 \times 96\,485}{8.314 \times 298.15} \times 0.05\right) - \exp\left(-\frac{1.0 \times 96\,485}{8.314 \times 298.15} \times 0.05\right) \right]$$

$$= 6.859(A/m^2)$$

析氧反应（2）的电流密度值：

$$i_2 = i_{o,2}\left[\exp\left(\frac{\alpha_{a,2}F}{RT}\eta_{s,2}\right)\right] = 2 \times 10^{-6} \times \left[\exp\left(\frac{0.5 \times 96\,485}{8.314 \times 298.15} \times 0.60\right)\right] = 0.24(A/m^2)$$

电流效率

$$\eta_c = \frac{i_1}{i_1 + i_2} = \frac{6.859}{6.859 + 0.24} = 0.97$$

[例 3-4] 计算结果显示有 3% 的电流作用于析氧反应而不是给电池充电。铅酸蓄电池的顺利工作有赖于析氧反应缓慢的动力学特性。

由于电流效率不是总能达到 100%，给电池充电时就必须需要消耗更多的电流和能量。上述电流效率的定义是针对单一电极的。对同一个电池，其负极的电流效率将会是另一数值。负极上不希望发生的副反应是析氢反应。由于反应的传递系数不同，受温度的影响也不尽相同，电流效率会随极化程度的不同而发生改变。

在后续章节中，将采用电流效率和其他效率一起综合分析评价不同的电化学体系，重点或者是电极，或者是电化学池，甚至是整个体系。因此，有必要修改甚至增加各种新的效率定义。例如，电解水制取氢气和氧气的体系，即使两个电极的电流效率是相同的，一些氧气和氢气也可能在电解池中重新复合又生成了水。这个过程显然是不希望发生的，但如上定义的电流效率并不能捕捉和反映出这种损失。这种效率降低的本质并非源于电化学动力学，后续将进一步探讨。

习 题

3-1 将［例 3-2］（1）中的已知条件修改如下：相对于 Ag/AgCl 参比电极，电势值为 0.10V。饱和 Ag/AgCl 参比电极的标准平衡电势为 0.197V。请比较这两种情形下的差异。

3-2 考虑铅酸电池负极上充电时发生的两个反应：

希望的主反应：$PbSO_4 + 2e^- \longrightarrow Pb + SO_4^{2-}$，$U_1^{\ominus} = -0.356V$

不希望的副反应：$2H^+ + 2e^- \longrightarrow H_2$，$U_2^{\ominus} = 0V$

（1）两个反应的交换电流密度分别为 $i_{o,PbSO_4} = 100A/m^2$ 和 $i_{o,H_2} = 6.6 \times 10^{-10} A/m^2$，如果电极电势相对于氢气参比电极保持在 0.44V，温度为 25℃，转移系数均为 $\alpha_a = \alpha_c = 0.5$。分别计算两个反应的电流密度值。

（2）由于杂质 Sb 的存在，使生成氢气副反应的交换电流密度增大为 $3.7 \times 10^{-4} A/m^2$，其余条件不变，再分别计算两个反应的电流密度值。

3-3 氧化铅表面氧气析出反应的交换电流密度与温度的关系数据见表 3-10。

表 3-10 　　　　　　　　　　　题 3-3 数据

T （℃）	i_o （A/m²）	T （℃）	i_o （A/m²）
15	6.9×10^{-7}	35	7.6×10^{-6}
25	1.7×10^{-6}	45	1.35×10^{-5}

试确定交换电流密度 i_o 随温度变化的函数关系式。该反应的活化能是多少？如果此反应的转移系数是定值 0.5，超电势是 0.7V，那么在什么温度下，此反应的电流密度达到 $5A/m^2$？

3-4 采用 Hg/HgO 参考电极测量的、锌在高浓度碱性溶液中溶解的电化学反应数据见表 3-11。

表 3-11 　　　　　　　　　　　题 3-4 数据

电势 V （V）	电流密度 i （A/m²）	电势 V （V）	电流密度 i （A/m²）
−1.335	58	−1.275	3560
−1.325	150	−1.265	6300
−1.315	300	−1.255	11 500
−1.305	600	−1.245	20 000
−1.295	1100	−1.235	36 800
−1.285	1970	−1.225	66 000

在该实验条件下相对于 Hg/HgO 参考电极，锌电极的标准平衡电势为 −1.345V。

（1）由这些数据求出此反应的交换电流密度和 Tafel 斜率值。

（2）对于相同的电解质，SCE 电极的电势比 Hg/HgO 电极的电势高 0.2V。如果相对于 SCE 电极，锌电极的电势保持在 −1.43V，那么锌氧化反应的电流密度是多少？

3-5 试推导下式：

$$|\eta_s| > \frac{B}{\alpha_a + \alpha_c} \frac{T}{298.15}$$

在 80℃，转移系数之和 $\alpha_a+\alpha_c=2$ 时，若 Tafel 方程计算值的误差小于 1%，对应的超电势值应为多少？（T 的单位为 K）

3-6　对于反应 $Cu^{2+}+2e^- \longrightarrow Cu$，$U^{\ominus}_{Cu^{2+}/Cu}=0.337V$，在 25℃下，采用 Cu 作参考电极，电解质溶液为 1M $CuSO_4$ + 1M H_2SO_4 溶液，实验数据见表 3-12。由表 3-12 数据，求出 Butler-Volmer 方程中的参数值。

表 3-12　　　　　　　　　　　　　　　题 3-6 实验数据

电流密度 i（A/m²）	超电势 η_s（V）	电流密度 i（A/m²）	超电势 η_s（V）
−300	−0.100 4	−40	−0.019 2
−250	−0.091 9	−2.3	−0.001 01
−200	−0.081 8	67	0.019 2
−150	−0.071 7	135	0.029 3
−125	−0.061 6	250	0.039 4
−100	−0.051 5	450	0.049 5
−75	0.041 4	1100	0.065 7

3-7　考虑传质对反应速率的影响时，若表面电化学反应采用 Tafel 方程时得到下式：

$$i=\frac{1}{\dfrac{1}{nFk_m c_{R,\infty}}+\dfrac{1}{i_{0,ref}\exp\left(\dfrac{\alpha_a F}{RT}\eta_s\right)}}$$

如果表面电化学反应采用线性近似动力学时，请推导出相应的表达式。

3-8　在 25℃时，某氢-氧燃料电池相关数据见表 3-13。

表 3-13　　　　　　　　　　　　　　　题 3-8 相关数据

氧电极	氢电极	电解质
$i_o=9\times10^{-7}A/m^2$	$i_o=14\,000A/m^2$	$\kappa=10S/m$
$\alpha_a=3$，$\alpha_c=1$	$\alpha_a=\alpha_c=1$	$L=40\mu m$
$U^{\ominus}_{O_2}=1.229V$	$U^{\ominus}_{H_2}=0V$	$i_o=9\times10^{-7}A/m^2$

（1）当工作电流密度为 10 000A/m²，计算整个燃料电池的输出电压为多少？

（2）两个电极的动力学方程是否可以简化，还是必须使用完整的 Butler-Volmer 方程？

3-9　对于 3.8 节分析的 Ni/Zn 电池，当电压由 1.0V 连续变化到 2.2V，分析相应的电流密度如何变化，并绘制出 I-V 关系曲线。

第 4 章

电化学体系的传递过程

当电化学体系偏离平衡状态后，就必须考虑动力学和传递过程对整个体系的影响。在第 3 章重点研究电子转移步骤动力学的基础上，本章主要研究传递过程的影响。

图 4-1 所示为电化学还原反应电极过程示意，简单描述了传质在电极过程中的作用。当在电极上发生还原反应的多步电极过程时，氧化态组分 O 在被还原之前，必须首先由电解质溶液主体经双电层的内 Helmholtz 面传递到电极表面；通常反应物要先吸附在表面上，再发生表面电子转移反应步骤；生成的吸附状态的还原态组分 R 需先脱附，再经过内 Helmholtz 面由电极表面传递回到液相主体。其中的某一个具体步骤是控制整个电极过程的速率（或电流密度）控制步骤。

本章要定量表达反应物传递到电极表面和产物传递远离电极表面的速率。还以上述电化学还原反应过程为例，传递过程的推动力容易从电化学还原反应电极过程浓度梯度（见图 4-2）看出，氧化态组分 O 在电极表面的浓度低于溶液主体的浓度，因为在电极上氧化态组分 O 是被消耗的。相反，因为有还原态组分 R 在电极上生成，所以其在电极表面的浓度高于溶液主体中的浓度。这些浓度差就是物质在溶液中扩散的推动力。

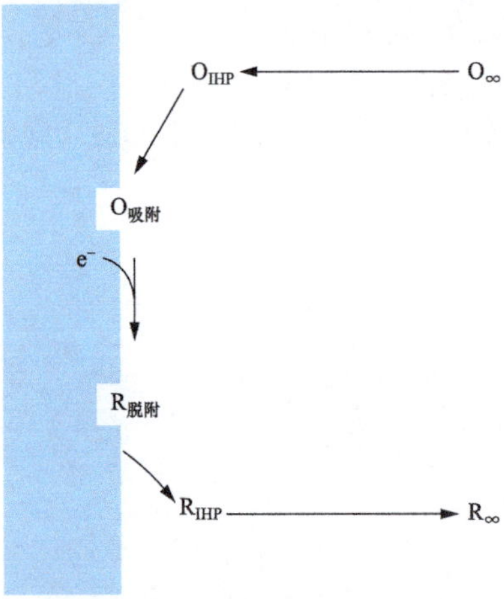

图 4-1　电化学还原反应电极过程示意

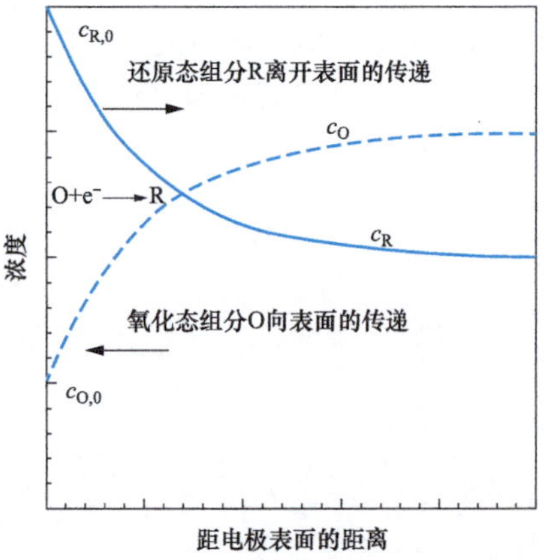

图 4-2　电化学还原反应电极过程浓度梯度示意

在电化学体系中，带电组分在电场力作用下所发生的定向传递称为（电）迁移（migration）。除此之外，扩散（diffusion）和对流（convection）在电化学体系中也发挥着重要作用。本章要重点考察三种传递现象：迁移、扩散和对流及其在电化学体系中的应用。

4.1　Fick 定律和 Nernst-Planck 方程

组分由于随机热运动而形成扩散传递过程，可以由 Fick 定律描述：

$$\boldsymbol{J}_i = -D_i \nabla c_i \tag{4-1}$$

其中，$\boldsymbol{J}_i$ 表示组分 i 的摩尔通量（flux），其单位为 $mol/(m^2 \cdot s)$。通量是组分通过单位面积的速度，是具有方向和大小的向量。在一维情形下，梯度简化为导数，通量可表示为

$$\boldsymbol{J}_{i,x} = -D_i \frac{\mathrm{d}c_i}{\mathrm{d}x}$$

扩散传递过程的推动力是浓度梯度，组分在 x 方向的传递是由高浓度处向低浓度处传递。D_i 是比例常数，称为扩散系数（diffusivity），单位为 m^2/s。如图 4-2 所示，浓度梯度推动氧化态组分 O 向电极表面扩散、还原态组分 R 离开电极表面。

以上定义的通量 $\boldsymbol{J}_i$ 是相对于摩尔平均速度 v 的通量。相对于固定坐标系，一般用 $\boldsymbol{N}_i$ 表示通量：

$$\boldsymbol{N}_i = \boldsymbol{J}_i + c_i \boldsymbol{v} \tag{4-2}$$

式中：v 为流体的摩尔平均速度。

电化学体系中广泛采用的通量表示为 Nernst-Planck 方程：

$$\boldsymbol{N}_i = -z_i u_i F c_i \nabla \varphi - D_i \nabla c_i + c_i \boldsymbol{v} \tag{4-3}$$

组分 i 的通量是三种传递方式的综合：迁移、扩散和对流。Nernst-Planck 方程和式（4-2）相比，增加了电势梯度所带来的迁移项。对于带电组分 i，所受到的电场力为 $z_i F \nabla \varphi$，组分的电荷数 z_i 可正可负。正负离子所受到的电场力恰好相反，因为它们所带电荷符号是相反的。把以上的推动力乘以离子的淌度（mobility）u_i 和浓度 c_i，就得到迁移机理相应的通量。定义正离子由高电势向低电势的迁移为正。后文将介绍的离子的淌度和扩散系数是相互关联的。

通量的第二个贡献项是由 Fick 定律表示的分子扩散。最后一项是电解质的主体运动即对流。式（4-3）适用于稀溶液，经常被称为稀溶液理论。稀溶液中离子组分的浓度较小，电解质溶液中占大多数的是溶剂，溶液中离子-溶剂之间的相互作用占主导，离子-离子之间的相互作用是相对次要的。

Nernst-Planck 方程也可用于较浓的溶液。随着浓度的提高，还需要额外考虑离子-离子之间相互作用对传递系数的影响。溶液中的电势最好由参考电极来确定。随着浓度的提高，活度效应的重要性也突出了，这是因为传递过程的实质推动力是电化学势的梯度而不是浓度的梯度。不过一般情况下，即使在中等浓度条件下活度系数的梯度通常也可忽略不计。

电化学体系中主要关注的是电流密度而非组分的通量。电解质溶液中的电流通过法拉第定律与组分的通量相关联：

$$\boldsymbol{i} = F \sum_i z_i \boldsymbol{N}_i \tag{4-4}$$

把 Nernst-Planck 方程表示的通量代入式（4-4），得

$$\boldsymbol{i} = -F^2 \nabla \varphi \sum_i z_i^2 u_i c_i - F \sum_i z_i D_i \nabla c_i + F \boldsymbol{v} \sum_i z_i c_i \tag{4-5}$$

式（4-5）中的最后一项为零，$Fv\sum_i z_i c_i = 0$，因为电解质溶液整体是电中性的，阴离子电荷恰好和阳离子电荷平衡。由式（4-5）可知，与组分的通量一样，电流密度也是向量。因为电流是电解质溶液中离子发生传递的必然结果，当然同时包括迁移和扩散两种机理。

考虑浓度梯度为零的特殊情况，这时式（4-5）中右侧的第二项也是零。在不存在浓度梯度的情况下，电流密度正比于电势梯度 $\nabla\varphi$，以及相关离子组分淌度、浓度、电荷数的加和项 $\sum_i z_i^2 u_i c_i$。式（4-5）退化为欧姆定律。欧姆定律表明电流正比于电势梯度，即

$$i = -F^2 \nabla\varphi \sum_i z_i^2 u_i c_i = -\kappa \nabla\varphi \tag{4-6}$$

其中，电导率（conductivity）的定义为

$$\kappa = F^2 \nabla\varphi \sum_i z_i^2 u_i c_i \tag{4-7}$$

SI 制中电导率的单位是 S/m，其中 S 是 Ω 的倒数，即 Ω^{-1}。式（4-7）中离子的电荷数是平方项，因此电导率值总为正。电导率是电解质溶液中所有离子浓度加权的淌度之和，反映了电场存在时离子传递电荷的能力。

不存在浓度梯度的情况下，电导率与电解质的电阻直接相关。例如，考虑两个面积均为 A、间距为 L 的平板之间的一维传递。应用式（4-6），得

$$i = -\kappa \nabla\varphi = \kappa \frac{\varphi|_{x=0} - \varphi|_{x=L}}{L} = \frac{I}{A} \tag{4-8a}$$

$$\frac{\varphi|_{x=0} - \varphi|_{x=L}}{I} = \frac{V}{I} = \frac{L}{\kappa A} \tag{4-8b}$$

$$R_\Omega = \frac{L}{\kappa A} = \frac{1}{G} \tag{4-8c}$$

其中，R_Ω 把总电流和电势差关联在一起，电导 G 就是电阻的倒数，其单位为 S。

注意，欧姆定律只适用于浓度梯度为零的情况。如果体系中存在浓度梯度，必须加以修改。由式（4-5）和式（4-7）得

$$\nabla\varphi = -\frac{i}{\kappa} - \frac{F}{\kappa} \sum_i z_i D_i \nabla c_i$$

可见，当溶液中存在浓度梯度时，即使 $i=0$，仍可能出现电势梯度，这就是所谓的扩散电势。由上式和电中性条件可知，倘若所有组分 D_i 值均相等，则扩散电势等于零。无论如何，电导率是电解质很重要的传递性质。

🔋 4.2 物 料 守 恒

大多数传递问题都需要将 Nernst-Planck 方程表示的通量表达式代入物料衡算或守恒方程式中。在直角坐标系中，对于图 4-3 所示的物料衡算控制体积 $\Delta x \Delta y \Delta z$，推导组分 i 的物料衡算式。物料衡算通用式为

$$\text{累积量} = \text{输入量} - \text{输出量} + \text{生成量} \tag{4-9}$$

控制体中累积速率为 $\frac{\Delta(c_i \Delta x \Delta y \Delta z)}{\Delta t}$，$x$ 方向物料输入、输出控制体积的净速率为 $(N_{i,x}|_x - N_{i,x}|_{x+\Delta x}) \Delta y \Delta z$。同理，可写出 y、z 方向的物料输入、输出控制体积的净

速率。

如果单位体积组分 i 的生成速率为 R_i，控制体积中组分 i 的生成量就是 $R_i\Delta x\Delta y\Delta z$，代入式（4-9），组合为

$$\frac{\Delta(c_i\Delta x\Delta y\Delta z)}{\Delta t}=(N_{i,x}\,|_x-N_{i,x}\,|_{x+\Delta x})\Delta y\Delta z$$
$$+(N_{i,y}\,|_y-N_{i,y}\,|_{y+\Delta y})\Delta x\Delta z$$
$$+(N_{i,z}\,|_z-N_{i,z}\,|_{z+\Delta z})\Delta x\Delta y$$
$$+R_i\Delta x\Delta y\Delta z$$

对无穷小的控制体，求极限：

$$\frac{\partial c_i}{\partial t}=-\left(\frac{\partial N_{i,x}}{\partial x}+\frac{\partial N_{i,y}}{\partial y}+\frac{\partial N_{i,z}}{\partial z}\right)+R_i$$

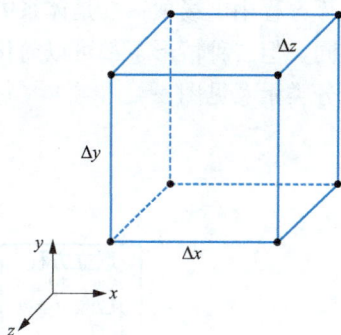

图 4-3　物料衡算控制体积示意

组分物料衡算方程写成简洁的向量形式是：

$$\frac{\partial c_i}{\partial t}=-\nabla\cdot\boldsymbol{N}_i+R_i \tag{4-10}$$

式（4-10）为组分 i 物料衡算的微分式。传质通量的散度代表组分 i 从控制体输出的速率。对于一维几何形状，完全确定这个体系需要指定一个初始条件和两个边界条件。

电解质溶液中含有 n 个组分的电化学体系传递问题，对每个组分都可以列出一个式（4-10）这样的物料衡算式，以及式（4-3）这样的通量表达式。此外，电解质溶液中带电组分间的静电作用很强、离子的淌度也相对高，不会发生显著的电荷分离。因此，电解质溶液主体总是保持电中性的，表示为电中性方程式：

$$\sum_i z_i c_i=0 \tag{4-11}$$

当然双电层中电中性是不成立的，需要采用与电解质溶液主体不同的模型来描述。如果速度已知，共有 $n+1$ 个方程（n 个物料衡算方程和 1 个电中性方程）可求解出 n 个浓度值和电势。如果速度未知，还需要合适的流体动力学方程。通常把流体流动方程与上述 $n+1$ 个方程解耦单独分别求解。

电化学体系模拟中最重要的是电流密度 $\boldsymbol{i}$，因此用以下电荷守恒方程取代其中一个物料衡算方程：

$$\nabla\cdot\boldsymbol{i}=0 \tag{4-12}$$

式（4-12）不是独立的，实质上是其他物料衡算方程的加权和。因为由式（4-11）和无生成项的物料衡算的微分式：

$$\frac{\partial c_i}{\partial t}=-\nabla\cdot\boldsymbol{N}_i$$

得

$$\frac{\partial}{\partial t}F\sum_i z_i c_i=-\nabla\cdot\left(F\sum_i z_i\boldsymbol{N}_i\right)$$

又因为 $\boldsymbol{i}=\boldsymbol{F}\sum_i z_i\boldsymbol{N}_i$，所以 $\nabla\cdot\boldsymbol{i}=0$。

表示通量的 Nernst-Planck 方程和物料衡算方程联立得到的是一组非线性微分方程，通常没有解析解。可结合工程中的实际情况做一些重要的简化处理。当体系中浓度值保持不变时，电势场由 Laplace 方程表示。当体系中存在浓度场时，最常见的简化是消除通量方程中的迁移项。针对以下两种情形，一是体系中只含有二元电解质时，通过数学处理消除物料衡

算方程中电场项；二是体系中含有过剩支持电解质时，可以忽略电场效应。虽然实质含义不同，但二种情形下都可以简化为对流扩散（convective diffusion）方程。电化学体系问题的分类示意见图 4-4。

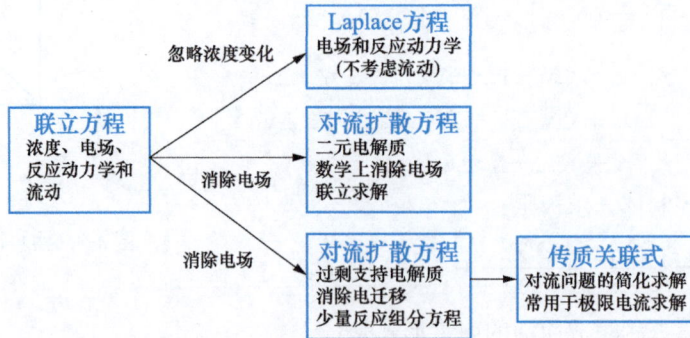

图 4-4　电化学体系问题的分类示意

4.2.1　无浓度梯度

当体系中浓度梯度可忽略时，由式（4-12）表示的电荷守恒方程简化为

$$-\nabla \cdot i = 0 = -\nabla \cdot \left(-F^2 \sum_i z_i^2 u_i c_i \nabla \varphi\right) = \kappa \nabla^2 \varphi$$

即

$$\nabla^2 \varphi = 0 \tag{4-13}$$

式（4-13）表示的 Laplace 方程是唯一需要求解的方程，因为浓度和电导率都是已知的常数。对于浓度梯度为零的一维电化学体系，如果两个电极的电势已知或电流已知时，电解质溶液中的电压降是容易解出的。

例 4-1　考虑 3.8 节中的 Zn/Ni 电池，试求电解质溶液中的电压降，以及电极反应很快时的电池电压。

解　由一维的 Laplace 方程：

$$\frac{\mathrm{d}^2 \varphi}{\mathrm{d}x^2} = 0$$

积分两次，得出

$$\varphi = Ax + B$$

其中，$x=0$ 处表示 Zn 电极（负极，n）；$x=L$ 处表示 Ni 电极（正极，p）。式中待定系数 B 为 $x=0$ 处电解质溶液的电势 φ_2^n，所以 $B = \varphi_2^n$。另一待定系数 A 为

$$A = \frac{\mathrm{d}\varphi}{\mathrm{d}x} = -\frac{i}{\kappa}$$

因此，φ 表达式变为

$$\varphi = -\frac{i}{\kappa}x + \varphi_2^n$$

由此得出两个电极间的电势差为

$$\Delta\varphi = \varphi_2^p - \varphi_2^n = -\frac{i}{\kappa}L$$

此结果与式（3-32）是等价的，其中 $\Delta x = L$。Laplace 方程关联了电解质溶液中的电势 φ_2。

当电极反应很快时，对于电流密度很大的电极反应，电极的表面超电势是零，电极和电解质溶液间的电势差处于其平衡值。相对于 Zn 参考电极，有

$$\eta_s^n = \varphi_1^n - \varphi_2^n - U_n$$

即

$$0 = 0 - \varphi_2^n - 0$$

所以

$$\varphi_2^n = 0$$

又因

$$\varphi_2^p = \varphi_2^n - \frac{i}{\kappa}L = \frac{i}{\kappa}L$$

且

$$\varphi_s^p = \varphi_1^p - \varphi_2^p - U_p$$

即

$$0 = \varphi_1^p - \left(-\frac{i}{\kappa}L\right) - U_p$$

所以

$$\varphi_1^p = U_p - \frac{i}{\kappa}L$$

那么

$$V = \varphi_1^p - \varphi_1^n = U - \frac{iL}{\kappa}$$

由此可见，电池电压等于电池的平衡电压减去欧姆电压降。这是当电极反应很快时的表达式。

由［例 4-1］直接写出包括表面超电势时电化学池电压的表示式。

对于 galvanic 池，有

$$V = U - |\eta_{阳极}| - |\eta_{阴极}| - |\eta_\Omega| \tag{4-14a}$$

即对于 galvanic 池，最高的电压就是平衡电压，实际电压是平衡电压减去推动表面反应和电流通过电解质溶液所需的电压。

对于电解池，则有

$$V = U + |\eta_{阳极}| + |\eta_{阴极}| + |\eta_\Omega| \tag{4-14b}$$

即电解池的电压比平衡电压高出的部分就是驱动表面反应和电流通过电解质溶液所需的电压。

一维情况下，可以在直角坐标、柱坐标和球坐标体系下直接进行 Laplace 方程的积分过程。而在二维、三维情况下，式（4-13）的求解会困难得多，其结果是电极表面非均匀的电流密度。此类问题及动力学表达式用作边界条件的处理见 4.6 节。

4.2.2　二元电解质

所谓二元电解质就是只含有一种正离子和阴离子的电解质，是一种盐溶解于溶剂所形成的电解质溶液。中性盐 $M_{\nu_+} X_{\nu_-}$ 溶解于溶剂时发生解离：

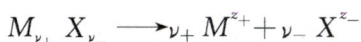

$$M_{\nu_+} X_{\nu_-} \longrightarrow \nu_+ M^{z_+} + \nu_- X^{z_-}$$

此时

$$\sum_i \nu_i z_i = \nu_+ z_+ + \nu_- z_- = 0 \tag{4-15}$$

以 $CaCl_2$ 为例，$\nu_+ = 1$ 和 $\nu_- = 2$，所形成的二元电解质溶液是电中性的，满足电中性方程式（4-11）。传递过程发生时维持电中性意味着两种离子的通量是不独立的。事实上，电中性条件把两种离子的浓度耦联在一起，可以用单盐的浓度 c 来表示：

$$c = \frac{c_+}{\nu_+} = \frac{c_-}{\nu_-} \tag{4-16}$$

假设体系中没有均相化学反应发生，利用单盐的浓度 c，把 Nernst-Planck 方程和不可压缩流体（$\nabla \cdot \mathbf{v} = 0$）联立，得到正、负离子的物料衡算方程分别如下：

$$\frac{\partial c}{\partial t} = \mathbf{v} \cdot \nabla c = z_+ u_+ F \nabla \cdot (c \nabla \varphi) + D_+ \nabla^2 c \tag{4-17a}$$

$$\frac{\partial c}{\partial t} = \mathbf{v} \cdot \nabla c = z_- u_- F \nabla \cdot (c \nabla \varphi) + D_- \nabla^2 c \tag{4-17b}$$

式（4-17b）减去式（4-17a），得

$$(z_+ u_+ - z_- u_-) F \nabla \cdot (c \nabla \varphi) + (D_+ - D_-) \nabla^2 c = 0 \tag{4-18}$$

式（4-18）表明物料衡算中迁移项和扩散项之间的关系。这个方程可用来消除组分物料衡算式的电势，即

$$\frac{\partial c}{\partial t} + \mathbf{v} \cdot \nabla c = D \nabla^2 c \tag{4-19}$$

其中，c 为盐的浓度。因此中性组分也服从同样形式的物料衡算方程。

式（4-19）中盐的扩散系数 D 的定义式如下：

$$D = \frac{z_+ u_+ D_- - z_- u_- D_+}{z_+ u_+ - z_- u_-} = \frac{D_+ D_- (z_+ - z_-)}{z_+ D_+ - z_- D_-} \tag{4-20}$$

盐的扩散系数 D 比离子的扩散系数更容易通过实验测量和从文献中查到。虽然两种离子的扩散系数大不相同，但它们的浓度却通过中性盐的计量系数相互关联。式（4-20）所定义盐的扩散系数可认为是两种离子组分扩散系数的加权平均。

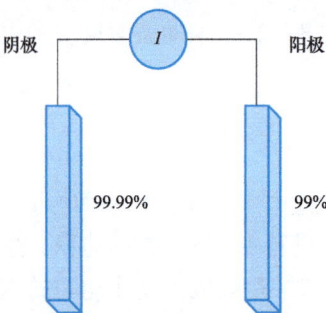

图 4-5 铜电解精炼示意

尽管式（4-19）从数学上消除了电场项，有利于问题的求解，但其物理实质并没有发生变化。因此，电解质溶液中仍存在电势梯度带来的迁移传递过程，电势的效果易于从边界处看出。以图 4-5 所示的铜电解精炼为例加以说明。纯度为 99% 的粗铜在阳极上发生氧化反应：

$$Cu \longrightarrow Cu^{2+} + 2e^-$$

粗铜溶解到电解质溶液中，在阴极发生还原反应：

$$Cu^{2+} + 2e^- \longrightarrow Cu$$

Cu^{2+} 再从电解质溶液中沉积出来，得到纯度为 99.99% 的精炼铜。所用的电解质是 $CuSO_4$ 且电解池中无对流流动。电解质只有 $CuSO_4$，因此是二元电解质溶液。对于一维的体系，式（4-19）化简为

$$\frac{d^2 c}{dx^2} = 0 \tag{4-21}$$

式（4-21）清楚地表明电极间浓度分布是线性的。由于只有 Cu^{2+} 反应，由法拉第定律把 Cu^{2+} 的通量和电流密度相关联：

$$i = 2FN_{Cu^{2+}} = 2F(-z_+ u_+ \nu_+ Fc\nabla\varphi - \nu_+ D_+ \nabla c) \tag{4-22}$$

可见，Cu^{2+} 的通量包括迁移项和扩散项。粗略看由于没有显式解出电场似乎会产生问题。因为 SO_4^{2-} 没有参与电极反应，其净通量是零，所以 SO_4^{2-} 的迁移项和扩散项的贡献必须彼此抵消。利用这个关系，由阴离子 SO_4^{2-} 的通量表示式就能把电势梯度和浓度梯度关联在一起：

$$z_- u_- \nu_- Fc\nabla\varphi = -\nu_- D_- \nabla c \tag{4-23}$$

由式（4-23）可消除式（4-22）中的电势梯度。

由上述讨论可知，涉及二元电解质问题的求解，可以从数学上消除电场，利用电中性得出只有单盐浓度 c 的方程，由得到的方程直接解出浓度分布及相关的通量。迁移项没有显式地出现在方程中，以上的处理是完整、合理的。图 4-6 所示为二元电解质电解精炼铜阴极边界层中传递示意。

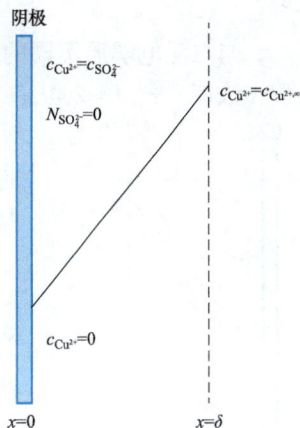

图 4-6　二元电解质电解精炼铜阴极边界层中传递示意

4.2.3　过剩支持电解质

若在电解质溶液中添加大量并不实际参与电化学反应的某种盐，电势梯度对传递过程的影响就会消除。所添加的不实际参与电化学反应的盐称为支持电解质（supporting electrolyte）。添加支持电解质的原因有多种，这里只关注支持电解质对迁移过程的影响。对以上讨论的铜电解精炼过程，可以通过在体系中添加硫酸（H_2SO_4）来做出改进，所添加的 H_2SO_4 就是支持电解质。如果在原来只含有 $CuSO_4$ 电解质溶液中加入足够多的 H_2SO_4，以至于迁移项可以忽略，就称为过量的支持电解质。未实际参与电化学反应的过量支持电解质的作用是消除电场，迁移机理不再对反应组分的传递过程做贡献。与二元电解质不同的是，使用支持电解质时电解质溶液中至少存在有三种离子，如添加过量支持电解质 H_2SO_4 的铜电解精炼体系电解质溶液中就有 Cu^{2+}、SO_4^{2-} 和 H^+。

支持电解质并不是通过承载电流来降低电势梯度的，因为稳态下只有反应组分（reacting species）的通量才对承载电流有贡献，支持电解质是不参与电化学反应的非反应组分（nonreacting species），其通量必然为零，参见式（4-4）。事实上，在一个处于稳态且没有整体流动的电化学体系中，由电迁移机理引起的支持电解质的传递必定和由扩散机理引起的传递相互抵消，非反应组分的浓度梯度必定与少量反应组分（minor reacting species）的浓度梯度相关联以保持电中性。体系中支持电解质的浓度梯度不可能很大，又由于支持电解质具有很高的电导率，使得电解质溶液中不可能存在大的电势梯度。添加支持电解质的结果是，反应组分的浓度显著低于过剩支持电解质的浓度，反应组分的电迁移可以忽略。

由于支持电解质的添加，式（4-3）所表示的 Nernst-Planck 方程中右侧第一项的迁移项可以忽略：

$$\boldsymbol{N}_i = -D_i \nabla c_i + c_i \boldsymbol{v} \tag{4-24}$$

若进一步假设扩散系数恒定，物料衡算方程变为

$$\frac{\partial c_i}{\partial t} + \boldsymbol{v} \cdot \nabla c_i = D_i \nabla^2 c_i \tag{4-25}$$

当没有整体流动时，就得到 Fick 第二定律：

$$\frac{\partial c_i}{\partial t} = D_i \nabla^2 c_i \tag{4-26}$$

与二元电解质不同的是，式（4-25）和式（4-26）中都同时包括少量反应组分的扩散系数和浓度。式（4-26）有多种解法，Fick 第二定律可以描述很多物理现象。

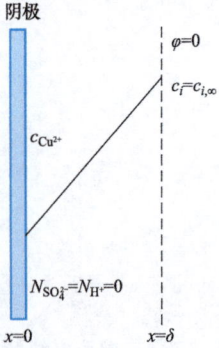

图 4-7 所示为添加过剩支持电解质电解精炼铜阴极边界层中传递示意。图 4-8 所示为有/无支持电解质时电解精炼铜体系的模拟结果，采用二元电解质溶液和添加过剩支持电解质 H_2SO_4 时，只考虑了扩散和迁移机理。由于没有对流，在很低的电流密度下，传质受到限制，导致结果的范围有限，但还是能体现支持电解质的影响。当传质不受限制，添加支持电解质时，在相同的电压下体系具有更高的电流密度。这是因为在有支持电解质存在的情况下电解质溶液的电压降很小，施加的电压几乎全部都用于推动电极上的电化学反应，见图 4-8（a）。相反，在没有支持电解质的情况下电解质溶液的电压降相当大，见图 4-8（b）。在电压略低于 0.04V 时，两条线交叉于传质的极限电流（约 $10A/m^2$）处。有支持电解质存在的情况下，极限电流密度仅为无支持电解质时的一半，因为有支持电解质

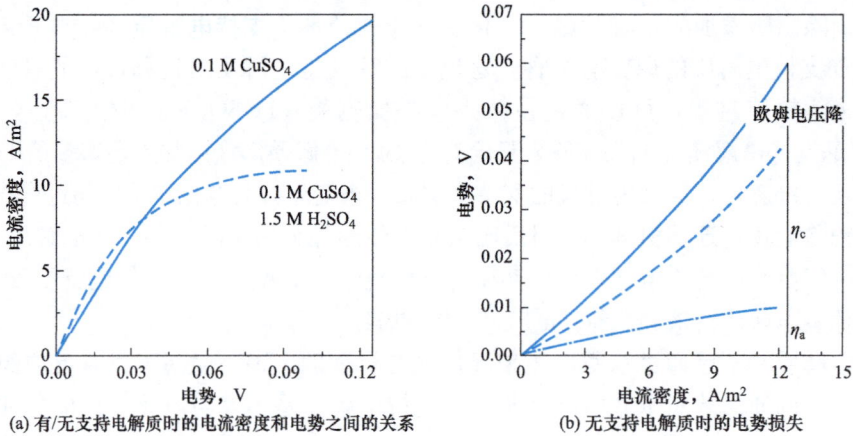

图 4-7　添加过剩支持电解质电解精炼铜阴极边界层中传递示意

(a) 有/无支持电解质时的电流密度和电势之间的关系

(b) 无支持电解质时的电势损失

(c) 有支持电解质时的电势损失

图 4-8　有/无支持电解质时电解精炼铜体系的模拟结果

存在时迁移项对传递没有贡献。越接近传质极限，阴极表面 Cu^{2+} 的浓度越低，致使阴极超电势急剧增大，见图 4-8（c）。模拟结果显示，只要体系处于极限电流以下，过剩支持电解质的添加可以增加一定电压下对应的电流密度。

由于存在对流传质，实际的工程过程中传质极限电流密度值远高于此模拟中的数值。过剩支持电解质在工业电解过程和实验室电化学分析中应用广泛。对于工业电解过程，主要目的是减小欧姆电压降损耗。当电化学体系运行在电化学动力学重要的区间时，过剩支持电解质可以在较低的电解电压下实现相同的电流。实际上，支持电解质的加入消除了少量反应组分迁移对传递的贡献，进而降低了极限电流值。相对于少量反应组分，支持电解质成本低廉也是工程上广泛应用的另外一个原因。此外，支持电解质可用来解决一些反应组分溶解度低的困难。在电化学分析方法中（见第 6 章），使用支持电解质主要是为了消除迁移的影响，使传质过程只受扩散控制而极大地简化分析过程。

例 4-2 分析受反应物扩散控制的电势阶跃实验暂态过程。

解 在电势阶跃实验过程开始时，反应物在电极表面的浓度值为零。假设没有对流且忽略电迁移，将 Fick 定律式（4-1）代入物料衡算表达式，有

$$\frac{\partial c_i}{\partial t} = -\nabla \cdot \boldsymbol{N}_i + R_i$$

化简，得

$$\frac{\partial c_i}{\partial t} = D_i \frac{\partial^2 c_i}{\partial x^2} \tag{a}$$

初始条件为 $\qquad t=0,\ c_i = c_{i,0}$

边界条件为 $\qquad x=0,\ c_i = 0$

$$x \rightarrow \infty,\ c_i = c_{i,0}$$

为便利计，以下略去下角标 i，因为只考虑体系中的一个组分。

利用 Boltzmann 变换引入一个新变量 η，令

$$\eta = x / \sqrt{4Dt}$$

把两个自变量 x、t 组合在一起，代入式（a）将其由偏微分方程转化为常微分方程：

$$\frac{d^2 c}{d\eta^2} + 2\eta \frac{dc}{d\eta} = 0$$

相应的边界条件为 $\qquad \eta=0,\ c=0$

$$\eta \rightarrow \infty,\ c = c_0$$

所得常微分方程易于解出，结果为

$$\frac{c}{c_0} = \mathrm{erf}\left(\frac{x}{\sqrt{4Dt}}\right)$$

其中误差函数的定义为

$$\mathrm{erf}(x) = \frac{2}{\sqrt{\pi}} \int_0^x \mathrm{e}^{-y^2} \mathrm{d}y$$

由此得到的浓度分布见图 4-9。

如果在电极上发生的是还原反应，由法拉第定律知氧化态组分扩散至电极表面的通量与

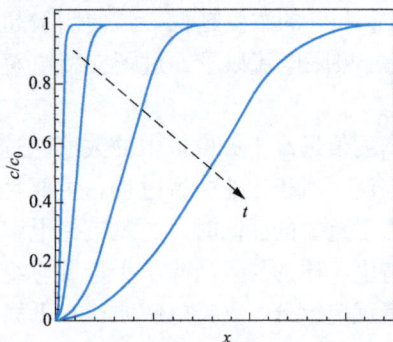

图 4-9　[例 4-2] 浓度分布

电流密度的关系是：

$$i = nFN_0 \big|_{x=0} = nFD \frac{\mathrm{d}c}{\mathrm{d}x} \big|_{x=0}$$

把误差函数解进行微分，获得电极表面处的浓度梯度，代入电流密度 i 表达式，得

$$i = \frac{nF \sqrt{D_i}\, c_{i,0}}{\sqrt{\pi t}}$$

由此可见，电流密度 i 与时间 t 的平方根成反比例关系，这是过程受传质控制的标志。上述关系式被称为 Cottrell 方程（见第 6 章）。以上简洁的解析解适用于电迁移可忽略的情形。

当反应物向电极表面的扩散在稳态下进行，式（4-1）的 Fick 定律

$$\boldsymbol{J}_i = -D_i \nabla c_i$$

简化为

$$\boldsymbol{J}_i = -D_i \frac{c_{i,\infty} - c_{i,0}}{\delta}$$

其中，$c_{i,\infty}$ 为组分 i 在电解质溶液主体的浓度；$c_{i,0}$ 为组分 i 在电极表面处的浓度；δ 为电极表面传质边界层厚度。当 $c_{i,0} = 0$ 时，相应的电流密度值为极限电流密度 $\boldsymbol{i}_{\mathrm{lim}}$，有

$$\boldsymbol{i}_{\mathrm{lim}} = -nFD_i \frac{c_{i,\infty} - 0}{\delta}$$

所以

$$\boldsymbol{i}_{\mathrm{lim}} = -nFD_i \frac{c_{i,\infty}}{\delta}$$

又因为

$$\frac{\boldsymbol{i}}{\boldsymbol{i}_{\mathrm{lim}}} = \frac{c_{i,\infty} - c_{i,0}}{c_{i,\infty}}$$

所以可以把电极表面处组分 i 浓度表示为

$$c_{i,0} = c_{i,\infty} \left(1 - \frac{\boldsymbol{i}}{\boldsymbol{i}_{\mathrm{lim}}} \right)$$

4.3　迁移数、淌度和迁移

4.3.1　迁移数和淌度

Nernst-Planck 方程式（4-3）中同时出现了离子的淌度和扩散系数两种传递性质。浓度和电势对电化学势 μ_i 均有影响。电化学势的梯度是传递过程真正的推动力。离子的淌度和扩散系数是互相关联的，关系式为

$$D_i = RTu_i \tag{4-27}$$

式（4-27）称为稀溶液的 Nernst-Einstein 关系式。该式为离子的淌度和扩散系数这两种传递性质之间的相互推算提供了便利。附表 B-4 列出了 25℃时一些离子在无限稀释水溶液中的淌度。

再次审视无浓度梯度时的 Nernst-Planck 方程：

$$\boldsymbol{i}=-F^2\nabla\varphi\sum_i z_i^2 u_i c_i=-\kappa\nabla\varphi$$

可以看出总电流是参与传递过程的每个组分贡献之和。由此引入另一传递性质迁移数（transference number）的定义：

$$t_i=\frac{z_i^2 u_i c_i}{\sum\limits_j z_j^2 u_j c_j} \tag{4-28}$$

迁移数可视为无浓度梯度时组分 i 所承载的电流分率。和欧姆定律类似，迁移数只有在浓度均匀时才具有直观的物理意义，迁移数是电解质的一个关键传递性质。由迁移数的定义式易知，所有组分的迁移数之和为 1，即

$$\sum_i t_i=1 \tag{4-29}$$

例 4-3　已知 Cu^{2+}、SO_4^{2-} 和 H^+ 的淌度分别为 $2.8\times10^{-13}\,m^2\cdot mol/(J\cdot s)$，$4.3\times10^{-13}\,m^2\cdot mol/(J\cdot s)$，$1.9\times10^{-12}\,m^2\cdot mol/(J\cdot s)$，求含有 0.5M $CuSO_4$ 和 0.1M H_2SO_4 的溶液中：

（1）三种离子的迁移数各为多少？

（2）当溶液中通过的电流密度为 $1000A/m^2$，电流方向由左向右为正时，求三种离子的通量各是多大？移动方向如何？假设溶液中的盐均为完全解离。

解　（1）由迁移数的定义式，知

$$t_{Cu^{2+}}=\frac{z_{Cu^{2+}}^2\,u_{Cu^{2+}}\,c_{Cu^{2+}}}{\sum\limits_j z_j^2 u_j c_j}$$
$$=\frac{2^2\times2.8\times10^{-13}\times500}{2^2\times2.8\times10^{-13}\times500+(-2)^2\times4.3\times10^{-13}\times600+1^2\times1.9\times10^{-12}\times200}=0.284$$

$$t_{SO_4^{2-}}=\frac{z_{SO_4^{2-}}^2\,u_{SO_4^{2-}}\,c_{SO_4^{2-}}}{\sum\limits_j z_j^2 u_j c_j}$$
$$=\frac{(-2)^2\times4.3\times10^{-13}\times600}{2^2\times2.8\times10^{-13}\times500+(-2)^2\times4.3\times10^{-13}\times600+1^2\times1.9\times10^{-12}\times200}=0.523$$

$$t_{H^+}=\frac{z_{H^+}^2\,u_{H^{2+}}\,c_{H^{2+}}}{\sum\limits_j z_j^2 u_j c_j}$$
$$=\frac{1.9\times10^{-12}\times200}{2^2\times2.8\times10^{-13}\times500+(-2)^2\times4.3\times10^{-13}\times600+1^2\times1.9\times10^{-12}\times200}=0.193$$

虽然 H^+ 的淌度很高，但大部分电流还是由 SO_4^{2-} 承载的，因为它的浓度高，比 H^+

的电荷数高，还比 Cu^{2+} 的淌度高。

（2）在无浓度梯度时，所有的电流都由电迁移造成的。在形成浓度梯度之前很短的时间内或对流足够强以维持浓度均匀的情况下，把各个离子的通量和所承载的电流相关联：

$$i_{Cu^{2+}} = t_{Cu^{2+}} i = 0.284 \times 1000 = 284 (A/m^2)$$

$$N_{Cu^{2+}} = \frac{i_{Cu^{2+}}}{z_{Cu^{2+}} F} = \frac{284}{2 \times 96\,485} = 0.001\,47 [mol/(m^2 \cdot s)]$$

方向：由左向右。

$$i_{SO_4^{2-}} = t_{SO_4^{2-}} i = 0.523 \times 1000 = 523 (A/m^2)$$

$$N_{SO_4^{2-}} = \frac{i_{SO_4^{2-}}}{z_{SO_4^{2-}} F} = \frac{523}{-2 \times 96\,485} = -0.002\,71 [mol/(m^2 \cdot s)]$$

方向：由右向左。

$$i_{H^+} = t_{H^+} i = 0.193 \times 1000 = 193 (A/m^2)$$

$$N_{H^+} = \frac{i_{H^+}}{z_{H^+} F} = \frac{193}{1 \times 964\,85} = 0.002\,00 [mol/(m^2 \cdot s)]$$

方向：由左向右。

虽然 H^+ 的通量比 Cu^{2+} 的通量高，但承载的电流还是较小。

对于某些离子，有时在文献只能查到**摩尔电导率**（equivalent ionic conductance），而查不到淌度（u_i）或扩散系数（D_i）。摩尔电导率用 λ_i 表示，常用单位为 $S \cdot cm^2/mol$。离子摩尔电导率与淌度的关系式为

$$\lambda_i = |z_i| F^2 u_i = \frac{|z_i| F^2 D_i}{RT} \tag{4-30}$$

λ_i 的值与溶剂、温度和浓度有关。对于常见的离子，容易查到的是 298K 无限稀释水溶液中一些离子的**无限稀释摩尔电导率**，见表 4-1。这里只考虑溶液中含有 1：1 型二元电解质的情形。由离子独立移动定律，盐溶液的摩尔电导率 Λ 是正负离子摩尔电导率之和：

$$\Lambda = \lambda_+ + \lambda_- = \frac{\kappa}{z_+ \nu_+ c} = \frac{\kappa}{c} \tag{4-31}$$

表 4-1   298K 无限稀释水溶液中一些离子的无限稀释摩尔电导率

阳离子	无限稀释摩尔电导率 $(S \cdot cm^2/mol)$	阴离子	无限稀释摩尔电导率 $(S \cdot cm^2/mol)$
H^+	349.8	OH^-	197.6
Li^+	38.69	Cl^-	76.34
Zn^{2+}	53	HSO_4^-	50
Na^+	50.11	SO_4^{2-}	80
Cu^{2+}	54	Br^-	78.3
K^+	73.52	NO_3^-	71.44

⚡ **例 4-4** 由离子无限稀释摩尔电导率计算 0.1M NaCl 溶液的电导率、Na^+ 的迁移数和扩散系数。

解 (1) 根据式 (4-31), 有

$$\Lambda = \lambda_+ + \lambda_- = 50.11 + 76.34 = 126.45(S \cdot cm^2/mol)$$

$$\kappa = \Lambda c = 126.45 \times \frac{0.1}{1000} = 0.012645(S/cm)$$

0.1M NaCl 溶液电导率的实验值为 0.01067 S/cm。

(2) 由式 (4-28) 和式 (4-30), Na^+ 的迁移数是

$$t_+ = \frac{\lambda_+}{\lambda_+ + \lambda_-} = \frac{50.11}{50.11 + 76.34} = 0.40$$

(3) 盐的扩散系数由式 (4-20) 求得

$$D = \frac{D_+ D_- (z_+ - z_-)}{z_+ D_+ - z_- D_-} = \frac{\lambda_+ \lambda_- (z_+ - z_-)}{z_+ \lambda_+ - z_- \lambda_-} \frac{RT}{F^2} = \frac{50.11 \times 76.34 \times 2}{50.11 + 76.34} \times \frac{8.314 \times 298}{96485^2}$$

$$= 1.6 \times 10^{-5}(cm^2/s)$$

4.3.2 二元电解质：锂离子电池

以下讨论锂离子电池隔膜中的传递过程。锂离子电池中所用的电解质是由锂盐（如 $LiPF_6$）溶解在有机溶剂中构成的。锂盐可视为 1:1 型二元电解质。为了简化，这里把锂离子电池的电极看作平板电极而不是实际的多孔电极。电池充电时，正极中的 Li 电离成 Li^+ 和电子从正极晶格内脱出进入到电解液中，Li^+ 在进入电解液后与碳酸酯类有机分子产生溶剂化作用，并在外加电场作用下向负极传递，穿过隔膜弯弯曲曲的小孔、到达负极并去溶剂化嵌入石墨层间。锂离子在负极发生还原反应、在正极发生氧化反应，而阴离子在两个电极上均不参与反应。放电时，Li 脱出在负极表面电离成 Li^+ 和电子，分别通过电解液和负载电路流向正极。锂离子电池在充放电过程中可以看作是锂离子在正负极材料之间可逆的嵌入/脱出过程，人们形象地将其称为摇椅式电池。典型的负极是石墨、正极是过渡金属氧化物，电极反应可表示为

$$LiC_6 \rightleftharpoons Li^+ + e^- + C_6$$
$$Li^+ + e^- + CoO_2 \rightleftharpoons LiCoO_2$$

忽略对流，由 Nernst-Planck 方程表示一维传递过程 x 方向阳离子和阴离子的通量：

$$N_+ = -z_+ u_+ F c_+ \frac{d\varphi}{dx} - D_+ \frac{dc_+}{dx} \tag{4-32}$$

$$N_- = -z_- u_- F c_- \frac{d\varphi}{dx} - D_- \frac{dc_-}{dx} \tag{4-33}$$

由于只有阳离子参与电极反应，电流全部由阳离子承载，所以

$$N_+ = \frac{i}{F} \tag{4-34}$$

阴离子的通量必定为零，由式 (4-33) 用浓度梯度把电势梯度表示为

$$\frac{\mathrm{d}\varphi}{\mathrm{d}x}=-\frac{D_-}{z_-\,u_-\,Fc_-}\frac{\mathrm{d}c_-}{\mathrm{d}x} \tag{4-35}$$

将式（4-35）代入式（4-32）以消除电势项，同时利用 Nernst-Einstein 关系式：

$$D_i=RTu_i$$

以及

$$\frac{z_+}{z_-}\frac{c_+}{c_-}=-1$$

化简得出

$$N_+=-2D_+\frac{\mathrm{d}c_+}{\mathrm{d}x}$$

上式表明，阳离子的通量包括迁移量和扩散量，是其扩散量的 2 倍。

因为 $\nu_+=\nu_-=1$，利用电中性关系，有 $c=c_+=c_-$。

阳离子的通量也可用盐的浓度梯度表示为

$$N_+=\frac{i}{F}=\left(\frac{z_+\,u_+\,D_--z_-\,u_-\,D_+}{z_-\,u_-}\right)\frac{\mathrm{d}c}{\mathrm{d}x} \tag{4-36}$$

引入以下迁移数和盐的扩散系数表示式：

$$t_+=\frac{z_+\,u_+}{z_+\,u_+-z_-\,u_-}$$

和

$$D=\frac{z_+\,u_+\,D_--z_-\,u_-\,D_+}{z_+\,u_+-z_-\,u_-}$$

得到

$$N_+=\frac{i}{F}=\frac{-D}{1-t_+}\frac{\mathrm{d}c}{\mathrm{d}x} \tag{4-37}$$

在式（4-37）中引入 ν_+，就可以适用于任何二元电解质的情形，通用的表示式为

$$N_+=\nu_+\left(\frac{z_+\,u_+\,D_--z_-\,u_-\,D_+}{z_-\,u_-}\right)\frac{\mathrm{d}c}{\mathrm{d}x}=\nu_+\,D_+\left(\frac{z_+-z_-}{z_-}\right)\frac{\mathrm{d}c}{\mathrm{d}x}$$

$$=\nu_+\left(\frac{-D}{1-t_+}\right)\frac{\mathrm{d}c}{\mathrm{d}x} \tag{4-38}$$

上述化简过程中也利用了 Nernst-Einstein 关系式 $D_i=RTu_i$。

对于所讨论的二元电解质，适用的对流扩散方程是：

$$\frac{\partial c_i}{\partial t}+\boldsymbol{v}\cdot\nabla c_i=D_i\nabla^2 c_i$$

忽略对流的情况下，盐的物料衡算式为

$$\partial c/\partial t=D\nabla^2 c$$

电池从本质上来说是一个暂态设备，其荷电状态（SOC）在充放电过程中总是连续变化的（见第 7 章）。电池中传递过程达到稳态所需的时间，用扩散时间（L^2/D）来表征。相对于表征电池中化学转化的时间尺度而言，扩散时间很短暂。从物理上讲，这意味着电池中浓度梯度的变化，相对于电池充放电的时间而言是很快的。在这样的条件下，电池运行保持在假稳态。因此在一维、扩散系数恒定的稳态情况下，就得到一个关于浓度的 Laplace 方程：

$$\nabla^2 c=0$$

积分得

$$c=Ax+B$$

上式表明浓度 c 与位置 x 之间为线性关系。应用式（4-37）可以求出待定系数 A：

$$A=\frac{\mathrm{d}c}{\mathrm{d}x}=-\frac{i}{F}\frac{(1-t_+)}{D}$$

电解质并不参与电极反应，锂离子只是在两个电极间穿梭，因此盐的量是恒定不变的，由此守恒可确定待定系数 B：

$$B = c_0 - \frac{L}{2}A$$

浓度分布为

$$c = \frac{i}{F}\frac{(1-t_+)}{D}\left(\frac{L}{2}-x\right)+c_0 \tag{4-39}$$

图 4-10 所示为放电时（i 为正）隔膜中的浓度分布。由于盐的量固定不变，隔膜中的平均浓度不变，隔膜中间的浓度也不变化。随着电流密度的增加，在电极表面（$x=L$）处，盐的浓度和锂离子浓度都会趋于零，这就是极限电流行为；在另一电极表面（$x=0$）处，盐的浓度相应增加，有超过其溶解度的风险，进而导致盐的析出。

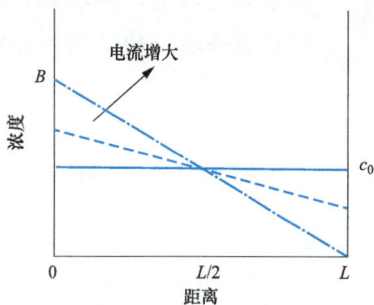

图 4-10　隔膜中的浓度分布

锂离子迁移数的影响可从式（4-39）看出。在一定的通量（或电流）时，锂离子迁移数的增加会导致浓度梯度的降低。当锂离子迁移数接近于 1 时，盐的浓度梯度趋向于零。一般而言，电池中希望有高的锂离子迁移数。

例 4-5　已知某 1∶1 型二元电解质的电导率 $\kappa = 1.3\,\mathrm{S/m}$，正离子的迁移数 $t_+ = 0.4$。隔膜的厚度为 $200\,\mu\mathrm{m}$，盐的初始浓度为 $800\,\mathrm{mol/m^3}$。试求：（1）扩散时间；（2）电极表面 $x=L$ 处浓度为零时的极限电流；（3）当电流刚启动且大小为极限电流的一半时的电压降；（4）考虑浓度分布时的电压降。

解　（1）由电导率和迁移数的定义式：

$$\kappa = F^2 \nabla\varphi \sum_i z_i^2 u_i c_i$$

$$t_i = \frac{z_i^2 u_i c_i}{\sum_j z_j^2 u_j c_j}$$

得出

$$u_i = \frac{\kappa t_i}{F^2 c_i z_i^2}$$

所以

$$u_+ = \frac{\kappa t_+}{F^2 c_+ z_+^2} = \frac{1.3 \times 0.4}{96\,485^2 \times 800 \times 1^2} = 6.98 \times 10^{-14}\,[\mathrm{m^2 \cdot mol/(J \cdot s)}]$$

$$u_- = \frac{\kappa t_-}{F^2 c_- z_-^2} = \frac{1.3 \times (1-0.4)}{96\,485^2 \times 800 \times (-1)^2} = 1.05 \times 10^{-13}\,[\mathrm{m^2 \cdot mol/(J \cdot s)}]$$

由 Nernst-Einstein 关系式 $D_i = u_i RT$ 求出正负离子各自的扩散系数：

$$D_+ = u_+ RT = 6.98 \times 10^{-14} \times 8.314 \times 298.15 = 1.730\,8 \times 10^{-10}\,(\mathrm{m^2/s})$$

$$D_- = u_- RT = 1.05 \times 10^{-13} \times 8.314 \times 298.15 = 2.596\,2 \times 10^{-10}\,(\mathrm{m^2/s})$$

盐的扩散系数

$$D = \frac{D_+ D_- (z_+ - z_-)}{z_+ D_+ - z_- D_-} = \frac{1.730\,8 \times 10^{-10} \times 2.596\,2 \times 10^{-10} \times [1-(-1)]}{1 \times 1.730\,8 \times 10^{-10} - (-1) \times 2.596\,2 \times 10^{-10}}$$

$$= 2.08 \times 10^{-10} (\mathrm{m^2/s})$$

扩散时间

$$\tau_{扩散} = \frac{L^2}{D} = \frac{(200 \times 10^{-6})^2}{2.08 \times 10^{-10}} = 200 \ (\mathrm{s})$$

与电池充放电时间相比，扩散时间较短。

（2）由隔膜中的浓度分布：

$$c = \frac{i}{F} \frac{(1-t_+)}{D} \left(\frac{L}{2} - x \right) + c_0$$

电极表面 $x = L$ 处浓度为零时，有

$$0 = \frac{i_{\lim}}{F} \frac{1-t_+}{D} \left(\frac{L}{2} - L \right) + c_0$$

$$\frac{L}{2} \frac{1-t_+}{FD} i_{\lim} = c_0$$

因此

$$i_{\lim} = \frac{FD}{1-t_+} \frac{2c_0}{L} = \frac{96\,485 \times 2.08 \times 10^{-10}}{1-0.4} \frac{2 \times 800}{200 \times 10^{-6}} = 267 (\mathrm{A/m^2})$$

（3）当电流刚启动时，浓度梯度还为零，此时的电压降可由欧姆定律算出：

$$\Delta\varphi = \frac{iL}{\kappa} = \frac{267/2 \times 200 \times 10^{-6}}{1.3} = 21 (\mathrm{mV})$$

（4）当隔膜中存在浓度梯度时，需要采用式（4-5）：

$$i = -\kappa \nabla\varphi - F \sum_i z_i D_i \nabla c_i$$

推导出的改进后的欧姆定律：

$$\Delta\varphi = \frac{iL}{\kappa} - \frac{F}{\kappa} \sum_i z_i D_i \Delta c$$

$$= \frac{267/2 \times 200 \times 10^{-6}}{1.3} - \frac{96\,485}{1.3} \times (1.730\,8 \times 10^{-10} - 2.596\,2 \times 10^{-10}) \times (1200-400)$$

$$= 26 (\mathrm{mV})$$

可见，考虑浓度梯度时电压降升高了约 5mV。

♻ 4.4 对 流 传 质

电化学工程中最常见的流体是电解质溶液，大多数电解质溶液表现出牛顿流体的行为。当电迁移可以忽略（如添加过剩支持电解质）时，传质过程的传统方法和关联式可以用来确定反应速率和电流密度。本节重点关注电化学体系中常见几何形状的对流传质。

工程上传质过程方便地采用对流传质系数描述，而不是分子扩散和详细的流体流动。可供利用的有工程领域众多成熟的描述传质和传热的准数关联式。一般地，把通量表示为

$$N_i = k_c(c_{i,\infty} - c_{i,0}) \tag{4-40}$$

其中，k_c 为传质系数，其单位是 m/s。尽管通量是向量，式（4-40）及后文只将其视为标量，因此要注意正负号，传质方向一定是由高浓度向低浓度。电解质溶液主体浓度 $c_{i,\infty}$ 与表面浓度 $c_{i,0}$ 之差是传质的推动力。

对流传质的重要性体现在两个方面：一是很多电化学体系中需要求算反应物或产物与电极表面的传递速率；二是利用电化学方法来测量传质系数和传递性质。

传质系数常常关联在无因次准数中。基于量纲分析原理，通常将与传质有关的诸多物理量组成若干无因次准数，然后由实验得到这些无因次准数之间的关系。量纲分析是解决许多工程问题的有效途径。由强制对流的量纲分析得出，Sherwood 数 Sh 是 Reynolds 数 Re 和 Schmidt 数 Sc 的函数，即

$$Sh = f(Re, Sc) \tag{4-41}$$

三个无因次准数分别是 $Sh = \dfrac{k_c L}{D}$，$Re = \dfrac{\rho v L}{D}$，$Sc = \dfrac{\nu}{D}$，其中，Re 中的 v 是特征速度。Sh 把传质系数 k_c 与特征长度 L 和组分的扩散系数 D 相关联。对于管内或槽内的管流问题，特征长度 L 是其管径或槽的水力直径。电化学池的流动常为矩形槽内的流动。对于流过平板或圆柱的绕流问题，特征长度是平板的长度或圆柱的直径。

式（4-41）所示的函数关系通常表示为如下的幂指数形式：

$$Sh = 常数 \cdot Re^a \cdot Sc^b \tag{4-42}$$

其中，a 和 b 是幂指数常数。

把 Sh 数的定义式和式（4-40）联立，得

$$N_i = k_c(c_{i,\infty} - c_{i,0}) = Sh \frac{D_i}{L}(c_{i,\infty} - c_{i,0}) \tag{4-43}$$

有时电化学池运行在极限电流时是有利的。传质极限电流代表了电化学池运行的最高速率，因此也是最大的产量。处于极限电流时，式（4-43）变为

$$i_{lim} = \frac{nFShD_i c_{i,\infty}}{L} \tag{4-44}$$

在某些重要的应用中，流体流动是由密度差推动的而不是强制流动。与传热中常见的温度差引起的自然对流类似，重力场中密度差引起浮力。电化学反应经常会导致浓度变化进而诱发流体流动。竖直电极表面已充分发展的边界层速度分布见图 4-11。对于自然对流，无因次传质系数表示为

$$Sh = f(Gr, Sc) \tag{4-45}$$

此处用 Grashof 数 Gr 取代 Re。Grashof 数 Gr 的定义为

$$Gr = \frac{gL^3 \Delta \rho}{\rho_\infty \nu^2}$$

式中：g 为重力加速度；$\Delta \rho$ 为液相主体和电极表面的

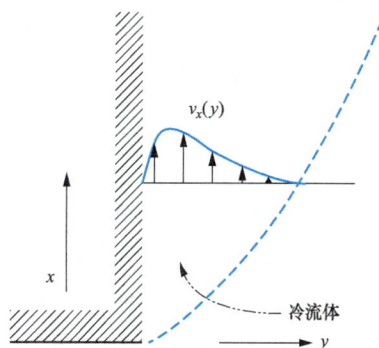

$v_x(y)$

冷流体

图 4-11　边界层速度分布

密度差；ρ_∞ 为液相主体的密度；ν 为运动黏度。

Re 数是惯性力与黏性力之比，类似地，Gr 数可认为是浮力与黏性力之比。Gr 数中的特征长度通常为竖直板或电极的高度。

大多数情况下，可以直接采用这些关联式，不必了解其来源。由于这些关联式是经验性的，使用时要注意的是 Re、Sh 和 Gr 中特征长度的定义。类似地，Re 中速度的定义也要明确；Sc 是关于流体性质的无因次准数，与流动无关。

求解对流传质问题的方法参见下面两个例题，〔例4-6〕是两平行平板电极间的传质，〔例4-7〕是关于铜电解精炼时的传质。

例4-6 利用电沉积法脱除废水溶液中的某二价金属离子 M^{2+}，含 M^{2+} 的废水流过平行平板电极的速度 v 为 $0.05m/s$，电极长度 L 为 $20cm$，电极间距 h 为 $1.5cm$。对电极位于工作电极的下游。M^{2+} 的初始浓度为 $0.1M$，扩散系数 D 为 $7.1 \times 10^{-10} m^2/s$。废水溶液的密度 ρ 为 $1000kg/m^3$，黏度 μ 为 $1mPa \cdot s$。层流流动时的传质关联式是：

$$Sh = 1.848\,8 Re^{0.333} Sc^{0.333} \left(\frac{d_h}{L}\right)^{0.333}$$

试估算极限电流密度。

解 Re 中特征长度为水力直径 d_h

$$d_h = \frac{4 \times 流通面积}{周长} = \frac{4Lh}{2(L+h)} = \frac{4 \times 20 \times 1.5}{2 \times (20+1.5)} = 2.79(cm)$$

$$Re = \frac{\rho v d_h}{\mu} = \frac{1000 \times 0.05 \times 0.027\,9}{0.001} = 1500$$

说明是层流流动。

$$Sc = \frac{\mu}{\rho D} = \frac{0.001}{1000 \times 7.1 \times 10^{-10}} = 1408$$

代入传质关联式：

$$Sh = 1.848\,8 \times \left(1500 \times 1408 \times \frac{0.03}{0.2}\right)^{0.333} = 126$$

对流传质系数 $\quad k_c = Sh \frac{D}{d_h} = 126 \times \frac{7.1 \times 10^{-10}}{0.03} = 3 \times 10^{-6} m/s$

极限电流密度 $\quad i_{lim} = nFN_i = nFk_c(c_{i,\infty} - c_{i,0})$
$$= 2 \times 96\,485 \times 3 \times 10^{-6} \times (100-0) = 58 \ (A/m^2)$$

例4-7 图4-5所示的铜电解精炼过程中，电解液中 $CuSO_4$ 的浓度为 $0.25M$，支持电解质 H_2SO_4 的浓度是 $1.5M$。对于竖直电极，自然对流时传质关联式是 $Sh = 0.31(ScGr)^{0.28}$，其他物性数据和参数为 $\rho = 1094kg/m^3$，$\Delta\rho = 32kg/m^3$，$D = 5.33 \times 10^{-10} m^2/s$，$\nu = 1.27 \times 10^{-6} m^2/s$，$L = 0.96m$。试求：（1）极限电流密度；（2）每天生产 1000t 铜时需要多大的电极面积。

解 （1）首先由所给数据分别求出 Schmidt 数 Sc：

$$Sc = \frac{\nu}{D} = 2383$$

Grashof 数 Gr：

$$Gr = \frac{gL^3 \Delta \rho}{\rho \nu^2} = 1.573 \times 10^{11}$$

再由所给的传质关联式得 $\qquad Sh = 0.31(ScGr)^{0.28} = 3739$

极限电流

$$i_{\lim} = \frac{nFShD_i c_{i,\infty}}{L} = \frac{2 \times 96\,485 \times 3739 \times 5.33 \times 10^{-10} \times 250}{0.96} = 100\,(\text{A/m}^2)$$

（2）所需要电极的表面 $\qquad A = \frac{100 \times 10^6 \times 2 \times 96\,485}{63.5 \times 24 \times 3600 \times 100} = 0.35\,(\text{km}^2)$

电化学工程中还有一些特殊的传质过程。许多工业电化学过程会生成气体产物，气体黏附在电极上或分散在溶液中将导致反应器操作复杂化，气体析出的有关现象是电化学工程的重要研究课题。气体的析出不是电极反应的直接结果，产物是否以气态形式转移到气相中取决于工艺条件。如果电流密度很小（如小于 1A/m^2），气体产物将溶解在溶液中并通过传质离开电极表面而进入溶液主体；如果电流密度足够高（如大于 1000A/m^2），气泡将在电极表面上的某些位置形成，先决条件是电极附近的溶液被气体产物所饱和。黏附在电极表面上的小气泡接受其周围液体中溶解态气体的补给而逐渐长大成大气泡，一旦达到某一尺寸，浮力与运动液体引起的剪应力之和超过界面张力引起的黏附力，气泡便脱离固体表面并升腾离开溶液。经过一段时间后，在原来气泡成核位置上又有新的气泡形成，这就是所谓的成核气体析出现象。倘若电流密度进一步增大，溶液中气体产物的过饱和度提高，电极表面上的其他成核位置被活化，同一时间内产生的气泡数目猛然增多，气泡与气泡之间彼此接触，最后覆盖整个电极表面，构成了形状不断改变的不稳定气膜，这就是所谓的膜气体析出现象。以上所述是气体产物不参与溶液中化学反应的情况，如果气体产物在溶液中发生均相反应且速率足够大，即使电流密度很大也没有气体形成。

气泡在电极上的形成是电化学成相过程的一种，包含着气泡的成核、长大、脱离固体表面和在溶液中升腾等物理步骤。气泡在电极上的迅速形成与频繁脱离，造成了局部的非稳态条件，对电极附近传质的影响很大。与沸腾传热类似，气泡扰动了电极附近的边界层，剧烈强化了传质速率。此外气泡还引起了电解质的宏观循环。电极上气体析出对流动的影响如图 4-12 所示，可见一个电极上的气体析出还会强化对电极上的传质过程。

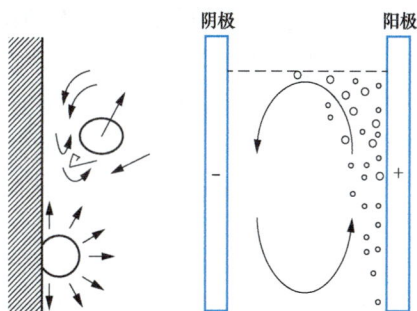

图 4-12 电极上气体析出对流动的影响示意

对于有气体析出的电极的传质，把气泡在电极表面的膨胀类比于核状沸腾，提出了关联式：

$$Sh = 0.93Re^{0.5}Sc^{0.487} \qquad\qquad (4\text{-}46)$$

Sh 和 Re 中的特征长度为气泡的破裂直径。

电化学工程中还采用往电解液中鼓泡通入惰性气体的方法来改善传质状况。这类现象类似于浮力所引起的自然循环，传质关系式有

$$Sh = 0.19(Ar^* Sc)^{0.333} \tag{4-47}$$

其中的 Archimedes 数 Ar^* 与 Gr 数相似，主要区别在于鼓泡气体呈现为第二相，其表示式是：

$$Ar^* = \frac{gL^3}{\nu^2} \frac{\varepsilon}{1-\varepsilon} \tag{4-48}$$

其中，Ar^* 表征了气泡群的浮力和黏性力；ε 为气泡所占的体积分率，气体的密度远小于液体的密度；Sh 数和 Ar^* 数中特征长度为气泡直径 d_b。如果没有附加说明，电解质溶液中的气泡直径可取 $50\mu m$。

4.5 浓差超电势

4.3 节在无浓度梯度的情况下给出电池放电时电压的表达式：

$$V = U - |\eta_{s,a}| - |\eta_{s,c}| - |\eta_\Omega|$$

还在各种近似条件下求解了有浓度梯度时的问题，联立求解电势场和浓度的方程组才能得到电池的电压。有些场合下，需要不联立求解这些耦合方程组就方便地解算出浓度梯度存在下的电池电压。为此，电极反应相关的电压降、电解质溶液中的欧姆电压降的计算方法仍然保持不变，只把浓度梯度局限在电极表面附近的传质边界层内。引入浓差超电势（concentration overpotential）的概念，以计算电极表面浓度梯度对电池电压的影响：

$$\eta_{浓差} = i\int_0^\infty \left(\frac{1}{\kappa} - \frac{1}{\kappa_\infty}\right) dy + \frac{RT}{nF} \ln\left(\prod_i \frac{c_{i,\infty}^{S_i}}{c_{i,0}^{S_i}}\right) + F\int_0^\infty \sum_j \frac{z_j D_j}{\kappa} \frac{\partial c_j}{\partial y} dy \tag{4-49}$$

其中，y 为距离电极的距离，∞ 代表溶液主体处，阳极电流时 i 为正，阴极电流时 i 为负，忽略活度系数。式（4-49）右侧第一项表示用溶液主体浓度计算电极表面附近欧姆电压降时带来的误差。第二项是研究电极和位于电解质溶液主体的同类型参比电极之间的平衡电势差，本质上属于热力学，也常称为浓差电池，只涉及参与电化学反应的组分。注意，不论是阳极还是阴极，计算浓差超电势时其中的计量系数 S_i 的正负号一律按还原反应对待，与第3章惯例保持一致。第三项是扩散电势，表示离子传递性质差异对电场的影响，要对溶液中所有带电组分的影响加和。由于法向方向是由电极表面指向溶液，在阳极和阴极浓度梯度的方向恰好相反。

式（4-49）中各个项的正负号可能相反，对浓差超电势的贡献有可能相互抵消。阳极和阴极浓差超电势的正负号本身是有物理含义的。当阴极浓差超电势为负和阳极浓差超电势为正都意味着浓差超电势的贡献是向负的方向。

如果认为厚度为 δ 的静滞扩散边界层内浓度为线性分布，那么上述第三项中浓度梯度可近似为

$$\frac{\partial c_j}{\partial y} \approx \frac{c_{j,\infty} - c_{j,0}}{\delta} \tag{4-50}$$

式（4-49）就成为

$$\eta_{浓差} = i\int_0^\infty \left(\frac{1}{\kappa} - \frac{1}{\kappa_\infty}\right)\mathrm{d}y + \frac{RT}{nF}\ln\left(\prod_i \frac{c_{i,\infty}^{s_i}}{c_{i,0}^{s_i}}\right) + F\int_0^\infty \sum_j \frac{z_j D_j}{\kappa}\left(\frac{c_{j,\infty} - c_{j,0}}{\delta}\right)\mathrm{d}y \tag{4-51}$$

当体系中添加有过剩支持电解质时，边界层中的电导率没有显著变化，式（4-51）中的第一项可以忽略。电导率与浓度一般线性相关，少量组分的浓度与支持电解质浓度相比也是很小的。基于以上假设，有支持电解质存在时浓差超电势的近似计算式为

$$\eta_{浓差} \approx \frac{RT}{nF}\ln\left(\prod_i \frac{c_{i,\infty}^{s_i}}{c_{i,0}^{s_i}}\right) \tag{4-52}$$

根据式（4-52），阴极的浓差超电势一定为负，因为电极表面氧化态组分的浓度总是小于溶液主体、还原态组分的浓度总是大于溶液主体的；而阳极的浓差超电势一定为正，因为电极表面还原态组分的浓度总是小于溶液主体、氧化态组分的浓度总是大于溶液主体的。式（4-52）可以适用于阳、阴两个电极。综上，电化学池的电压为

$$V = U \mp |\eta_{s,a}| \mp |\eta_{s,c}| \mp |\eta_{浓差,a}| \mp |\eta_{浓差,c}| \mp |\eta_\Omega| \tag{4-53a}$$

其中对于电池（放电），取减号，即

$$V = U - |\eta_{s,a}| - |\eta_{s,c}| - |\eta_{浓差,a}| - |\eta_{浓差,c}| - |\eta_\Omega| \tag{4-53b}$$

而对于电解池（充电），取加号，即

$$V = U + |\eta_{s,a}| + |\eta_{s,c}| + |\eta_{浓差,a}| + |\eta_{浓差,c}| + |\eta_\Omega| \tag{4-53c}$$

式（4-52）中计算浓差超电势时需要知道电极表面的浓度。当体系中添加有支持电解质且主体浓度已知时，电流密度与传质边界层内传递速率的关系如下：

$$i = nFk_c(c_{i,\infty} - c_{i,0}) = nFSh\frac{D_i}{L}(c_{i,\infty} - c_{i,0}) \tag{4-54}$$

式（4-54）适用于参与反应的所有组分。如前所述，还是把传质通量处理为标量，反应物传递到电极表面，其表面浓度值小于溶液主体；反应产物则相反。如果已知表面浓度值，由式（4-52）可计算出浓差超电势。

最后，如果电解质溶液中只有一个组分参与反应（如金属阳离子在电极表面沉积），极限电流已知时，电极表面浓度是：

$$c_{i,0} = c_{i,\infty}\left(1 - \frac{i}{i_{\lim}}\right) + c_{i,0,\lim}\frac{i}{i_{\lim}} \tag{4-55}$$

其中 $c_{i,0,\lim}$ 通常为零，但当表面浓度高于溶液主体浓度时也可能是饱和浓度。

✳ **例 4-8** 在与［例 4-7］类似的铜电解池中，存在有对流传质（而不是自然对流）。电解液中 $CuSO_4$ 的浓度是 0.25M，支持电解质 H_2SO_4 的浓度是 1.5M。基于水力直径的 Sherwood 数 $Sh = 1200$，电极间距、宽度和高度分别为 0.05、0.5、0.96m，工作电流密度 $200A/m^2$，Cu^{2+} 的扩散系数 $5.33\times10^{-10}\ m^2/s$。两个电极反应的动力学参数有 $i_{o,ref} = 0.001A/cm^2$，$\gamma = 0.42$，$c_{Cu^{2+},ref} = 0.1M$，$\alpha_a = 1.5$，$\alpha_c = 0.5$。求阳极和阴极的表面超电势和浓差超电势，以及电解池的电压。

解 Sherwood 数 Sh 中特征长度水力直径：

$$d_h = \frac{4 \times 流通面积}{周长} = \frac{4 \times 0.05 \times 0.5}{2 \times (0.05 + 0.5)} = 0.0909(\text{m})$$

首先要求 Cu^{2+} 在两个电极表面的浓度，利用式（4-54）把电流密度和电极表面的浓度关联在一起。对于阴极，有

$$i = 200 = nFSh\frac{D_i}{L}(c_{i,\infty} - c_{i,0,c}) = 2 \times 96\,485 \times 1200 \frac{5.33 \times 10^{-10}}{0.0909}(250 - c_{i,0,c})$$

解得 $c_{i,0,c} = 102.7\,\text{mol/m}^3$。

对于阳极，有

$$i = 200 = nFSh\frac{D_i}{L}(c_{i,0,a} - c_{i,\infty}) = 2 \times 96\,485 \times 1200 \frac{5.33 \times 10^{-10}}{0.0909}(c_{i,0,a} - 250)$$

解得 $c_{i,0,a} = 397.3\,\text{mol/m}^3$。

电极反应：
$$Cu^{2+} + 2e^- \longrightarrow Cu$$

因此，$s_{Cu^{2+}} = -1$，这个值同时适用于阴极和阳极。

阴极的浓差超电势为

$$\eta_{浓差,c} = \frac{RT}{nF}\ln\left(\frac{c_{i,\infty}^{-1}}{c_{i,0,c}^{-1}}\right) = \frac{8.314 \times 298.15}{2 \times 96\,485} \times \ln\left(\frac{102.7}{250}\right) = -0.0114(\text{V})$$

阳极的浓差超电势为

$$\eta_{浓差,a} = \frac{RT}{nF}\ln\left(\frac{c_{i,\infty}^{-1}}{c_{i,0,a}^{-1}}\right) = \frac{8.314 \times 298.15}{2 \times 96\,485} \times \ln\left(\frac{397.3}{250}\right) = 0.00595(\text{V})$$

这两个浓差超电势都不太大。

阴极交换电流密度：

$$i = i_{o,ref}\left(\frac{c_1}{c_{1,ref}}\right)^{\gamma_1} = 0.001 \times 10^4 \times \left(\frac{102.7}{100}\right)^{0.42} = 10.11(\text{A/m}^2)$$

由 BV 方程求得阴极活化超电势 $\eta_{s,c} = -0.1533\text{V}$。

阳极交换电流密度：

$$i = i_{o,ref}\left(\frac{c_1}{c_{1,ref}}\right)^{\gamma_1} = 0.001 \times 10^4 \times \left(\frac{397.3}{100}\right)^{0.42} = 17.85(\text{A/m}^2)$$

由 BV 方程求得阳极活化超电势 $\eta_{s,a} = 0.0420\text{V}$。

应用式（4-53c）解算出电解池的电压，由于有支持电解质忽略欧姆电压降，则

$$V = U + |\eta_{s,a}| + |\eta_{s,c}| + |\eta_{浓差,a}| + |\eta_{浓差,c}| + |\eta_{\Omega}|$$
$$= 0 + 0.0420 + 0.1533 + 0.00595 + 0.0114 + 0 = 0.213(\text{V})$$

4.6 电 流 分 布

4.6.1 电流分布概述

电化学反应速率的空间分布对过程的经济性甚至技术可行性具有重大影响，在电化学工

程开发中需要重点考虑。由于反应速率正比于电流密度，称反应速率在空间上的变化为电流密度分布或电流分布（current distribution），通常电流分布表示为无因次的 i/i_{avg}，其中 i_{avg} 为平均电流密度。

电流分布对实际电化学体系具有重要的实际意义。在电镀中，电流分布决定着镀层厚度的均匀程度；在电成型技术中，可通过控制电流分布来满足构件设计的要求；在金属防腐蚀工程中，不均匀的电流分布将造成金属构件无法得到最佳的保护；在化学电源中，倘若电流不能深入到三维的活性电极内部，电池活性材料得不到充分利用，电池性能也将下降；在电化学合成中，不均匀的电流分布将导致电流效率的下降和设备空时收率的减小。电流分布随电化学体系尺寸的变化而变化，一般电化学体系尺寸越大，电流分布越不均匀。

在 4.2 节，当体系中浓度梯度可忽略时得出关于电势的 Laplace 方程 $\nabla^2 \varphi = 0$，也考察了一维几何条件下两个电极上反应动力学和电解质溶液中的欧姆电压降对电化学池总压降的影响。快速的电极反应动力学使表面超电势很小，电压损失由电解质溶液中的欧姆压降所主导；相反，迟缓的电极反应动力学造成电压损失主要集中在表面超电势的情况。

由于电流分布与电极的导电能力和溶液的导电能力有关，电流分布通常分两种情况讨论：一种是电极导电能力远大于溶液导电能力的情况；另一种是电极导电能力与溶液导电能力相差不大的情况。用金属作为电极材料时属前一种情况，是本节讨论的重点。

式（4-13）积分后可获得溶液中的电势场。若不存在浓度梯度，流过溶液中任一点的电流密度可表示为

$$i = -\kappa \nabla \varphi$$

电流密度 i 是矢量，它与等电势面垂直，与电流线相切。电流线指示电流的流动方向和电荷移动所循的途径，在与电流线垂直的方向上不可能发生电荷的传递。但是，流过电极的电流密度是一个标量，电极上任一点的电流密度是电流密度矢量在该点法线方向上的分量。原则上，将电势场求导数并取法线方向上的值，便得到电极表面某一点的局部电流密度值，进而能够了解整个电极表面的电势和电流分布状况。

需要强调指出，式（4-6）成立的前提是电中性条件，这表明该式只适用于双电层以外的溶液区。式（4-6）积分用的边界条件原则上可由双电层溶液侧的电势值确定。

电化学体系中 Laplace 方程的解法在文献中有较详细的介绍，如果边界条件很简单，可得到解析解，当边界条件较复杂时需采用数值方法。式（4-13）形式上与无源、无对流的稳态热传导方程或扩散方程相似，而电极上的电流分布与热或质量的界面流量密度分布相似，因此如果已知相对应的边界条件，也可将热传导中温度场或扩散中浓度场的数学关系式推广到电化学体系中的电势场。

图 4-13 反映了两种类型的电阻——欧姆电阻 R_Ω 和电荷转移电阻 R_{ct} 的概念。电荷转移电阻也称为动力学电阻，分为阳极动力学电阻 R_a 和阴极动力学电阻 R_c。电荷转移电阻出现在电极表面，与几何形状无关。相反地，欧姆电阻却强烈地依赖于几何形状，造成电流分布的不均匀。因此，在电荷转移电阻远大于欧姆电阻的场合，电流分布就均匀；反之，在欧姆电阻远大于电荷转移电阻的场合，电流分布就不均匀。在图 4-13（a）中右侧的电流更高是因为两个电极彼此更接近，图 4-13（b）中两个电极间的电流分布近于均匀是因为表面动力学电阻起主导作用。

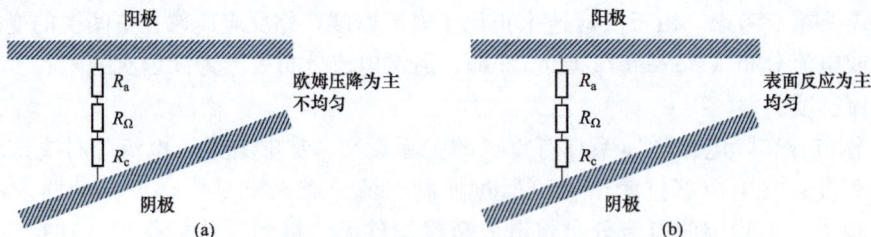

图 4-13 欧姆电阻和电荷转移电阻概念示意

考虑间距为 L、面积为 A 的两个平行大平板电极间的电流，两电极间的欧姆电阻为

$$R_\Omega = \frac{L}{A\kappa} \tag{4-56}$$

电荷转移电阻可表示为

$$R_{ct} = \frac{1}{A}\frac{\mathrm{d}\eta_s}{\mathrm{d}i} \tag{4-57}$$

其中，η_s 为表面超电势。R_{ct} 与 R_Ω 之比定义为无因次的 Wagner 数：

$$Wa = \frac{R_{ct}}{R_\Omega} = \frac{\kappa}{L}\frac{\mathrm{d}\eta_s}{\mathrm{d}i} \tag{4-58}$$

表面超电势随电流密度的变化率 $\dfrac{\mathrm{d}\eta_s}{\mathrm{d}i}$ 可由 BV 方程表示的动力学得出。

当 BV 方程简化为线性动力学时，有

$$Wa = \frac{\kappa}{L}\frac{RT}{F}\frac{1}{i_o(\alpha_a + \alpha_c)} \tag{4-59}$$

当 BV 方程简化为阳极 Tafel 动力学时，有

$$Wa = \frac{\kappa}{L}\frac{RT}{F}\frac{1}{|i_{avg}|\alpha_a} \tag{4-60}$$

对于 Tafel 动力学，平均电流密度 i_{avg} 出现在 Wa 数的分母中，这种情况下，电荷转移电阻随着电流密度的增加而下降。相反的是，对于线性动力学，式（4-59）中出现的是交换电流密度，在线性区域电荷转移电阻与电流密度大小无关。随着 Wa 数减小，电流分布一般趋于不均匀。当 Wa 数接近于零时，动力学电阻不再显著，电流分布完全由溶液中的欧姆电压降所控制。

（1）体系中不存在浓度梯度时，电流分布受动力学电阻和欧姆电阻的影响。

（2）当动力学电阻占主导（$Wa \gg 1$）时，电流分布趋于均匀。

（3）当欧姆电阻占主导（$Wa \to 0$）时，电流分布趋于不均匀。

式（4-59）和式（4-60）还强调指出了控制电流分布的一些重要因素。通过以下方法都可以使电流分布更均匀：①增大溶液的电导率，添加支持电解质；②降低特征尺寸 L；③减小交换电流密度，或添加抑制剂；④保持平均电流密度 i_{avg} 在较低的水平等方法。

影响电流分布的主要因素有电极体系的几何因素、电解质溶液和电极的导电能力、电极反应动力学、传质等。对具体电化学体系而言，有些因素可以忽略，因此常把电流分布分为以下三种类型：

一次电流分布（primary current distribution）是指当 $Wa = 0$ 且动力学电阻很小时的电

流分布。一次电流分布完全取决于电解质溶液中的欧姆损失。假设浓度恒定,求解关于电势的 Laplace 方程时将电极处的电势视为定值。

二次电流分布(secondary current distribution)是指求解关于电势的 Laplace 方程时将动力学作为边界条件得到的电流分布。当动力学超快时二次电流分布接近于一次电流分布。

三次电流分布(tertiary current distribution)是指同时包括传质、动力学和电势场的电流分布,需要联立求解传质、动力学和电势分布这三种效应耦合的联立方程组。

4.6.2 一次电流分布

假定金属电极嵌在绝缘壁面上(见图 4-14),由于电极材料的电导率很大,电极内部不存在电势差,双电层的金属侧是一个等电势面。既然在一次电流分布中忽略了任何超电势的影响,可以认为双电层溶液侧也是一个等电势面。于是,求解式(4-6)时采用的边界条件为

$$\varphi = 常数(在金属电极表面上)$$

$$\frac{\partial \varphi}{\partial n} = 0(在绝缘材料表面上)$$

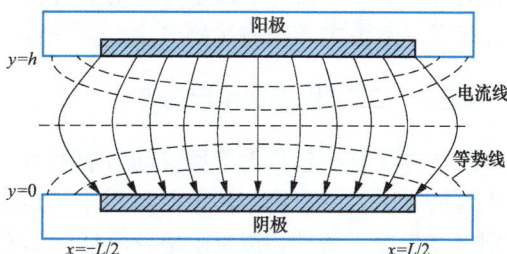

图 4-14 嵌在绝缘壁面上的平行板电极示意

在绝缘材料上,由于没有电流通过,在那里 $\frac{\partial \varphi}{\partial n} = 0$($n$ 表示法线方向)。

某些几何形状简单的电极,可得到一次电流分布的解析解。对各自嵌在绝缘壁面上的平

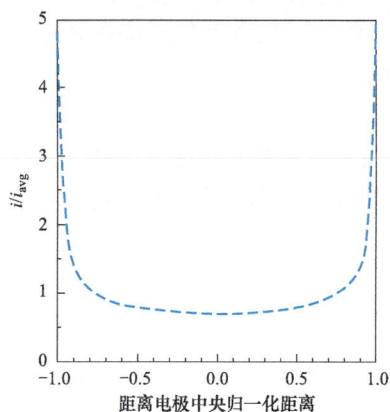

图 4-15 平行板电极一次电流分布数值解

行板电极(即图 4-14 所示的情形),一次电流分布的解析解为

$$\frac{i}{i_{avg}} = \frac{\xi \cosh \xi}{K(\tanh^2 \xi)\sqrt{\sinh^2 \xi - \sinh^2 (2x\xi/L)}}$$

其中,$\xi = \pi L/2h$,h 为电极间距;K 为第一类完全椭圆积分函数;x 为距电极中央的距离;L 为电极的长度。可见,平行板电极上的一次电流分布与 L 和 h 这两个特征尺有关,图 4-15 所示为 $h = 1.25L$ 时平行板电极一次电流分布数值解。

由上可见,电极边缘的局部电流密度均趋于无限大,这是一次电流分布的特征之一。可理解为在电极边缘上可利用的电荷(离子)通道截面比其他部位的大,因此电流流通时电阻比其他部位小。电极与绝缘壁交接处边缘效应表现如下:只有当电极与绝缘壁面垂直时,才能得到均匀的一次电流分布,见图 4-16(a);如果电极与绝缘面之间的夹角小于 90°,电极边缘的局部电流密度为零,见图 4-16(b);与此相反,如果该夹角大于 90°,电极边缘的局部电流密度趋于无限大,见图 4-16(c)。事实上,由于以下两个原因局部电流密度值不可能为零或无限大:①实际的电极与绝缘壁的夹角不可能是完全的尖角,而是具有一定曲率半径;②超电势的存在抑制了电极上电流密度的强烈变化,这就是下面要讨论的二次电流分布。

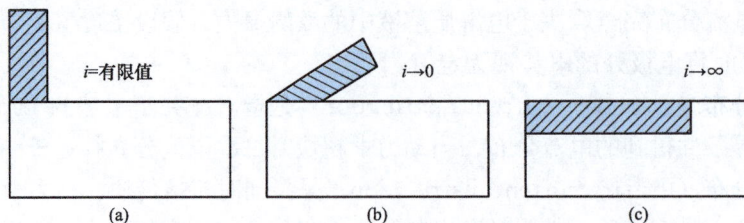

图 4-16　电极（阴影部分）与绝缘壁交接处边缘效应示意

一次电流分布的另一特征是它只受电极几何形状的影响，不同位置的电阻之比只依赖于电极的几何形状，而与溶液电导率的绝对值无关，至少当电极的电导率为无限大时是如此。与此相反，溶液电导率将影响二次电流分布。

4.6.3　二次和三次电流分布

二次电流分布包括电极反应动力学阻力。正如前面讨论的，有限的动力学对电流分布起到光滑的作用。由于仍然假设电解质中浓度分布均匀，欧姆定律和 Laplace 方程仍然适用，差别只在于边界条件，以反映电化学反应的有限动力学。

对于简化的动力学，一些二次电流分布有解析解。然而大多数问题由于涉及非线性边界条件，二次电流分布只能有数值解。不同 Wa 数时平行板电极的二次电流分布见图 4-17。

均匀电流分布意味着局部电流密度和平均电流密度相等。从图 4-17 可以看出，当 $Wa=30$ 时，二次电流分布接近于均匀；当 $Wa=30$ 和 $Wa=2.7$ 时，二次电流分布几乎没什么差别。因此，从工程角度看，对于这样的体系使 Wa 数由 2.7 增加到 30 是没有必要的。从图 4-17 可以看出，在低 Wa 数时电流分布的不均匀性。图 4-17 的归一化数据虽然准确描述了电流的分布，但不能明显表示为实现二次电流分布均匀所带来的不利影响。图 4-18 描述了 Wa 数对平行板电极平均电流密度的影响，突出表明了为得到均匀的二次电流分布，平均电流密度下降了若干个数量级。在非常低的 Wa 数时，平均电流密度有极其快速的变化。为了使电流分布更加均匀，平均电流密度的降低意味着电沉积速率急剧下降。为了避免电流严重降低，可从一次电流分布接近于均匀的情况进一步改进。

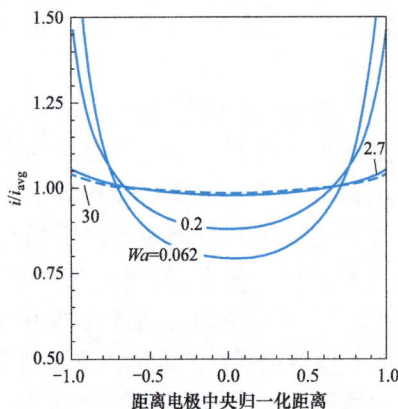

图 4-17　平行板电极的二次电流分布

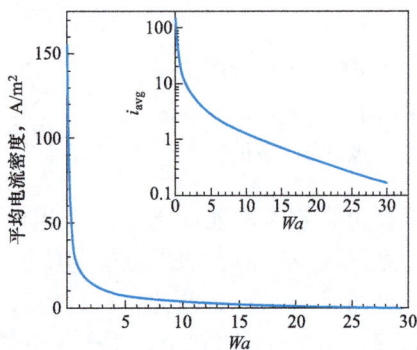

图 4-18　Wa 数对平行板电极平均电流密度的影响

三次电流分布必须包括浓度梯度及其传质效应，它们对电流密度也具有影响。这时式（4-6）不再成立，欧姆定律也不再适用，必须用式（4-5）来代替。显然，三次电流分布的数学处理相当困难，此类问题只能数值求解。

4.7 膜 传 递

4.7.1 电解质和电极的隔离

电化学池中的两个电极必须在物理上实现隔离。电解质溶液占据了两个电极之间的空间，电极之间的隔离可以用不同的方式来实现。实现隔离的方式不同，对传递过程的影响也有显著的不同。

图 4-19 所示为电极隔离三种方式及浓度分布示意，注意观察三维电化学体系电极之间空间隔离方式的区别。

第一个电化学体系［见图 4-19（a）］的示例是本章此前讨论的铜电解精炼过程。在这个系统中，两个电极之间没有物理的隔离器，电极之间的空间充满了电解质溶液。由于电解质不能传导电子，电极之间彼此是绝缘的。电解质溶液中的电流是由离子来传导的。

第二个电化学体系［见图 4-19（b）］的示例是锂离子电池。对于电池，为了得到尽可能多的电量，关键是要使电压损失最小。在充放电过程中，锂离子在两个电极之间穿梭。为了尽量减少与传递过程相关的损失，两个电极之间的距离就要尽可能小，例如 $25\mu m$。与此同时，还要确保两个电极不能彼此接触。如果两个电极之间仅仅是液体电解质，不可能可靠地制造一个大面积电池，同时保证两个电极彼此接近而不互相接触。解决方法是采用由不导电材料（如聚合物）制成的多孔隔膜（diaphragm）。电解质溶液充满了隔膜中的孔道，使得离子仍然能够传递电流，而聚合物隔膜材料可防止两个电极互相接触。离子穿越隔膜孔道的运动限制了其传递过程，因此离子的传递性质、电导率、扩散系数必须加以修正，以考虑惰性的聚合物中的液相体积分率和隔膜中弯弯曲曲的通道所带来的影响。具体方法见第 5 章。

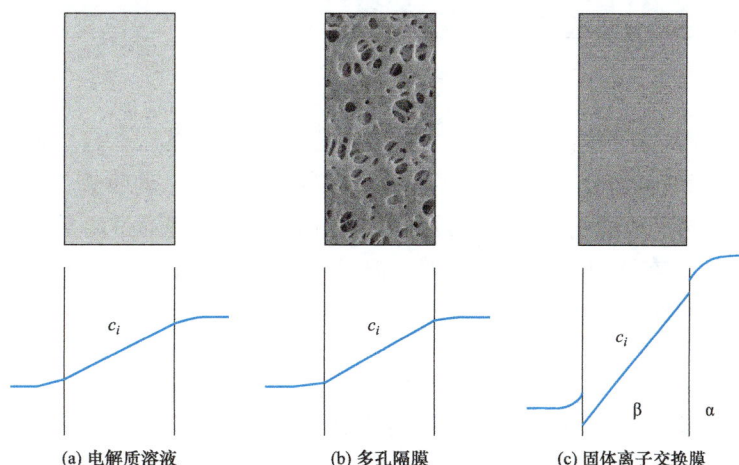

(a) 电解质溶液　　　　　(b) 多孔隔膜　　　　　(c) 固体离子交换膜

图 4-19　电极隔离三种方式及浓度分布示意

第三个电化学体系［见图 4-19（c）］是在电极间采用离子交换膜（ion exchange mem-

储能电化学工程：基础和应用

brane）。基于离子交换膜的电化学体系范例之一是工业上大规模同时生产氯气和烧碱的氯碱过程。许多燃料电池体系也同样使用膜。与多孔隔离薄膜不同，离子交换膜中没有开放的孔道。相反地，离子交换膜的分子结构允许某一或某些特定组分选择性透过膜而阻止其他组分通过。例如氯碱膜只允许阳离子透过膜，而阻止阴离子透过。这一离子选择性透过特性，对于高效氯碱过程非常关键，详见第 13 章。

4.7.2　离子通过离子交换膜的传递

在电化学过程中把离子交换膜作为隔膜使用时，离子交换膜本身就充当了电解质溶液的角色，容许电流在两个电极之间流过。离子交换膜在电化学体系当中引入了附加的另外一个相（phase）。组分在电解质溶液主体和隔膜中具有选择性的分配，即组分在膜中的浓度与膜-电解质溶液界面处的浓度不同，但是二者是互相关联的。

仅考虑界面组成处于平衡时的情形。可由热力学关系来得到如下式所定义的分配系数 K_i：

$$K_i = \frac{c_i^{\alpha}}{c_i^{\beta}} \tag{4-61}$$

分配系数 K_i 实质上就是组分 i 在相 α 和相 β 之间平衡浓度的比值。分配系数 K_i 的值通常通过实验确定。组分不同，其值有明显差异。一般而言，在非孔膜中组分 i 浓度低于溶液主体中的浓度。

离子交换膜两侧 c_i 之间的差值是传质的推动力，同时对离子的传递而言，电场及电荷间的相互作用也是很重要的。离子通过离子交换膜的传递相当复杂，Nernst-Planck 方程不再适用。准确描述燃料电池中常用阳离子交换膜的关系式详见第 9 章。

4.7.3　气体穿越离子交换膜的液膜薄层的传递

可以采用与前述分配系数类似的方法来描述气体在液膜薄层中的传递。因为电荷相互作用不那么重要，气体的传递比离子的传递相对更为简单。然而，气体通过膜的传递过程会导致效率明显降低。例如，燃料电池中氢气可能穿过离子交换膜到达阴极，直接和氧气发生热化学反应，而不是单独在阳极发生电化学反应以产生电流。对于气体，气相和离子交换膜界面上的平衡，由 Henry 定律表示：

$$y_i = \frac{x_i H_i}{p} \tag{4-62}$$

其中，x_i 和 y_i 分别为离子交换膜和气相中的摩尔分率；p 为总压；H_i 为 Henry 常数。如上定义，$1/H_i$ 表示气体组分 i 在离子交换膜中的溶解度。常见的物理本质是溶解和扩散，即气体首先溶解，再扩散通过离子交换膜。对于气体组分 i 传递通过离子交换膜的情形，在膜的右侧分压是 p_i，在膜的左侧分压是零，把式（4-10）应用于离子交换膜，在稳定状态下，式（4-10）简化为

$$\frac{d^2 c_i}{dz^2} = 0 \tag{4-63}$$

其中，z 为膜中在厚度方向的位置。将其积分得到

$$c_i = Az + B \tag{4-64}$$

至于边界条件，气体在膜中的浓度由 Henry 定律表示，即
$$z = 0, \quad c_i = 0$$

104

和
$$z = \delta, \quad c_i = \frac{p_i c}{H_i}$$

式中：δ 为膜的厚度；c 为膜中组分 i 的总摩尔浓度或摩尔密度，而且 $x_i = c_i/c$。

求出式（4-64）中常数 A 和 B 的值，得到浓度 c_i 随位置 z 变化的关系式：

$$c_i(z) = \frac{p_i c}{H_i} \frac{z}{\delta} \tag{4-65}$$

传递通量由 Fick 定律给出：

$$J_i = \frac{D_i}{H_i} \frac{p_i c}{\delta} \tag{4-66}$$

由此可见，气体穿过膜的传递速率取决于溶解度（$1/H_i$）和扩散系数（D_i），通常将上述两个性质组合定义为一个新的物理量渗透率 P（permeability）：

$$P_i = \frac{D_i}{H_i} \tag{4-67}$$

还可以看出，渗透通量与组分 i 在膜两侧的分压差呈线性关系。由于气体组分必须首先溶解到溶液中，然后通过扩散机理穿过离子交换膜，这些过程可以组合在一起称之为渗透（permeation）。

习　题

4-1　氧气扩散通过静止薄膜到达电极表面还原为水的过程示意见图 4-20。薄膜厚度为 $5\mu m$，氧气的扩散系数为 $2.1 \times 10^{-10} \, m^2/s$，与气体接触的薄膜表面处氧气浓度为 $3 mol/m^3$。求当电极上的氧气浓度为零时的极限电流密度，以及对应氧气的最大通量。

4-2　铅酸蓄电池正极的电化学反应为
$$PbO_2 + SO_4^{2-} + 4H^+ + 2e^- \longrightarrow PbSO_4 + 2H_2O$$
所采用的电解质可视为由 H^+ 和 SO_4^{2-} 组成的二元溶液，证明正极表面电流密度的表达式
$$\frac{i}{F} = \frac{-2D}{2 - t_+} \frac{\partial c}{\partial x}$$

4-3　某铜的电精炼过程在处于稳定状态且没有对流流动的情况下操作，铜在左侧电极（$x = 0$）处发生还原反应，在右侧电极（$x = L$）处发生氧化反应，铜氧化和还原反应的电流效率均为 100%，两个电极的间距为 L。

（1）将极限电流表示为扩散系数，铜离子的初始浓度（即平均浓度）和电极间距的函数表达式。

（2）如果体系中添加有支持电解质，推导出极限电流的表达式。

（3）请比较上述两个表达式，并说明为什么在有支持电解质存在下极限电流较低。

（4）对于二元电解质溶液体系，请推导出用电流密度表示的浓度分布表达式。

4-4　某种锂离子电池是由石墨负极和尖晶石型 Mn_2O_4 正极、含有二元 $LiPF_6$ 盐的有机溶剂电解质组成的，正、负极反应分别为
$$x Li^+ + x e^- + Mn_2 O_4 \longrightarrow Li_x Mn_2 O_4$$
$$Li_x C_6 \longrightarrow x Li^+ + x e^- + C_6$$

此电池可由一维几何来描述，正极在 $x = 0$ 处，负极在 $x = L$ 处。已知下述物性数据：$D_{Li^+} = 1.8 \times 10^{-10} \, m^2/s$，$D_{PF_6^-} = 2.6 \times 10^{-10} \, m^2/s$，$t_+ = 0.4$。

（图中标注）
$O_2 + 4H^+ + 4e^- \longrightarrow 2H_2O$

O_2

$5\mu m$

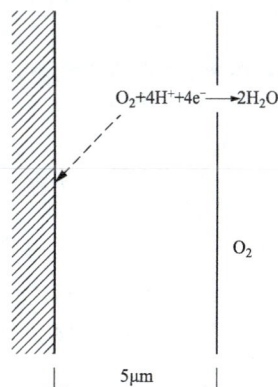

图 4-20　习题 4-1 图

假设正负极均为平板电极，间距为 $25\mu m$，电解质溶液中 $LiPF_6$ 的初始浓度为 1.0M。

(1) 放电时电解质溶液中的电流向哪个方向流动？

(2) 何处的浓度最高？

(3) 如果电极尺寸是 2cm×5cm，工作电流是 10mA，求隔膜两侧的浓度差。

(4) 如果已知隔膜中 $LiPF_6$ 的浓度分布和工作电流，请简要描述通过计算得出电池电压的过程。

4-5　对含有 0.5M $K_3Fe(CN)_6$ 和 0.5M Na_2CO_3 的溶液进行电势阶跃实验，采用的电势足够大，以至于 $K_3Fe(CN)_6$ 的还原反应是在扩散控制下进行的，反应式如下：

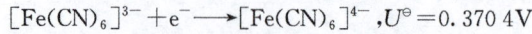

$$[Fe(CN)_6]^{3-} + e^- \longrightarrow [Fe(CN)_6]^{4-}, U^{\ominus} = 0.370\,4V$$

具体实验数据列于表 4-2。试求 $K_3Fe(CN)_6$ 的扩散系数值。

表 4-2　　　　　　　　　　　　　　习题 4-5 实验数据

时间（s）	电流密度（A/m²）	时间（s）	电流密度（A/m²）
1.0	731	12.9	201
1.7	564	21.5	156
2.8	438	35.9	122
4.6	340	59.9	94
7.7	263	100.0	72

4-6　计算室温下 0.05M KOH 水溶液的扩散系数、迁移数和电导率。

4-7　计算 25℃时 0.1M $CuSO_4$ 水溶液的电导率。

4-8　25℃时有一溶液含有 0.1M 的 KCl 和 0.5M 的 HCl，计算 K^+ 的迁移数。

4-9　某 Zn-Br 电池中利用由碳颗粒构成的多孔流穿式电极进行溴的还原反应：

$$Br_2 + 2e^- \longrightarrow +2Br^-$$

溴在溶液主体中的浓度是 5.5mM，传质关联式为 $Sh = 1.29Re^{0.72}$，其中 Re 中的特征长度是碳颗粒直径 D_p，其余数据是 $D_{Br_2} = 6.8\times10^{-10}\,m^2/s$，$v = 0.2cm/s$，$d_p = 25\mu m$，$\nu = 9.0\times10^{-7}\,m^2/s$，求此情况下的极限电流值。

4-10　推导出以下方程：

$$Wa = \frac{\kappa}{L_c}\frac{RT}{F}\frac{1}{i_o(\alpha_a + \alpha_c)}, \quad Wa = \frac{\kappa}{L_c}\frac{RT}{F}\frac{1}{|i_{avg}|\alpha_c}$$

4-11　针对 3.9 节讨论的 Zn/Ni 电池，求当电流密度 $i = 4640A/m^2$ 时 Zn 和 Ni 电极的 Wa 数，以及此体系中动力学阻力和欧姆阻力的相对大小如何，计算结果与预期是否相符。

第 5 章

多孔电极结构及应用

实际电化学系统的电极大多采用具有三维结构的多孔电极（porous electrode），而不是前两章一直关注的平板电极。多孔电极是指由粉末材料制成的、内部有一定孔隙的电极。多孔电极浸润电解质溶液后，液体渗入所及孔隙，形成相互联通的固相、液相和固/液界面网络。液相和固相网络负责固/液界面网络上电化学反应所需/产生组分（离子、分子、电子）的传递。多孔电极的优点如下：

（1）多孔电极的比表面积很大（可达 $10^6\,\mathrm{m^2/m^3}$），能使电极相与电解质溶液相进行紧密接触，有利于异相电化学反应进行。当电极反应的固有速率较慢时，大的比表面积能够补偿动力学缓慢的不足。

（2）采用多孔电极结构便于为反应组分提供存储空间，将主要反应剂储存在电极表面附近，如燃料电池中的气态反应物和蓄电池中的低溶解度非导电反应剂，均可储存在多孔电极中，从而保证电池持续、快速地放电。

（3）可缩短电流通道的距离，进而减小欧姆电压降，即降低蓄电池或燃料电池的能量损失。

（4）多孔电极的大比表面积有利于化学组分的吸附，能满足电吸附分离过程的要求。

（5）多孔电极还有利于建立气、液、固三相边界，支撑分散型催化剂，高效地排出电极反应析出的气体。

多孔电极的制作工艺多种多样。一次电池和二次电池中用的粉末多孔电极的成型方法有：将配制好的电极粉料放入模具中压制成型；将电极粉料用电解液调成膏状，然后涂敷在导电骨架上；将活性物质和黏结剂混合均匀，然后滚压在导电金属网上等。一次电池和二次电池中用的多孔电极本身包含反应剂成分，放电或充电时这些反应剂参与电化学反应，从而引起电极组成和结构的变化，这类电极称为电化学活性多孔电极。与此不同，有些多孔电极只由导电材料组成，工作时电极本身不消耗，只作为电化学反应的场所，理论上电极的组成和结构不发生变化，这类电极称为惰性多孔电极。

电化学双电层电容器是多孔电极的一个工程应用实例，其电容与电极的表面积成正比，使用多孔电极可以将其电容增加两个数量级以上。假如没有多孔电极所带来的高比表面积，电化学双电层电容器的商业价值十分有限。

多孔电极还可用于启动汽车的铅酸蓄电池的正极。该正极的放电反应为

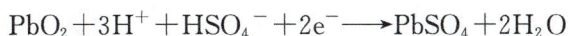

$$PbO_2 + 3H^+ + HSO_4^- + 2e^- \longrightarrow PbSO_4 + 2H_2O$$

　　多孔电极的使用极大地增加了相际界面的面积，大的表面积降低了表面的电流密度，减少了动力学极化，增加了电池的输出功率。电极的多孔结构还带来了其他重要优势。在放电过程中，固态反应物氧化铅与电解质溶液反应生成另一种固态产物硫酸铅，其密度大于原来的氧化铅。多孔电极不仅为反应产物的累积提供了所需的空间，还能很好地适应电极固体体积的变化。小的孔径尺寸也减小了扩散路径距离，提高了电池性能，这对硫酸铅的沉淀（放电时）和随后的溶解（充电时）很重要。关于电池应用的更多信息详见第 7 章和第 8 章。

　　多孔电极的另一个应用实例是磷酸燃料电池的阴极。该阴极反应为

$$O_2 + 4H^+ + 4e^- \longrightarrow 2H_2O$$

　　上述反应中，反应物氧气 O_2 在气相、质子 H^+ 在电解质溶液中，而电子 e^- 则来自固相的电极。在这种情况下，多孔电极为反应的进行提供了三相（气、液、固）界面。更为复杂的是，还需要固体催化剂来加速迟缓的氧还原反应。催化剂通常负载在高比表面积的碳载体上以减少动力学极化。氧气到催化剂表面的传递过程也很重要。在气体和电解质溶液之间建立稳定的相界面可能是最主要挑战，这将在第 9 章关于燃料电池的内容中进一步详细讨论。

　　本章的目的是建立描述多孔电极性能的基本关系式。首先引入由直圆柱形孔构成的多孔电极简化模型，并推导出后续用于分析三维电极的关系式；然后讨论多孔电极的物理特性，考察多孔电极中的电流分布，这对多孔电极的设计和优化至关重要；随后研究包括气相在内的多孔电极；最后考虑在传质控制下进行电化学反应的流穿式电极。

5.1　多孔电极的数学描述

　　使用三维多孔结构电极的初衷之一是增大给定电极体积的表面积。首先考虑在导电基体上的一个简单的、直圆柱孔构成的理想多孔电极，截面尺寸为 $10cm \times 10cm$、厚度为 $1mm$，如图 5-1 所示。电极中分布有直圆柱形孔道，每个孔道的直径为 $10\mu m$，孔道之间的最小距离为 $2.5\mu m$。在 $10cm \times 10cm$ 的截面中有 6400 万个孔道，每个孔的内表面积约为 $0.0004cm^2$，总的孔内表面积就达 $25\,600cm^2$，是平板电极面积的 256 倍之多，而实际应用的多孔电极面积增大倍数还高于此。

　　此前假设电化学反应只发生在电极表面，并将这些表面反应作为边界条件。多孔电极的情形更为复杂，因为电化学反应发生在整个电极的三维体积当中。如果还沿用此前的方法，对实际几何形状（包括各个孔隙）进行三维计算，在每个内孔壁面上发生的电化学反应作为边界条件，求解难度将很大。光滑平板电极上的动力学步骤是串联的，原则上可将传荷和传质等各个步骤区分离开来进行研究。多孔电极则不同，传荷和传质步骤同时发生在错综复杂的多孔结构中，不再呈现平板电极上那样的区域化特征。从电极外表面向多孔介质内部深入，过程的行为发生了巨大变化。多孔电极收集的总电流是三维体系中局部位置上的电子传递、扩散与对流等不同过程叠加的结果。

　　下面介绍更高效的多孔电极理论方法。多孔电极理论所研究的主要问题是确定电极上的总反应速率，以及电极过程在多孔结构中沿厚度方向的分布，探讨影响多孔电极特征电流的主要因素。多孔电极理论的宏观模型不考虑孔隙的真实结构，认为整个多孔体系由空间互补的两个各向同性的均匀连续介质组成，一个是固体网络（电极基体），另一个是在孔隙中的

电解质溶液网络，把多孔电极视为固体网络和电解质溶液网络两种连续介质的叠加。它既考虑了实际电极的主要特征，又无需计及精确的几何细节。多孔电极理论适合于工程应用，已被用于描述燃料电池、蓄电池、分离装置和超级电化学电容器的行为。因为在大多数工程应用中，只有厚度方向的变化最重要，以下只考虑一维的情况。

如图 5-1 所示，多孔电极与集流体（current collector）相接触，集流体的电势保持恒定，集流体的电流密度分布是均匀的。以上这些与一维处理思想是一致的，不需要对集流体进行模拟计算。

空间坐标系定义为多孔电极背面（电极与集流体接触的一侧）处 $x=0$，电极另一侧（前面）$x=L$，其中 L 为电极的厚度。与前述所用符号一致，i_1 和 φ_1 分别为固体导电相的电流密度和电势；i_2 和 φ_2 分别为电解质相的电流密度和电势。电解质溶液充满了整个圆柱形孔道。为便于讨论，将该电极视为阳极，结论同样适用于阴极。不涉及双电层的充电电流。有关多孔电极应用于电化学双电层电容器的内容详见第 11 章。

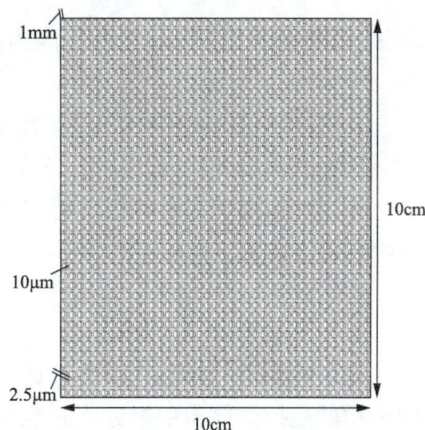

图 5-1　理想多孔电极直圆柱孔示意

在电极背面（$x=0$）处，所有的电流均在固相。因此，有

$$x=0 \text{ 时，} i_1=I/A \tag{5-1}$$

其中，I/A 是以 A/m^2 为单位的表观电流密度，i_1 以电极的表观面积 A 为基准（本例中为 100cm^2）。在电极的另一端（前面），固相终止，所有电流都必须在电解质中传递。因此，有

$$x=L \text{ 时，} i_2=I/A \tag{5-2}$$

在 $x=0$ 和 $x=L$ 之间，电流在固相和液相之间分配。多孔电极中的任何一点都必须满足以下关系：

$$i_1+i_2=I/A \tag{5-3}$$

正是由于发生在固相和电解质溶液相之间界面上的电化学反应，使电流由全部在固相（在电极背面）实现了向全部在液相（在电极前面）的转变。事实上，还可以使用之前的动力学表达式（如线性的 BV 方程、Tafel 方程或完整的 BV 方程）来描述这些电化学反应。区别在于发生反应的面积遍布于整个多孔电极的体积，这里的反应面积也就是图 5-1 中多孔电极简化模型中的圆柱形孔道的内表面积。

单位体积内电荷产生速率的定义式为

$$\text{单位体积内电荷产生速率} = ai_n \tag{5-4}$$

其中，i_n 为实际面积法向的电流密度，A/m^2；a 为单位体积的表面积或比表面积，m^{-1}。单位体积内电荷产生速率的单位是 C/(m^3·s) 或 A/m^3。电流密度 i_n 与第 3 章中的电流密度并无差别，同样可由 Tafel 方程或 BV 方程表示。与 i_n 相关联的表面积是固相和电解质溶液相间的面积，也就是图 5-1 中 6400 万个孔道的总内表面积。比表面积 a 应是上述的总内表面积除以电极的表观体积：

$$a=\frac{\text{总内表面积}}{\text{表观体积}}=\frac{2.5}{0.1\times0.1\times0.001}=250\,000(\text{m}^{-1})$$

电解质溶液相的电荷守恒方程为

$$-\nabla \cdot i_2 + a i_n = 0 \tag{5-5}$$

电流生成项前的＋号与阳极电流为正的规定一致，代表电流流入电解质溶液相。类似地写出固相的电荷守恒方程为

$$-\nabla \cdot i_1 - a i_n = 0 \tag{5-6}$$

注意电流生成项 $a i_n$ 为负，因为当 i_n 为正时电流流出固相。由式（5-5）和式（5-6），得

$$\nabla \cdot i_1 + \nabla i_2 = 0 \tag{5-7}$$

式（5-7）就是电中性条件，电流密度的散度等于零。i_1 和 i_2 都是基于同样的表观面积（本例中的 $10cm \times 10cm$）。式（5-5）～式（5-7）中，只有两个是相互独立的。

为完整地描述多孔电极，还需要电解质溶液相中组分的物料衡算方程。在第 4 章中通用的物料衡算方程式（4-10）为

$$\frac{\partial c_i}{\partial t} = -\nabla \cdot \boldsymbol{N}_i + R_i$$

这里需要进行修改，因为现在控制体积中同时包括电解质溶液相和固相。式（4-10）左侧表示的是控制体积中组分 i 的累积速率。仍然用 c_i 表示电解质溶液中的实际浓度。在多孔介质中，只有一部分体积是由电解质溶液占据的，因此单位控制体积中组分 i 的量为 $c_i \varepsilon$，其中 ε 为电解质溶液的体积分率。由于空隙率 ε 可能随时间和空间位置而变化，必须将其保留在偏微分中。通量 $\boldsymbol{N}_i$ 为表观摩尔通量，在上述微分衡算式中不需要改变。不过用 Nernst-Planck 方程表示通量时要采用有效传递性质。生成项 R_i 也是基于表观体积的，同时包括电解质溶液相和固相。多孔电极的物料衡算方程为

$$\frac{\partial \varepsilon c_i}{\partial t} = -\nabla \cdot \boldsymbol{N}_i + R_i \tag{5-8}$$

多孔电极中的异相反应会影响各个反应组分的衡算，在电极表面上可能是消耗也可能是生成。在此宏观模型中，类似于电荷守恒也将这些项视为单位体积的生成项。如果忽略电化学反应以外的生成项，那么

$$R_i = a j_n \tag{5-9}$$

其中，j_n 为电极表面组分的反应速率，$mol/(m^2 \cdot s)$。通过法拉第定律把这个速率与表面电流关联起来：

$$j_n = -\frac{s_i}{nF} i_n \tag{5-10}$$

当电流（阳极）为正时，组分为阳极反应的产物（$s_i < 0$），j_n 也为正。组分的衡算方程成为

$$\frac{\partial \varepsilon c_i}{\partial t} = -\nabla \cdot \boldsymbol{N}_i - a \frac{s_i}{nF} i_n = -\nabla \cdot \boldsymbol{N}_i - \frac{s_i}{nF} \nabla \cdot \boldsymbol{i}_2 \tag{5-11}$$

未知数有组分的浓度 c_i、固相的电势 φ_1 和电解质溶液相的电势 φ_2，共 $n+2$ 个。所需求解的 $n+2$ 个方程有 2 个电荷守恒方程、$n-1$ 个组分衡算方程和 1 个电中性方程。

还需要将电流和通量与其推动力相关联的方程，以代入相关的物料衡算方程。经过修改的 Nernst-Planck 方程为

$$\boldsymbol{N}_i = -\varepsilon D_i \nabla c_i - \varepsilon z_i u_i F c_i \nabla \varphi + \varepsilon c_i \boldsymbol{v} \tag{5-12}$$

其中，v 为孔内实际摩尔平均速度。通量不是基于实际面积的，而是基于多孔电极表观面积的。通量表示式前两项中的孔隙率通常用来表示各种有效传递性质。ε 和 v 有时组合在一起称为表观速度 εv，它是基于电极的表观面积的，实质上也就等于体积流量除以表观面积。

以上推导出的物料衡算方程是完全通用的，不局限于上述示例的直圆柱形孔的简单情形。既然已有描述多孔电极行为的通用方程，下面讨论多孔电极的表征方法。

5.2　多孔电极的表征和对传递的影响

和其他多孔介质相似，多孔电极的基本结构参数有孔隙率 ε、比表面积 a、特征孔径 r_p 和曲折因子 τ 等。

孔隙率 ε 是指电极中的孔隙空间体积与电极的总体积之比。

$$\varepsilon = \frac{总体积 - 固相所占体积}{总体积} \tag{5-13}$$

电解质溶液（或气体）可能会充满整个孔隙空间。多孔电极理论的宏观模型认为多孔电极中的固体网络和电解质溶液网络是两种互相贯穿的连续介质，如图 5-2 所示。此外还可以考虑再附加另外的相，如对燃料电池和其他一些电池很重要的气相，也有可能存在多个固相。此双连续体模型易于扩展到三个甚至更多个互相贯穿的相。

如前所述，多孔电极的一个重要目标是增大两相间的界面。多孔介质的第二个重要特征参数是比表面积 a：

$$a = \frac{界面积}{表观体积} \tag{5-14}$$

比表面积 a 的单位是 m^{-1}。

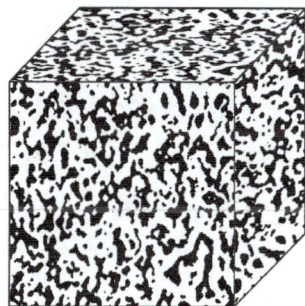

图 5-2　多孔电极示意

实际工程应用中，多孔电极常常采用的代表性形式之一是由球形颗粒构成的填充床，床内颗粒间的空隙率为 ε。半径为 r 的单个球形颗粒，其比表面积为

$$\frac{4\pi r^2}{\frac{4}{3}\pi r^3} = \frac{3}{r}$$

一般地，多孔电极中的颗粒越细小，其比表面积就越大。由半径为 r 的球形颗粒构成的填充床多孔电极的比表面积为

$$a = \frac{填充床内颗粒数量 \times 4\pi r^2}{填充床体积} = \frac{\dfrac{V(1-\varepsilon)}{\dfrac{4}{3}\pi r^3} \times 4\pi r^2}{V} = \frac{3 \times (1-\varepsilon)}{r} \tag{5-15}$$

可见填充床多孔电极的比表面积不仅与颗粒尺寸大小有关，还与固相体积分率 $(1-\varepsilon)$ 有关。

与水力半径类似，填充床内球形颗粒间流通通道的特征长度可由孔径表示，这是多孔介质的第三个重要特征参数。特征孔径 r_p 计算公式如下：

$$r_p = \frac{\text{传递截面积}}{\text{润湿周长}} = \frac{\text{传递体积}}{\text{润湿面积}} = \frac{\dfrac{\text{空隙体积}}{\text{填充床体积}}}{\dfrac{\text{润湿面积}}{\text{填充床体积}}} = \frac{\varepsilon}{a} = \frac{\varepsilon}{1-\varepsilon}\left(\frac{r}{3}\right) \tag{5-16}$$

由以上简单分析可知，当空隙率减小时，孔径也变小；高空隙率时，对应的孔径也大。

例 5-1 有一液流电池中的多孔电极是由碳纤维毡制成的。多孔电极的厚度 L 为 2mm，表观密度 ρ_A 为 315kg/m³。其中的碳纤维可看成是直径 $d=0.02$mm 的圆柱形细丝，碳纤维的真密度 ρ_T 为 2170kg/m³。60℃下，该电极的表观电流密度 I/A 为 1000A/m²。已知电极反应的交换电流密度是 95A/m²，传递系数 $\alpha_a = \alpha_c = 0.5$。计算：

(1) 多孔电极的孔隙率是多少？

(2) 多孔电极的比表面积是多少？

(3) 与平板电极相比，采用多孔电极动力学极化降低了多少？

解 (1) 由孔隙率 ε 的定义，有

$$\rho_T V(1-\varepsilon) = \rho_A V$$

其中 V 是多孔电极的体积，所以

$$\varepsilon = 1 - \frac{\rho_A}{\rho_T} = 1 - \frac{315}{2170} = 0.854\ 8$$

(2) 对于直径 $d=0.02$mm 的圆柱形细丝

$$a = \frac{\text{填充床内细丝数量} \times \pi l d}{\text{填充床体积}} = \frac{\dfrac{V(1-\varepsilon)}{\frac{1}{4}\pi l d^2}\pi l d}{V} = \frac{4 \times (1-\varepsilon)}{d}$$

$$= \frac{4 \times (1-0.854\ 8)}{0.02 \times 10^{-3}} = 29\ 032(\text{m}^{-1})$$

(3) 表观电流密度 $I/A =$ 实际电流密度 $i_n \times$ 厚度 $L \times$ 比表面积 a，即

$$i_n = \frac{I/A}{La} = \frac{1000}{0.002 \times 29\ 032} = 17.22(\text{A/m}^2)$$

也就是采用多孔电极时实际电流密度为 17.22A/m²。假定在整个电极中 i_n 是恒定的，由 BV 动力学方程可计算出超电势 η_s：

$$i_n = i_0\left[\exp\left(\frac{\alpha_a F \eta_s}{RT}\right) - \exp\left(-\frac{\alpha_c F \eta_s}{RT}\right)\right]$$

$$= 95 \times \left[\exp\left(\frac{0.5 \times 96\ 485\eta_s}{8.314 \times 333.15}\right) - \exp\left(-\frac{0.5 \times 96\ 485\eta_s}{8.314 \times 333.15}\right)\right] = 17.22$$

解得 $\eta_s = 5.2$mV。

若采用的是平板电极，那么

$$\frac{I}{A} = i_0\left[\exp\left(\frac{\alpha_a F \eta_{s,\text{平}}}{RT}\right) - \exp\left(-\frac{\alpha_c F \eta_{s,\text{平}}}{RT}\right)\right]$$

$$=95 \times \left[\exp\left(\frac{0.5 \times 96\,485\eta_{s,\Psi}}{8.314 \times 333.15} \right) - \exp\left(-\frac{0.5 \times 96\,485\eta_{s,\Psi}}{8.314 \times 333.15} \right) \right] = 1000$$

解得 $\eta_{s,\Psi} = 135.7\text{mV}$。

采用多孔电极动力学极化降低了 $135.7 - 5.2 = 130.5$（mV）。

孔径分布对电极性能也有较大影响。多孔电极内的颗粒具有一定的粒径分布，孔道的详细结构决定了多孔介质的各种性质。在由粉末材料制成的多孔介质中，实际上存在两大类孔隙：一类是由颗粒之间孔隙构成的粗孔，孔径为微米级；另一类是颗粒内部孔隙构成的细孔，孔径为亚微米级甚至更小。在多孔电极的孔径分布曲线上往往可观察到相应的两个孔径分布峰，见图 5-3。粗、细两类孔隙在电化学反应中起着不同的作用。粗孔因其孔径较大且大多彼此连通，是反应组分和离子电荷传输的主要通道，其壁面则成为电化学反应的场所。细孔的情况则不同，它们不仅细小，而且彼此连通的程度较低，电化学反应能否在其内表面上发生，取决于孔道被电解质溶液润湿的程度和反应组分能否在孔中传递。实验发现，由比表面积大于 $1000\text{m}^2/\text{g}$ 的活性炭制成的多孔电极，其电化学性能却不如由炭黑制成的多孔电极，其原因在于虽然炭黑的总比表面积不如活性炭的大，但其中细孔内表面积所占的比例很低。

显然多孔结构会影响通过多孔介质的传递过程。处理这种影响的方法是采用有效传递性质，以修正第 4 章中所涉及的体相传递性质。如图 5-4 所示，对于多孔介质中的传递过程，需要考虑两种特有现象：一是因固相的存在，传递过程横截面积的减小，有效传递面积近似为表观截面积乘以孔隙率；二是传递路径的增加，组分的扩散只能沿着曲折路径以绕过固体障碍。这就是多孔介质的第四个重要特征参数——曲折因子（tortuosity）τ。曲折因子是指孔道的真实长度与它在给定坐标上的投影长度之比，直通孔道的曲折因子系数 $\tau = 1$，曲折弯曲孔道的曲折系数 $\tau > 1$。毫无疑问，若孔径相同，曲折孔道中传递的速度将是直通孔道中的 $1/\tau$。多孔电极的曲折因子与制备方法有关，由颗粒材料堆积和压制而成的多孔电极的曲折因子 τ 一般为 2～3，滚碾而成的多孔电极的 τ 值要高一些，有时甚至高达 6～20。

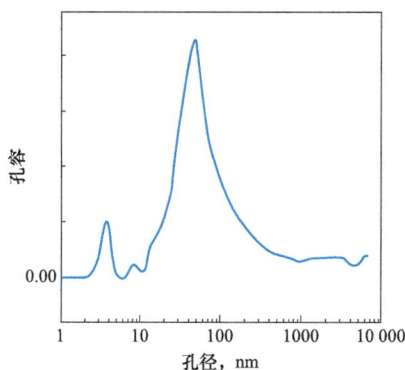

图 5-3 多孔电极孔径分布示意

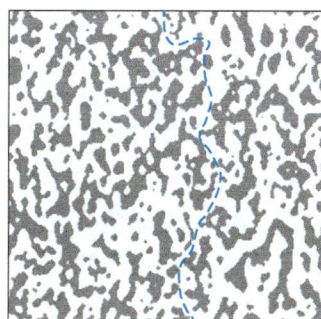

图 5-4 多孔介质中的曲折路径示意

综合上述两种效应，就可以简洁地把有效传递性质与体相传递性质关联起来。对于电导率有

$$\kappa_{\text{eff}} = \kappa \frac{\varepsilon}{\tau} \tag{5-17}$$

式（5-17）也适用于扩散系数。曲折因子的增大，造成了有效电导率的降低。多孔介质内的有效传递性质可以通过实验直接测定获取。仅用空隙率来修正电导率，经常采用如下的 Bruggeman 关系式：

$$\kappa_{\text{eff}} = \kappa \varepsilon^{1.5} \tag{5-18}$$

类似的表达式也可适用于其他有效传递性质的估算，如扩散系数和淌度。

例 5-2 实验测得某多孔隔膜的有效电导率为 0.035S/m，此多孔隔膜的空隙率为 0.5，已知隔膜中电解质溶液的体相电导率为 0.2S/m。求该多孔隔膜的曲折因子。

解 由式（5-17）：

$$\kappa_{\text{eff}} = \kappa \frac{\varepsilon}{\tau}$$

易知

$$\tau = \kappa \frac{\varepsilon}{\kappa_{\text{eff}}} = 0.2 \times \frac{0.5}{0.035} = 2.86$$

采用以上这些有效传递性质，就可以表示多孔电极中的通量方程。由电导率的定义：

$$\kappa = F^2 \nabla \varphi \sum_i z_i^2 u_i c_i$$

和

$$\boldsymbol{i} = -F^2 \nabla \varphi \sum_i z_i^2 u_i c_i - F \sum_i z_i D_i \nabla c_i + F \boldsymbol{v} \sum_i z_i c_i$$

可以列出电解质溶液相中的电流密度表示式：

$$\boldsymbol{i}_2 = -\kappa \nabla \varphi_2 + F \sum_i z_i D_i \nabla c_i \tag{5-19}$$

将式（5-19）应用于多孔电极，所需要的只是用考虑了孔隙率和曲折因子的有效传递性质值来代替其中的传递性质、电导率和扩散系数：

$$\boldsymbol{i}_2 = -\kappa_{\text{eff}} \nabla \varphi_2 + F \sum_i z_i D_{i,\text{eff}} \nabla c_i \tag{5-20}$$

5.3 多孔电极中的电流分布

如前 4 章所述，总是希望电化学体系中具有均匀的电流分布。一般来说，得不到多孔电极电流分布普遍化的精确解析解。下面仅讨论其中的一个例外情况，无浓度梯度的一维多孔电极的二次电流分布。与第 4 章不同的是，只研究多孔电极厚度方向的电流分布。

考虑图 5-5 所示的一维多孔电极，用 κ_{eff} 表示电解质溶液的有效电导率，用 σ_{eff} 表示固相的有效电导率。为了方便后续将略去下标$_{\text{eff}}$，但要记住仍然代表的是有效传递性质。电解质溶液中的电流密度是 i_2，固相中的电流密度是 i_1。电解质溶液中的电势是 φ_2，固相中的电势是 φ_1。忽略浓度梯度，体系处于稳定状态，表观电流密度 I/A 也保持恒定。

当没有浓度梯度时，需要两个电荷守恒方程。由式（5-5），得

$$\nabla \cdot \boldsymbol{i}_2 = a i_n \tag{5-21}$$

如果电化学动力学满足线性 BV 方程式（3-30），代入式（5-21），其一维形式为

$$\frac{\mathrm{d} i_2}{\mathrm{d} x} = \frac{a i_{\mathrm{o}} (a_{\mathrm{a}} + a_{\mathrm{c}}) F}{RT} (\varphi_1 - \varphi_2) \tag{5-22}$$

利用式（5-7），有

$$\nabla \cdot \boldsymbol{i}_1 + \nabla \cdot \boldsymbol{i}_2 = 0 \tag{5-23}$$

积分，得到

$$i_1 + i_2 = I/A \tag{5-24}$$

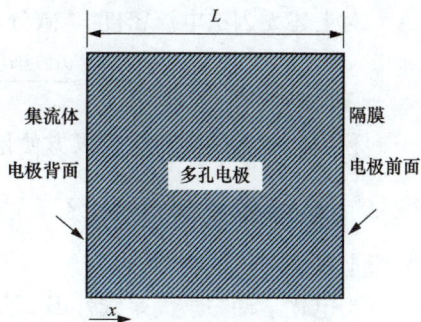

图 5-5　一维多孔电极示意

不存在浓度梯度时，可对电解质溶液相和固相应用欧姆定律。此处 σ 和 κ 都有效电导率：

$$i_1 = -\sigma \frac{\mathrm{d} \varphi_1}{\mathrm{d} x} \tag{5-25}$$

$$i_2 = -\kappa \frac{\mathrm{d} \varphi_2}{\mathrm{d} x} \tag{5-26}$$

对式（5-22）微分，得

$$\frac{\mathrm{d}^2 i_2}{\mathrm{d} x^2} = \frac{a i_{\mathrm{o}} (a_{\mathrm{a}} + a_{\mathrm{c}}) F}{RT} \left(\frac{\mathrm{d} \varphi_1}{\mathrm{d} x} - \frac{\mathrm{d} \varphi_2}{\mathrm{d} x} \right) \tag{5-27}$$

利用式（5-24）～式（5-26）消去式（5-27）中的电势项，获得关于 i_2 的常微分方程：

$$\frac{\mathrm{d}^2 i_2}{\mathrm{d} x^2} = \frac{a i_{\mathrm{o}} (a_{\mathrm{a}} + a_{\mathrm{c}}) F}{RT} \left(\frac{i_2 - I/A}{\sigma} + \frac{i_2}{\kappa} \right) \tag{5-28}$$

其中，I/A 为常数，是所施加的表观电流密度。式（5-28）中唯一的未知数为 i_2。

定义下列无因次变量：

$$i^* = \frac{i_2}{I/A} \tag{5-29}$$

$$z = \frac{x}{L} \tag{5-30}$$

$$\nu^2 = \frac{a i_{\mathrm{o}} (a_{\mathrm{a}} + a_{\mathrm{c}}) F L^2}{RT} \left(\frac{1}{\sigma} + \frac{1}{\kappa} \right) \tag{5-31}$$

$$K_{\mathrm{r}} = \frac{\kappa}{\sigma} \tag{5-32}$$

代入式（5-28），简化得

$$\frac{\mathrm{d}^2 i^*}{\mathrm{d} z^2} = \nu^2 \left(i^* - \frac{K_{\mathrm{r}}}{1 + K_{\mathrm{r}}} \right) \tag{5-33}$$

求解式（5-33）的二阶常微分方程，可得到变量无因次电流密度 i^* 与自变量无因次厚度 z 的解析函数式。所需的两个边界条件是：

$$x = L \text{ 时, } i_2 = I/A \text{。即 } z = 1 \text{ 时, } i^* = 1 \tag{5-34}$$

$$x = 0 \text{ 时, } i_2 = 0 \text{。即 } z = 0 \text{ 时, } i^* = 0 \tag{5-35}$$

式（5-33）的解为

$$i^* = \frac{K_{\mathrm{r}}}{1 + K_{\mathrm{r}}} + \frac{\sinh(\nu z) + K_{\mathrm{r}} \sinh[\nu(z-1)]}{(1 + K_{\mathrm{r}}) \sinh \nu} \tag{5-36}$$

对上述无因次电流密度 i^* 微分，得到无因次局部反应速率为

$$\frac{\mathrm{d}i^*}{\mathrm{d}z} = \frac{\nu\cosh(\nu z) + \nu K_r\cosh[\nu(z-1)]}{(1+K_r)\sinh\nu} = \frac{aLi_n}{I/A} \qquad (5\text{-}37)$$

利用这些无因次变量可以方便地考察电流密度和局部反应速度随着两个参数 ν 和 K_r 的变化情况。参数 ν^2 的物理意义是 $\nu^2 = \dfrac{R_\Omega}{R_{ct}} = \dfrac{1}{Wa}$，表示欧姆效应与电极反应动力学的竞争，数值上等于 Wa 数的倒数。

当电化学动力学满足线性 BV 方程时，有

$$\nu^2 = \frac{ai_o(\alpha_a + \alpha_c)FL_p^2}{RT}\left(\frac{1}{\sigma} + \frac{1}{\kappa}\right)$$

ν^2 数值很小，说明过程受动力学电阻控制，电极反应相对很慢，多孔电极厚度方向的电流密度分布将趋于均匀；相反地，ν^2 数值很大，说明过程受欧姆电阻控制，反应速率分布将很不均匀，反应主要发生的电极边界上，多孔电极厚度方向的电流密度分布也很不均匀。

第二个参数 K_r 是电解质溶液相的有效电导率 κ 和固相有效电导率 σ 之比。极限情况是当电解质溶液相的有效电导率起控制作用时，$K_r \to 0$；当固相有效电导率起控制作用时，$K_r \to \infty$。通常的电化学体系中，固相的有效电导率显著大于电解质溶液相的有效电导率。

当固相的有效电导率 σ 比电解质溶液相的有效电导率 κ 大一个数量级，即 $K_r = 0.1$ 时，对应于不同的 ν^2 值，一维多孔电极中无因次电流密度分布和局部反应速率计算结果见图 5-6。当参数 ν^2 值较小时，整个过程受动力学活化控制，反应速率在整个多孔电极中分布均匀，ai_n 保持不变，电解质溶液相中的电流密度随厚度位置呈线性关系，$\mathrm{d}i^*/\mathrm{d}z$ 也保持不变。随着参数 ν^2 值的增大，反应速率在多孔电极中的分布变得不均匀，反应速率分布的不均匀也反映在电解质溶液相中电流密度的分布上，电化学反应更多地发生在电极的前面，即电极/隔膜界面（$x=L$，$z=1$）处。如果固相的有效电导率 σ 比电解质溶液相的有效电导率 κ 小一个数量级，即 $K_r = 10$ 时，电化学反应更多地发生在电极的后面，即电极/集流体界面（$x=0$，$z=0$）处，见图 5-7。

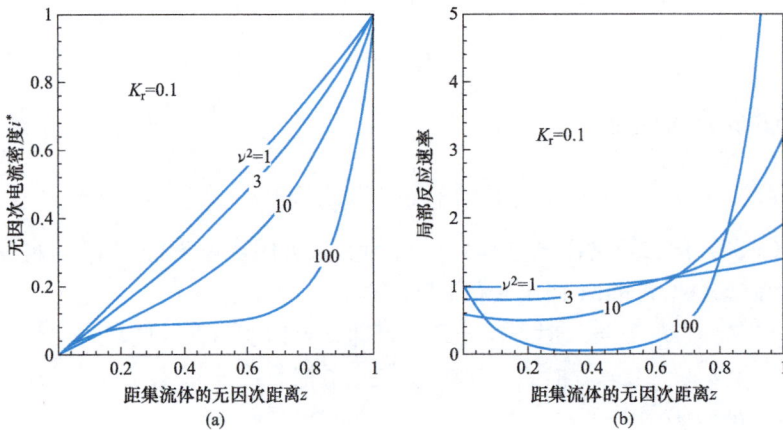

图 5-6 当 $K_r = 0.1$ 时一维多孔电极电流密度和局部反应速率计算结果

对于惰性多孔电极，局部固相反应物不被消耗，上述情况意味着相当一部分多孔电极厚度未被有效利用，其性能仅相当于一个很薄的电极；对于电化学活性电极即电池的电极，由于固相反应剂的存在，高 ν^2 值表明电极放电位置首先是在外侧，然后是靠近中间的区域，这将导致电池在低荷电状态下内电阻的增加。

因为 $K_r = 0.1$，图 5-6 表现出了不对称的结果。如果固相的有效电导率 σ 等于电解质溶液相的有效电导率 κ，多孔电极中的反应分布将会是对称的。图 5-8 所示为当 $K_r = 1$ 时一维多孔电极中局部反应速率的计算结果。由于固相和电解质溶液相的电阻相等，电流分布沿多孔电极厚度方向是对称的，不会偏向于多孔电极的前面或者背面。高 ν^2 值时，反应速率的分布更不均匀，远离多孔电极中部而向前面和背面偏移。

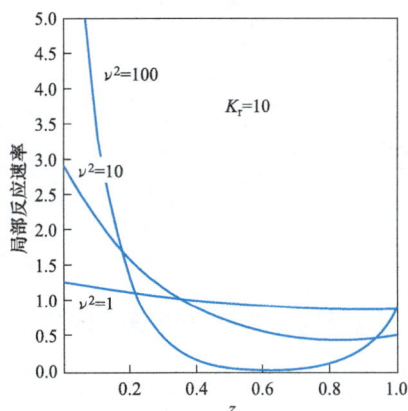

图 5-7　当 $K_r = 10$ 时一维多孔
电极中局部反应速率计算结果

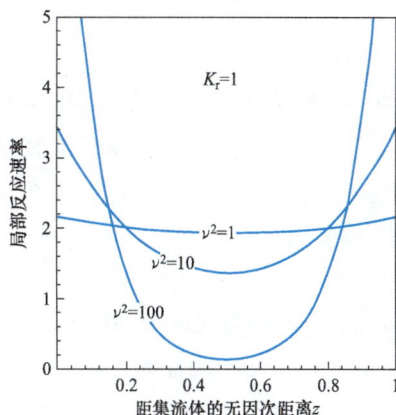

图 5-8　当 $K_r = 1$ 时一维多孔
电极中局部反应速率计算结果

反应深入电极内部的程度——穿透深度（penetration depth）决定了可被有效利用的电极厚度，多孔电极的厚度太大对提高总电流密度并无帮助。当 ν^2 值很小时，穿透深度不是一个问题，因为体系处于动力学控制之下，反应均匀分布在整个多孔电极当中。以下考虑 $K_r \rightarrow 0$ 的情况，此时电解质溶液相电流流动是控制因素，电流值从电极前面到电极背面单调地持续减小。式（5-37）所表示的局部反应速率可简化为

$$\frac{aLi_n}{I/A} \approx \frac{\nu \cosh(\nu z)}{(1 + K_r) \sinh \nu} \tag{5-38}$$

采用实用的方法把穿透深度表示为电极背面的反应速率与电极前面的反应速率之比。电极的背面（$z = 0$）的反应速率近似为

$$\left. \frac{aLi_n}{I/A} \right|_{\text{back}} \approx \frac{\nu}{(1 + K_r) \sinh \nu} \tag{5-39}$$

电极前面（$z = 1$）的反应速率近似为

$$\left. \frac{aLi_n}{I/A} \right|_{\text{front}} \approx \frac{\nu \cosh \nu}{(1 + K_r) \sinh \nu} \tag{5-40}$$

二者的相对速率之比为

$$\text{相对速率} = \frac{1}{\cosh \nu} \tag{5-41}$$

求解式（5-41），通过 ν 的值可得出穿透深度 L_p。由 ν 的值反算穿透深度 L_p 时，注意前提假设是 $1/\sigma \sim 0$。

例 5-3

在室温下，某锂离子电池用多孔电极中固相的电子电导率远大于电解质相的离子电导率，$\kappa=0.1\,\mathrm{S/m}$，多孔隔膜的比表面积 $a=10^4\,\mathrm{m^{-1}}$。已知电化学反应的动力学参数：$\alpha_\mathrm{a}=\alpha_\mathrm{c}=0.5$，$i_0=100\,\mathrm{A/m^2}$。如果希望保持电极背面的反应速率不小于前面的 30%，那么电极的最大厚度是多少？

解 由式（5-41），有

$$\frac{1}{\cosh\nu}=0.3$$

解得 $\nu=1.874$。

把以上数值再代入 ν^2 的定义式（5-31）：

$$1.874^2=\frac{10^4\times100\times(0.5+0.5)\times96\,485L_\mathrm{p}^2}{8.314\times298.15}\times\left(0+\frac{1}{0.1}\right)$$

解得 $L_\mathrm{p}=95\,\mu\mathrm{m}$。

多孔电极的内阻（internal resistance）R_int 是多孔电极的电势随其电流密度的变化率，单位是 $\Omega\cdot\mathrm{m^2}$。对于线性动力学，有

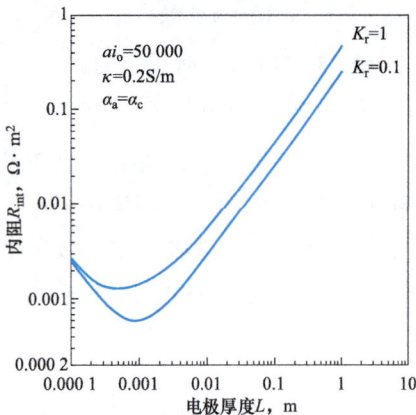

图 5-9 当线性动力学时多孔电极内阻计算结果示意

$$R_\mathrm{int}=\frac{L}{\sigma+\kappa}\left[1+\frac{2+\left(\frac{\sigma}{\kappa}+\frac{\kappa}{\sigma}\right)\cosh\nu}{\nu\sinh\nu}\right]\quad(5\text{-}42)$$

可以看出，多孔电极的内阻是多孔电极厚度的函数，计算结果示意见图 5-9。重要的是，多孔电极的内阻不仅包括电解质溶液相和固相的欧姆电压降，还包括动力学电阻。当多孔电极较厚且 ν^2 很大时，反应分布很不均匀，其内阻随厚度的增加而增大。对于薄的多孔电极，虽然反应分布会更均匀，但是可供利用的表面积相对很小，随着厚度的增加其内阻会下降，因此存在着多孔电极厚度的最小值。K_r 为 0.1 和 1 时的计算结果见图 5-9。

5.4 多孔电极中的气液界面

在燃料电池等多种工程应用中，多孔电极的孔隙中同时存在气体和液体。多孔电极的设计需要考虑孔道中的毛细作用、气液分布和润湿性等因素。图 5-10 所示为毛细作用的接触角，以及气泡附着于固体表面形成固-液-气界面的接触角。当接触角小于 90°，液体在毛细孔中呈凹形弯曲液面，称液体能润湿固体，是亲水的；相反，当接触角大于 90°，液体在毛

细孔中呈凸形弯曲液面，称液体不能润湿固体，是憎水的。毛细压力（capillary pressure）p_c 定义为非润湿（nonwetting）相和润湿（wetting）相之间的压力差：

$$p_c = p_{nw} - p_w = \frac{2\gamma\cos\theta}{r} \tag{5-43}$$

式中：γ 为表面张力；θ 为接触角；r 为毛细孔的半径。

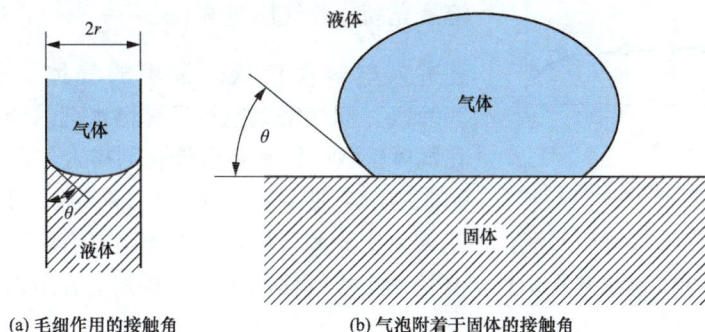

(a) 毛细作用的接触角　　　　　　(b) 气泡附着于固体的接触角

图 5-10　毛细作用和固-液-气界面的接触角

在图 5-10（a）所示的情形中，接触角小于 90°，气体的压力（非润湿相）高于液体的压力（润湿相）。对于接触角小于 90°的润湿流体，毛细压力为正，这意味着气体的压力大于液体的压力；当接触角大于 90°时，液体的压力大于气体的压力。亲水材料具有正的毛细压力，而憎水材料具有负的毛细压力。

若反应剂是气态物质，需采用三相多孔电极，氢氧燃料电池和空气电池的电极就属于这种情况。高效气体电极必须满足的条件是电极内部存在与气体的巨大接触面积而又与整体溶液很好地连通的薄液膜。因此，这种电极必然是较薄的三相多孔电极（常称为气体扩散电极），其中既有足够发达的气孔网络使反应气体容易传递到电极内部各处，又有大量覆盖在催化剂表面上的薄液膜，这些薄液膜还必须通过液孔网络与电极外侧的溶液通畅地连通，以利于液相反应组分（包括产物）的传递。当然固相的电阻也不能太大，否则工作时将在固相中出现显著的电压降。在三相多孔电极中电极反应在气-液-固三相界面上进行，气态活性物质溶解在气体/电解质溶液界面附近的溶液中，并穿过电解质溶液扩散到电极的活性位置上。

多孔气体扩散电极中最常见的有双孔结构电极和双网络型电极。双孔结构电极中，粗孔的半径约为几十微米，而细孔的半径不超过 $2\sim3\mu m$，通过控制气体压力可使细孔充满电解质溶液，而粗孔充满气体。

流体 i 在孔隙体积中的填充程度由饱和度 S_i 来定量表示：

$$S_i = \frac{\text{流体 } i \text{ 填充的体积}}{\text{孔隙体积}} \tag{5-44}$$

孔径不同，由式（5-43）得出的毛细压力也不同，因此流体填充饱和度也不同。如果表面张力和接触角恒定，对于润湿流体，孔越细，毛细压力越大，越容易优先填充。如果还有多余的流体，再去填充更粗的孔道。当孔径分布已知时，毛细压力与饱和度的关系曲线见图 5-11。孔径分布是决定饱和度与毛细压力关系曲线形状的关键因素。

多孔气体扩散电极中根据双孔结构孔径的不同，气体的工作压力 p 应满足：

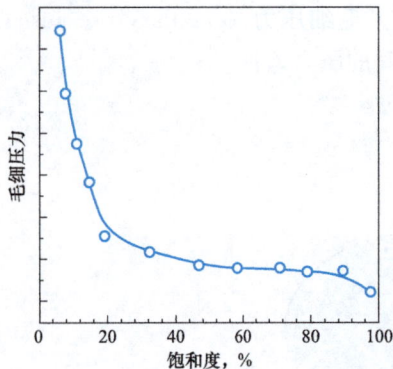

图 5-11 毛细压力与饱和度的关系曲线

$$\frac{2\gamma\cos\theta}{r_{粗}} < p < \frac{2\gamma\cos\theta}{r_{细}}$$

式中：$r_{粗}$、$r_{细}$ 分别为粗孔和细孔的半径。

若气压过低 $\left(p < \frac{2\gamma\cos\theta}{r_{粗}}\right)$，则粗孔将完全被电解质溶液充满；若气压过高 $\left(p > \frac{2\gamma\cos\theta}{r_{细}}\right)$，则气体将透过细孔进入电解质溶液。常用的气体工作压力为 $50 \sim 300kPa$。双网络型电极又称憎水剂黏合型电极，这种多孔气体扩散电极是将电催化剂掺入 PTFE 等憎水剂中而制成的，电催化剂构成亲水网络，PTFE 构成憎水网络，亲水网络中充满电解质溶液，憎水网络中充满气体，整个电极具有既不阻气又不阻液的性能。双网络型电极制作方便，且不必控制工作气体的压力，特别适合用来实现空气中氧的还原。

例 5-4 磷酸燃料电池的隔膜把燃料氢气和氧化剂分隔开来，假定此隔膜是由填充有磷酸水溶液的半径为 $1.5\mu m$ 的 SiC 球形颗粒制成的，孔隙率为 0.5，磷酸水溶液的表面张力为 $0.02N/m$，与固体表面的接触角为 0°。试计算毛细压力。

解 多孔电极中孔道的特征半径为

$$r_{p} = \frac{\varepsilon}{1-\varepsilon}\frac{r}{3} = \frac{0.5}{1-0.5} \times \frac{1.5}{3} = 0.5(\mu m)$$

毛细压力为

$$p_{c} = \frac{2\gamma\cos\theta}{r_{p}} = \frac{2 \times 0.02 \times \cos0°}{0.5 \times 10^{-6}} = 80(kPa)$$

该压力表示在气体穿透发生之前亲水网络能够承受的最大压力。

🔄 5.5 三 相 电 极

低温燃料电池的阴极需要稳定且密切接触的三相（气、液、固），以利于下述酸性体系中氧的还原反应：

$$O_2 + 4H^+ + 4e^- \longrightarrow 2H_2O$$

其中，质子 H^+ 来源于电解质溶液的液相，电子 e^- 来自固相的电极，O_2 处于气相。产物水既可能处于气相也可能处于液相。两相的界面是一个面，三相的交界却只是一条线。气-液界面与固体表面相接部分只是三相接触线区域，见图 5-10 (b)。气-液-固三相密切接触的线区域范围很小，这是开发实际应用电极时必须跨越的障碍。其中的一个解决方法是采用浸没-团聚电极（flooded-agglomerate electrode）。

图 5-12 所示的三相电极浸没-团聚模型在三个不同的长度尺度上说明了三相电极的关键

特征。多孔填充床是由团聚的颗粒形成的，其中的每个团粒又是由多孔的、担载有催化剂的固相电子导体，以及完全充满的电解质溶液所组成的。这些团聚体组合形成了贯穿电极的、连续的电子和离子通道。电子的传递借由互相接触颗粒的导电固相（炭），而离子的传导是通过颗粒间连通的液相实现的。颗粒间孔隙的大部分是由气相所占据，以利于快捷的气体传递，使小的团聚颗粒得到所需氧气的供给。分析三相电极的传递过程时，由于体系中又增加了一个气相，就需要在孔隙率的基础上再分别考虑多孔电极空隙中气、液相各自的体积分率。

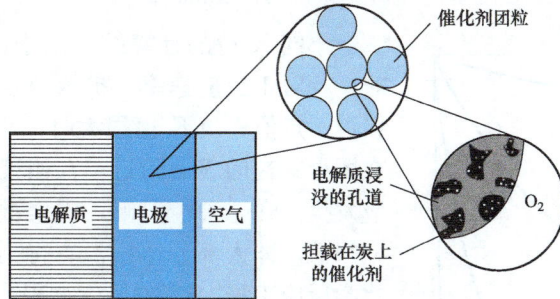

图 5-12　三相电极的浸没-团聚模型

在浸没-团聚模型中，随着氧气的扩散进入，发生的电化学反应遍布于整个团聚颗粒而不是仅仅在颗粒和电解质溶液的界面上。因此需要模拟颗粒内的过程，再与之前建立的多孔电极模型相耦联。以下仅介绍单一团聚颗粒模型的建立。

如图 5-12 所示的球形团聚颗粒，催化剂分散在载体上，液相电解质完全充满。气相的氧气溶解在电解质溶液中，在团聚颗粒内扩散的同时进行反应。团聚颗粒的尺度足够小，所有的催化剂都能得到氧气的供应。

将式（5-11）应用于稳态下氧气的扩散-反应过程。式（5-11）左侧等于零，右侧的扩散项由 Fick 定律表示：

$$\boldsymbol{N}_{O_2} = -D_{eff}\nabla c_{O_2} \tag{5-45}$$

氧的还原反应动力学用 Tafel 方程描述，而且对于氧气浓度是一级反应。

$$-\frac{s_i\,\nabla\cdot\boldsymbol{i}_2}{nF} = \frac{s_i a i_n}{nF} = \frac{a i_o}{4F}\frac{p_{O_2}}{p_{O_2}^*}\exp\left[\frac{-\alpha_c F}{RT}(\varphi_1 - \varphi_2 - U^\ominus)\right] \tag{5-46}$$

由于团聚颗粒很小，电势损失不显著，所以颗粒内的超电势是一定值。视颗粒为球形（半径是 r_p），分析填充床内颗粒表面处氧的局部分压，其边界条件是：

$$r=0,\ \nabla c_{O_2}=0$$
$$r=r_p,\ c_{O_2}=Hp_{O_2} \tag{5-47}$$

代入物料衡算的微分式［式（5-45）］，解出浓度值，得

$$N_{O_2}\,|_{r=r_p} = \frac{D_{eff}Hp_{O_2}}{r_p}(1-K\coth K) \tag{5-48}$$

其中

$$K^2 = \frac{ai_o}{D_{eff} \times 4F} \frac{r_p^2}{p_{O_2}^* H} \exp\left[\frac{-\alpha_c F}{RT}(\varphi_1 - \varphi_2 - U^\ominus)\right] \tag{5-49}$$

根据法拉第定律可由式（5-48）的氧通量表达式确定多孔电极传递-反应模型方程中所需的电流密度。反过来，由多孔电极模型为团聚颗粒模型提供局部电势差和氧分压分布。这样既保留了宏观均相多孔电极模型的优点，又可以描述发生在团聚颗粒内的各种复杂过程。

进一步考察团聚颗粒行为，氧的无因次浓度可表示为

$$\theta = \frac{c_{O_2}}{Hp_{O_2}} = \frac{r_p}{r} \frac{\sinh Kr}{\sinh Kr_p} \tag{5-50}$$

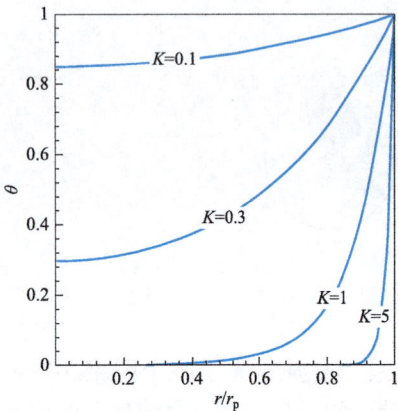

图 5-13　团聚颗粒无因次浓度计算结果

不同 K 值的计算结果示于图 5-13。当 K 值很小时，相对于反应速率，扩散速度很快，因此氧的浓度接近于定值；当 K 值很大时，氧的消耗主要集中发生在团聚颗粒的表面附近，在团聚颗粒中心几乎没有反应发生。在这种情况下，团聚颗粒的内表面有效利用率很低，即大部分体积没有得到充分的利用。类似于化学反应工程中扩散-反应过程，可以定义如下的球形团聚颗粒效率因子：

$$\eta_{eff} = \frac{3(K \coth K - 1)}{K^2} \tag{5-51}$$

由于氧还原动力学的迟缓，反应倾向于分布在整个电极的厚度方向。随着电流密度的增加，电流分布变得更加不均匀。由于反应动力学相对缓慢，主要关注团聚颗粒的结构而不是电极的厚度。

🍃 5.6　流　动　电　极

为了把反应剂和反应产物送入和运出高比表面的电极，有时需要在多孔电极中采用流体流动的方式。两种基本的构型是流穿式（flow-through）电极和旁流式（flow-by）电极，见图 5-14。在流穿式多孔电极中，流体流动与电流流动方向平行，流体的流动实际上穿越了集流体。在旁流式多孔电极中，流体流动方向垂直于电流方向。如图 5-14（b）所示，两电极间存在间隙，可采用多孔隔膜或离子交换膜，用以分隔不希望混合在一起的两股物流。

流动电极的一个重要应用是采用电化学沉积或反应的方法脱除低浓度的贵金属或污染物离子。考虑流体流动方向与电流方向相同（流穿式多孔电极）、添加支持电解质的情形，分析受传质控制的金属离子 A^{z+} 在阴极（一）的沉积过程，阳极（+）处于上游，如图 5-15 所示。

由于添加有支持电解质，在通量方程式中不需要考虑电迁移项。流速可以单独控制，视为一定值。传质系数仅为流速的函数，因此也保持不变。流体流动为活塞流，所以是一维流动，仅在流动方向上有变化。在以上假设前提下，组分 A 的通量方程式如下：

$$N_A = -D_{eff} \frac{dc_A}{dx} + \varepsilon c_A v_x \tag{5-52}$$

式中：v_x 为流动方向上孔道内流体的流速；εv_x 为表观流速。

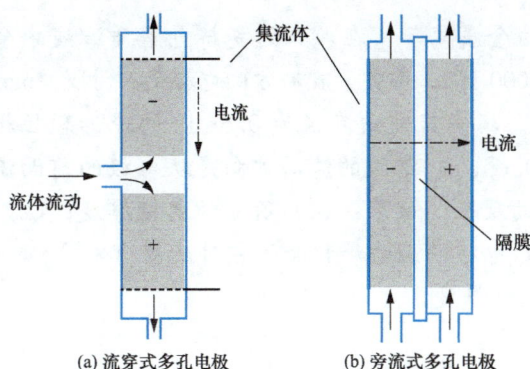

图 5-14 流动电极构型

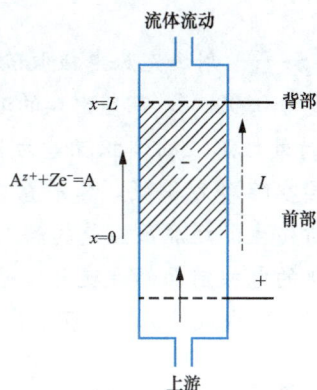

图 5-15 从流股中脱除 A^{z+} 电化学沉积过程

如前所述，此通量是基于垂直于流动方向的表观面积的。为简化起见，进一步假设相对于对流流动轴向扩散可忽略，即 $D_{eff}\dfrac{dc_A}{dx} \approx 0$，这样式（5-52）右侧仅剩第二项。在极限电流下操作，电场和浓度场解耦，可分别求解。求解物料衡算方程直接得出组分 A 在电极中的浓度分布。在稳态时，由式（5-8）和式（5-9）得出物料衡算方程：

$$-\frac{dN_A}{dx} - aj_n = -\frac{dN_A}{dx} - ak_c c_A = -\varepsilon v_x \frac{dc_A}{dx} - ak_c c_A = 0 \tag{5-53}$$

其中，用传质速率表达式 $k_c(C_A - 0) = k_c C_A$ 表示电极表面组分 A 的反应速率 j_n。采用以下边界条件：

$$x = 0 \text{ 时，} c_A = c_{A,in} \tag{5-54}$$

沿着流动方向积分式（5-54），得出

$$c_A = c_{A,in} e^{-\alpha x} \tag{5-55}$$

其中，$\alpha = \dfrac{k_c a}{\varepsilon v_x}$。

若离子 A^{n+} 的沉积反应是电极中发生的唯一反应，就可以求解电荷守恒方程得到电流和电势分布。电荷守恒方程是：

$$-\frac{di_2}{dx} + nFak_c c_A = -\frac{di_2}{dx} - nFak_c c_{A,in} e^{-\alpha x} = 0 \tag{5-56}$$

辅助条件：

$$x = L \text{ 时，} i_2 = 0 \tag{5-57}$$

利用式（5-57）积分，得到表观电流密度的表示式为

$$i_2 = nF\varepsilon v_x c_{A,in}(e^{-\alpha x} - e^{\alpha L}) \tag{5-58}$$

由式（5-58）容易看出，电解质溶液中的电流密度与 A^{n+} 的反应量直接相关。特别地，在电极前面（$x = 0$）的电流等于组分 A 流入与流出电极的量的差值与 nF 的乘积。当 $L \rightarrow \infty$ 时，所有的组分 A 都将在电极上消耗，电流会达到最大值 $nF\varepsilon v_x c_{A,in}$。然而，随着电极厚度的增加，超过几乎所有的组分 A 业已反应的厚度时，电极的有效利用率会下降。进一步增大电极厚度，不会使电流有明显的增大，反而增大了流体输送的成本和电极的一

次性投入成本。

✦ 例 5-5 用填充床电极脱除溶液中的金属离子，在入口的支持电解质溶液中金属离子浓度为 0.002M，期望出口的浓度为 0.0001M。垂直于流动方向电极的尺寸为 25cm×25cm，待处理溶液的体积流量为 25L/min。填充床是由直径为 0.5mm 的球形颗粒构成的，床层空隙率为 0.45，传质系数为 0.003cm/s。溶液的流动方向是从电极的前面流向背面。所发生的还原反应是转移 2 个电子的反应。试求：（1）所需的电极厚度；（2）靠近于阳极的电极前面的表观电流密度；（3）电极的后面和背面的相对反应速率。

解 （1）由式（5-55）可求出所需的电极厚度。

表观流速
$$\varepsilon v_x = \frac{\dot{V}}{A} = \frac{25\text{L/min}}{(25\text{cm})^2} = 6.67 \times 10^{-3} (\text{m/s})$$

由式（5-15）计算球形颗粒组成的填充床表面积：

$$a = \frac{3 \times (1-\varepsilon)}{r} = \frac{3 \times (1-0.45)}{0.5/2 \times 10^{-3}} = 6600 (\text{m}^{-1})$$

把 $x=L$ 代入式（5-57），求得

$$L = -\ln\left(\frac{c_{A,\text{out}}}{c_{A,\text{in}}}\right) \cdot \frac{\varepsilon v_x}{k_c a} = -\ln\left(\frac{0.0001}{0.002}\right) \times \frac{6.67 \times 10^{-3}}{0.003 \times 10^{-2} \times 6600} = 0.10 (\text{m})$$

（2）$\alpha = \dfrac{k_c a}{\varepsilon v_x} = \dfrac{0.003 \times 10^{-2} \times 6600}{6.67 \times 10^{-3}} = 29.7 \ (\text{m}^{-1})$

$x=0$ 时，由式（5-58），得

$$\begin{aligned} i_2 &= nF\varepsilon v_x c_{A,\text{in}}(1 - e^{-\alpha L}) \\ &= 2 \times 96\,485 \times 6.67 \times 10^{-3} \times 0.002 \times 10^3 \times (1 - e^{-29.7 \times 0.10}) \\ &= 2446 (\text{A/m}^2) \end{aligned}$$

（3）由式（5-56），局部反应速率正比于 $e^{-\alpha x}$。也可以这样考虑，局部反应速率正比于局部浓度，而浓度又随电极厚度呈指数关系变化。因此，电极的背面和前面的反应速率之比：

$$\frac{e^{-\alpha L}}{e^{-\alpha \times 0}} = \frac{e^{-29.7 \times 0.1}}{1} = 0.05$$

这个比值也等于 $\dfrac{c_{A,\text{out}}}{c_{A,\text{in}}}$。换句话说，电极背面的反应速率仅为前面的 5%。这个数值随着电极厚度 L 的增加呈指数衰减。

上述处理过程中，并未考虑副反应的影响。最直接的副反应或许是阴极电势下的析氢反应。如果阴极超电势过大，析氢反应甚至可能比希望的沉积反应更占优势，因此实际上存在一个电极电压降的极限值。超电势要足够大，以推动希望的沉积反应的发生，但不能过大，以避免副反应喧宾夺主。极限电流条件下，超电势的范围为 0.1~0.3V。

在最常见的情形下，$\sigma \gg \kappa$。使用支持电解质的有效电导率 κ_{eff}，结合欧姆定律与式（5-58），有

$$\nabla \varphi_2 = -\kappa_{\mathrm{eff}} i_2$$

积分得

$$\varphi_2 = \varphi_{2,L} + \frac{\beta}{\alpha}(e^{-\alpha x} - e^{-\alpha L}) + \beta e^{-\alpha L}(x - L) \tag{5-59}$$

其中

$$\beta = \frac{nF\varepsilon v_x c_{A,in}}{\kappa_{\mathrm{eff}}}$$

那么，整个电极的电势差为

$$\Delta\varphi_2 = \frac{\beta}{\alpha}(1 - e^{-\alpha L}) - \beta L e^{-\alpha L} \tag{5-60}$$

电极厚度很大时，电势差会达到其最大值：

$$\Delta\varphi_2|_{\max} = \frac{\beta}{\alpha} = \frac{nF(\varepsilon v_x)^2 c_{A,in}}{\kappa_{\mathrm{eff}} k_c a} \tag{5-61}$$

作为对比，将［例 5-5］中的数据代入，可得 $\Delta\varphi_2 = 1.39V$，而 $\Delta\varphi_2|_{\max} = 1.73V$。对于实际工程应用，上述两个数值都过大。还注意到，即便只脱除 95% 的金属离子，计算出的电势降与最大电势降之间差别很明显。若把处理废水的体积流量由 25L/min 减小至 9L/min，$\Delta\varphi_2$ 降低到可行的 0.18V。由于流速降低造成的传质系数下降，在上述计算中并未考虑，这部分补偿了电势差的减小。

由于阳极反应也有电势损失，电极间的间隙也有欧姆压降，为达到极限电流阴极需要足够的超电势，以及体系中杂质的存在，所有以上这些因素都使实际的系统很少能达到 100% 的电流效率。事实上，在极端情况下，低入口浓度、高脱除率的净化系统的电流效率甚至会低于 5%。电化学工程的任务就是在满足技术和经济约束的条件下，定量理解和分析影响电极设计和操作的各种因素，以寻求最优的解决方案。

习　题

5-1　铅酸电池放电时负极上发生的反应有：

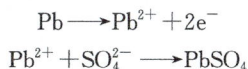

$$Pb \longrightarrow Pb^{2+} + 2e^-$$
$$Pb^{2+} + SO_4^{2-} \longrightarrow PbSO_4$$

Pb^{2+} 的溶解度约为 $2g/m^3$，扩散系数为 $10^{-9} m^2/s$。

（1）若采用平板电极，上述溶解反应和沉淀反应发生的位置相距 1mm，求最大电流密度值。

（2）若采用 1mm 厚的多孔电极，孔隙率是 0.5，构成多孔电极的是半径为 $10\mu m$ 的球形颗粒，求最大表观电流密度值。

5-2　多孔电极是由本征密度为 ρ_s 的固体材料制成的，多孔电极的表观密度为 ρ_a。

（1）试确定固体材料的本征密度与多孔电极的表观密度和孔隙率之间的关系式。

（2）构成多孔电极的球形颗粒直径为 $5.0\mu m$，此多孔电极的比表面积有多大？

（3）当 $\rho_s = 2100 kg/m^3$，$\rho_a = 1260 kg/m^3$，多孔电极的厚度为 1mm，多孔电极的实际表面积比表观面积大多少倍？

5-3　某 PEM 燃料电池憎水型气体扩散层的平均孔道直径为 $20\mu m$，与水的接触角为 140°。已知水的表面张力为 0.0627N/m。强制水穿越该气体扩散层所需的压力要多少？

5-4　某电池所用隔膜的孔隙率为 0.39，厚度为 $25\mu m$，面积为 $2\times10^{-4} m^2$。电解质溶液的电导率为 0.78S/m。将充满电解质溶液的、不同层数的隔膜堆叠在一起，测量其电阻值的结果见表 5-1。试计算隔膜的曲折因子并解释采用多层隔膜测量的优点。

表 5-1 习题 5-4 表

隔膜的层数	测量的电阻（Ω）	隔膜的层数	测量的电阻（Ω）
1	1.91	4	6.65
2	3.41	5	7.79
3	5.17		

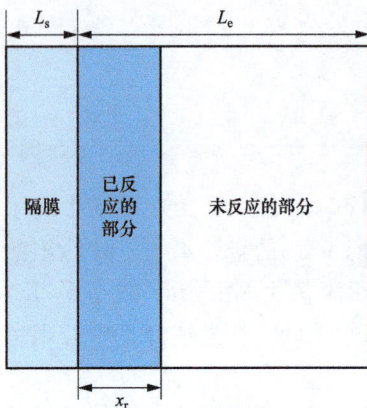

图 5-16 习题 5-6 图

5-5 正常情况下某 PEM 燃料电池阴极的孔隙率是 0.7，极限电流密度为 $3000A/m^2$。如果氧气还原生成的水不能及时高效地排出，水的积累使可供气体传递的空隙率下降到分别只有 0.4 和 0.1，用 Bruggeman 关系式计算上述两种情况下极限电流密度各为多少。

5-6 对于 $\sigma \gg \kappa$ 的电池，在多孔电极中随着反应的进行，已反应部分与未反应部分的分界线逐渐向电极的背面推进，如图 5-16 所示。其中，L_s 为隔膜的厚度，L_e 为电极的厚度，x_r 为已反应部分的长度。

（1）当电池以恒定电流 I 放电时，请用时间 t、空隙率 ε 和电极容量 q（单位为 C/m^3）表示已反应部分的长度 x_r。

（2）隔膜和电极的有效电导率分别用 κ_s 和 κ 表示，写出电池内阻的表达式。

（3）如果电池受欧姆电阻控制，那么放电时电池电压如何表示？

5-7 采用电导率（$\kappa = 100S/m$）更高的电解质溶液，重做 [例 5-3]。多孔隔膜的比表面积 $a = 10^4 m^{-1}$。已知电化学反应的动力学参数：$\alpha_a = \alpha_c = 0.5$，$i_0 = 100A/m^2$。如果希望保持电极背面的反应速率不小于正面的 40%，那么电极的最大厚度是多少？采用计算出的电极厚度，分别画出电解质溶液的电导率分别为 100、10、1、0.1S/m 时的电流分布。

5-8 Zn-Br 电池中 Br_2 的还原反应 $Br_2 + 2e^- \longrightarrow 2Br^-$ 在流穿式多孔电极中进行。多孔电极的长度是 0.1m，空隙率是 0.55。传质关联式是 $Sh = 1.29 Re^{0.72}$，其中 Re 基于颗粒直径 d_p 和表观流速，$d_p = 20\mu m$，$D_{Br_2} = 6.8 \times 10^{-10} m^2/s$，$\nu = 9.0 \times 10^{-7} m^2/s$。入口处 Br_2 的浓度为 10mM，如果要求出口处 Br_2 的浓度达到 0.1mM，那么最高表观流速是多少？

第 6 章

电化学体系分析方法

6.1 三电极体系与电流和电势的测定

6.1.1 三电极体系

图 6-1 所示为三电极体系测定极化曲线基本电路。该体系由工作电极、参比电极和辅助电极组成。工作电极又称试验电极，是我们研究的主要焦点，其上发生的电极过程是实验的关键。为了确保实验结果的可靠性，工作电极的表面性质（如电极组成和表面状态），需要具备高度的重现性。参比电极用于测量工作电极的电势，其电势应已知且保持稳定，并在测试过程中不发生极化。辅助电极也称对电极，主要通过电流实现工作电极的极化，其表面积应大于工作电极。

注意，三电极体系包含两个回路：一个是极化回路，用于测量或控制工作电极的极化电流；另一个是电势测量回路，用于测量或控制工作电极相对于参比电极的电势。电势测量回路中几乎没有电流通过。因此，通过三电极体系，我们既能够在工作电极界面上引入电流，又不影响参比电极电势的稳定性。

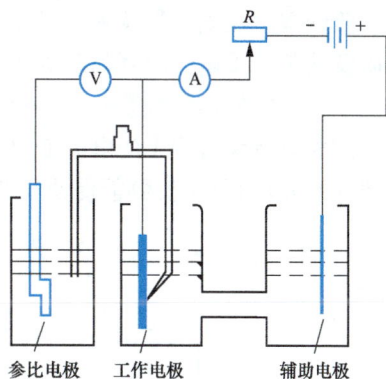

图 6-1 三电极体系测定极化曲线基本电路

6.1.2 电极电流和电势的测定

为了获得极化曲线，必须测定工作电极的极化电流大小。在图 6-1 中，电源提供工作电极的极化电流，并通过极化回路串联一个适当量程和精度的电流表（A），例如微安表、毫安表等，用于测量电流。电流表的正端连接到电路中靠近电源正极的一端，负端连接到靠近电源负极的一端，确保电流从电流表的正端通过电表内部流向电流表负端。在某些极化曲线测定中，电流密度可能在几个数量级范围内变化，因此需要选择多量程电流表。

与电流不同，单个电极的绝对电势无法直接测量。通常所称的电极电势是指该电极相对于标准氢电极的电势，而标准氢电极的电势规定为零。因此，为了测量某电极的电势，必须将该电极与电势已知的参比电极组成测量电池，然后使用电势差计或其他电势测量仪器测定该池的电动势，以计算出被测电极的电势。在图 6-1 中，要测量工作电极的电势，必须通过盐桥和中间溶液将其与参比电极连接起来，形成测量电池。盐桥的作用是消除不同溶液间的接界电势，同时隔离工作电极与参比电极，以防止彼此污染。在测量电势时，将测量电池的正负极分别连接到电势测量仪（V）的正负极，以获得正值的电动势。

假设测得的电动势为 U，已知参比电极电势为 $U_参$。当参比电极为测量电池的正极时，工作电极的电势 $U_研$ 为

$$U_研 = U_参 - U \tag{6-1}$$

当参比电极为测量电池的负极时，则为

$$U_研 = U_参 + U \tag{6-2}$$

在极化曲线的测定中，通常以参比电极的电势为零，这使得测得的电动势 U 等于工作电极相对于参比电极的电势，并且符号取决于工作电极与参比电极之间的相对极性。

🔹 6.2 阶跃电势与控制电流法

6.2.1 电势阶跃法

阶跃方法在电化学技术中涵盖了多种实验技术，其中一些是最为强大和广泛应用的。电势阶跃法包括单电势阶跃和双电势阶跃实验，本部分将专注介绍单电势阶跃的方法。在实验研究中，通常使用阶跃波发生器和快速恒电势仪来实现电势的突变，同时采用快速记录仪器来观测暂态持续过程中的电流变化。图 6-2（a）展示了电势阶跃实验的基本波形，表示电极电势在瞬间从 U_1 突变到能促使反应发生的极化电势 U_2。

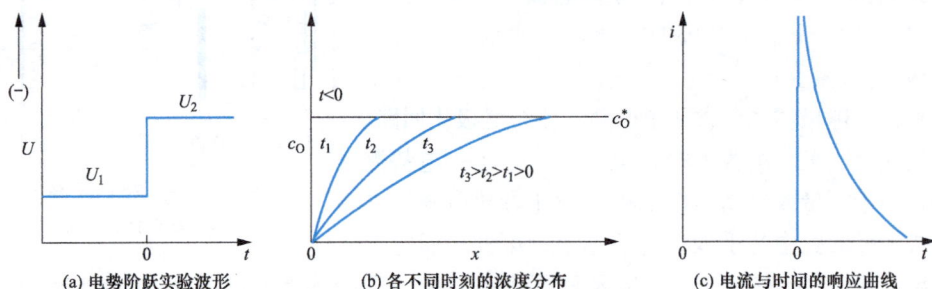

图 6-2 电势阶跃法基本原理

(a) 电势阶跃实验波形　　(b) 各不同时刻的浓度分布　　(c) 电流与时间的响应曲线

为确保实验中通过电解池的电流不改变溶液中电活性物质的本体浓度，阶跃实验要求电极面积足够小，电解质溶液体积足够大。具体而言，有以下两个边界条件：

（1）电极表面液层中反应组分浓度的空间分布在时间 t 内保持不变，即

$$c_i(0, t) = 常数 \tag{6-3}$$

（2）如果电极上施加的极化电势足够大，导致反应组分的表面浓度相对于 c_i^0 来说可以忽略不计，那么

$$c_i(0, t) = 0 \tag{6-4}$$

基于上述条件，应用 Fick 第二定律可得到简化的解：

$$c_i(x, t) = c_i^0 \mathrm{erf}\left(\frac{x}{2\sqrt{D_i t}}\right) \tag{6-5}$$

根据式（6-5），我们可以获得电极表面附近液层中反应组分浓度在任意瞬间的具体分布形式。将不同时间点的浓度分布曲线绘制在同一图中，即可得到图 6-2（b）。这些曲线生动地展示了距离电极 x 处组分 i 浓度随时间 t 变化的情况。在任何位置，c_i 值随时间的增长而逐渐减小。当时间 t 趋近于无穷大时，任何位置的浓度都无限接近于零，表明在平面电极上，由于扩散作用，不可能建立稳态传质过程。

图 6-2（c）描述了在扩散控制下，施加阶跃电势后平面电极的电流-时间响应曲线。这一响应可以根据 Cottrell 方程给出：

$$i(t) = i_d(t) = \frac{nFAD_D^{1/2}c_D^*}{\pi^{1/2}t^{1/2}} \tag{6-6}$$

一开始电流迅速增加到最大值，此时暂态电流可能由于双电层充电引起，最大值后电流以 $t^{-1/2}$ 的方式减小。这种衰减是因为电极表面附近的物质逐渐被消耗殆尽。因此，通过对电流-时间响应曲线的分析，我们可以确定电极反应的机理和测定动力学参数等重要信息。

6.2.2 控制电流法

与前面讨论的电势阶跃法不同，控制电流法中电势是作为因变量进行控制的。在实验中，通常使用电流源，也称为恒电流仪，按照指定的规律控制通过工作电极和辅助电极的电流，并记录工作电极与参比电极之间的电势差随时间的变化。图 6-3 所示为控制电流法的不同类型，其中最常用的是图 6-3（a）所示的恒电流计时电势法。在这种方法中，随着施加在工作电极上的氧化或还原电流的时间延长，工作电极表面的还原态或氧化态物种浓度逐渐降低，导致电极电势迅速向负方向变化，直至新的氧化或还原过程开始。

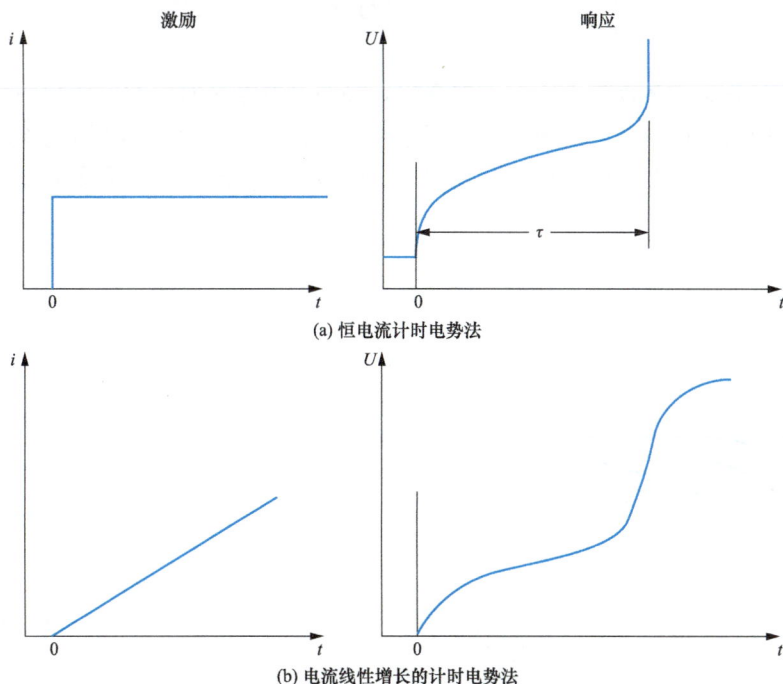

(a) 恒电流计时电势法

(b) 电流线性增长的计时电势法

图 6-3 控制电流法的不同类型（一）

(c) 电流反向计时电势法

(d) 循环计时电势法

图 6-3　控制电流法的不同类型（二）

在恒流极化条件下，根据 Fick 第二定律的求解，电极表面液层中反应组分浓度的变化可以用以下方程表示：

$$c_i(x,\ t)=c_i^0+\frac{v_iI_0}{nF}\left[\frac{x}{D_i}\mathrm{erfc}\left(\frac{x}{2\sqrt{D_it}}\right)-2\sqrt{\frac{t}{\pi D_i}}\exp\left(-\frac{x^2}{4D_it}\right)\right] \qquad (6\text{-}7)$$

在恒定电流电解过程中，不同时间的典型浓度分布如图 6-4 所示。注意，图中各曲线在 $x=0$ 处的斜率始终为一个固定常数，即与电流密度成正比。随着时间的推移，表面有限的反应物浓度逐渐降低，电流阶跃变化的影响逐渐远离电极表面。当表面浓度降至零时的时间被称为过渡时间，该过渡时间与物种浓度和扩散系数有关，可用 Sand 方程表示：

$$\frac{i\tau^{0.5}}{c_i^\infty}=\frac{nFD_i^{1/2}\sqrt{\pi}}{2} \qquad (6\text{-}8)$$

基于上述各种组分表面浓度随时间的变化，并假设电极表面上的电化学平衡基本上没有受到破坏，同时将活度系数的影响视为可以忽略的，我们可以计算得到电极电势，如图 6-5 所示。通过分析所得电势-时间曲线的形状和位置，可以用于判定电极反应的可逆性及异向反应的速率常数。

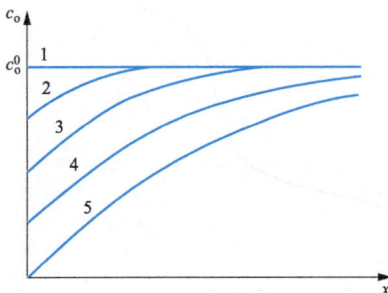

图 6-4　恒电流电解不同时间的典型浓度分布

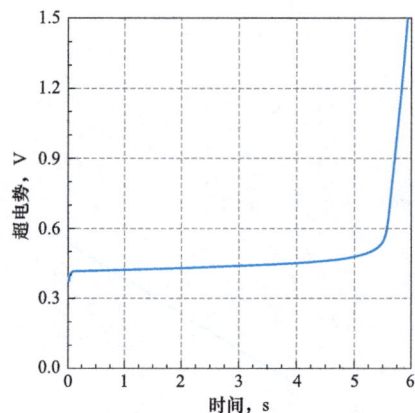

图 6-5　电势-时间曲线

6.3　循环伏安法

6.3.1　循环伏安法

循环伏安法是一种广泛应用于电极动力学研究的电势扫描技术，具有操作简单、数据丰富、便于数学解析和理论探讨等特点。因此，在研究新的电化学体系时，循环伏安法通常被作为首选的定性实验手段，用于推断电化学反应的特性。

在循环伏安实验中，通过在电极上施加随时间变化的电势，波形如图 6-6（a）所示。然后测量相应的电流响应，得到电流-电势曲线，即**循环伏安图**，如图 6-6（b）所示。工作电极上施加的电势从初始电势 U_1 开始，该电势通常（但非必要条件）对应一个小到可忽略不计的电流。换句话说，选择初始电势的标准是确保在起始时待测物不发生氧化或还原反应。随后，电势 U 经线性扫描至电势 U_2，通常再反向扫描回初始电势 U_1。电势 U 的选择标准是在（U_2-U_1）的电势区间内需包含所要研究的氧化或还原过程。如果在从 U_1 到 U_2 的电势扫描过程中发生了化学反应，形成新的化学物种，那么可将反向扫描的电势范围延伸至 U_1 以外，以便对其进行表征。此外，还可以进行第二次三角波电势扫描，以获取更多有关所研究的反应体系及其电化学反应活性的信息。

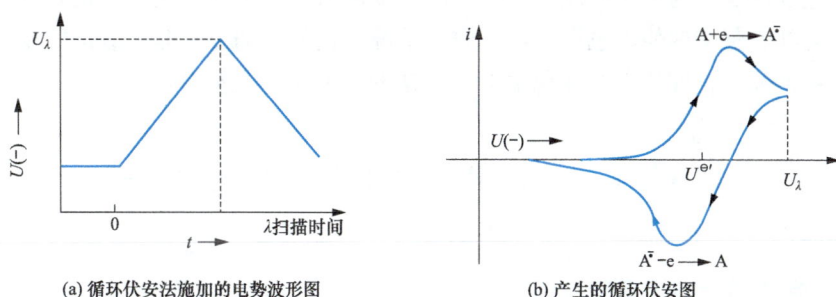

(a) 循环伏安法施加的电势波形图　　(b) 产生的循环伏安图

图 6-6　循环伏安法基本原理

以简单的电极过程为例：

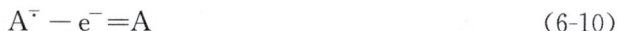

$$A + e^- = A^- \tag{6-9}$$

$$A^- - e^- = A \tag{6-10}$$

从图 6-6（b）中可以观察到，在负向扫描方向出现了一个阴极还原峰，对应于电极表面氧化态物种的还原；在正向扫描方向出现了一个氧化峰，对应于还原态物种的氧化。需要注意的是，由于氧化-还原过程中存在双电层，峰电流不是从零电流线测量，而是应扣除背景电流。循环伏安图上的峰电流比和峰电势差是工作电极过程、反应机理及测定电极反应动力学参数时最关键的参数。

此外，为了获得这样的循环伏安图，必须明确当施加在工作电极上的电势按照图 6-6（a）变化时，其对应的电流如何变化。观察到的伏安图将受以下几个因素的影响：①标准电化学速率常数 k^0 和 A/A⁻ 电对的形式电势；②A 和 A⁻ 的扩散系数；③所选择的电势扫描速率 v 和电势范围。

6.3.2　可逆与不可逆动力学

在观察循环伏安图时，我们通常根据电化学反应的难易程度描述波形，分为<u>可逆、准可逆和不可逆动力学</u>。图 6-6（b）中的循环伏安图展示了可逆（快速）动力学条件下的波形。在这种情况下，峰的位置保持不变，而峰高度则是扫描速率的函数。图 6-7 呈现了三个反应动力学逐渐减缓的循环伏安图，表明交换电流密度逐渐降低。随着动力学的减缓，峰电流逐渐减小。此外，与可逆情况相反，对于有限的动力学，峰电势不再保持恒定。对于不可逆或准可逆动力学，随着动力学的逐渐减缓，峰电势会逐渐偏离。尽管图 6-7 未呈现，但随着扫描速率的增加，峰之间的分离程度也会增加，这与可逆情况有所不同。

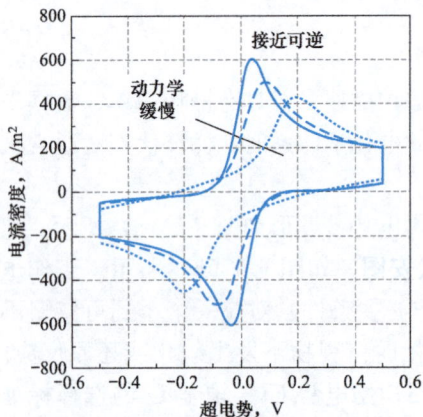

图 6-7　动力学限制时循环伏安图

在电化学中，可逆反应表现出较高的交换电流密度，因此表面超电势较小，电极的电势接近其由 Nernst 方程近似的平衡电势，这是可逆性的主要条件。相比之下，准可逆反应的动力学较慢，电势与 Nernst 值显著不同。在这里，我们将不可逆反应定义为反应的反向过程（阴极或阳极）几乎不发生。但是，这些术语并不十分精确，且在文献中的使用也存在不一致的情况。例如，动力学非常缓慢的反应通常被称为电化学不可逆反应，即使它们在化学上是可逆的（反应确实发生）。

🍃 6.4　旋转圆盘电极与微电极

6.4.1　旋转圆盘电极理论

在稳态极化测量中，我们期望电极表面的电流密度、电极电势及传质流量都是均匀的，并且希望规定和控制电极表面附近的流体动力学性质。<u>旋转圆盘电极</u>是极少数在稳态时能够严格解出流体动力学方程和对流-扩散方程的对流电极体系之一。这种电极的制备相对简单，它将一个电极材料嵌入到绝缘材料制成的棒中，如图 6-8 所示。整个电极绕通过其中心并垂直于盘面的轴旋转。由于溶液具有黏度，在旋转时，电极附近的溶液会发生流动。液体在圆盘中心下方上升，接近圆盘后被抛向周边，因此圆盘中心相当于搅拌起点。在电极表面上，由于圆盘旋转而引起的相对切向液流速度与距离圆盘中心的远近成正比增大。这意味着在整个圆盘电极表面上，扩散层的厚度是相同的，因此扩散电流密度也是均匀的。

一旦速度分布确定，就能在方便的坐标系中表示，并在适当的边界条件下解出旋转圆盘电极的对流-扩散方程。首先讨论稳态极限电流。当角速度 ω 固定时，会得到一个稳定的速度分布。在此情况下，电势阶跃到极限电流区域，引起类似于在无对流时观察到的瞬态电流。然而，在不搅动的溶液中的平板电极上，瞬态电流趋于零；相反，旋转圆盘电极上的瞬态电流变为一个稳态值。在这种条件下，电极附近的浓度不再是时间的函数。因此，电极表

面的浓度分布可表示为

$$c_i(y) = c_i^s + \frac{c_i^0 - c_i^s}{0.893\,4(3B)^{1/3}} \int_0^y \exp\left(\frac{-y^3}{3B}\right) \mathrm{d}y \tag{6-11}$$

其中，$B = D_i/A = D_i \omega^{-\frac{3}{2}} \nu^{-\frac{1}{2}}/0.51$。

图 6-9 所示为旋转圆盘电极上浓度分布。此外，扩散层的有效厚度为

$$\delta_i = 1.61 D_i^{1/3} \omega^{-1/2} \nu^{1/6} \tag{6-12}$$

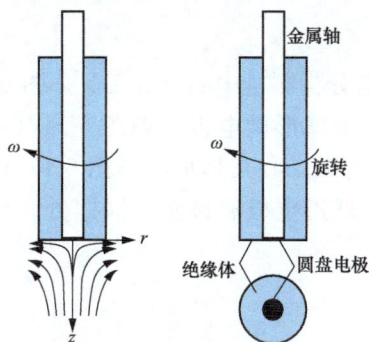

图 6-8　旋转圆盘电极示意

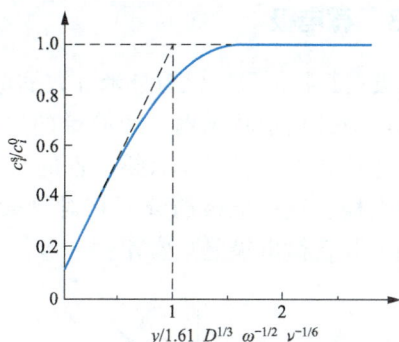

图 6-9　旋转圆盘电极上浓度分布

6.4.2　旋转圆盘电极应用

当电极过程受到扩散控制时，基于式（6-12），可以进一步得到相应的扩散电流表达式：

$$i_\mathrm{d} = 0.62 nFD_i^{2/3} \omega^{1/2} \nu^{-1/6} (c_i^0 - c_i^s) \tag{6-13}$$

相应的极限扩散电流为

$$i_\mathrm{lim} = 0.62 nFD_i^{2/3} \omega^{1/2} \nu^{-1/6} c_i^\infty \tag{6-14}$$

因此，通过使用旋转圆盘电极可以判别电极过程的控制步骤。对于扩散控制或混合控制的电极过程，随着转速增加，恒电势下的电流增大，或者在恒电流下的超电势减小。

如图 6-10（a）所示，如果在恒电势下，电流与 $\omega^{1/2}$ 呈线性关系并通过坐标原点，则说明电极过程受到扩散控制。如图 6-10（b）所示，如果电流与 $\omega^{1/2}$ 之间存在线性关系，但不通过坐标原点，则表明电极过程为混合控制。而如果电流与转速无关，则说明是纯电化学步

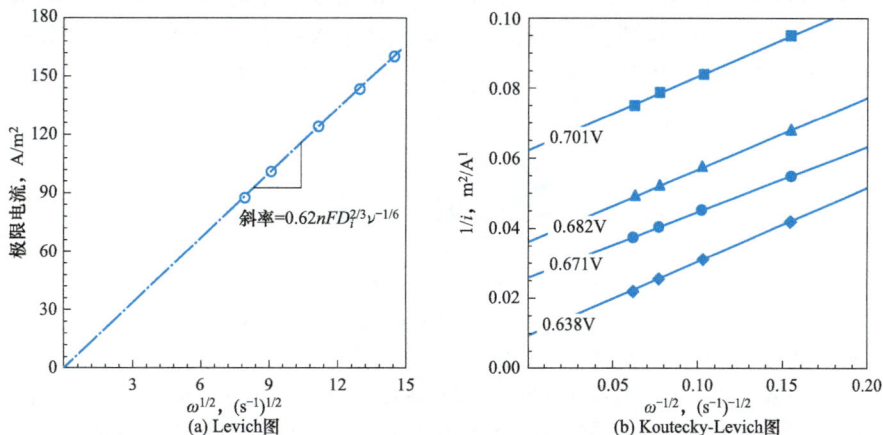

图 6-10　电极过程的控制步骤

骤控制。利用旋转圆盘电极，我们还可以测定不可逆电极反应的级数，而无须改变反应物浓度，这在处理气体反应时尤为突出。

注意，上述对旋转圆盘电极的理论和应用基于电极附近的液流是层流的情况。因此，在设计和制造旋转电极时，必须注意各种因素的影响。例如，要求圆盘的半径要比流体力学边界层厚度 Prandtl 和表层厚度大得多，同时电解液至少要超过圆盘边缘几厘米。此外，在电极制作时，必须注意金属电极与绝缘材料之间的密封问题。

6.4.3 微电极

微电极是其特征尺寸仅为毫米分数的电极，是电分析测量中的重要工具。图 6-11 所示为两种微电极几何形状示例。最简单的电极类型是半球形微电极，如图 6-11（a）所示。然而，制作这样的电极是具有挑战性的。我们考虑的第二种几何形状是图 6-11（b）中显示的圆盘电极。这种电极的分析相对复杂，但与半球形电极有许多共同之处。由于制作的简便性，圆盘微电极是最常用的一种。

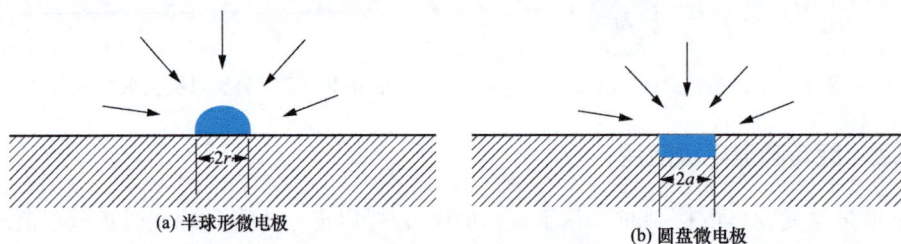

(a) 半球形微电极　　(b) 圆盘微电极

图 6-11　两种不同微电极几何形状示例

与宏电极相比，微电极在快速电化学过程的测量中表现出显著优势。首先是非平面扩散，微电极相较于宏电极系统具有更快的传质速率，有助于测量和表征较快的动力学过程。这一特点适用于非均相和均相体系。其次是减小的电容，由于双电层电容与电极面积成正比，微电极的小面积导致系统电容 C 的降低。需要注意的是，电化学池的时间常数为 R_sC 的乘积，其中 R_s 为溶液电阻。因此，在施加在电极上的电势改变时，电流的衰减仅在 R_sC 时间尺度上发生，这导致对于任何电极而言都存在一个有效的电势扫描速率上限。这是因为充电电流的增加将正好掩盖所关心的法拉第过程。最后是减小的欧姆降，由于欧姆降与总电流成正比，微电极的小面积导致电流降低。如果流经电极的电流在纳安培数量级或更低，则集成的参比/对电极上的电势不太可能发生明显改变，因此在某些情况下可以使用两电极系统代替更常见的三电极系统。

习　题

6-1　在条件 $n=1$，$c^*=1.00\text{mmol/L}$，$A=0.02\text{cm}^2$，$D=10^{-5}\text{cm}^2/\text{s}$ 下，计算 $t=0.1$，0.5，1.2，3，5，10s 时，平板电极在扩散控制下的电解电流，并在同一图中绘制 i-t 曲线。

6-2　绘制不同循环伏安图，并区分可逆、准可逆或不可逆动力学。

6-3　一个半径为 0.10cm 的旋转圆盘电极，以旋转速度 50r/min，浸入到物质 A 的水溶液中，$c_A=2\times10^{-3}\text{mol/L}$，$D_A=10^{-6}\text{cm}^2/\text{s}$，已知 A 的还原为单电子反应，$\nu\approx0.01\text{cm}^2/\text{s}$。计算在圆盘边缘与圆盘表面垂直距离为 10^{-3}cm 处的 v_r 和 v_y，以及电极表面处的 v_r 和 v_y；U_0、i_{1c}、m_A、δ_A 和 Levich 常数。

第 7 章

电 池 基 础

电池（cell，battery）又称化学电源，是将物质的化学能通过电化学氧化-还原反应直接转换为电能的装置或系统。电池与其他电源相比，具有能量转换效率高、使用方便、安全、容易小型化与环境友好等优点。由于化学能一般可以储存，因而电池与物理电源相比，具有储存电能的功能。电池的种类繁多，在日常生活、国民经济、科学研究、国防建设中发挥着不可替代的作用。基于互联网的移动电子设备、电动汽车、储能电站等方面强劲需求，将来电池仍会快速发展。

为了使电池实用，化学能到电能的转换必须接近可逆，即电化学反应必须在低超电势下进行，才能使电池中的大部分化学能转化为可做有用功的电能。从理论上说，几乎可以找出无限多的电极组合来构成电池，但从技术上讲，可行的体系还需要满足一系列重要的要求：

（1）电极反应速率必须很快，以避免在电池放电时产生严重的电压损失。对二次电池而言，充电反应也必须能快速进行。

（2）要获得可实用的开路电压，两个电极反应过程的平衡电势必须存在足够大的差异。常用的经验近似值是，开路电压至少需要 1V，其对应的 $\Delta_r G^\circ$ 值约为 $-100kJ/mol$，可获得的工作电压应不低于 0.5V。

（3）电池的电活性组分只在外电路连通时才发生反应，尽量消除自放电现象。

（4）电池应具有尽可能高的功率密度和能量密度。

（5）电池的各部件组分应该成本低廉并且容易获得，如果可能，还应该无毒、便于处置且不会对环境造成负面影响。

本章介绍电池的基本特性，电池的应用和工程设计将在第 8 章讨论。与其他电化学体系一样，电池的习惯表示法是将负极写在左边，正极写在右边。电池的命名也类似，目前统一的规定是负极在前，正极在后，如钠硫电池，就是用钠作为负极，硫作为正极。在一般命名规则之外，还有一些较特殊的习惯名称，铅-氧化铅电池称为铅酸电池，镉-氧化镍电池称为镍镉电池，锌-二氧化锰电池又称为 Leclanche 电池。电池反应写成放电时所发生的反应，对于可充电电池，充电时的反应恰好是其逆反应。

7.1 电 池 的 组 成

电池虽然种类繁多，但其组成比较一致，主要包括两个电极，同时还要有电活性组分、电解质、隔膜和外壳等部分。但对传统电池而言，电化学活性组分是电极构造的一部分。电极是电池的核心部件，是由电活性物质和导电骨架组成的。电活性物质是指电池放电时，通过化学反应能产生电能的电极材料。电活性物质决定了电池的基本特性。电活性物质多为固体，但是也有液体和气体。目前广泛使用的负极活性物质多数是一些较活泼的金属，例如锌、铅、镉、铁、锂、钠等；正极活性物质大多是金属的氧化物，例如二氧化铅、二氧化锰、氧化镍等，还可以用空气中的氧气。

如图 1-1 所示的 Daniell 电池中，Zn 在负极上（锌条）发生氧化反应：

$$Zn(s) \longrightarrow Zn^{2+}(aq) + 2e^-$$

Cu^{2+} 在正极（铜条）上发生还原反应：

$$Cu^{2+}(aq) + 2e^- \longrightarrow Cu(s)$$

导电骨架的作用是把电活性物质与外电路连通，并使电流分布均匀，另外还起到支撑电活性物质的作用。由 Nernst 方程可计算出 Daniell 电池的平衡电势：

$$U = U^\ominus - \frac{RT}{nF} \ln \prod a_i^{s_i} = U^\ominus - \frac{RT}{2F} \ln \frac{a_{Zn^{2+}}}{a_{Cu^{2+}}} \tag{7-1}$$

其中

$$U^\ominus = \varphi^\ominus_{Cu^{2+}/Cu} - \varphi^\ominus_{Zn^{2+}/Zn} = 0.3419 - (-0.763) = 1.10(V)$$

Daniell 电池是最早能进行长时间工作的实用电池，其最大的特点是使用了多孔隔膜以避免正、负极的接触。

电解质是电池中的离子导体。电池通过离子传递实现电池内部电荷的转移，电解质是电荷转移的媒介，有的电解质还参与成流反应。电解质主要有水溶性电解质、熔融盐电解质、有机电解质和固体电解质等几类。隔膜位于正、负极之间，将电池的阴极区和阳极区两个反应区域物理上分开以防止正、负极直接接触而导致短路。隔膜可以透过电解质，实现正、负极之间离子的导通，但隔膜是电子的良好绝缘体。外壳是电池的容器。现有电池中，除了锌锰干电池是锌电极兼做负极与外壳外，其余电池均根据情况选择合适的材料做外壳，常见的有金属、塑料和硬橡胶等。外壳对电池的能量密度与功率密度有重要影响，同时也是电池安全性的重要控制因素。

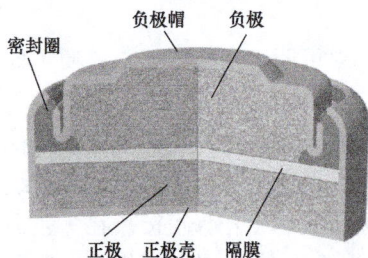

图 7-1　锌银扣式电池结构示意

锌-氧化银电池，简称锌银电池，以锌为负极，氧化银为正极，KOH 水溶液为电解质，因此是一种碱性电池。图 7-1 所示为锌银扣式电池结构示意，电池总反应为

$$Zn + Ag_2O \longrightarrow ZnO + 2Ag$$

根据第 2 章介绍的方法，由反应 Gibbs 自由能变化可求得其标准平衡电势为

$$U^\ominus = \frac{-\Delta_r G^\ominus}{nF} = \frac{-11\,210 - (-32\,048)}{2 \times 96\,485} = 1.60(V)$$

放电时，正极发生的还原反应是：

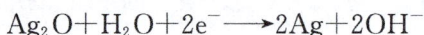

$$Ag_2O + H_2O + 2e^- \longrightarrow 2Ag + 2OH^-$$

$$\varphi^\ominus_{Ag_2O/Ag} = 0.340V$$

负极发生的氧化反应是：

$$Zn + 2OH^- \longrightarrow ZnO + H_2O + 2e^-$$

$$\varphi^{\ominus}_{ZnO/Zn} = -1.260V$$

游离浓 KOH 电解质水溶液的量很少，大部分都包含于锌粉多孔电极和玻璃纸隔膜的孔隙中，以提供导电路径并传递 OH^-。此外，对于锌银电池，OH^- 同时参与了两个电极的反应。电池放电时，在负极生成水而在正极消耗水。随着放电反应的进行，水和 OH^- 的量保持不变。

锌银电池广泛应用于飞机、潜水艇、浮标、导弹、空间飞行器和地面电子仪表等场合。

7.2　电池的分类和电池化学

一般电池有两种分类方法：一种是以正负极材料和电解质进行分类，称为电池系列分类法；另一种是以电池的工作性质及使用特征进行分类。按工作性质及储存方式分类，电池一般可分为两大类：

（1）一次电池（primary battery）。一次电池也称为原电池，是指放电后不能用充电方法使其恢复到放电前状态的一类电池。一次电池只能使用一次。导致一次电池不能再充电的原因，或者是电池反应本身不可逆，或者是条件限制使可逆反应很难进行。

（2）二次电池（secondary battery）。二次电池也称为蓄电池或可充电电池，电池放电后可用充电方法使电活性物质恢复到放电以前状态，能够再次放电，充/放电过程能反复进行。二次电池实际上是一个电化学储能装置，充电时电能以化学能的形式储存在电池中，放电时化学能又转换为电能。

储备电池（reserve battery）是一种特殊的原电池。储备电池也称为激活电池，在储存期间，储备电池的电解质和电极活性物质分离或电解质处于惰性状态。使用前注入电解质或通过加热或其他方式使电池激活，电池立即开始工作。这类电池的正负极活性物质在储存期间不会发生自放电反应和副反应，因而即使在恶劣的环境条件下也能长时间储存。

以上分类方法并不意味着一个电池体系只能固定属于其中一类电池。电池体系可以根据需要设计成不同类型，如锌银电池可以设计为一次电池，也可设计为二次电池，还可以作为储备电池。一次电池通常比二次电池具有更高的比能量（Wh/kg）和比功率（W/kg）。

电池化学反应形式多样，一些常用电池的化学反应列于表 7-1 中。深入理解这些电池化学反应有助于了解电池的性能，并为电极的设计提供基础。电池的电极反应可分为两大类：转化（conversion）反应和嵌入（intercalation）反应。

表 7-1　　　　　　　　　　　　**一些常用电池的化学反应**

电池名称	电极反应和电池反应	标称电压	说明
铅酸电池	$Pb(s) + HSO_4^- + H_2O \longrightarrow PbSO_4(s) + H_3O^+ + 2e^-$ $PbO_2(s) + 3H_3O^+ + HSO_4^- + 2e^- \longrightarrow PbSO_4(s) + 5H_2O(l)$ $Pb(s) + PbO_2(s) + 2H_3O^+ + 2HSO_4^- \longrightarrow 2PbSO_4(s) + 4H_2O(l)$	1.8V	二次电池
碱性锌锰电池	$Zn(s) + 2OH^- \longrightarrow ZnO(s) + H_2O(l) + 2e^-$ $2MnO_2(s) + H_2O(l) + 2e^- \longrightarrow Mn_2O_3 + 2OH^-$ $Zn(s) + 2MnO_2(s) \longrightarrow ZnO(s) + Mn_2O_3$	1.5V	一次电池

电池名称	电极反应和电池反应	标称电压	说明
锂离子电池	$Li_xC_6 \longrightarrow xLi^+ + 6C + xe^-$ $xLi^+ + Mn_2O_4 + xe^- \longrightarrow Li_xMn_2O_4$ $Li_xC_6 + Mn_2O_4 \longrightarrow Li_xMn_2O_4 + 6C$	3.5~4.2V	二次电池
锌银电池	$Zn + 2OH^- \longrightarrow H_2O + ZnO + 2e^-$ $Ag_2O + H_2O + 2e^- \longrightarrow 2Ag + 2OH^-$ $Zn + Ag_2O \longrightarrow ZnO + 2Ag$	1.5V	一、二次电池
Ni/Fe	$Fe + 2OH^- \longrightarrow Fe(OH)_2 + 2e^-$ $NiOOH + H_2O + e^- \longrightarrow Ni(OH)_2 + OH^-$ $Fe + 2NiOOH + 2H_2O \longrightarrow Fe(OH)_2 + 2Ni(OH)_2$	1.2V	二次电池，也称为 Edison 电池
Ni/Cd	$Cd(s) + 2OH^- \longrightarrow Cd(OH)_2 + 2e^-$ $NiOOH + H_2O + e^- \longrightarrow Ni(OH)_2 + OH^-$ $Cd(s) + 2NiOOH + 2H_2O \longrightarrow Cd(OH)_2 + Ni(OH)_2$	1.2V	二次电池
Ni-MH	$MH + OH^- \longrightarrow M + H_2O + e^-$ $NiOOH + H_2O + e^- \longrightarrow Ni(OH)_2 + OH^-$ $MH + NiOOH \longrightarrow M + Ni(OH)_2$	1.2V	二次电池
Na-S	$Na \longrightarrow Na^+ + e^-$ $xS + 2e^- \longrightarrow S_x^{2-}$ $2Na + xS \longrightarrow Na_2S_x$	1.9V	二次电池，高温
Li-SO$_2$	$Li \longrightarrow Li^+ + e^-$ $2Li^+ + 2SO_2 + 2e^- \longrightarrow Li_2S_2O_4$ $2Li + 2SO_2 \longrightarrow Li_2S_2O_4$	3V	一次电池
Li-SOCl$_2$	$Li \longrightarrow Li^+ + e^-$ $2SOCl_2 + 4e^- \longrightarrow 4Cl^- + S + SO_2$ $4Li + 2SOCl_2 \longrightarrow 4LiCl + S + SO_2$	3.4V	一次电池
Li/FeS$_2$	$Li \longrightarrow Li^+ + e^-$ $4Li^+ + 3FeS_2 + 4e^- \longrightarrow Li_4Fe_2S_5 + FeS$ $4Li + 3FeS_2 \longrightarrow Li_4Fe_2S_5 + FeS$	1.5V	储备电池，热激活
Mg/AgCl	$Mg \longrightarrow Mg^{2+} + 2e^-$ $2AgCl + 2e^- \longrightarrow 2Ag + 2Cl^-$ $Mg + 2AgCl \longrightarrow 2Ag + MgCl_2$	1.4V	储备电池，水激活

7.2.1 转化反应

电极反应的进行通常会伴随着新相的形成、生长，旧相的萎缩、消失。由于电子转移的发生，反应剂和产物是不同的化学计量组分。转化反应又进一步分为生成（formation）反应 $A + B \longrightarrow AB$ 和置换（displacement）反应 $A + BX \longrightarrow AX + B$ 两种类型。Li-SO$_2$ 一次电池就是生成反应的示例。该电池总反应是：

$$2Li + 2SO_2 \longrightarrow Li_2S_2O_4$$

在阴极发生的是金属锂的氧化反应：

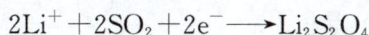

$$Li \longrightarrow Li^+ + e^-$$

在正极发生的是锂离子与溶解在有机溶剂中 SO_2 发生的还原反应：

$$2Li^+ + 2SO_2 + 2e^- \longrightarrow Li_2S_2O_4$$

在放电过程中有新的 $Li_2S_2O_4$ 固相形成、生长。其中关键的电活性组分—SO_2 存在于电解质中，这种现象在其他一些电池体系中也存在。

先前介绍过的锌银电池反应 $Zn + Ag_2O \longrightarrow ZnO + 2Ag$，是一种置换反应，更活泼的金属锌自发地把相对惰性的银从氧化物中置换出来。当然上述电化学反应被分解成两个电极反应，分别在正、负极上进行的。

理解电池的行为特征，还需要更深入地认识电极反应。与转化反应相关联的物理现象可能很复杂，包括溶解和沉淀、固态离子传递和成膜等。溶解-沉淀机理可以描述许多电池中的转化反应过程，溶解过程生成的产物会进一步与溶液中的组分反应形成沉淀。例如，电池中用作负极的金属 M，通过发生下述电子转移反应而溶解：

$$M(s) \rightleftharpoons M^{z+} + ze^-$$

上述电化学反应生成的 M^{z+}，又通过后续的沉淀反应 $M^{z+} + zX^- \rightleftharpoons MX_z(s)$ 以盐 MX_z 的形式从溶液中沉淀出来。生成沉淀的量取决于 MX_z 在溶剂中的溶解度。除了金属的溶解反应外，其他反应也能生成可溶的产物，并进而发生沉淀。根据所生成盐溶解度条件的不同，考虑下述三种情况：①不溶盐；②高溶盐；③微溶盐。

表 7-1 中 Li-$SOCl_2$ 电池的正极反应可分解为溶解反应和沉淀反应。

溶解反应　　　　　　　　　　$2SOCl_2 + 4e^- \longrightarrow 4Cl^- + S + SO_2$

沉淀反应　　　　　　　　　　$Li^+ + Cl^- \longrightarrow LiCl(s)$

$LiCl(s)$ 是 $SOCl_2$ 的还原产物。电解质是 $LiAlCl_4$ 和 $SOCl_2$ 的混合物，兼具电活性物质和传递离子的双重属性。在正极一旦有 Cl^- 生成，就会与电解质中的 Li^+ 相遇生成 $LiCl$。$LiCl$ 在溶剂中不溶解，会沉淀出来。因此，$LiCl(s)$ 会在 $SOCl_2$ 的还原处附近生成。在 Li-$SOCl_2$ 电池中，因为锂金属的表面会形成致密的 $LiCl(s)$ 薄膜，正负两极的电活性成分虽然直接抵触但不会短路。由于所生成盐的不溶性，溶液中实际上不存在 Cl^-，溶解反应的逆反应就不会发生。放电产物的溶解度极小，导致该电化学反应是不可逆的，所以 Li-SOCl 电池是一次电池。

碱性锌锰电池中的锌电极反应也遵循溶解-沉淀机理，其溶解反应是：

$$Zn(s) + 4OH^- \rightleftharpoons Zn(OH)_4^{2-} + 2e^-$$

后续的沉淀反应是：

$$Zn(OH)_4^{2-} \rightleftharpoons ZnO(s) + 2OH^- + H_2O$$

因最终产物 $ZnO(s)$ 在 KOH 水溶液中溶解度很大，可以想象沉淀反应根本不会发生。当给碱性锌锰电池充电时，$Zn(OH)_4^{2-}$ 在碱性电解质溶液中随处存在，易于发生还原反应而生成 $Zn(s)$。与 Li-SOCl 电池不同的是，可溶的 $Zn(OH)_4^{2-}$ 会借扩散或对流传递至电池的其他部位，而不仅仅局限于氧化反应发生的位置，不可避免地造成电极中电流密度分布的不均匀。沉积率高的位置优先增长导致电极形状发生改变而形成锌枝晶，引起电池内部的短路。以锌作负极的二次电池并未得到非常广泛的应用，一般的碱性锌锰电池大约只能进行 25 次充放电循环。

放电时铅酸电池的负极反应中，首先发生电子转移反应，即 $Pb(s)$ 先溶解生成 Pb^{2+}：

$$Pb(s) \Longleftrightarrow Pb^{2+} + 2e^-$$

Pb^{2+} 借助扩散离开电极表面，遇到 HSO_4^- 和 SO_4^{2-}，当超过 $PbSO_4(s)$ 的溶度积后，发生沉淀反应，形成 $PbSO_4(s)$ 晶核：

$$Pb^{2+} + HSO_4^- \Longleftrightarrow PbSO_4(s) + H^+$$

然后是 $PbSO_4(s)$ 的三维生长，得到溶解度适中、不传递离子的 $PbSO_4(s)$。$PbSO_4(s)$ 在电解质 H_2SO_4 水溶液中的溶解度足够小，以致在充放电循环中 $PbSO_4(s)$ 几乎能在同一位置重复溶解和沉淀。同时，$PbSO_4(s)$ 在电解质 H_2SO_4 水溶液中的溶解度又足够大，保证其逆反应能顺利进行。充电反应过程是，$PbSO_4(s)$ 先溶解为 Pb^{2+} 和 SO_4^{2-}，Pb^{2+} 接受外电路的电子被还原。充电时，不仅电子转移反应的动力学很重要，$PbSO_4(s)$ 溶解反应的速率和 Pb^{2+} 的传质速率也很重要，也可能是整个过程的速率控制步骤。

7.2.2 嵌入反应

嵌入是指离子或分子组分进入层状或通道结构主体材料的可逆过程。嵌入反应是电池电极反应中第二大类重要的反应类型。在摇椅式电池中，电极材料是电活性成分的主体材料，在充放电过程中可以自由地进出主体材料的电活性成分为客体材料。在嵌入/脱出反应过程中，主体材料拥有稳定的结构，且过程高度可逆，在客体嵌入与脱出时不会发生断键或重排。与转化反应不同的是，嵌入/脱出过程并无新相的生成和旧相的消失，产物是一种客体占据主体间隙的固溶体。嵌入反应有时是分阶段进行的，客体不是随机分布在层间，而是优先占据低能量的间隙位置。在此情况下，平衡电势有多个平台和步骤。

现在获得广泛应用的锂离子电池就是一种锂离子嵌入型浓差电池。目前，实用化的锂离子电池正极材料主要是层状的钴酸锂（$LiCoO_2$）、镍酸锂（$LiNiO_2$）、尖晶石型锰酸锂（$LiMn_2O_4$）等过渡金属氧化物和橄榄石型磷酸铁锂（$LiFePO_4$）及镍钴锰酸锂（NCM）或镍钴铝酸锂（NCA）等。以 $LiCoO_2$ 为例，在充电时，Li^+ 脱出晶格，使 Co 从三价氧化成四价，晶格成为 $Li_{1-x}CoO_2$；在放电时，Li^+ 自发地嵌入晶格，使 Co 从四价还原回三价。

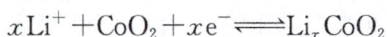

$$xLi^+ + CoO_2 + xe^- \Longleftrightarrow Li_xCoO_2$$

其中，x 可从 0 变化到 1。当 $x=0$ 时，CoO_2 是脱锂的，电极处于充电状态；当 $x=1$ 时，CoO_2 是锂化的，电极处于放电状态。

正常充放电情况下，Li^+ 在层状结构的碳材料和氧化物层状结构的层间嵌入和脱出，一般只引起层面间距的变化，不破坏晶体结构。Li 在正、负极中有相对固定的空间和位置，在充放电过程中，正负极材料的化学结构基本不变。从充放电反应的可逆性看，锂离子电池反应是一种理想的可逆反应。

需要一些标准指标比较不同的电极和电池体系的性能。表 7-2 列出了一些常用电极材料的性质。其中最后三列是关键指标：**标准电势**、**比容量**（Ah/g）和**体积容量**（Ah/cm³）。负极的低电势有助于提高电池的电压。由于是金属中最轻的元素，也是金属元素中电势最负的元素，锂在高能电池中获得了广泛的应用。锂具有良好的电化学性能和机械延展性。锂是优良导体，电池中锂的利用率高达 100%。锂在体积容量方面不及铝、镁等金属，而且镁和铝的化合价分别为二和三。但铝的电化学性能差，无法作为良好的电池负极材料，镁的实际工作电压比较低。

表 7-2   一些常用电池材料的性质

材料	摩尔质量 （g/mol）	密度 （g/cm³）	标准电势 （V）	比容量 （Ah/g）	体积容量 （Ah/cm³）
H_2	2.01	—	0	26.59	—
Li	6.94	0.54	−3.01	3.86	2.06
Na	23.0	0.97	−2.71	1.16	1.14
Mg	24.3	1.74	−2.38	2.20	3.8
Al	26.9	2.69	−1.66	2.98	8.1
Fe	55.8	7.85	−0.44	0.96	7.5
Zn	65.4	7.14	−0.76	0.82	5.8
Cd	112.4	8.65	−0.40	0.48	4.1
Pb	207.2	11.34	−0.13	0.26	2.9
LiC_6	72.06	2.25	～−2.8	0.372	0.837
MH	—	—	−0.83	0.305	
O_2	32.0	—	1.23	3.35	—
Cl_2	71.0	—	1.36	0.756	—
MnO_2	86.9	5.0	1.28	0.308	1.54
NiOOH	91.7	7.4	0.49	0.292	2.16
Ag_2O	231.7	7.1	0.35	0.231	1.64
PbO_2	239.2	9.4	1.69	0.224	2.11
$LiFePO_4$	163.8	3.44	～0.42	0.160	0.554
$LiMn_2O_4$	148.8	4.1	～1.2	0.120	0.492
Li_xCoO_2	98	5.05	～1.25	0.155	0.782
I_2	253.8	4.94	0.54	0.211	1.04

🔁 7.3   理论容量和荷电状态

    电池在一定的放电条件下所能给出的电量或能量称为电池的容量，其单位常用安培时（Ah）或瓦时（Wh）表示。二者之间的关系系数是电池的平均电压，$Wh = Ah \times \bar{V}$。很明显，电池容量与电活性物质的量直接相关，要提高电池的容量就需要添加更多的电活性物质。电池容量又可分为理论容量、实际容量和额定容量。理论容量是假设电活性物质全部参加电池的成流反应时所能提供的电量。它是根据电活性物质的质量按照法拉第定律计算求得的。

    电极的理论容量由电极反应和电活性物质的量决定：

$$电极的理论容量 = \frac{m_i n F}{M_i} (Ah) \tag{7-2}$$

其中，m_i 为电活性物质的质量；M_i 为其摩尔质量。计算得出的、以 Ah 表示的电荷量归一化到电活性物质的质量上，就是理论比容量，其单位是 Ah/g 或 Ah/kg。理论容量代表电活性物质本身能提供的最大电荷量，不包括其他电极组件如集流体、导电添加剂或包装材料等。

    类似地可计算出电池的理论容量，可设定两个电极具有相等的电极理论容量。计算示例见［例 7-1］。同样忽略不计电活性物质以外的其他电池组件。电池的容量由电极的容量决定，当正极和负极的容量不相等时，电池的容量取决于容量小的那个电极，而不是正、负极容量之和。因为电池充放电时通过正、负极的电量总是一样的，即正极放出的容量等于负极放出的容量，也等于电池的容量。电池的比容量是用电池的容量除以电池的质量或体积计算出来的。市售电池的可用容量大约只有其理论容量的 1/4。实际上其他电池组件（如电极中的非活性组分、隔膜、集流体和外壳等）的质量和体积、电活性物质的利用率也必须考虑在内。电活性物质的利用率受许多因素的影响，包括副反应和电池最高、最低电压限制等。

例 7-1 计算下列电极的理论容量：

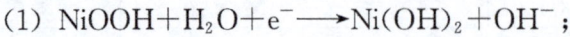

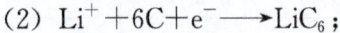

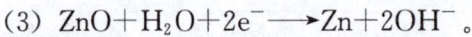

(1) $NiOOH + H_2O + e^- \longrightarrow Ni(OH)_2 + OH^-$；

(2) $Li^+ + 6C + e^- \longrightarrow LiC_6$；

(3) $ZnO + H_2O + 2e^- \longrightarrow Zn + 2OH^-$。

(4) 电极反应 (3) 是锌-银电池的负极反应，求锌-银电池的理论容量。

解 (1) 电极反应 $NiOOH + H_2O + e^- \longrightarrow Ni(OH)_2 + OH^-$。

NiOOH 的摩尔质量为 91.7g/mol，$n=1$，则

$$电极的理论容量 = \frac{m_i n F}{M_i} = \frac{1 \times 1 \times 96\,485}{91.7} \times \frac{1000}{3600} = 292 \ (mAh/g)$$

(2) 电极反应 $Li^+ + 6C + e^- \longrightarrow LiC_6$。

C_6 的摩尔质量为 6×12.01g/mol，$n=1$，则

$$电极的理论容量 = \frac{m_i n F}{M_i} = \frac{1 \times 1 \times 96\,485}{6 \times 12.01} \times \frac{1000}{3600} = 372 \ (mAh/g)$$

(3) 电极反应 $ZnO + H_2O + 2e^- \longrightarrow Zn + 2OH^-$。

Zn 的摩尔质量为 65.4g/mol，$n=2$，则

$$电极的理论容量 = \frac{m_i n F}{M_i} = \frac{1 \times 2 \times 96\,485}{65.4} \times \frac{1000}{3600} = 819 \ (mAh/g)$$

(4) Ag_2O 的摩尔质量为 231.7g/mol。

锌-银电池的电池反应是 $Zn + Ag_2O \longrightarrow ZnO + 2Ag$。

由计量关系，有 $\quad 1g(Zn) \times \frac{231.7}{65.4} = 3.544g(AgO)$

电池（正极和负极）的总电活性物质的量为 $\quad 1 + 3.544 = 4.544 \ (g)$

$$电池的理论容量 = \frac{Zn \ 电极的理论容量}{Zn \ 电极的质量 + Ag_2O \ 电极的质量} = \frac{819}{4.544} = 180 \ (mAh/g)$$

荷电状态（state of charge，SOC）是指电池的剩余容量与其完全充电状态的容量的比值，常用百分数表示，其取值范围为 0~1。当 SOC=0 时，表示电池放电完全；当 SOC=1 时，表示电池完全充满。与之相对应的是电池的**放电状态**（state of discharge，SOD）是或**放电深度**（depth of discharge，DOD）。显然，SOD=100−SOC。

图 7-2 所示为锌-银电池的荷电状态随电活性物质转化而变化的示意。当电池完全充满即 SOC=100% 时，电池中的电活性物质全部是纯 Zn 和 Ag_2O。随着放电反应过程的进行，

电荷流过电池，反应剂转化为 ZnO 和 Ag。如果两种反应剂的量的比例等于电池反应的化学计量比，Zn 和 Ag_2O 的转化率相同，同时也等于放电深度。

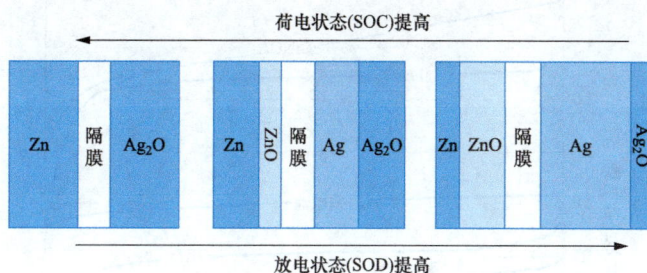

图 7-2 锌-银电池的荷电状态随电活性物质转化而变化的示意

SOC 的测量是电池管理系统的关键要素之一。一旦电池装配完成并投入运行，SOC 的测量一般不易，对于 SOC 的研究通常需要建立电池的数学模型。但富液式铅酸电池（flooded lead-acid cell）却是个例外。铅酸电池放电时，消耗硫酸，生成水，因此电解质硫酸溶液的组成和密度会发生变化。25℃时，电池在完全充电状态下，硫酸溶液的质量浓度约为 40%，密度为 $1.30kg/dm^3$；完全放电后，硫酸溶液的质量浓度约为 16%，密度为 $1.10kg/dm^3$。电解质溶液密度的变化为测定其 SOC 提供了一个简便方法。

电池的剩余容量不仅与电极剩余电活性物质的量有关，还取决于温度、放电速率等因素。

🔁 7.4　电池特性和电化学性能

电池的特性即电池在使用过程中电压随充电或放电速率、温度和 SOC 等因素的变化规律，受到电池体系的热力学、电极动力学和传输过程规律的影响和制约。由于电池本质上是一种暂态设备，因此电池的运行历史也会影响其性能。电池电压与放电电流的关系曲线称为极化或性能曲线，电池电压随放电深度而变化的曲线常称为放电曲线。

电池放电时基本上有三种方式：第一种是恒电流放电，电池工作电压随着放电时间的延长而下降；第二种是恒电阻放电，电池的工作电压和放电电流均随着放电时间的延长而下降；第三种是在电动工具、电动车辆等应用的恒功率放电，随放电进行，电池电压不断下降，根据 $P=IU$，则电池的放电电流会不断增大。

影响电池电压最重要因素是电池的化学体系。确定电池电压的起点是平衡或热力学电势。图 7-3 所示为常用电池的平衡电势与放电状态（SOD）的关系。纵坐标表示的是平衡电压，即没有电流流动。LiNCA 代表正极材料是 $LiNi_{0.8}Co_{0.15}Al_{0.05}O_2$ 的锂离子电池。各种不同类型电池的平衡电压范围为 1~4V，其中锂离子电池的平衡电压是铅酸电池的两倍、碱性电池的三倍。一般而言，电池电压随放电状态 SOD 的增大（SOC 的减小）而逐步降低。电池的化学体系不同，曲线的斜率有明显差异。镍镉（NiCd）电池的曲线在 SOD=20%~80% 的范围内是平缓的，而铅酸电池在整个 SOD 范围内都是倾斜下降的。电池电压随放电状态的变化情况主要取决于电池的热力学。以铅酸电池为例说明，铅酸电池放电的电池反应是：

$$Pb+PbO_2+2H^++2HSO_4^- \xrightarrow{\text{放电}} 2PbSO_4+2H_2O$$

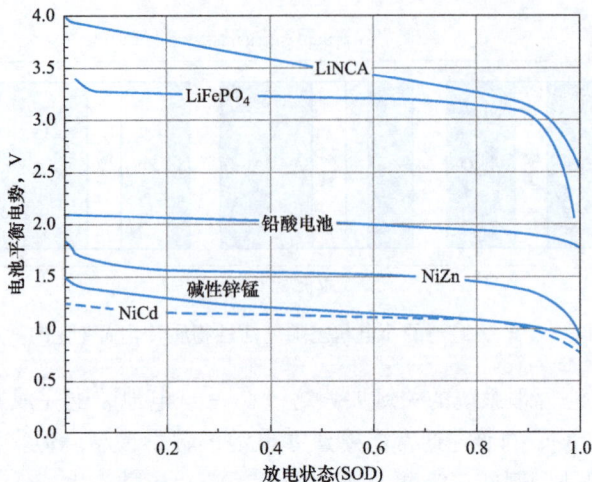

图 7-3　常用电池的平衡电势与放电状态（SOD）的关系

随着电池的放电过程（SOC 减小），由转化反应生成固相的 $PbSO_4(s)$、液相的 H_2O，并消耗电解质 H_2SO_4。伴随着 DOD 的增加，H_2SO_4 的浓度降低，电解质溶液越来越稀。根据式（7-3）可得出铅酸电池的平衡电压：

$$U=U^\ominus+\frac{RT}{2F}\ln\frac{a_{H_2SO_4}}{a_{H_2O}} \tag{7-3}$$

其中，固相组分的活度是 1。沉淀出来的 $PbSO_4(s)$ 填充多孔电极的空隙。由式（7-3）易知，H_2SO_4 活度的降低造成了图 7-3 中放电曲线持续下降的趋势。

人们熟知的锂离子电池等可充电电池中常常采用嵌入反应。锂离子电池负极碳材料中的碳原子之间以 sp^2 轨道杂化形成共价键结合而形成层状结构，而层间则以 van der Waals 力相吸，并以 ABAB 的方式堆积。当 Li^+ 与碳材料结合时，会嵌入碳材料的层之间，嵌入后将使层间距扩大，而且可以从中脱出。锂离子在石墨层间的嵌入/脱出可以发生可逆相变，锂碳嵌入非计量比化合物的化学组成可表示为 Li_xC_6。按照石墨化程度可以将碳负极材料分成石墨、软碳和硬碳。软碳和硬碳的结晶度低，片层结构没有石墨规整有序。对于石墨，$x\rightarrow$ 1；对于软碳，$x<1$；对于硬碳，$x>1$。在电化学体系中，最大锂含量的组成为 LiC_6，理论比容量可达 370mAh/g。锂碳化合物作为负极材料有多个放电平台，每个平台电势都代表热力学相平衡。

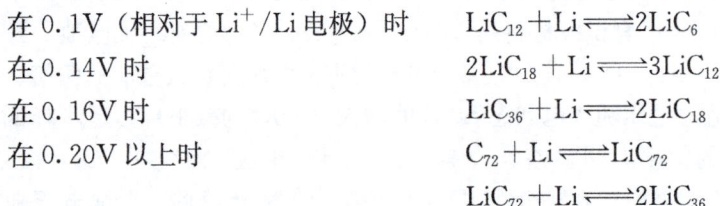

在 0.1V（相对于 Li^+/Li 电极）时　　$LiC_{12}+Li \rightleftharpoons 2LiC_6$

在 0.14V 时　　$2LiC_{18}+Li \rightleftharpoons 3LiC_{12}$

在 0.16V 时　　$LiC_{36}+Li \rightleftharpoons 2LiC_{18}$

在 0.20V 以上时　　$C_{72}+Li \rightleftharpoons LiC_{72}$

　　　　　　　　　　$LiC_{72}+Li \rightleftharpoons 2LiC_{36}$

从热力学可知，碳材料在 1.5V 以下（相对于 Li^+/Li 电极）会和有机溶剂发生反应，形成固体-电解质界面（solid-electrolyte interphase，SEI）膜而导致电极纯化。

锂离子电池所用的正极材料之一是尖晶石型锰酸锂（$LiMn_2O_4$）。放电时，Li^+嵌入正极的反应是：

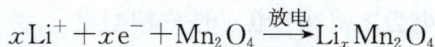

$$xLi^+ + xe^- + Mn_2O_4 \xrightarrow{\text{放电}} Li_xMn_2O_4$$

变量x反映了电池的放电状态。当$x=0$，表示电池完全充满；随着电池的放电过程，x逐步增大。图 7-4 所示为锂离子电池正、负极电势和电池电压随x的变化关系。各个平衡电势都是相对于锂参考电极的，正、负极平衡电势之差就是电池的平衡电压。以上两例说明了两种不同类型电池的平衡电压在放电过程中的变化情况。

影响电池电压的第二个关键因素是放电电流。放电电流经常用C倍率表示。C表示电池的容量，单位为 Ah。C 倍率是电池在规定时间内放完全部容量时，用电池容量数值的倍数表示的电流值。$2C$倍率放电就是指放电电流是电池容量数值的 2 倍。例如，一只容量为 10Ah 的电池，$2C$放电是指放电电流为$2 \times 10 = 20(A)$，放电时间为 0.5h；$C/10$放电是指放电电流为$(1/10) \times 10 = 1(A)$，放电时间为 10h。用C倍率表示的电池放电速率见表 7-3。

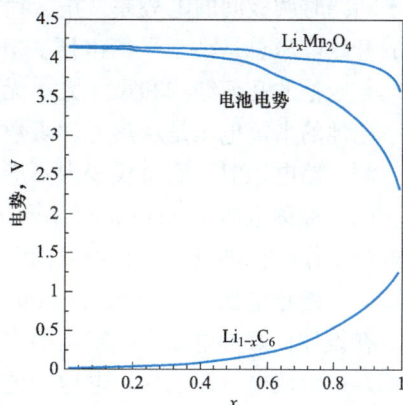

图 7-4 锂离子电池正、负极电势和电池电压随x的变化关系

表 7-3 用C倍率表示的电池放电速率

C倍率（h^{-1}）	放电时间（h）	C倍率（h^{-1}）	放电时间（h）
$C/20$	20	C	1
$C/10$	10	$2C$	0.5
$C/5$	5	$10C$	0.1

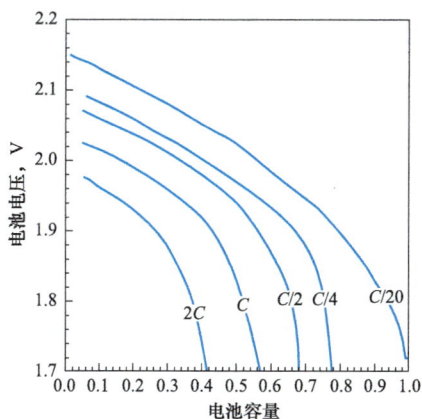

图 7-5 铅酸电池电压与放电C倍率的关系曲线

根据电池类型和结构设计的不同，有的电池适合小电流放电，有的电池适合大电流放电。一般规定，放电倍率在 0.5C以下称为低倍率，$(0.5 \sim 3.5)C$称为中倍率，$(3.5 \sim 7)C$称为高倍率，大于 7C则为超高倍率。

图 7-5 所示为铅酸电池电压与放电C倍率的关系曲线。放电时电池的电压总是小于平衡电压，电池的工作电压偏离平衡电压称为极化。电池放电时二者的关系为

$$U - V = \eta = |\eta_{\text{正极}}| + |\eta_{\text{负极}}| + |\eta_\Omega| + |\eta_{\text{浓差}}| \tag{7-4}$$

式（7-4）说明极化或偏离平衡电压的原因是正极和负极的电化学极化、欧姆极化和浓差极化。而且放电电流越大，极化越大，电池电压的损失越显著。相反，给电池充电时电池的电压总是大于其平衡电压的。

以下列举有关电池电压的几个概念。

(1) 平衡电压 U (equilibrium potential)。在外电路开路时，即没有电流流过电池时，正、负电极之间的平衡电极电势之差称为电池的平衡电压。

(2) 开路电压 V_{OCV} (open-circuit voltage)。电池的开路电压是两极间所连接的外电路处于断路时两极间的电势差。正、负极在电解质溶液中不一定处于热力学平衡状态，因此电池的开路电压总是小于平衡电压。开路电压取决于电池正负极材料的本性、电解质和温度等，与电池的几何结构和尺寸大小无关。

电池的平衡电压是从热力学函数计算得出，而开路电压是实际测量出来的，两者数值接近。测开路电压时，测量仪表内不应有电流通过。一般使用高阻电压表。

(3) 标称电压 V (nominal voltage)。电池的标称电压也称为额定电压，是在规定条件下电池工作的标准电压。它可以简明区分电池的系列（体系）。

(4) 终止电压 V_{co} (end or cutoff voltage)。放电或充电时的结束电压称为终止电压。

在设计良好的电池中，欧姆损失 η_{Ω} 几乎总是电池电压损失中最大的一项。对于相同的 SOC，电池放电电流越大，电池的电压越低，这就是图 7-5 中 $2C$ 倍率的曲线位于 $C/20$ 倍率曲线下方的原因。当电池隔膜中不存在浓度梯度时，隔膜的电压降计算公式如下：

$$i = -\kappa \frac{d\varphi}{dx} \tag{7-5}$$

✦ **例7-2** 现有一容量为 7Ah 的锂离子电池，电极面积为 $0.14m^2$，隔膜的厚度是 $30\mu m$，孔隙率为 0.38，曲折因子为 4.1，电解质溶液的电导率为 9mS/cm。

(1) 求放电电流密度为 $50A/m^2$ 时，隔膜的电压降是多少？

(2) 求放电电流由 $1C$ 增大到 $18C$ 时，隔膜的电压降变化了多少？

解 (1) 首先求隔膜中电解质溶液的有效电导率。

$$\kappa_{eff} = \kappa \frac{\varepsilon}{\tau} = \frac{9 \times 10^{-3}}{10^{-2}} \times \frac{0.38}{4.1} = 8.34 \times 10^{-2} \ (S/m)$$

由欧姆定律，有

$$\eta_{\Omega} = \frac{iL}{\kappa_{eff}} = \frac{50 \times 30 \times 10^{-6}}{8.34 \times 10^{-2}} = 18 \ (mV)$$

(2) 放电电流是 $1C$ 时，对应的电流密度为

$$\frac{7}{0.14} = 50 \ (A/m^2)$$

(1) 中得到的电压降就是放电电流为 $1C$ 的电压降，那么放电电流由 $1C$ 增大到 $18C$ 时，隔膜电压降的变化是：

$$\Delta V = (18 - 1) \times 18mV = 0.31(V)$$

电池的欧姆内阻包括电池的引线、正负极电极材料、电解质溶液、隔膜等的本体电阻及各部分间的接触电阻，其大小与电池所用材料的性质和电池装配工艺等因素有关，是电池体系和电池工艺的综合反映。欧姆内阻与电池工作时的电流密度无关，完全服从欧姆定律。

电池的内阻是电流流过电池内部时受到的阻力，使电池的电压降低。电池内阻是电池的

一个极为重要的参数。电池内阻不是常数，在放电过程中随时间不断变化。电池内阻包括欧姆内阻、正负极的电化学极化内阻和浓差极化造成的电阻。

图 7-6 所示为铅酸电池和 NiCd 电池相对内阻随 SOC 变化的关系曲线，完全放电时的相对内阻设为 1。如前所述，对于铅酸电池放电时硫酸浓度下降，电解质溶液的欧姆电阻增大。由图 7-6 可见，铅酸电池的内阻随 SOC 变化显著。在恒电流放电时欧姆损失主要是由于电解质的电导率明显下降所致。而 NiCd 电池的内阻随 SOC 变化则平缓得多，放电时尽管有水生成，但 OH⁻ 在放电反应中并不消耗，因此电解质的欧姆电阻随 SOC 变化很小。

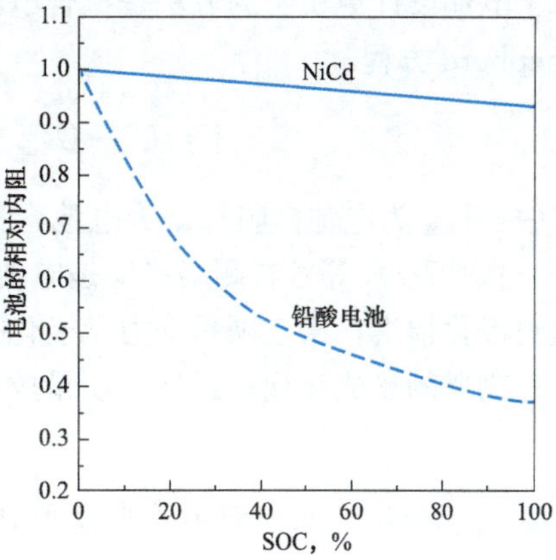

图 7-6　电池内阻随 SOC 变化的关系曲线

另一个关键因素是每个电极的活化或动力学极化。电极反应动力学常用 Butler-Volmer 方程表述。与欧姆电阻不同，动力学极化内阻不与电流密度呈直线关系，常随电流密度的对数增大而线性增大。相对于其他极化，在低电流密度时动力学极化更显著。

由浓度梯度造成的浓差极化在高电流密度时也变得重要。在锂离子电池中，锂离子在正负电极间穿梭，隔膜中的电解质可视为二元电解质溶液。在充放电过程中，电解质的平均浓度虽然保持不变，但浓度梯度的存在对电解质溶液的局部电导率影响明显。随着电流密度的提高，浓度梯度也增大，即锂离子的浓度在一个电极上增大的同时，在另一个电极上相应减小。由电极反应动力学知识，电极反应速率依赖于锂离子的浓度，因此每个电极上的动力学极化也随着锂离子浓度的变化而发生变化。如果持续增大电流密度，最终在一个电极上锂离子的浓度将降为零而达到极限电流密度。其他类型的电池中也有类似的浓度效应。

在各种情况下，电池极化都随着放电速率的增加而增加。电池通常会放电至指定的终止电压，放电速率越快达到终止电压的时间就越短，电池的放电量也就越少。图 7-5 中铅酸电池放电曲线的终止电压为 1.7V，在较高放电 C 倍率下终止电压以上的容量明显减少。如图 7-5 所示，放电 C 倍率为 $C/20$ 时放电容量为 1.0，而放电 C 倍率为 $2C$ 时终止电压以上的放电容量仅为 0.4。

电池的 额定容量（rated capacity）是以给定放电倍率放电到给定截止电压所得的电池输出能力的值，单位为 Ah。电池的容量是电池电性能的重要指标，电池的容量与放电条件有关。放电条件主要指放电 C 倍率、终止电压和放电温度。其中，放电电流的大小对电池容量的影响很大。如果电池的放电 C 倍率与给定放电倍率不同，常采用容量偏移（capacity offset）的校正因子来计算电池实际的容量。一个关联电池容量与放电电流的著名经验关系式是 Peukert 方程：

$$C = Q \left(\frac{I_{sp}}{I} \right)^{k-1} \tag{7-6}$$

式中：C 为电池容量；Q 为电池额定容量；I_{sp} 为指定的放电电流；I 为放电电流；k 为经验常数，$1.1 \leqslant k \leqslant 1.5$。

Peukert 方程最初是针对铅酸电池提出的一个简单电池模型，考虑了电池的部分非线性特性。

电池电压与容量之间的关系较为复杂，通常需要大量的实验数据或详细的数学模型。可用于电池设计更实用的方法是拟合电池电压与放电电流、放电深度的关系式。常用半经验的 Shepherd 方程：

$$V = U - IR_{int} - K\left(\frac{Q}{Q-It}\right)I + A\exp(BIt/Q) \tag{7-7}$$

式中：R_{int} 为电池内阻；Q 为电池容量，Ah；K 为极化常数，Ω；A、B 为经验常数。

式 (7-7) 等号右侧第一项是电池的平衡或热力学电压；第二项是由于电池内阻造成的欧姆极化损失；第三项是动力学极化损失的近似，与放电电流成正比，而电流密度与剩余电活性物质的量成反比；最后一项是放电初期电压快速下降的指数项。

例 7-3 某一锂离子电池的速率容量可由 Shepherd 型方程表示：

$$V = 4.131 - 0.003\,88I - 0.015\,138\left(\frac{Q}{Q-It}\right)I - 0.02\exp(0.1It/Q)$$

该电池的容量是 6Ah，放电的终止电压 2V。

(1) 求电池的理论能量 E 是多少？

(2) 求放电 C 倍率分别是 0.1C、1.0C 和 3C 时，电池放出的能量各为多少？

解 (1) 电池的理论能量 E 等于容量与平衡电压的乘积：

$$E = QU = 6 \times 4.131 = 24.8(Wh)$$

(2) 放电 C 倍是 0.1C 时，对应的放电电流为 $I_1 = 6 \times 0.1 = 0.6(A)$

需要积分求对应放出的能量：

$$E = \int_0^{t_d} IV(t)\mathrm{d}t = \int_0^{Q_{CO}} V(t)\mathrm{d}Q$$

其中，t_d 是放电电压达到终止电压的放电时间，Q_{CO} 是放电电压达到终止电压时的电池容量。首先将 $I_1 = 0.6A$ 代入电压的表示式，数值求解出达到终止电压 2V 时的放电时间 $t_{d1} = 9.957h$，$Q_{CO1} = 5.974Ah$。再采用数值积分的方法，求出电压-容量关系曲线下的面积，即为放电能量 $E_1 = 23.445Wh$。

同样的方法，放电 C 倍率是 1.0C 时，电流为 $I_2 = 6 \times 1 = 6A$，$t_{d2} = 0.956h$，$Q_{CO2} = 5.736Ah$，$E_2 = 21.741Wh$。放电 C 倍率是 3C 时，电流为 $I_3 = 6 \times 3 = 18A$，$t_{d3} = 0.288h$，$Q_{CO3} = 5.184Ah$，$E_3 = 17.711Wh$。

图 7-7 所示为放电 C 倍率为 3C 时的电压-容量关系曲线及数值积分面积。由计算结果可见，放电电流越大，电池的容量越小，能量也越低。

放电温度对电池容量的影响也很大。一般来说，温度对电池平衡电压影响不太大。重要的是，提高温度加快了电极反应速率，增加了电解质的电导率，减少了极化损失。因此，放电温度升高，电池电压增大，电池放出的容量增加；反之，放电温度降低，电池放出的容量减小。温度对锂离子电池容量的影响见图 7-8。

放电终止电压对容量的影响，一般是终止电压越高，放出的容量越小；反之，选择终止电压越低，放出的容量越大。

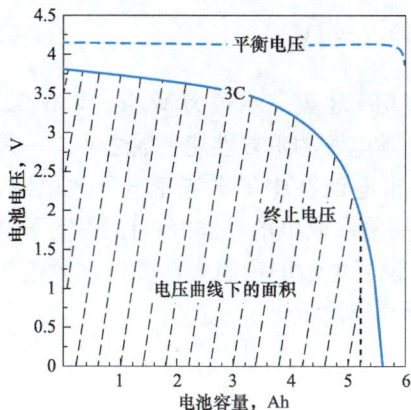

图 7-7 ［例 7-3］图

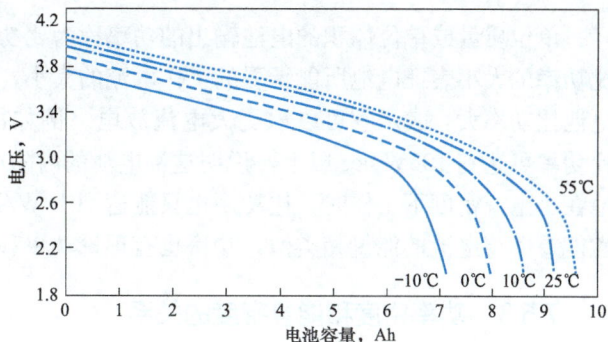

图 7-8 温度对锂离子电池容量的影响

🔄 7.5 电池的能量和功率

7.5.1 电池的能量

电池的能量（energy）指的是电池在一定放电条件下对外做功所输出的电能，其单位通常由 Wh 或 kWh 表示。电池的能量有理论能量和实际能量之分。

如果电池在放电过程中始终处于平衡状态，放电电压始终等于平衡电压且电活性物质完全参加可逆反应，此时电池所输出的能量为理论能量。电池的理论能量就是电池在恒温、恒压、可逆放电条件下所做的最大非体积功。

实际能量是电池在一定放电条件下实际输出的能量，在数值上等于实际容量和平均工作电压的乘积。因为电活性物质不可能 100％ 地被利用，电池工作电压也不可能等于平衡电压，所以实际能量总是低于理论能量。

比能量或能量密度是指单位质量或单位体积的电池所放出的能量。电池的比能量是电池性能的一个重要综合指标。电池放出的能量多少和放电条件有关，因此同一只电池的比能量大小与放电条件有关。单位质量的电池输出的能量称为质量比能量，常用 Wh/kg 表示；单位体积的电池输出的能量称为体积比能量，常用 Wh/L 表示。比能量也分为理论比能量和实际比能量。由于各种因素的影响，电池的实际比能量远小于理论比能量。

7.5.2 电池的功率

电池的功率（power）是指在一定的放电条件下，单位时间内电池输出的能量，单位为瓦（W）或千瓦（kW）。电池的瞬时功率就等于电池电压与放电电流的乘积：

$$P = VI$$

即使是恒流放电，电池的电压也总是变化的，因此平均功率为

$$P_{平均} = \frac{1}{t_d} \int_0^{t_d} IV(t) \, dt \tag{7-8}$$

当放电电流恒定时，也可写作

$$P_{\text{平均}} = \frac{1}{t_d} \int_0^{t_d} IV(t)\mathrm{d}t = \frac{I}{t_d} \int_0^{t_d} V(t)\mathrm{d}t = I\overline{V} \tag{7-9}$$

单位质量或单位体积的电池输出的功率称为比功率或功率密度，单位为 W/kg 或 W/L。比功率的大小表征电池所能承受的工作电流的大小，是化学电源的重要性能参数之一。一只电池比功率大，表示它可以承受大电流放电。例如，锌-银电池在中等电流密度下放电时，比功率可达到 100W/kg 以上，说明这种电池的内阻小，高倍率放电的性能好；而锌-锰干电池在小电流密度下工作时，比功率也只能达到 10W/kg，说明电池的内阻大，高倍率放电的性能差。与电池的能量相类似，功率也有理论功率和实际功率之分。

7.5.3　功率密度和能量密度的关系

从电池本身来看，电活性物质的反应活性高，电解质溶液离子通道畅通，电池的欧姆内阻小，电池的功率就大，实际上与提高电池能量密度的途径是一致的。但是电池的功率密度和能量密度也存在一定的矛盾，功率密度和能量密度都与放电速率有关。在高放电率情况下，电池的功率密度会增大，但由于极化增大，电池的电压降低很快，因此能量密度下降；相反，当电池以低放电率放电时，极化小，电压下降缓慢，电池的功率密度降低，而能量密度却增大。这种特性随电池系列的不同而不同。一般而言，对任何电池，其能量密度和功率密度之间通常存在反比关系。

对于能量存储与转换系统和器械来说，能量和功率通常是重要的设计目标。能量和功率之间的平衡可用图 7-9 所示的 Ragone 图表示。在双对数坐标的 Ragone 图中，还标出了 45° 对角线，每条线表示能量密度与功率密度之比的定值，代表了电池充/放电的时间。

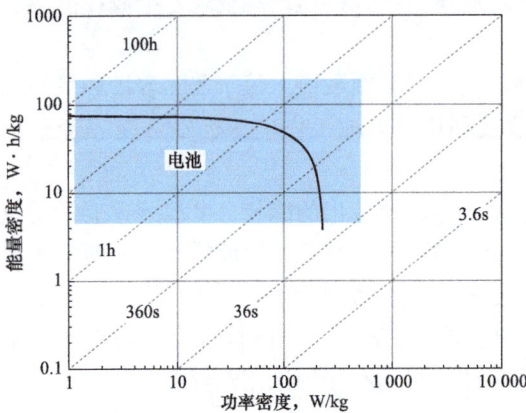

图 7-9　电池能量密度与功率密度关系的 Ragone 图

对于锌-银电池、钠-硫电池、锂-氯电池，当功率密度增大时，能量密度下降很小，说明这些电池适合于大电流工作。在所有干电池中，碱性锌-锰电池是在重负荷下性能最好的一种电池。而在低放电电流时，锌-汞电池的性能较好。锌-汞电池和锌-锰干电池随功率密度的增加，能量密度下降较快，说明这些电池只适用于低 C 倍率工作。

对于同一电池体系，可以通过不同的设计改变其性能，来满足不同的应用需求。例如启动用铅酸电池需要短期、高 C 倍率放电，而对能量密度的要求并不高，因此在设计时主要优化功率密度。事实上，在 −18℃ 时，冷启动电流（cold-cranking amps）要维持 30s。典型的启动用铅酸电池容量为 35Ah，冷启动电流为 540A，对应的放电 C 倍率为 15C，放电时间为 4min。而对于电信系统的备用电源和电网储能用的铅酸电池，电池容量更受关注。对这类固定型的应用，隔膜和电极要采用专用的设计。电池设计和应用性能的关系详见第 8 章。

7.6 热 生 成

商用可充电电池当按设计使用时极化损失通常很低，大部分可用的化学能都转化为电能而非热能。即便如此，热生成在电池体系设计、电池安全性和电池寿命等方面仍发挥着重要作用。其部分原因在于，虽然电池发热率可能很低，但许多电池和电池组的热阻很高，从电池内部将热量移出相对困难。

电池热生成的来源有活化极化和浓差极化造成的不可逆损失、电流流经电解质的 Joule 热和与电化学反应本身可逆熵变相关的热量。电化学池热生成可表示为

$$\dot{q} = I(U-V) - IT\left(\frac{\partial U}{\partial T}\right)_p \tag{7-10}$$

所有的极化损失包括欧姆损失、活化损失和浓差损失都会影响电池的电压并带来热量的生成，同时这些损失又与电流大小和荷电状态相关。式（7-10）右侧第一项就是这部分热量的定量表示。放电时电流取为正值，电池的电压 V 总是小于其平衡电压 U，因此生成热总为正。充电时电流取为负值，电池的电压 V 大于其平衡电压 U，因此生成热仍然为正。换句话说，电池极化损失总是导致热的生成。第二项是熵的贡献，可正可负，数值大小取决于平衡电势的温度系数。

如图 7-10 所示的生成热数据一般来自实验或数学模型，对于准确模拟电池性能至关重要。热生成速率是非线性增加的，低充/放电速率时热生成量相对较小，但随电流的增加而急剧上升。

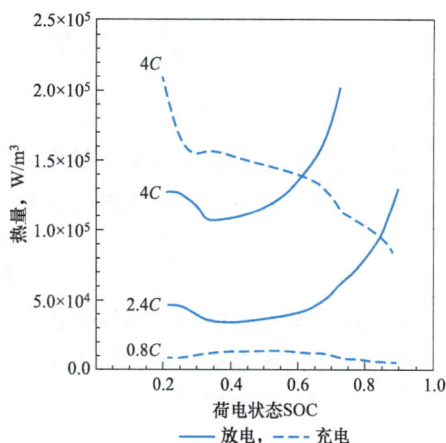

图 7-10 锂离子电池发热量

例 7-4 一只容量是 1.6Ah 电池的体积为 $1.654 \times 10^{-5} m^3$，内阻是 $50m\Omega$。已知此电池是受欧姆损失所控制的，熵变项可忽略。求放电 C 倍率分别是 $0.25C$、$1.0C$ 和 $5C$ 时，电池热生成量分别为多少？

解 当电池是受欧姆损失所控制时 $\quad U-V=IR_\Omega$

单位体积电池的热生成量是

$$\dot{q} = \frac{I(U-V)}{\mathbb{V}} = \frac{I^2 R_\Omega}{\mathbb{V}}$$

当放电 C 倍率是 $0.25C$ 时 $\quad I = 1.6 \times 0.25 = 0.4(A)$

$$\dot{q} = \frac{I^2 R_\Omega}{\mathbb{V}} = \frac{0.4^2 \times 50 \times 10^{-5}}{1.654 \times 10^{-5} \times 10^3} = 0.48(W/L)$$

同理，放电 C 倍率是 $1.0C$ 和 $5C$ 时，电池热生成量分别为 $7.74W/L$ 和 $194W/L$。热生成量与电流或放电 C 倍率的平方成正比。

✦✦✦ **例 7 - 5** 已知 Li-SOCl₂ 电池在 25℃ 时的平衡电压为 3.657V，平衡电压的温度系数是 -0.228mV/K。求此电池热生成为零的电压为多大？

解 由电池热生成的计算式

$$\dot{q} = I(U-V) - IT\left(\frac{\partial U}{\partial T}\right)_p = 0$$

得

$$V_{热中性} = U - T\left(\frac{\partial U}{\partial T}\right)_p = 3.657 - 298.15 \times (-0.228) \times 10^{-3} = 3.725(\text{V})$$

此电势称为**热中性电势**（thermoneutral potential），代表电池中有电流通过，但和外界环境无热流交换。

🔄 7.7 二次电池的效率

可充电的二次电池最基本的效率是库仑效率。与第 1 章和第 3 章中的法拉第效率和电流效率不同，**库仑效率**是指电池进行完整的充电/放电循环时放电电荷与充电电荷量之比：

$$\eta_C = \frac{\text{放电电荷量}}{\text{充电电荷量}} \times 100\% \tag{7-11}$$

放电电荷与充电电荷量不相等的主要原因是有副反应发生，即有部分充电电流流向了某些不希望发生的副反应。例如给 NiCd 电池充电时，就有可能析出气体。尽管这些气体（由电解水产生的）可能通过复合以避免电解质的损失，但在电池放电时损失的电荷并不能再生。固体电解质界面（SEI）层的增长、电极材料晶体结构的老化、杂质在电解质中的溶解等也是降低库仑效率的原因。

许多可充电电池的库仑效率都能达到 95% 或更高。当副反应不可逆、导致电活性物质损失时，为达到合理的寿命，库仑效率必须非常接近于 100%。

有些情况下，副反应却为电池提供了过充保护。在阀控密封铅酸电池（valve regulated lead-acid，VRLA）中，正极板在充电后期或过充电时发生析氧反应：

$$2H_2O \longrightarrow 4H^+ + O_2 + 4e^-$$

析出的氧通过特殊的气体空隙转移到负极板，在负极上再复合成水，其反应为

$$O_2 + 4H^+ + 4e^- \longrightarrow 2H_2O$$

通过内部氧循环的方式来实现密封，避免了电解质水的蒸发，实现了免维护功能。

二次电池的第二个效率是**电压效率**。二次电池充电/放电时的电压差决定了它的电压效率。任何欧姆极化、活化极化和浓差极化都会引起电压效率的下降，这些不可逆损失随电流的增加而增加，因此电压效率随着电流密度的增加而下降。与库仑效率类似，电压效率定义为电池进行完整的充电/放电循环时放电平均电压与充电平均电压之比：

$$\eta_V = \frac{\text{放电平均电压}\overline{V_d}}{\text{充电平均电压}\overline{V_c}} \times 100\% \tag{7-12}$$

其中平均电压是由电压对时间积分得到。如电池放电平均电压为

$$\overline{V_d} = \frac{1}{t_d} \int_0^{t_d} V(t)\,\mathrm{d}t \tag{7-13}$$

二次电池的能量效率是库仑效率与电压效率的乘积，代表了充电/放电的循环效率：

$$\eta_E = \eta_C \eta_V = \frac{\text{放电能量输出}}{\text{充电能量输入}} \times 100\% \tag{7-14}$$

二次电池的能量效率总是低于其库仑效率，因为电压效率必定小于 100%。二次电池典型的循环效率接近 90%。当然，能量效率高低取决于充/放电的速率。

🔁 7.8　荷电保持和自放电

荷电保持（charge retention）指电池在开路状态下经过一段时间存储后剩余电荷量所占容量的百分比。自放电（self-discharge）描述了电池容量减少的机理。在一定条件下，电池中的电化学活性物质可以在无电流通过的情况下反应而形成没有活性的产物，这个过程一般称为自放电。不同电池的自放电速率差异很大，锂一次电池容量损失 10% 可能需要 5 年，而一些镍基电池只需要 24h。二次电池的自放电速率差异也很大，Ni-MH 电池每个月自放电 30%，锂离子电池每个月的自放电接近 5%。二次电池的自放电可进一步分为可逆和不可逆自放电，其中不可逆自放电会导致容量衰减（capacity fade）。

自放电速率是电池设计的重要需求。低的自放电速率是一次电池的一个关键特征。自放电速率决定了电池的保质期。许多一次电池在投入使用之前要储存很长时间。自放电速率在很大程度上取决于电池的化学性质，但可以通过电池的设计和制造工艺来降低自放电速率。

电池自放电机理有多种，其中最容易理解的是电池中的短路。可能在电池制造过程中就引入了小的短路，更多是在电池使用中产生的短路。例如，铅酸电池的极板在运行过程中可能会因膨胀和收缩而导致两极接触，或者铅的枝晶穿透隔膜而造成短路。电池外部短路和内部短路的关键区别在于：与内部短路相关的所有 Joule 热都产生在电池内部。这一特性对热失控具有重要影响，热失控是锂离子电池和一些铅酸电池非常严重和关键的安全问题。

自放电的第二种来源是穿梭机理。例如，在 Ni-MH 电池中，聚酰胺隔膜分解产生的 NH_4OH 通过以下的化学穿梭机理进行自放电。在正极：

$$NH_4OH + 6NiOOH + OH^- \longrightarrow 6Ni(OH)_2 + NO_2^-$$

NO_2^- 扩散到负极后，发生：

$$NO_2^- + 6MH \longrightarrow NH_4OH + 6M + OH^-$$

以上两个反应结合起来：

$$MH + NiOOH \longrightarrow M + Ni(OH)_2$$

恰好就是 Ni-MH 电池的电池反应。在负极产生的 NH_4OH 又通过隔膜扩散回正极，循环往复地又转化为 NO_2^-。正负电极之间的这些反应和传递就形成了化学短路，造成电池的自放电。

另一种类似的穿梭机理是金属杂质 M 的氧化还原反应：

$$M^{2+} + e^- \rightleftharpoons M^+$$

当此反应的电势位于正、负极的电势之间时，就会造成自放电。因为金属杂质 M 会在一个电极发生氧化，在另一电极发生还原，形成化学短路。这种可能性再次强调了电池制造中要采用纯度较高的原材料或将原材料予以处理、尽量去除有害杂质的必要性。

第三种也是最为常见的自放电机理是电化学腐蚀。通常，电池中一个甚至两个电极在带电状态下是热力学不稳定的。例如，铅酸电池正极上 PbO_2 和板栅 Pb 之间发生的腐蚀反应：

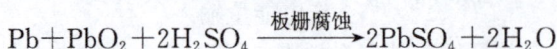

$$Pb+PbO_2+2H_2SO_4 \xrightarrow{\text{板栅腐蚀}} 2PbSO_4+2H_2O$$

该反应消耗了一部分电活性物质 PbO_2，而使电池的容量下降。铅酸电池负极在开路状态下，Pb 的自溶解也会导致容量损失，与 Pb 自溶解的共轭反应是氢的析出反应：

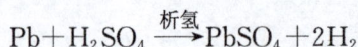

$$Pb+H_2SO_4 \xrightarrow{\text{析氢}} PbSO_4+2H_2$$

无论是受传质还是动力学控制，自放电速率均随温度的升高而剧烈增加。

例 7-6 已知某容量为 0.6Ah 的 Ni-MH 电池中隔膜的厚度是 $200\mu m$，面积是 $0.05m^2$；NH_4OH 的浓度是 1mM，在电解质中的有效扩散系数是 $3×10^{-3}m^2/s$。电极上发生的反应速度都很快。

（1）画出隔膜中 NO_2^- 和 NH_4^+ 的浓度分布。

（2）由 Fick 定律计算自放电速率。

（3）估算完全放电所需的时间。

解 （1）由于电极上发生的反应速度都很快，传递过程是控制步骤，电极表面反应物的浓度为零，因此 NO_2^- 和 NH_4^+ 的浓度分布是线性的，平均浓度为 1mM，见图 7-11。

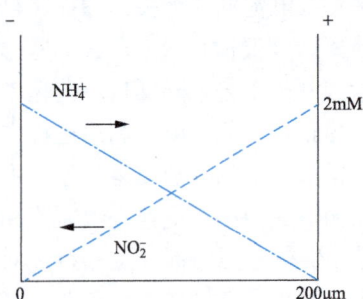

图 7-11 ［例 7-6］图

（2）由积分形式的 Fick 定律，有

$$N_{NH_4^+}=D\frac{\Delta c}{L}=3×10^{-10}×\frac{2}{200×10^{-6}}$$
$$=3×10^{-6}(mol·m^2/s)$$

由法拉第定律把扩散通量转化为电流密度：
$$i=nFN_{NH_4^+}=6×96\,485×3×10^{-6}=1.74(A/m^2)$$

（3）完全放电所需的时间：
$$\frac{0.6}{1.74×0.05}=6.9(h)$$

7.9　二次电池的容量衰减

众所周知，可充电电池的性能随着使用时间的延长而逐渐下降，在充/放电循环中容量不可避免地会发生衰减。可充电电池工作时间的降低称为老化，代表其容量的损失，是电池**循环寿命**（cycle life）和**日历寿命**（calendar life）的综合体现。循环寿命是指电池在它的额定容量降至原来的 80% 之前，电池能够耐受的充放电循环次数。由于不可逆的自放电，电池即使在储存期间也会发生容量的损失。图 7-12 所示为典型的锂离子电池的容量衰减。锂离子电池容量损失原因之一是可供循环锂离子的减少，部分锂离子残留在正极中以及锂离子被负极表面的 SEI 膜捕获。理解容量衰减和功率衰减对于电池系统设计至关重要。导致衰减的主要因素首先是电活性物质的损失，例如 SEI 的形成或不可逆副反应消耗电池中的锂。电活性物质也可能由于重构甚至是电解充气引起体积变化而与电极断开电连接。其次，电荷转移阻力或内阻增加带来的极化损失使得电池更快地达到终止电压。许多电池体系的内阻都随时间而增大。第三是电池中可能存在的化学短路，例如锂硫电池中多硫化锂的传递。

电池的寿命取决于具体的应用，当容量降至额定容量的 70％ 或 80％ 以下时，电池通常被认为不可使用。影响容量衰减的一个关键因素是放电深度。图 7-13 所示为铅酸电池和锂离子电池的放电深度对循环寿命的影响。大多数可充电电池很少能从完全充电状态重复循环到完全放电状态。通常情况下，荷电状态保持在 40％～70％ 的较窄窗口内，其主要原因就是为了减少容量衰减。

温度对电池寿命也具有重要的影响。提高温度有时会引发新的失效机理，但多数情况下还只是加速了现有的失效模式。

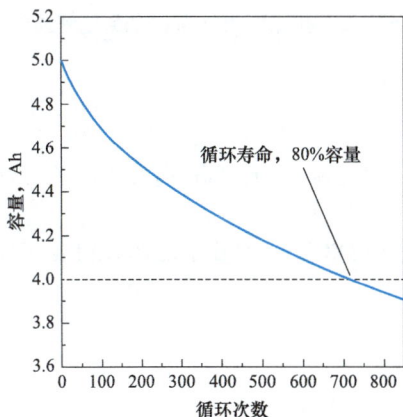

图 7-12　典型的锂离子电池的容量衰减

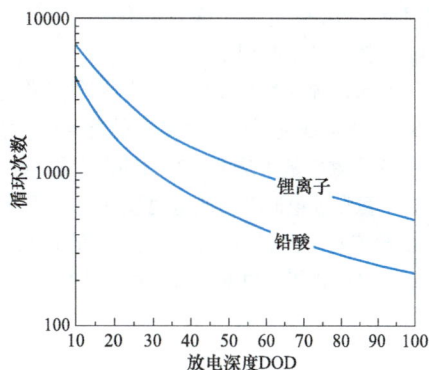

图 7-13　放电深度对循环寿命的影响

习　题

7-1　试利用以下的反应设计一种新型的二次电池：

$$CoO+2Li \rightleftharpoons Co+Li_2O$$

（1）若用 Na 取代 Li，请写出相应的电池反应，这个反应属于哪种类型？

（2）计算以 Li 和 Na 作负极材料时电池的平衡电势、容量和比能量。

7-2　Li-I$_2$ 一次电池的反应式是：

$$2Li+I_2 \rightleftharpoons 2LiI（s）$$

试写出电极反应并计算平衡电势和理论容量。

7-3　Li-I$_2$ 一次电池电极的面积为 $13cm^2$，放电电流恒定为 $28\mu A$。$37℃$ 时电解质 LiI 的电导率为 $4×10^{-5}S/m$；密度为 $3494kg/m^3$。求：

（1）若此电池寿命为 5 年，需要多少电活性材料？

（2）此电池工作 2.5 年后，LiI 隔膜的欧姆电压降是多少？

7-4　由下列电极反应及其标准电极电势

$$Fe+2OH^- \Longrightarrow Fe(OH)_2+2e^-，\varphi_1^\ominus=-0.89（相对于 SHE）$$

$$NiOOH+H_2O+e^- \Longrightarrow Ni(OH)_2+OH^-，\varphi_2^\ominus=0.290（相对于 Ag/AgCl）$$

计算 Ni-Fe（Edison）电池的标准平衡电压。

7-5 当电池是受欧姆极化控制时，电池电压可表示为 $V=U-IR_{int}$，其中 R_{int} 为电池的内阻。试推导出电池最大功率的表达式。最大功率时，电流和电压分别是多少？如果终止电压 V_∞ 小于上述电压最优值，结果又将如何？

7-6 Leclanche 电池的电池反应是：

$$Zn+2MnO_2 \longrightarrow ZnO+Mn_2O_3$$

此电池的理论比容量和比能量是多少？该电池的平均电压是 1.6V，实际比能量是 85Wh/kg，请解释实际值与理论值的差别原因。

7-7 锂-空气电池三种可能的反应为

$$4Li+O_2+2H_2O \longrightarrow 4LiOH$$

$$4Li+O_2 \longrightarrow 2Li_2O$$

$$2Li+O_2 \longrightarrow 2Li_2O_2$$

试计算其理论比能量。

7-8 某电池隔膜的厚度为 $25\mu m$，电解质有效电导率为 2mS/m，孔隙率为 0.55。如果电解质的主体电导率为 18mS/m。

(1) 求隔膜的曲折因子。

(2) 如果电流密度是 $4A/m^2$，计算隔膜欧姆压降是多少？

7-9 二次电池的循环寿命是容量衰减至初始容量的 80%。若电池的循环寿命是 100 次，那么每次充放电循环的库仑效率最小是多少？循环寿命是 1000 次呢？

7-10 恒流放电时某一次电池设计使用寿命是 5 年，放电 C 倍率为多少？由于化学短路引起了自放电，该电池的电流效率为 90%，自放电过程的 C 倍率为多少？

7-11 贫液式铅酸电池负极上可发生的一组反应是：

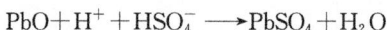

$$Pb+0.5O_2 \longrightarrow PbO$$

$$PbO+H^++HSO_4^- \longrightarrow PbSO_4+H_2O$$

$$PbSO_4+H^++2e^- \longrightarrow Pb+HSO_4^-$$

写出以上反应的总反应方程式。描述正极上的析氧反应、穿梭机理和负极上的反应。这些反应对放电性能有何影响？对过充有何影响？密封型铅酸电池如果与大气相通，自放电速率会有何变化？

7-12 有人提出 Ni-Cd 电池电解质中少量的杂质 Fe 会导致自放电的穿梭机理。下述反应的标准平衡电势是多少？

$$Fe^{3+}+e^- \longrightarrow Fe^{2+}$$

Ni-Cd 电池的两个电极反应分别是：

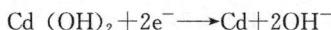

$$NiOOH+H_2O+e^- \longrightarrow Ni(OH)_2+OH^-$$

$$Cd(OH)_2+2e^- \longrightarrow Cd+2OH^-$$

试评论上述自放电过程的可能性。

7-13 如果用 SC^+ 和 SC^- 分别表示正、负电极的比容量，假设两个电极的容量（Ah）是相等的，证明整个电池的比容量 SC 表达式是：

$$SC=\frac{SC^+ \times SC^-}{SC^+ + SC^-}$$

当正极的比容量是 140mAh/g，负极的比容量是 300mAh/g，整个电池的比容量是多少？如果负极的比容量增大至 1000mAh/g 呢？

第 8 章

电池应用：电池单体和电堆设计

8.1 电池设计概述

电池是一种能够将化学能转换为电能的装置，可为各种设备提供电能，在现代生活中扮演着重要的角色。以锂离子电池为例，锂离子电池单体和电堆是现代能源存储的关键技术。锂离子电池单体，作为电池的基本构建模块，是由正极材料、负极材料、电解质和隔膜等部分组成的电池单元。锂离子电堆是将多个电池单体组合在一起形成的更大规模的能源存储系统。在电堆中，电池单体可以通过串并联的方式来实现所需的电压和容量，从而满足不同应用场景的需求。电堆通常应用于电动汽车、可再生能源存储和大规模储能系统等。

锂离子电池单体、电堆在实际应用中各具优势和局限性。锂离子电池单体具有高能量密度和较长的循环寿命，但存在安全性问题和高成本的挑战。电堆可以通过规模化和模块化设计来提高性能和降低成本，但需要解决系统管理和维护的复杂性。在设计和应用这些电池系统时，需要综合考虑其性能参数、尺寸、成本、安全性和环境影响等因素（见表 8-1），以实现最佳的能源存储解决方案。

表 8-1 电池的重要参数

术语	描述	单位
电动势（E）	电池产生的电动势，电池对电荷进行推动的力	V
理论电压	电池中化学反应的理论电压，由正负极材料的电势决定。实际电压可能略低于理论值，受到电池内部电阻和其他损失的影响	V
开路电压	电池在未连接到外部电路时的电压，即在没有电流流经时的电池电压	V
工作电压	电池在实际工作状态下的电压，即在连接到外部电路、进行充放电时的电压	V
容量	电池能够存储的电荷量	Ah
比容量	电池单位质量或体积下的容量	Ah/kg
能量	电池存储的能量，是容量乘以电压的乘积	Wh
理论比能量	电池化学反应的理论能量密度，是电池容量和理论电压的乘积	—
荷电状态（SOC）	表示电池剩余电量占总容量的比例	%
放电深度（DOD）	表示电池放电量与总容量的比例	%

术语	描述	单位
库伦效率	衡量电池在充放电过程中电荷传递效率的参数，是实际传递的电荷与理论电荷之比	%
电池寿命	表示电池在使用中保持性能的时间	循环次数
电池系统	指整个电池系统中的组成部分，包括电芯、单体电池、电池块、电池模组、电池包、电池管理系统（BMS）和控制电路等	—
电池安全性	表征电池在充放电和使用过程中的安全性能，包括防止过充、过放、过热等措施	—

以电动汽车用锂离子电池为例，其技术规格包含放电时长、能量及目标电池电压。通常，单个锂离子电池的电压由其化学构成决定，电压值通常为 $3.6 \sim 3.8V$。

若电堆电压为 $360V$，单个电池电压为 $3.75V$，则所需串联电池数目 m 为

$$m = \text{电堆电压} V_{pack} / \text{单体电压} V_{cell} = 360/3.75 = 96 \tag{8-1}$$

即需要 96 个电池串联成一组，称为电堆。

电池组合的优势取决于其串联和并联连接方式。通过串联可提升电压，而通过并联可增加容量，以满足特定性能需求。本例中，选择两个电池组并联的连接方式，即 $n=2$。因此，总的电池数为

$$N_c = mn = 96 \times 2 = 192 \tag{8-2}$$

这是串联电池数（m）与并联的电池组数（n）的乘积。确定每个单体电池的容量需根据电池的能量储存需求来进行，单个电池的能量为其容量与电压的乘积（$E_{cell} = Q_{cell} V_{cell}$）。电堆总能量（$E_{pack}$）为每个单体电池能量的总和（$E_{pack} = N_c E_{cell}$）。若电堆总能量为 $24kWh$，根据此得出

$$Q_{cell} = E_{cell}/V_{cell} = E_{pack}/(N_c V_{cell}) = 24\,000/(192 \times 3.75) = 33 (Ah) \tag{8-3}$$

因此，总共需要配置 192 个电池，每个电池的容量为 33Ah。这些电池通过设计为两个并联的串，以达到 360V 的额定电压。需注意，如果仅使用一组串联的方式，每个电池的容量将需要翻倍。

例 8-1 请分别比较串联三个电池和并联三个电池的能量、容量和电压。

（1）对于三个串联的电池，确定 V_{pack}、E_{pack} 和 Q_{pack}。

（2）对于三个并联的电池，确定 V_{pack}、E_{pack} 和 Q_{pack}。

（3）根据（1）和（2）的结果，比较两种配置下的电压和容量。

解 （1）串联电压为 $V_{pack} = 3V_{cell} = N_c V_{cell}$，总能量为 $E_{pack} = 3E_{cell} = N_c E_{cell}$，对于容量，有 $V_{pack} Q_{pack} = N_c E_{cell} = N_c V_{cell} Q_{cell} = V_{pack} Q_{cell}$。因此，$Q_{pack} = Q_{cell}$。

（2）并联连接电池的电池电压就是单个电池的电压。因此，$V_{pack} = V_{cell}$。总能量 $E_{pack} = 3E_{cell} = N_c E_{cell}$。对于容量，$E_{pack} = V_{pack} Q_{pack} = N_c E_{cell} = N_c V_{cell} Q_{cell} = V_{cell} (N_c Q_{cell})$。因此，有 $V_{pack} = V_{cell}$，$Q_{pack} = N_c Q_{cell}$。

（3）两种情况的能量是相同的。对于串联情况，有较高的电压和较低的容量；对于并联配置，有较低的电压和较高的容量。

8.2　电池电堆设计及布局

电堆是由若干电池单元组成的，这些单元通过串联和并联的方式相互连接。它们的通常命名格式为（mS-nP），表示有 m 个电池单元串联连接，n 个串联后的电池单元并联连接。电池单元的总数 N_c 是 m 与 n 的乘积，所有这些电池单元共同构成了电堆，也称为电池组。在某些情况下，会将部分电池单元组装在同一个模块内。本节主要讨论，在给定的电池单元设计的基础上，如何最优化地组合这些电池单元，以实现设计目标。

对于固定数量的电池单元 N_c，存在许多不同的布局或电气连接方式。图 8-1 所示为一个通用的布局。为了确定串联放置的电池数量，需要知道所需的总电压。电池串联时，总电压是单个电池电压的总和。因此，如果需要一个特定电压水平的电源，可以通过将电池串联来达到这个电压。电池的电阻，也称为内阻，是电池内部存在的电阻，它会影响电流流动和电池的峰值功率输出。内阻会导致电池在提供电

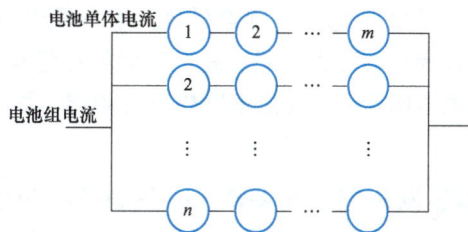

图 8-1　mn 个电池可能的串并联布置

流时产生电压降，从而减少实际可用电压。此外，内阻还会产生热量，影响电池的寿命和性能。在计算峰值功率时，需要考虑电池的内阻，因为它与负载电阻一起决定了电池能够提供的最大电流。电池的最大输出功率可以通过式（8-4）计算：

$$P = V^2/R \tag{8-4}$$

式中：P 为功率，W；V 为电压，V；R 为总电阻，包括电池内阻和负载电阻，Ω。

如果负载电阻和电池内阻的总和很大，那么电池能够提供的最大电流将会降低，从而减少峰值功率。因此，在设计电路时，需要考虑电池内阻对峰值功率的影响，并相应地选择电池和设计电路，以确保达到所需的性能标准。在实际应用中，电堆的总电阻对电堆的性能有重要影响。总电阻越小，电堆在提供电流时电压降越小，这有助于提高电堆的效率和输出功率。

如上所述，电池单元的数量与串联和并联电池的数量之间的关系为 $N_c = mn$，N_c 代表电池单元的总数，而 m 和 n 分别代表串联和并联电池的数量。这确保了电堆中电池单元的总数在串联和并联组合中保持不变。

在设计电堆时，还需要考虑到电池单元的开路电压（V_{ocv}），这是电池在不加负载情况下测量的电压，通常用作电池满充电状态的参考电压。电堆的开路电位将是单个电池单元开路电位的总和。假设所有的电池单元都是相同的，每个电池单元的开路电位为 V_{ocv}，内部电阻为 R_{in}，外部电阻为 R_{ex}，电池的总电阻（R_{tot}）计算公式如下：

$$R_{tot} = (m/n)R_{in} \tag{8-5}$$

串联连接会增加电池的电阻，而并联连接会降低电池的电阻。类似地，串联连接会导致电池电压增加，而并联连接会增加电池的容量和电流。因此，$V_{pack} = mV_{cell}$，$I_{pack} = nI_{cell}$。

考虑欧姆限制

$$V_{pack} = m(V_{ocv} - I_{cell}R_{in}) \tag{8-6}$$

电池功率为

$$P_{pack} = I_{pack}V_{pack} = mnI_{cell}(V_{ocv} - I_{cell}R_{in}) \tag{8-7}$$

因此，电池的功率为单个电池的功率乘以电池的数量，与电池的连接方式无关。然而，维持较高的电压需要串联足够数量的电池。为了避免系统过热现象的发生，规定了电堆的最大电流。当电压增加时，为了保持相同的功率传输，电流会减小，因此，电压的升高可以显著减少传输过程中的电能损耗。

以上分析只包括电堆中电芯的内阻。除此之外，还应考虑电池连接处的电阻。电池之间的导线及电子元件连接处存在接触电阻。对于这种情况，需要将电池外部的电阻与式（8-4）计算的组合内阻相加：

$$R_{tot} = R_{ex} + m/nR_{in} \approx R_w(1+m)/n + m/nR_{in} \tag{8-8}$$

其中，R_w 是每个电池之间及串联末端的导线和连接电阻的总和。可见，外部电阻越低，电池提供的最大功率越高，获得的能量也越大。如式（8-8）所示，外部电阻可以从连接导线的电阻和单个接触电阻中计算得出。因此，外部电阻可根据电池布局而变化。

例 8-2 需要设计一个 48kWh 的电堆，用于储存 4h 的能量。可用的电池单元的开路电压为 2V，容量（$C/4$ 速率）为 1kWh，内部电阻为 $2m\Omega$，R_w 等于 $0.75m\Omega$。比较以下四种配置的额定电压、电流和最大功率：4S-12P、8S-6P、12S-4P 和 48S-1P。

解 为了满足总能量需求，每种可能的配置都有 48 个电池单元。根据 4h 的放电时间，平均需要 12kW 的功率。因此，电池的名义电流和电压计算公式如下：

$$P_{pack} = IV = I(mV_{ocv} - IR_{tot})$$

其中

$$R_{tot} = R_w(1+m)/n + (m/n)R_{in}$$

对于每种布局，根据计算总电阻，并通过调整电池电流找到最大功率，具体计算结果见表 8-2。随着串联的电池数量增加，最大功率略有提高。随着电池并联排列数量的增加，电堆电流变得非常大。

表 8-2   [例 8-2] 数据

m	n	V (V)	I (A)	P_{max} (kW)
4	12	6.1	1980	16.3
8	6	12.3	976	16.9
12	4	18.4	647	17.1
48	1	74.7	161	17.3

在 [例 8-1] 中，一个 24kWh 的电堆是由 192 个电池单元、2 组电池串组成。然而，在实际应用中，不会以 96S-2P 的方式设计电池。相反，电池单元会被分组到模块中。在这种情况下，4 个电池单元可以组合成一个模块，每个模块是 2S-2P，放在一个单独的外壳内，带有一对电极接口。48 个这样的模块被串联在一起，形成电池模块（见图 8-2）。

在本节中，研究如何连接电池单元以满足所需的电堆规格。在接下来的章节中，与使用固定的设计不同，将考虑单个电池单元的设计。在 [例 8-2] 中，可选择一个更小容量的电池单元，将电压提高到例如 200V 或 300V，以进一步减小电流。

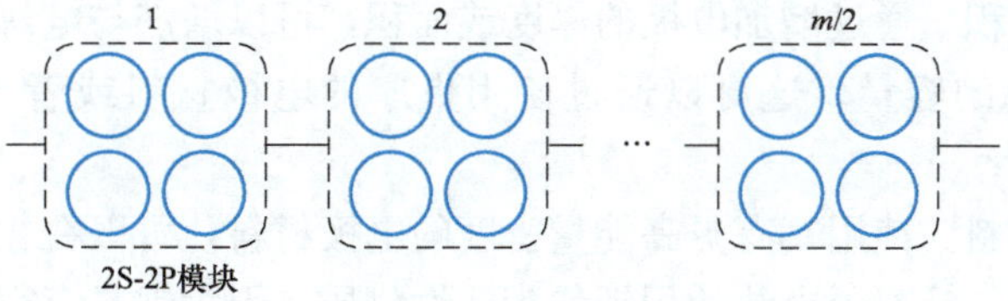

图 8-2 电池模块

8.3 电池的容量设计

由 8.2 节可知，电池单元通过串联可以增加电堆的电压，而通过并联可以增加电堆的容量。例如有 n 个电池单元，每个电池单元的电压为 V，那么 n 个电池单元串联后的总电压就是 nV。当把多个电池单元并联起来时，每个电池单元的电压不变，但电堆的总电流会增加。如果有 n 个电池单元，每个电池单元的电压为 V，那么 n 个电池单元并联后的总电压仍然是 V，但总电流会增加 n 倍。电堆的总容量（电流乘以电压）也随之增加。因此，通过合适的串联和并联，根据需要获得不同的电压和容量，以满足各种设备的电池需求。

然而，电池系统的设计需要考虑体积、质量和复杂性。为了优化这些因素，电池制造商和系统设计者通常会采取以下几种策略：

（1）模块化设计。将电池单元分组成模块，可以使得电池系统的组装更加灵活。模块化设计允许工程师根据特定的应用需求选择适当的电池单元数量，同时减小整体系统的体积、质量，降低系统复杂性。例如，如果一个设备需要特定的电压或容量，可以通过增加或减少模块中的电池单元来调整。

（2）增加单个电池单元的尺寸。通过增大单个电池单元的尺寸，可以在不增加单元数量的情况下提供更高的电压和/或容量。这种方法可以减少串联的电池单元数量，从而减少附件的数量和系统的复杂性。然而，这种方法可能会受到物理空间的限制，并且可能需要更大的制造和运输成本。

（3）集成化设计。将电池单元与其他电子组件（如控制单元、保护装置、温度传感器等）集成在一起，可以减少外部附件的数量，从而减小系统的体积和质量。这种集成化设计还可以提高系统的整体性能和可靠性。

（4）标准化和模块化连接器。使用标准化的连接器和接口，可以简化电池单元之间的连接，缩短制造和装配时间，同时提供灵活的系统配置选项。

（5）智能管理系统。通过集成智能管理系统，可以优化电池单元的性能和寿命，同时减少对外部附件的需求。例如，智能管理系统可以监控电池单元的状态，自动调节充放电策略，以及管理温度和电压等关键参数。

通过上述策略，设计者可以创造出既高效又轻便的电池系统，以满足各种应用的需求。

由于电池的容量与反应材料的数量有关，电池容量的增加不仅仅取决于反应材料的体积或质量，电池的容量还受到化学反应的效率、电池结构设计、电极的表面积、电解质的导电性、电池制造的质量等多种因素的影响。在实际应用中，增加电池单元的容量通常涉及以下几个方面：

（1）**增加电极面积**。通过增加电极的厚度或面积，可以增加与电解液接触的反应物质的数量，从而提高电池的容量。这可以通过使用更厚的电极材料或者设计多层电极结构来实现。

（2）**优化电极材料**。使用具有更高能量密度的电极材料，可以在相同的体积或质量下提供更多的电能。例如，锂离子电池使用锂作为活性物质，因为锂具有很高的能量密度。

（3）**改进电池结构**。通过改进电池的结构设计，例如使用三维电极结构或者纳米级电极材料，可以提高电极的利用率，从而增加电池的容量。

（4）**优化电解液（质）**。电解液（质）是电池中传递离子的介质，通过优化电解质的类型和浓度，可以提高电池的离子传输效率，从而增加电池的容量。

（5）**改进制造工艺**。电池制造工艺的精细化，如采用精密的涂覆技术、滚涂工艺或者混合技术，可以提高电极的均匀性和质量，从而增加电池的容量。

因此，虽然增加电池单元的大小（体积）可以提供更多的反应材料，但为了实现更高的容量，还需要综合考虑上述多个因素。为了进一步了解，首先需要建立大小（体积）和容量之间的定量关系。以一款主要的锂亚硫酰氯电池为例。该电池的总反应方程式为

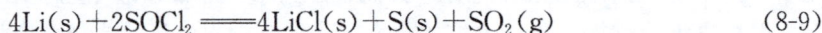

$$4Li(s) + 2SOCl_2 \Longrightarrow 4LiCl(s) + S(s) + SO_2(g) \tag{8-9}$$

在正极沉积的固体有两种反应产物，另一种产物是二氧化硫气体。同时，需要注意 $SOCl_2$ 电解质也参与了反应。在设计和使用这类电池时，需要特别注意气体的生成，因为气体的体积会增加电池系统的总体积，此外还应考虑随着反应进行电解质体积的减小，以上可能会对电池的性能和安全性产生影响。因此，此类电池系统的设计通常采用图8-3所示的电池结构。

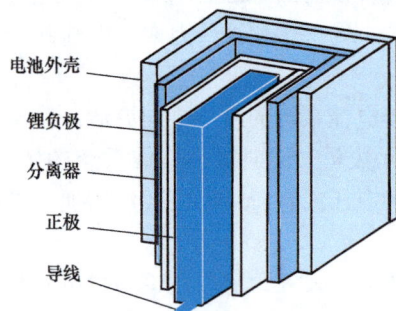

图 8-3　电池结构

标注：电池外壳、锂负极、分离器、正极、导线

在本电池中，负极通常使用锂金属箔，而正极则使用多孔碳材料。这种电池的体积 V_{cell} 是各组成部分体积的总和，包括负极 V_{neg}、正极 V_{pos}、隔膜 V_{mem}、正极电流集电体 V_{ccp}、负极电流集电体 V_{ccn} 及其他辅助部件 V_{sup}。因此，总的电池体积为

$$V_{cell} = V_{neg} + V_{pos} + V_{mem} + V_{ccp} + V_{ccn} + V_{sup} \tag{8-10}$$

假设本电池的容量是 Q（Ah），那么根据法拉第定律，负极的体积为

$$V_{neg} = \frac{3600 Q M_{Li} f_a}{F \rho_{Li}} \tag{8-11}$$

在计算中，3600 是一个常数，用于将安时（Ah）容量单位转换为库仑（C）电量单位。这个转换是基于电池的标称电压（通常为 3.6V）和电池的标称容量（Ah 为单位）进行的，转换公式为 1Ah＝3600C。此外，M_{Li} 和 ρ_{Li} 分别是 Li 的相对原子质量和密度，F 为法拉第常数。

f_a 是一个设计参数，是指考虑到实际应用中可能出现的不确定性和安全裕度的设计因素，用于确保电池在实际应用中的安全性、可靠性和电池的成本和性能。通常，f_a 是经验值或通过电池的测试数据得出的值，在电池设计中，尤其是对于锂金属负极电池，通常会设计一定的过剩锂量，以确保即使在极端情况下（如过度放电）电池也不会发生短路或其他安全问题。这种设计裕度可以保证电池在不同的工作条件下保持稳定和安全。

为了提高电池的性能，正极材料中通常采用多孔碳材料作为电极活性物质。在电池的放电过程中，正极上的活性物质会与锂离子反应，生成相应的锂盐。如上所述，正极材料中包含硫（S）和氯化锂（LiCl），这两种物质的体积在放电过程中会增大。如果这些物质没有足够的空间来扩散和嵌入，它们可能会导致电极材料的结构破坏，影响电池的性能。多孔碳材料具有较高的孔隙率，这些孔隙为放电过程中产生的固体反应产物提供了空间。初始孔隙体积超过放电产生的固体反应产物体积是重要的，因为这保证了活性物质在反应时有足够的空间来容纳新生成的固体物质，从而避免了结构的快速塌陷。此外，由于硫和氯化锂的体积随容量增加而增加，所以多孔碳材料的孔隙结构需要与这些体积变化相适应，以保持良好的电化学性能。

那么，产生的固体体积 V_s 是硫和氯化锂的总和：

$$V_s = 3600 Q[M_{LiCl}/(F\rho_{LiCl}) + M_s/(4F\rho_s)] \tag{8-12}$$

$$V_{pos} = V_s f_c/\varepsilon = 3600 Q f_c[M_{LiCl}/(F\rho_{LiCl}) + M_s/(4F\rho_s)]/\varepsilon \tag{8-13}$$

其中，ε 表示正极电极的初始孔隙体积分数，这个参数对于确定电极材料的密度和电池的整体能量密度至关重要。一个高的孔隙体积分数可以提供更多的空间来容纳在放电过程中生成的固体产物，从而减少电极材料的体积膨胀对结构稳定性的影响。

f_c 是第二个设计因素，代表正极电极中的额外多孔体积，这个参数类似于所需的额外锂。即使在完全放电时，这部分孔隙体积也必须保留，以确保电极材料有足够的空间来适应体积变化，从而保持电极的结构完整性和电池的性能。

除了正极电极的孔隙结构，电池的设计还需要考虑其他组件的体积，如隔膜、负极集流体和正极集流体。这些组件的体积对于确保电池内部结构的稳定性和电荷的均匀分布非常重要。隔膜是一种非活性材料，它位于正负极材料之间，防止活性物质之间的直接接触，同时允许锂离子的通过。负极集流体和正极集流体则是用来收集和传输电流的导体材料，它们需要有足够的体积来满足电子传输的需求。

在电池设计和制造过程中，需要仔细优化这些参数，以确保电池可以实现高效率、长寿命和良好的安全性能。通过精确控制电极孔隙结构和其他组件的体积，可以提高电池的整体性能。

$$V_s + V_{ccn} + V_{ccp} = A_s(d_s + d_{ccn} + d_{ccp}/2) \tag{8-14}$$

其中，V_{ccn}、V_{ccp} 分别为负、正极集流体的体积；d_s、d_{ccn}、d_{ccp} 分别为隔膜、负极集流体和正极集流体的厚度。图 8-3 展示了隔膜绕过正极电极两侧的设计方式。为了从隔膜面积得到正极集流体的面积，需要将隔膜面积除以 2。Q_f 是电池在放电过程中能够释放的总电量，是电池性能的一个重要参数。将这个关系和式（8-11）、式（8-13）和式（8-14）代入式（8-8），得

$$V_{cell} = Q(3600)\{M_{Li}/F\rho_{Li} + f_c/\varepsilon[M_{LiCl}/(F\rho_{LiCl}) + M_s/(4F\rho_s)] + f_{ex}\} + A_s(d_s + d_{ccn} + d_{ccp}/2)$$

$$\tag{8-15}$$

在电池设计中，式（8-15）描述了电池体积与电池容量之间的关系。这个关系描述了为了达到更大的容量，电池体积需要如何变化。考虑一个现有的电池设计，例如初始容量 Q_0 和初始体积 V_0，放电时间不变的条件下增加容量。可以使用这个方程来计算为了达到更高的容量 Q_1（假设是 Q_0 的两倍）需要增加的体积 V_1。假设隔膜面积保持恒定，那么电池的额定电流密度将会与电池的容量成正比。电流密度是指单位面积上的电流，通常用安培每平方米（A/m^2）表示。如果将电池的容量增加一倍，理论上需要将电流密度提高一倍，因为

电流密度与容量成正比。从式（8-15）中可以看出，容量翻倍所需的最小体积来自保持隔膜面积、隔膜厚度和集流体厚度不变。那么需要增加电极的体积来容纳更多的电化学活性物质。因此，需要增加电极的厚度或增加电极的面积。图 8-4 中第一步保持隔膜面积 A_s 不变，而每个电极的厚度增加，新的体积计算公式如下：

$$i = \frac{Q}{t_d A_s} \tag{8-16}$$

在保持隔膜面积恒定的情况下，当电池的容量增加两倍，电流密度也增加两倍。随着电流密度增大，电池的欧姆压降和浓差极化增加，导致在给定电流下电池的电压降低。电池的性能会受到这些内部极化的影响，导致实际的放电电压和有效容量下降。在更高的电流密度下，电池的截止电压减小，导致有效容量降低。

如图 8-4 所示，电池设计中的另一种策略，通过增加电极间的隔膜面积来增加电池的总电量，即容量 Q。在保持电极和其他电池组件的厚度不变的情况下，增加电池的面积，能够让更多的活性物质参与化学反应，从而提升电池的容量。如果隔膜面积与容量 Q 成比例，那么当隔膜面积增加一定的比例因子 α 时，电池的容量 Q 也将增加 α 倍。因为电池的体积与隔膜面积成比例，所以体积也会按照相同的因子 α 进行缩放。这意味着，如果电池的隔膜面积翻倍，其容量和体积也会翻倍。而且，根据式（8-16），平均电流密度是恒定的，电化学性能没有显著变化。所得体积随容量变化的情况如图 8-5 中的 O_2 所示。电池的体积与容量呈线性关系，比先前情况下计算的体积（方法一）更大。这因为方法一中隔膜和集流体所占的体积保持恒定，对于方法二，随容量进行了缩放。

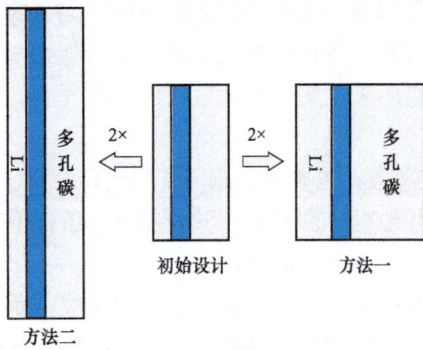

图 8-4 增加电池容量的方法

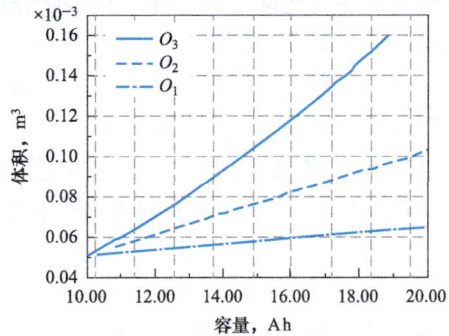

图 8-5 亚硫酰氯电池的三种容量扩展方法

图 8-6 采用并联连接的形式堆叠组装的板或电池

另一种增加容量的设计方案是将几个电极堆叠在一起组成单个装配体。特别是在铅酸电池和锂离子电池中，通过将多个电极堆叠在一起来增加电池的总电量，如图 8-6 所示。这种设计允许通过增加电极的数量来提升电池的性能，而不需要改变电池的整体尺寸或增加隔膜面积。在这种设计中，每个电极都包含活性材料，并且它们被放置在集流体的两侧。与双极配置相比，这种堆叠配置通过增加额外的电极材料来增加容量，而不是通过增加隔膜面积。

图 8-6 所示的配置允许在保持隔膜面积和电极厚度不变的情况下，通过添加或去除电极材料来独立地改变电池的平面尺寸，从而调整电池的容量。这种方法避免了与大电极相关的问题，如表面积与体积比率的变化，同时还能保持较小的体积。由于单个集流体用于两个电极，需要对集流体进行相应的尺寸调整，以适应两个电极的堆叠。电池的体积或质量的包装因子在 1.5～1.8 范围内变化，这表明电池的设计可以非常紧凑，同时保持较高的能量密度。这种堆叠电极的设计是增加电池的容量一种有效的方式，同时可保持电池的体积和质量在可接受的范围内。这种设计适用于需要高能量密度和紧凑尺寸的应用。

8.4 电池的倍率设计

在 8.3 中主要分析了增加电池容量来减少电堆所需电池数量的方法，本节继续研究电池设计对电池的倍率能力或功率的影响。在电池设计中，功率是指电池能够在一定时间内释放能量的能力，它与电池的容量、电流和电流密度有关。对于给定的电池容量，电流和电流密度与放电时间的关系为 $P=UI$，其中，P 为功率（W）。电池的容量 Q（Ah）与电流 I（A）的关系式可表示为

$$I_{cell}=Q_{cell}/t_d \tag{8-17}$$

$$i_{cell}=Q_{cell}/A_s t_d \tag{8-18}$$

长时间放电伴随的是低倍率能力，短时间放电伴随高倍率能力。下面以铅酸电池为例来探讨放电时间对电池设计的影响。铅酸电池的性能受到其化学反应速率和电极材料表面积的影响。在设计铅酸电池时，可以根据应用需求的不同，优化电池的容量或速率能力。当设计用于高容量的电池时，这种电池旨在提供尽可能高的总电量，以便在长时间内稳定供电。这类电池通常具有较高的电解液密度、较大的表面积和较厚的极板，以增加电池的总电量。这种设计可能会牺牲一定程度的倍率能力，因为电池在大电流放电时可能无法提供足够的功率。如果需要在大电流下使用电池，例如启动汽车，电池需要提供高功率。为了满足这种需求，可以将用于高容量的电池的容量缩减到在大电流充放电中所需的水平。这种缩放是基于保持电化学特性不变的原则，即电池的内部化学反应速率在缩放过程中保持恒定。例如，如果一个高容量的铅酸电池在 20h 放电时间下提供 100Ah 的容量，那么为了获得更高的功率输出，可以将容量减少到足以在 2h 内提供相同的能量。这种设计需要使用具有更高电流密度的电极材料和优化电池的内部结构，以减小内阻和提高电池在高电流下的性能。如果在不改变电池容量的情况下提高倍率性能，可以通过以下方法实现：

（1）使用更高性能的电极材料，如高纯度的铅合金或改性的铅酸化合物。

（2）优化电极的微观结构，例如使用多孔或纳米结构的电极材料，以增加电极的比表面积和反应速率。

（3）减小电池的内阻。可以通过使用更好的隔膜材料、改进电池的电解液配方或采用离子液体等技术。

（4）改进电池的制造工艺，例如采用更精确的电极涂覆技术和优化电池的组装结构。

通过这些方法，可以在不牺牲电池容量的情况下，提高电池在高电流下的性能，从而提高倍率能力。

铅酸电池普遍用于启动汽车发动机，也称为启动-照明-点火（starting-lighting-ignition，SLI）电池。它需要在发动机启动时提供足够的电流来启动发动机，这是一个对功率要求很高的过程，但启动过程本身相对较短。电池需要能够在短时间内迅速释放出大量的能量，但不需要长期持续提供大量能量。在正常操作下，SLI 电池的荷电状态（state of charge，SOC）不会发生显著变化。这意味着这类电池在常规使用中，其电量基本保持稳定，不会因为日常使用而发生明显的充电或放电。SLI 电池通常具有大约 60Ah 的容量，这个容量足以满足启动发动机所需的功率，同时也足够小巧以便于安装在汽车中。相比之下，其他类型的铅酸电池则是为了备用电源而设计的，它们能够在更长的时间内提供电力，比如数小时或数十小时。这些电池通常用于 UPS（不间断电源）系统、紧急照明、发电机启动，以及其他需要长时间稳定电源的场合。这类电池的容量通常比 SLI 电池要大，因为它们需要存储更多的能量以满足长时间供电的需求。

与 SLI 应用相比，备用电源电池更适合需要长时间稳定供电的场合。这些类型的电池称为高容量或深循环电池。深循环电池是设计用于深度放电，即电池可以被放电到较低的电量状态（如放电至 20% 或更低），并能够承受多次深度放电循环。讨论 SLI 和深循环电池设计的不同之处，可将一个深循环铅酸电池设计为 SLI 电池，所涉及的参数变化见表 8-3。

表 8-3   **SLI 电池和深循环电池的设计参数**

参数	现有的深循环电池	深循环电池扩展到 SLI 电池的容量	理想的 SLI 电池
名义电压（V）	2	2	2
容量（Ah）	1700	60	60
放电时间	10h	30s	30s
冷启动电流（A）	NA	71	560
质量（kg）	125	4	16
内阻（mΩ）	0.4	11.3	1.4
循环寿命	500（50%SOC）	—	2000（3%SOC）

将一个深循环电池（1700Ah）的容量缩放到 SLI 电池所需的容量（60Ah）。按照容量比例减小电池面积。内部电阻 R_{in}^{SLI} 为

$$R_{in}^{SLI}=R_{in}^{dc}（\text{深循环电池容量/SLI 容量}）=0.4×1700/60=11.3(\text{mΩ}) \tag{8-19}$$

假设电池的质量与容量或面积直接成比例：

$$M_{SLI}=m_{dc}（\text{SLI 容量/深循环电池容量}）=125×60/1700=4.4(\text{kg}) \tag{8-20}$$

SLI 电池的评级是以冷启动安培数（CCA）来衡量的。SAE J537（汽车工程师协会出版物）规定，这个值是在 −18℃ 以下可以维持 30s 的最大电流，而不至于电压降低至 7.2V 以下（这里假设是一个由六个串联电池组成的 12V 标称电池），单个电池的相应电压为 1.2V。可得

$$V_{cell}=7.2/6=1.2=2-IR_{in}^{SLI} \tag{8-21}$$

该过程忽略温度的影响。使用缩放后电池的内部电阻计算值，估算出与 CCA 相对应的电流为 71A，约为所需值 560A 的 1/8。显然，将深循环电池缩放到所需的 SLI 容量不能满足 SLI 电池的性能要求。因此，必须改变电极设计以降低电阻从而增加功率。

在保持电池总容量不变的情况下，提高电池的功率输出是一个重要的设计目标，尤其是

在需要快速充放电的应用中，如混合动力车辆和一些移动设备。功率是电流和电压的乘积，要提高功率，可以通过增加电流或提高电压来实现。因此，当电池的容量（储存的能量）保持不变时，提高功率输出通常意味着需要提高电池的放电速率。如图 8-7 所示，这可以通过以下两种主要方式实现：

（1）减小电极厚度。当电极变薄时，电解液与活性材料之间的接触面积增加，这有助于提高离子传输速率，从而加快充放电过程。此外，较薄的电极通常具有更高的电子导电性，这也有助于提高电池的整体性能。

（2）增加电极面积。使用更多但更薄的集流体可以增加电极的有效面积。在相同的电流下，更大的面积意味着更低的电流密度，这有助于减少由于内阻引起的能量损耗，从而提高电池的速率能力。

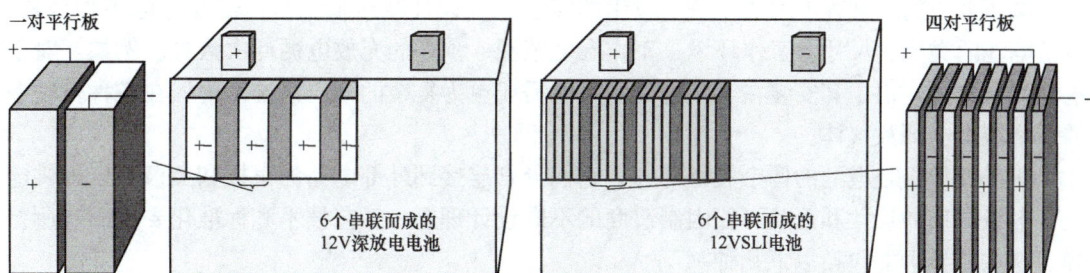

图 8-7　电池内部结构

根据式（8-21）可计算出内部电阻为 $1.4 m\Omega$。因为电池的功率输出与电池的面积成正比，所以电池的面积必须增加约 8 倍（11.3/1.4），增加面积可以降低电流密度，从而减少内阻引起的能量损失。为了实现所需的功率，SLI 电池的隔膜面积需要是深循环电池的 8 倍左右，导致电极变薄至约 1/8。在实际应用中，电极设计得更薄且更多孔，以进一步降低电阻。更薄的电极可以提供更高的离子传输速率和电子导电性，从而降低内阻。因此，要提高 SLI 电池的功率输出，需要综合考虑电极设计、电池面积、内阻和电池管理等多个因素。通过优化这些参数，可以实现更高的功率输出。

SLI 电池由于其高功率输出和较大的内阻，可能会在放电过程中产生更多的热量，这可能会导致电池的寿命缩短。此外，SLI 电池通常需要更多的集流体和隔膜，这会增加电堆的质量和体积，从而影响特定容量。SLI 电池通常在其设计的有限深度放电（DOD）下表现良好，这意味着 SLI 电池要在不超过某个放电深度的情况下使用，以延长其寿命。然而，即使是设计得当的 SLI 电池，在大充放电深度（SOC 窗口）下循环时，也可能表现出容量衰减快和寿命短的特性。

综上所述，虽然 SLI 电池可能具有与深循环电池相似的特定容量，但由于其设计、内阻和应用场景的不同，它们的能量密度和循环寿命可能会有所不同。在实际应用中，选择电池类型时需要考虑这些差异，以确保满足特定应用的需求。

8.5　电池的机械与装配设计

本章前面内容已经探讨了电池和电堆设计的几个方面，本节将简要介绍电池模块的构造方式。锂电池广泛应用于便携式电子设备、电动汽车和大规模储能系统等领域。由于锂电池的化学性质，需要采取措施来防止其与水分和氧气接触，以保证安全稳定地运行。密封容器是实现这一点的关键，它可以有效隔绝外部环境中的水分和氧气，从而防止锂电池的活性材料与其接触而发生化学反应。锂电池在充电和放电过程中会产生气体，因此在设计时还需要考虑内部压力的释放问题，以免因压力过大而导致容器破裂。在选择容器或外壳材料时，不仅要考虑其对电池内部化学物质的阻隔性能，还要综合考虑其机械强度、成本、加工难度等多方面因素。因此，在密封的外壳中，需要减压阀［见图 8-8（a）］，以避免伤害和设备损坏。减压阀的设计通常包括一个或多个压力释放阀，这些阀门能够在压力达到预设的安全极限时自动开启，从而释放多余的气体。这些阀门可以是机械式的，也可以是电子式的，其工作原理可能是基于温度变化、压力变化或者气体流速变化等。

减压系统的复杂程度取决于特定应用的需求。在设计减压系统时，需要考虑多种因素，包括电池的类型、尺寸、工作环境、工作温度范围、预期的充放电循环次数等。例如，对于电动汽车电池，由于其安装在车辆内部，可能需要更为复杂的减压系统来确保在各种行驶条件下都能安全释放气体。

正极和负极是电池的两个关键部分，它们分别连接到外部电路的正极和负极，以提供电流。电极端口的尺寸和形状可能因制造商的不同设计理念、工艺技术和标准化要求而有所差异。这些差异可能包括以下几种：

（1）连接方式。有的电池采用螺纹连接，有的采用卡扣连接，还有的采用插接方式。

（2）尺寸标准。不同制造商可能遵循不同的尺寸标准，这可能与他们的设计哲学、成本考量和特定的应用需求有关。

（3）材料选择。电极端口可能由多种材料制成，包括金属、塑料、陶瓷等，这些材料的选择会影响电池的导电性、耐腐蚀性和机械强度。

（4）安全特性。现代电池的电极端口可能包含多种安全特性，如过压保护、短路保护、温度控制等。

由于电极端口是电池与外部世界交互的界面，因此它们的尺寸和形状对于电池的安装、维护和使用至关重要。在更换电池或维护设备时，需要确保新的电池与原设备的电极端口兼容。此外，电极端口的差异也可能影响电池模块或系统的热管理，因为电池的散热性能与其外部接口的设计有关。

在设计和制造电池系统时，制造商需要确保电极端口的性能符合设备的整体安全和性能要求，同时也要考虑到成本效益和用户的便利性。

电池的不同类型和设计决定了它们的物理形态和应用场景。常见的有棱柱形、板式形、圆柱形和圆片形等几种形态。

棱柱形电池（prismatic batteries）以其长方体的外形而著称，这种形状可以有效地利用空间，使电池可以在有限的空间内紧密排列。这种设计特别适合需要大量能量密度的应用，例如电动汽车和大型储能系统。棱柱形电池的内部结构通常由多个电极堆叠而成，电极之间由电解质和隔膜隔开。棱柱形电池可以是铅酸电池，也可以是锂离子电池等多种类型。

板形电池（plate-type batteries）通常指的是铅酸电池，其结构特点是正负极板平行排列，电解质溶液在板之间流动。板式电池通常用于启动发动机、不间断电源（UPS）和一些固定储能应用。

圆柱形电池（cylindrical batteries）以其圆柱形状而得名［见图 8-8（b）］，这种电池的设计可以提供较高的能量密度和稳定的性能。圆柱形电池广泛应用于便携式电子设备和一些电动汽车中。它们通常由一个中心的正极和一个外壳组成的负极组成，电解质填充在正负极之间。

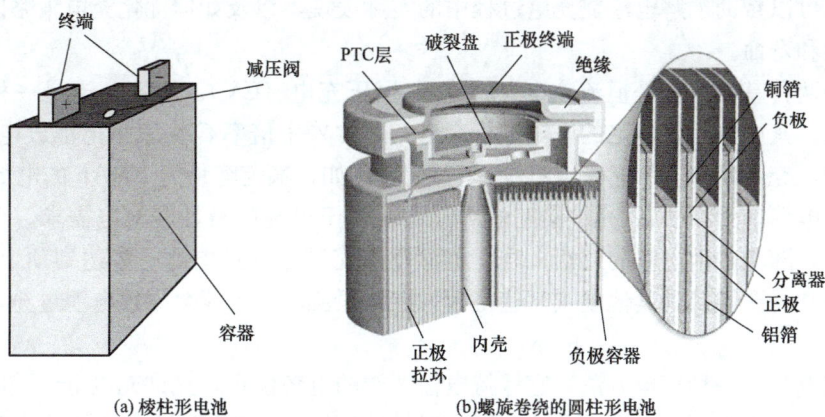

图 8-8 电池配置

圆片形电池（button batteries/disc batteries）也称为纽扣电池或圆盘电池，是一种小型、扁平的电池，通常用于小型电子设备，如手表、计算器和其他便携式设备。它们通常是锂离子电池或碱性电池。

每种电池类型都有其特定的应用和优势。在选择电池时，需要考虑能源需求、空间限制、成本、循环寿命、安全性和其他性能参数。例如，虽然棱柱形电池在空间利用方面具有优势，但圆柱形电池可能在便携性和制造工艺方面更具优势。因此，电池的选择必须基于其预期的使用环境和性能要求。

8.6 电池充放电特性

电池充电是将电能储存到电池中的过程，而充电系数是描述电池充电过程中传递的电量与完全充电所需电量之间关系的比值。不同类型的电池具有不同的化学性质，因此在充电时需要采用不同的方法。铅酸电池和镍镉电池在充电过程中允许过充电，有时甚至可以从过充电中受益。然而，锂离子电池不能过充电，否则会导致永久性损坏。因此，针对不同类型的电池，需要选择合适的充电方法，以确保电池的性能和寿命。总之，电池充电过程中的关键因素，包括电池的化学性质、充电方法和充电系数。当电池过充电时，意味着在充电过程中传递的库仑数比完全充电所需的库仑数要多。这个比值称为充电系数：

$$充电系数 = 充电容量/放电容量 = 1/\eta_C \tag{8-22}$$

库仑效率是指电池在充放电过程中实际储存或释放的电荷量与理论上可储存或释放的电荷量之间的比率。理想情况下，库仑效率应为 100%，这意味着在充电和放电过程中没有能量损失。然而，在实际应用中，由于各种副反应的发生，库仑效率往往小于 100%。当电池的库仑效率小于 100% 时，为了将电池充满，需要提供比理论上完全充电所需的更多的电荷量，这就是充电系数大于 1 的情况。额外的电荷量用于补偿在充电过程中由于副反应而损失的能量。例如，在铅酸电池中，过充电可能导致水分解，产生氢气和氧气，这会降低电池的库仑效率。在锂离子电池中，充电过程中可能会发生固体电解质界面（SEI）的形成和电解液的分解，这些副反应也会消耗一部分电荷，从而降低库仑效率。因此，充电系数是一个重要的参数，可以帮助了解电池在充电过程中的实际表现，以及如何优化充电策略以提高电池的整体性能和寿命。

　　充电的两种基本方法是恒流充电（CC）和恒压充电（CV）。恒流充电是一种广泛使用的充电方法，其中电池以恒定的电流进行充电。通常采用倍率 C 来表示电池放电电流/充电电流的强度，充电倍率 C＝充电电流/额定容量。例如，额定容量为 100Ah 的电池用 20A 充电时，其充电倍率为 0.2C。充电倍率的选择通常基于电池的特性和充电需求。在恒流充电电池过程中，随着电池电势的逐渐上升，电池逐渐充满。一旦电池电势达到预定的电压值，充电过程通常需要切换到其他模式，这是因为继续恒流充电可能会导致电池过充，从而损害电池性能。

　　恒压充电是另一种充电方法，它保持电池两端的电势恒定，允许充电电流随电池状态的变化而变化。虽然恒压充电在某些情况下可以单独使用，但通常不会作为充电电池的主要手段。如果在充电开始时直接将电压设定在电池的最终充电电压，可能会产生非常大的电流，这对电池和充电设备都是不利的。因此，恒压充电更多的是作为恒流充电之后的补充阶段，用于确保电池完全充满。

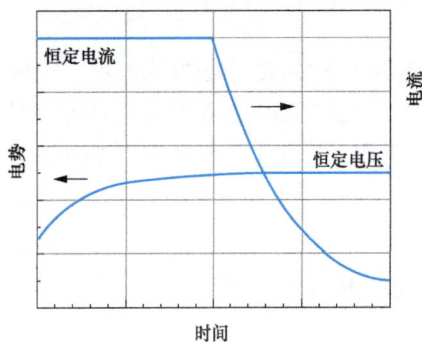

图 8-9　恒定电流-恒定电压充电（CCCV）

　　在实际的电池充电应用中，为了确保高效且安全的充电过程，恒流充电和恒压充电这两种基本方法往往会结合使用，形成所谓的恒流恒压充电（CCCV）模式。这种模式结合了恒流充电的快速充电特性和恒压充电的精确控制特性，从而实现了充电效率和电池安全性的平衡。在 CCCV 充电过程中，如图 8-9 所示，充电首先以恒定的电流进行，直至电池电压达到预定的最大电压值。这一阶段主要是利用恒流充电的高效性，快速地为电池注入电量。当电池电压达到预设的最大值后，充电模式切换到恒压充电阶段。在这一阶段，充电电压保持恒定，而充电电流则随时间逐渐减小，直至达到指定的低电流值。这表明电池已经接近或达到完全充满的状态。对于锂离子电池这类无法过充的电池，充电过程的安全性尤为重要。因此，在 CCCV 充电过程中，一旦充电电流减小到指定的低值（如 $C/20$），充电就会停止，从而防止电池过充。这样的设计使得充电系数非常接近 1，既保证了电池的充电效率，又避免了过充带来的安全风险。

　　此外，还有两种充电方法。第一种是脉冲充电（见图 8-10）。脉冲充电是一种通过短暂的高电流充电和随后的放电或休息周期来充电的方法。这种方法允许电池在充电期间有时间冷却和均衡，有助于减少电池内部的热量和压力，还可以减少电池的极

图 8-10　脉冲充电

化现象。极化是电池在充电过程中电压升高，而实际储存的电能没有相应增加的现象。脉冲充电可以减少极化，提高充电效率，延长电池寿命，并且在某些情况下，可以加快充电速度。对于铅酸电池，脉冲充电还有助于减少硫酸盐化。这是铅酸电池容量下降的一个主要原因。

　　浮充电是一种在电池充满后继续以较低的恒定电压或电流充电的方法，以补偿电池的自放电损失。这种方法主要用于需要长时间待机而不经常使用的电池，如备用电源系统中的铅酸电池。浮充电可以保持电池的满电状态，同时防止过充。对于锂离子电池，由于其不能过充，通常不会使用浮充电方法。相反，锂离子电池会通过定期的小电流充电来补偿自放电。注意，在电荷系数的计算中不使用循环的浮充电的电荷部分。

　　在考虑充电策略时，需要根据电池的类型、应用需求和充电设备的性能来选择最合适的充电方法。每种充电方法都有其特定的优势和局限性，因此充电系统的设计需要综合考虑这些因素。接下来，将通过评估电池的电阻来评估电池的健康状况，即将电池当前的性能与初始性能进行比较。

8.7　电池电阻的特性

　　电池健康状况的评估是电池管理和维护中的关键任务，涉及对电池性能相对于其初始状态的全面分析。欧姆电阻作为评估电池性能的一个重要参数，在实验室测试和商业应用中都有着广泛的应用。欧姆电阻是指电池在欧姆定律作用下表现出的电阻特性。在电化学阻抗谱中，欧姆电阻可以通过高频截距来确定，也可以通过电流中断法来测量。它主要反映电池内部电解质、电极材料，以及它们之间界面的电阻特性。

　　然而，欧姆电阻只是电池阻抗的一个组成部分。在实际应用中，电池的阻抗还包括活化极化和浓差极化等因素。活化极化是由于电化学反应速率有限而引起的电位变化，浓差极化则是由于电解质中离子浓度分布不均导致的电位变化。这些因素都会影响电池的整体性能。在评估电池健康状况时，需要考虑电池的整体阻抗，而不仅仅是欧姆电阻。

　　在电池健康状况评估中，施加短脉冲电流并观察电位响应是一种常见且有效的方法。通过这一方法，可以深入了解电池内部的各种极化现象，从而更准确地评估电池的性能和健康状况。首先，当对电池施加放电脉冲时，电池电位会经历一个瞬间的下降。这个瞬间的电位下降主要代表了电池的欧姆电阻，即电流通过电池内部导体和电解质时遇到的电阻。这个欧姆电阻是电池固有的属性，与电池的材料、结构、温度等因素有关。然而，电压的变化并不止于此。在欧姆电阻导致的瞬间下降之后，电压还会随时间逐渐下降。这个逐渐下降的过程是由于电池内部的活化极化和浓差极化引起的。活化极化是由于电化学反应的速率有限而产生的，它描述了电极上化学反应进行的速度与电子转移速度之间的差异。浓差极化则是由于电解质中离子浓度分布不均导致的，它反映了离子在电解质中扩散的速度与电子转移速度之间的差异。

　　可见，放电电阻是评估电池健康状况的关键指标之一，它可以通过测量电压变化和电流变化之间的比值来确定。如图 8-11 所示，当放电过程中电压从 t_0（即瞬时下降后）到 t_1 的时间间隔内的变化量除以施加的电流，通过施加短脉冲电流并观察电池电压的变化，可以得到电池的放电电阻。这个放电电阻包括了欧姆电阻、活化极化和浓差极化等所有因素。通过

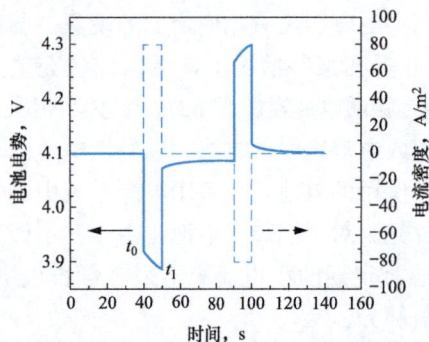

图 8-11　脉冲功率测试

比较电池在不同状态下的放电电阻 R_{DCH}，可以对电池的健康状况进行定量评估，定义为电压差变化除以电流变化：

$$R_{DCH} = \Delta V / \Delta I = (V_{t0} - V_{t1}) / \Delta I \quad (8\text{-}23)$$

尽管欧姆电阻受温度影响，并在一定程度上取决于电池的 SOC，但根据式（8-23）所定义的电池电阻对 SOC 的变化非常敏感。从图 8-11 中可以观察到，电阻值可能会随着放电脉冲的宽度和强度的变化而有所不同。类似于式（8-21），可以定义一个充电电阻 R_{CH}。这两个电阻值之所以不同，是因为活化和浓差极化现象会随着电池处于充电或放电状态而发生变化。为了消除电池尺寸差异的影响，电阻值通常会被电池的电极面积所归一化，得到面积比电阻（ASR），其单位为 $\Omega \cdot m^2$。这个值包括了所有测量到的极化效应，即欧姆极化、活化极化和浓差极化。

在电池的初步分析中，假设测得的电池电阻是恒定的，因此电压损失随电流线性变化。重新定义的电池电阻，估算电池电压为

$$V_{cell} = V_{ocv} - IR_{DCH} \quad (8\text{-}24)$$

显然，电阻的大小将直接影响电池的功率性能。为了量化这种影响，定义功率等于 $V_{电池}$，即电流乘以电池的电压。因此，可以使用式（8-24）和功率的定义来近似最大功率时的电流。

$$I_{max} = V_{ocv} / 2R_{DCH} \quad (8\text{-}25)$$

$$P_{max} = (V_{ocv})^2 / 4R_{DCH} \quad (8\text{-}26)$$

式（8-25）和式（8-26）表明了功率和电池电阻之间的关系是反比的。为了获取最大功率和电流，测量电阻时所使用的脉冲宽度（即脉冲持续的时间）必须紧密匹配电池在特定应用场景下所需功率的时间段。因此，在混合动力电动车中，若需维持充电功率的稳定，那么选用 10s 或 30s 的脉冲可能是恰当的。然而，对于电动机启动时的瞬间大电流脉冲，这样的脉冲时间则显得过长，无法准确反映电池在极短时间内释放大量电流的能力。相反，在电池需要为发电机提供长达 5min、10min 甚至更久的持续功率的应用中，同样的脉冲时间又会显得过短，无法全面评估电池在长时间工作状态下的性能表现。由此可见，选择合适的脉冲宽度对于准确评估电池在各种实际使用场景下的性能至关重要。

电池在循环使用过程中电阻的变化，更是提供了衡量电池健康状态（SOH）的重要依据。通常定义为

$$SOH = 当前容量 / 设计容量 \quad (8\text{-}27)$$

健康状态（SOH）反映了电池是否能够满足其预定的性能要求。从制造商的角度来看，当电池符合其设计目标时，可以认为其在初始状态下的健康状态为 100%。然而，随着时间的推移，电池性能往往会受到多种物理过程的影响而逐渐降低。这些过程往往会导致电池电阻的增加。因此，通过监测电池电阻的变化，可以有效评估电池的健康状态。尽管电池电阻不是评估电池健康状态的唯一方法，但它无疑是一种常见且有效的方法。需要注意的是，电池电阻会随着温度的变化而发生变化。因此，在进行电池健康状态评估时，必须考虑温度对电阻的影响，以确保评估结果的准确性。

8.8　电 池 管 理

电池管理系统（BMS）在确保电池安全、高效运行方面发挥着至关重要的作用。由于电池单元或模块在组装完成后通常无法进行内部检查，BMS 通过测量电流、电势和温度来监测和控制充放电过程，从而准确估计电池的 SOC（荷电状态）和 SOH（健康状态）。此外，BMS 还需与其他电堆互动的系统进行通信，并具备实现电池单元均衡所需的电气硬件和软件。

BMS 的重要性和复杂性在很大程度上取决于电池的化学性质、规模及应用领域。理解电池在不同充电状态下的化学特性是关键。例如，锂离子电池在过充电时可能会受到损害，而铅酸电池则可以通过充电来延长使用寿命。因此，BMS 的一个重要任务就是精确管理每个电池的充电状态，防止过充或过放。

在由多个电池单元组成的电堆中，保持各个电池之间的平衡尤为关键。电池的平衡意味着要确保所有电池的 SOC 尽可能相同。然而，制造过程中的微小差异、电池在电堆中位置的不同导致的温度差异、电池老化速度的不一致等等因素，导致实现这一目标并非易事。即使每个电池都通过相同的电流，也无法保证它们的 SOC 能够保持同步。库仑效率的不同会进一步影响电池的可用容量。例如，库仑效率较低的电池在每次充电时都无法达到与其他电池相同的充电程度，但在放电时却可能与其他电池一起被放电到相同的程度。这会导致其 SOC 相对于其他电池在每个循环中逐渐下降，最终可能导致电池损坏，甚至影响整个电堆的性能。

因此，BMS 不仅需要精确控制充放电过程，还需要通过有效的均衡策略来保持电堆中各个电池之间的平衡。只有这样，才能确保电堆的安全、高效运行，并延长其使用寿命。［例 8-3］说明了低库仑效率对 SOC 的影响。

例 8-3　一串 1Ah 镍镉电池在 30% 和 80% 的 SOC 之间循环。如果充电的名义库仑效率为 80%，但一个弱电池的库仑效率只有 70%，这个弱电池的 SOC 在循环中会如何变化。

解　常规电池充放电过程的 SOC 分析如图 8-12 所示，SOC 所需的库仑数为

$$Q = \frac{C_{容量} \cdot \Delta SOC}{\eta_{正常}} = \frac{1 \times 0.5}{0.8} = 0.625 \text{（Ah）}$$

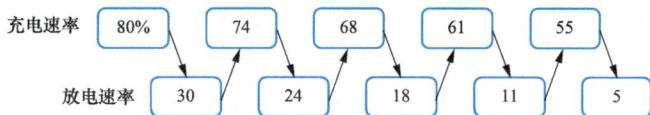

充电速率　| 80% | 74 | 68 | 61 | 55 |

放电速率　| 30 | 24 | 18 | 11 | 5 |

图 8-12　常规电池充放电过程 SOC 分析

虽然弱电池具有相同的库仑数，但只有其中较小一部分用于恢复其 SOC。与 0.5 相比，弱电池的 SOC 变化是：

$$\Delta SOC = \frac{Q\eta_{弱}}{C_{容量}} = \frac{0.625 \times 0.70}{1.0} = 0.4375$$

因此，当放电 0.5Ah 并进行充电时，由于弱电池的库仑效率较低，其实际能够充入的电量少于放电的电量。假设放电 0.5Ah 后电池的 SOC 下降了相应的比例，而充电时由于库仑效率的限制，只能充入 0.44Ah 的电量。如果弱电池在放电前的 SOC 为 0.3，那么放电后其 SOC 会降低，充电 0.44Ah 后，其新的 SOC 为原始 SOC 减去放电导致的降低量再加上充电增加的量，即新 SOC 为 0.3 加上充电增加的部分。但由于充电效率低于 100%，新 SOC 将低于完全恢复时的值。经过这样的一个循环后，弱电池的 SOC 只能恢复到较低的水平，例如 0.74，这意味着仅达到了 74% 的 SOC。如果继续以 0.5Ah 的电量进行放电，但每次充电时只能恢复 0.44Ah，这个弱电池的 SOC 将在每个循环中持续下降。很快，这个电池的 SOC 在放电过程中就会降至 0%。

当电池达到 0% 的 SOC 时，它实际上已经无法再提供任何电力。此外，由于电池内部的化学反应可能并未完全停止，它可能会继续消耗残留的电量，甚至可能导致电池受损。因此，及时识别和管理这样的弱电池对于整个电堆的性能和安全性至关重要。BMS 应当能够准确识别出这些库仑效率较低的电池，并采取相应的措施来防止它们过早耗尽或受损，从而确保整个电堆的稳定运行。

在某些实际应用场景中，电池自放电速率的微小差异也可能导致电堆内部的不平衡现象，如同在［例 8-3］中所看到的那样。针对这种不平衡问题，解决策略往往依赖于特定电池体系的化学特性，特别是它们对过充电的容忍度。对于那些能够承受一定程度过充电的电池化学体系，可以通过对整个电堆进行过充电，以使单个电池的 SOC 趋于一致。尽管这种方法可能会导致部分电能以热量的形式损失，在能量效率上并不理想，但实施起来相对简单，不需要对单个电池的电势进行持续监测。

然而，对于像锂离子电池这样不能承受任何过充电的电池体系，情况就变得复杂得多。这类电池需要精准而严格地监控电压，因为即使微小的过充电也可能对电池造成不可逆的损害。尽管锂离子电池的自放电速率相对较低，电流效率接近 100%，这有助于减缓不平衡的产生速度，但随着时间的推移，由于各种因素（如制造差异、使用条件等）的影响，不平衡现象仍然会不可避免地出现。在电池串联的情况下，整个电堆的可用容量实际上受到性能最弱电池的限制。这意味着即使其他电池还有剩余容量，如果有一个电池达到了其放电极限，整个电堆就必须停止工作。因此，保持电池之间的平衡至关重要。

由于过充电不是一个可行的选项，BMS 必须采用更复杂的策略来确保每个电池的充电平衡，通常涉及在 BMS 内部使用特殊的电路来单独管理每个电池的充电过程。

被动平衡是一种常用的方法，其中具有过多 SOC 的电池会通过分流电阻耗散多余的能量。换句话说，当某个电池的电势接近或超过规定的电压限制时，BMS 会引导一部分电流绕过该电池，通过分流电阻以热量的形式释放掉，从而防止电池过充电。

另一种更先进的方法是主动平衡。这种方法不仅监测电池的电压和电流，还通过 BMS 内部的复杂电路将 SOC 较高电池中的能量转移到 SOC 较低的电池中。这通常涉及能量的转换和存储机制，使能量可以在电池之间有效转移，从而提高整个电堆的能量效率和使用寿命。虽然主动平衡需要更复杂的电路和算法支持，但它能够更有效地利用每个电池的容量，减少能量浪费，并延长电堆的使用寿命。针对电堆内部的不平衡问题，需要根据具体电池体系的化学特性和应用需求来选择合适的平衡策略。

荷电状态（SOC）是衡量电池剩余电量的一个关键指标，反映了电池在一定条件下的剩余电量。在电池平衡的过程中，SOC 的准确监测是至关重要的一环，有助于防止电池单体过充或过放，从而确保电池的安全运行。确定 SOC 的方法主要有两种。第一种方法是通过积分计算库仑数来估算 SOC。这种方法基于电流在充电和放电过程中的正负值来积分计算通过的电量，从而得出 SOC 的值。电流在充电过程中被视为正值，在放电过程中被视为负值。

$$\text{SOC} = \text{SOC}(t_0) + \frac{\int_t^{t_0} I \, \mathrm{d}t}{\text{容量}} \tag{8-28}$$

其中，$\text{SOC}(t_0)$ 代表已知条件。然而，这种方法的准确性受到电流效率的影响，且在电池自放电速率较高时可能存在偏差。此外，电池容量会随着时间推移和老化而发生变化，在计算中需要考虑这一因素，并使用时间 t_0 时的容量。同时，温度也会影响电池容量，在确定 SOC 时必须考虑温度的影响。

另一种确定 SOC 的替代方法是测量电池的开路电压。在某些化学体系中，电压随 SOC 变化很小，而在其他体系中则变化很大。当开路电压随 SOC 有明显变化时，测量电池的电压可以作为一种快速估计 SOC 的方法。在实际应用中，通常会结合这两种方法来更准确地估计 SOC。

此外，电池的热管理也是电池运行的重要方面。在过高或过低的温度下，电池的进出电流需要由 BMS 进行限制，以避免损坏。例如，在高温下可能发生热失控，而在温度过低时可能导致电池无法正常运行。通常，单个锂离子电池具有正温度系数（PTC）电流限制装置，它作为熔断器防止热失控。因此，BMS 在电池运行过程中发挥着关键作用，它不仅监测和控制电池的充放电过程，还通过平衡策略来保持电堆内部各单体电池的 SOC 一致性。热管理是电池运行的重要方面，在下一节中将会更详细地考虑。

8.9 电池热管理系统

如在第 7.6 节中关于热生成的讨论，在电池工作过程中会在电池内产生热量。假设电池是一个具有均匀发热率为 q 电阻性电池。为求解电池内的温度分布，从能量守恒方程出发：

$$\nabla^2 T + \dot{q}/k_{\text{eff}} = 0 \tag{8-29}$$

式（8-29）适用于圆柱形电池。其中，k_{eff} 为径向有效热导率，在此方向上假设为常数。由于电池在 z 方向上很长，问题可以简化为一维问题，在圆柱坐标下，方程变为

$$1/r \frac{\partial}{\partial r}\left(r \frac{\partial T}{\partial r}\right) + \dot{q}/k_{\text{eff}} = 0 \tag{8-30}$$

对于螺旋绕卷电池，集流体、电极和隔膜被绕制在一个半径为 r_i 的轴上，最终绕组的半径为 r_0，见图 8-8（b）。式（8-28）需要两个边界条件：$r = r_i$ 时，$\partial T/\partial r = 0$（轴上无热量流动）；$r = r_0$ 时，$T = T_0$（外部温度固定）。

式（8-28）是一个可分离的方程，经过积分后，可以得到温度的表达式：

$$T = T_0 + \dot{q}/k_{\text{eff}}[(r_0^2 - r^2) + 2r_i^2 \ln(r/r_0)] \tag{8-31}$$

图 8-13 所示为不同倍率变化的电池温度。当考虑在电池中增加绕组的数量时，电池的容量与绕轴长度 L 成正比。绕轴的直径或半径可以通过基本的几何考虑来确定：

$$r = \sqrt{r_i^2 + \frac{\delta L}{\pi}} \tag{8-32}$$

式中：δ 为绕制层的厚度。

随着电池容量的增加（通过添加绕组），电池中心位置 r_i 的温度会更高，如图 8-14 所示。增加容量和更高倍率的组合受到电池最大允许温度的限制。尽管通过增加材料的绕制可以有效地制造更大的电池，但散热限制了这种方法。这些分析还假设电池外部的温度是固定的，实际的边界条件会更复杂，因为热传导的移除速率必须与通过对流从表面散失的热速率相匹配。这种精细化考虑会导致电池内部温度进一步升高。在设计和优化这类电池时，需要综合考虑其结构特点、散热条件、实际工作环境等因素，以确保电池的性能和安全性得到充分保障。

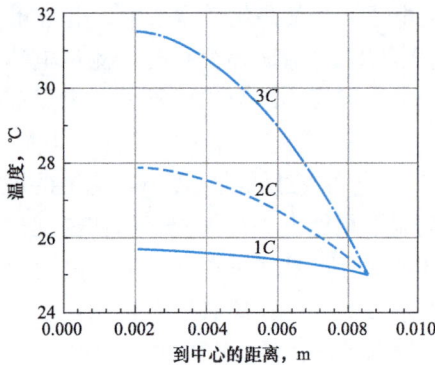

图 8-13　不同倍率变化的电池温度

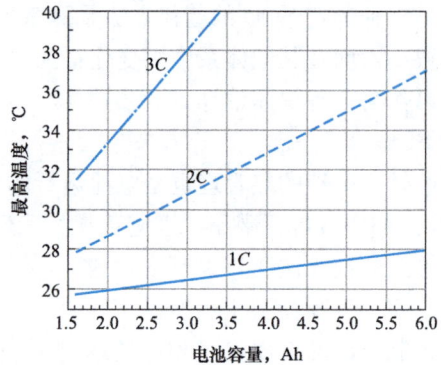

图 8-14　速率和容量对最高温度的影响

储存大量能量确实存在较大的安全隐患，特别是在电池系统中。无论是锂离子电池还是其他类型的电池，热失控都是一个潜在的风险。电池的工作温度是由其内部热产生和热散失之间的平衡所决定的。在正常工作状态下，热产生速率与热散失速率相等，维持电池温度的稳定。然而，当热产生速率超过热散失速率时，电池温度会开始上升。在某一临界点，如果热量积累不能得到有效控制，电池会进入热失控状态。这是一种非常危险的状态，电池内部温度会急剧上升，可能导致电池爆炸、起火等严重后果。

为了防止热失控的发生，需要采取一系列措施。首先，可以通过改进电池设计和制造工艺，提高电池的热稳定性和散热性能。其次，可以采用外部保护措施，如安装 PTC 元件、防爆阀等，以在电池过热时及时切断电源或释放内部压力。此外，还可以采用热管理系统，通过精确控制电池的温度，防止电池进入热失控状态。

总之，储存大量能量带来的安全隐患不容忽视。为了确保电池系统的安全稳定运行，需要综合考虑电池的设计、制造工艺、外部保护、热管理等多个方面。通过科学的方法和手段，可以有效预防和控制热失控的发生，保障人们的生命财产安全。

习　题

8-1　现有一款锂离子电池，其规格为 $C/3$ 速率，名义电压为 3.5V，分为 3.3Ah 和 4.5Ah 两种尺寸。电池的截止电势为 2.75V，最大充电电势为 4.1V。请设计一个电堆，其需求为 1512Wh 的能量、200～400V 的直流电压，以及 3h 的放电时间。请问如何设计该电堆？

8-2　在一个配置为 50S-3P 的电堆中，每个单体电池的开路电压为 3.1V，内阻为 $2m\Omega$，以 $1C$ 速率充电时的容量为 7Ah。请计算在电阻限制下，该电堆能够达到的最大功率。如果单体电池的截止电压设定为 2.75V，求解此时的最大功率。此外，为了确保因连接而损失的可用功率不超过 5%，计算所需的外部电阻值。

8-3　某电动汽车采用 6831 个 18650 型锂离子电池，每个电池的容量为 3.1Ah，名义电压为 3.6V。请计算整个电堆的总容量，并讨论如何将这些电池配置成一个电堆，以达到 300～400V 的电压范围。同时，请讨论大量圆柱形电池包装可能面临的挑战。

8-4　在锂离子电池中，负极通常采用铜箔，而正极则采用铝箔。这两种箔的厚度之间存在一个固定的比例关系，通常铝箔的厚度约为铜箔的 1.5 倍。请解释为什么在锂离子电池设计中会采用这样的材料和厚度比例。

8-5　植入式心脏起搏器的锂碘（LiI）电池除了提供持续的电能以维持起搏器的工作外，还需要具备额外的功能，即在必要时能够产生高功率的除颤脉冲。锂碘电池的开路电压为 2.8V，电解质的离子电导率在 37℃时为 4×10^{-5}S/m。假设隔膜是锂碘电池中唯一的电阻源，需要计算在满足除颤器（3W）功率需求的情况下，隔膜的最大允许厚度。此外，锂碘的密度为 $3494kg/m^3$，电池的面积为 $13cm^2$。请评估重新设计这个锂碘电池以包含除颤功能并继续满足能量和寿命要求的可行性，并解释原因。

8-6　针对一个容量为 125Ah 的铅酸电池，在将其从 100% 的荷电状态（SOC）放电至 20% SOC 后，需要 119Ah 的电能才能将其完全充电至满充状态。请计算此电池的充电系数。同时，探讨在放电速率和温度变化的情况下，这个充电系数会如何变化。

8-7　在锂离子电池的充电过程中，锂离子从正极移动到负极，并在那里被还原并插入到石墨活性材料中。充电速率的一个关键限制是界面上的锂浓度，因为如果速率过高，锂金属可能会沉积，这是一种潜在的危险情况。这种锂的浓度有时被称为饱和浓度。

（1）请定性地绘制电解质和石墨中的锂浓度分布情况，并解释这些分布如何随着充电速率的改变而变化。

（2）讨论以下两种充电方案之间的差异，解释这两种方案如何影响锂的浓度分布和电池的安全性。

方案①：使用恒定电流密度为 $20A/m^2$ 进行充电，直至达到锂的饱和浓度。

方案②：以 $25A/m^2$ 的速率进行重复脉冲充电，每次持续 3s，然后转为较低的 $5A/m^2$ 速率充电 1s。

8-8　在一个圆柱形电池的制造过程中，电极是通过将它们绕直径为 2mm 的轴进行卷绕制成的。这个电池的卷绕长度为 1.8m，厚度为 0.5mm。已知热产生速率为 $50kW/m^3$，并且径向方向的有效热导率为 $0.15W/(m\cdot K)$。计算在稳态条件下电池的最高温度。

8-9　在实际应用中，电池的热量通常是通过强制对流方式被带走，这与第 8.9 节中所假设的电池外部温度固定的情况不同。那么，什么是适用于这种情况的适当边界条件？传热系数 h 表示流体的温度 T_1。请解微分方程以得出与式（8-28）等效的方程。一般情况下，液体冷却和空气冷却哪种更有效？为什么？

8-10　消费者期待电动车充电速度能够与传统汽车加油相媲美。假设汽油加油所需时间约为 2min，那么为了在相同的时间内完成充电，电池需要以多大的倍率（C-rate）进行充电？对于一个 50kWh 的电池，这个倍率对应的充电功率是多少？研究人员经常报告微小实验电池的极高充电和放电速率，这些电池通常采用非常薄的电极。如果将这类实验结果应用到实际尺寸的电动汽车电池中，会面临哪些问题？

第 9 章

燃 料 电 池 原 理

本章主要介绍燃料电池的基本概念，以及它们的工作原理和优缺点，重点介绍质子交换膜燃料电池。

9.1 燃 料 电 池 概 述

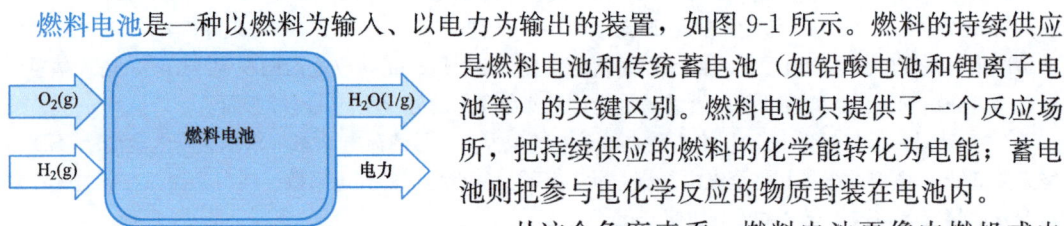

燃料电池是一种以燃料为输入、以电力为输出的装置，如图 9-1 所示。燃料的持续供应

图 9-1 氢-氧燃料电池的基本概念

是燃料电池和传统蓄电池（如铅酸电池和锂离子电池等）的关键区别。燃料电池只提供了一个反应场所，把持续供应的燃料的化学能转化为电能；蓄电池则把参与电化学反应的物质封装在电池内。

从这个角度来看，燃料电池更像内燃机或电厂，可视为燃料的化学工厂。而实际上，燃料电池和这二者也有着本质的区别，这一区别主要体现在它们能量转换方式的不同。

如图 9-2 所示，以燃煤电厂为例，其需要通过煤在锅炉内的燃烧，将煤的化学能转化为热能；通过水蒸气吸收热能推动汽轮机做功，将热能转化为动能；再通过汽轮机拖动发电机发电，将动能转化为电能输出。这一热力学上的典型动力循环由于存在热功转换过程而受到卡诺循环效率的限制，效率一般为 $35\% \sim 47\%$。燃料电池则不需要像电厂一样经过多种能量形式的转化，而是直接把燃料的化学能转化为电能，这使其天然地具有较高的理论效率。

以氢燃料电池为例，其对应的反应为

$$H_2 + \frac{1}{2}O_2 \longrightarrow H_2O \qquad (9-1)$$

由于燃烧反应在极小的尺度上（原子尺度）和极短的时间内（皮秒）发生，在燃料电池内上述反应并不会以氢的直接燃烧方式发生。该过程虽然伴随分子间电子的转移，但无法加以利用。为了驾驭原子尺度下以皮秒为单位出现的电子，需要在空间上分离氢和氧两种反应物，迫使成键所必需的电子转移发生在更大的空间尺度上。当电子从燃料移动到

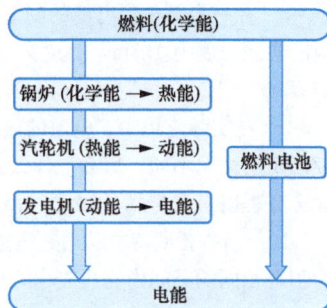

图 9-2 燃料电池与燃煤电厂动力循环的对比

氧化剂时，它们就可以作为电流加以利用。燃料电池提供了这样的一种空间结构，将上述反应拆分为两个半反应：

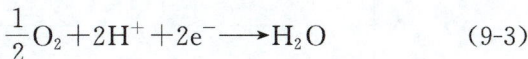

$$H_2 \longrightarrow 2H^+ + 2e^- \tag{9-2}$$

$$\frac{1}{2}O_2 + 2H^+ + 2e^- \longrightarrow H_2O \tag{9-3}$$

从图 9-3 可以看到，从燃料中转移出来的电子通过外部电路形成电流，在它们能够完成反应之前做功。这种空间的分离是通过使用电解质来实现的。电解质是一种允许离子通过而不允许电子通过的物质，可以是液体也可以是固体。由于电解质的分隔使燃料电池存在两个电极，在这两个电极上发生电化学半反应。图中在左侧电极上鼓泡的氢气按照式（9-2）分裂成质子（H$^+$）和电子。质子可以通过电解液，但电子不能。相反，电子从左到右穿过连接两个电极的导线。当电子到达右电极时，它们与质子和冒泡的氧气重新结合生成水，遵循式（9-3）。

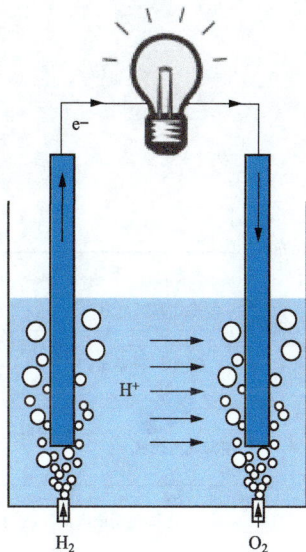

图 9-3　一个简单的燃料电池

9.2　燃料电池优缺点

9.2.1　燃料电池的优点

相对于现有发电技术，燃料电池具有明显的优势。

（1）效率高。由于燃料电池直接将燃料的化学能转化为电能，其理论效率不受热功转换过程效率极限的限制，往往比动力循环高得多。

（2）可靠性高。燃料电池可以是全固态的，没有运动部件，从而提高了系统可靠性和长期运行能力。

（3）噪声低。不需要运动部件的燃料电池是静音的，对于对噪声敏感的应用场景具有巨大的吸引力，如潜艇等军事用途。

（4）排放低。燃料电池的燃料较为纯净，因此其反应产物中 NO_x、SO_x 等常规污染物和颗粒排放极低。

9.2.2　燃料电池的缺点

虽然燃料电池具有引人注目的优点，但它们也有一些缺点。

（1）成本高。近年来随着技术的发展，燃料电池的成本已大幅下降，但相对于其他同功率和容量等级的电力供应技术，其成本仍较为高昂，限制了燃料电池技术的应用。

（2）功率密度低。功率密度表示燃料电池单位体积或单位质量能产生的功率。虽然燃料电池的功率密度在过去的几十年里有了显著的提高，但目前仍难以满足便携式设备的要求。内燃机和电化学电池在体积功率密度方面明显优于燃料电池，见图 9-4。

（3）燃料运输及储存困难。氢气是燃料电池最理想的燃料，但氢气存储困难，见图 9-5。其他易于存储的燃料如汽油、甲醇、天然气等很难直接使用，通常需要重整。

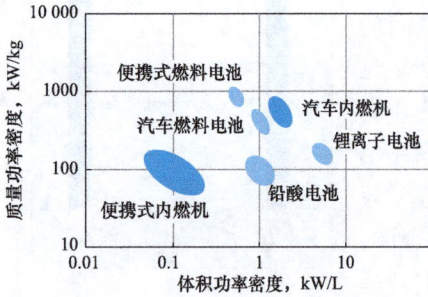

图 9-4　不同技术的功率密度比较

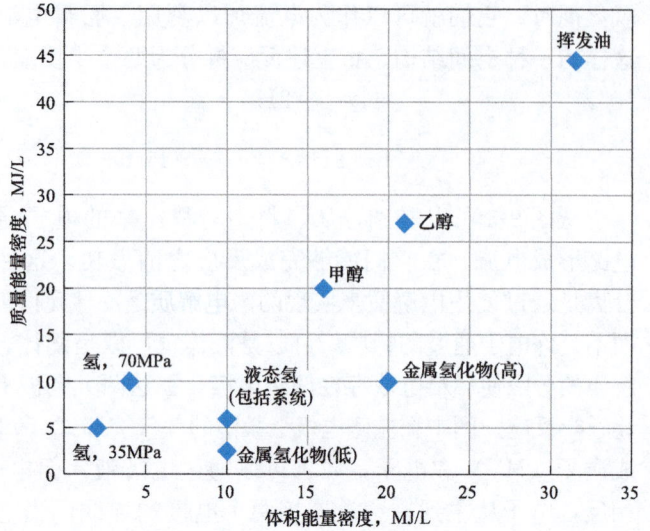

图 9-5　不同燃料的能量密度比较

（4）不同类型的燃料电池还存在易受环境有毒物质影响、启停循环下的耐久性差等问题，限制了燃料电池的应用。

9.3　燃料电池类型

虽然所有的燃料电池类型都基于相同的基本电化学原理，但它们在不同的温度下工作，采用不同的材料，并且它们的燃料耐受性和性能特性往往不同。燃料电池的分类主要基于其所采用的电解质类型，见表 9-1。

表 9-1　　　　　　　　　　　　主要燃料电池类型

类型	主要用途	工作温度（℃）
PEMFC	车载及便携式电源	60～90
AFC	空间技术应用	80～100
PAFC	固定式发电及热电联产	180～220
MCFC	固定式发电及热电联产	600～650
SOFC	固定式发电及热电联产	650～1000

燃料电池主要有质子交换膜燃料电池（PEMFC）、固体氧化物燃料电池（SOFC）、碱性燃料电池（AFC）、磷酸燃料电池（PAFC）、熔融碳酸盐燃料电池（MCFC）等。

（1）PEMFC（proton exchange membrane fuel cell）采用一层聚合物膜（厚度大约几十微米到两百多微米）作为传导氢离子的电解质。氢气-氧气在 PEMFC 中的电化学半反应为

$$H_2 \longrightarrow 2H^+ + 2e^- \tag{9-4}$$

$$\frac{1}{2}O_2 + 2H^+ + 2e^- \longrightarrow H_2O \tag{9-5}$$

在 PEMFC 中，阳极供应氢气，发生氧化反应，电子通过外电路传输从而形成电池对外

放电的电流，与电子平衡的质子（H$^+$）则通过聚合物薄膜从阳极传输到阴极，发生与氧气和电子的还原反应，生成水。目前，质子交换膜多采用 Nafion^{TM} 系列的膜。基于质子交换膜的材料特性，PEMFC 具有低温、高功率密度等优点，具有广泛的应用前景，是当前主流的燃料电池技术路线。

（2）SOFC（solid oxide fuel cell）采用薄陶瓷膜作为电解质，最常见的是一种被称为氧化钇稳定氧化锆（YSZ）的氧化物材料。氧离子（O^{2-}）是陶瓷膜中传递的离子电荷载体。在氢气-氧气的 SOFC 中，电化学半反应为

$$H_2+O^{2-}\longrightarrow H_2O+2e^-$$

$$\frac{1}{2}O_2+2e^-\longrightarrow O^{2-}$$

（9-6）

对比式（9-4）和式（9-6）可知，由于电解质的不同，传输的离子就不同，从而使得同样的氢氧总反应所对应的电极上的半反应截然不同。在 SOFC 中，陶瓷膜是一种阴离子传输膜，半反应由氧离子（O^{2-}）的运动作为媒介，氧离子在阴极产生，从阴极传输到阳极，与氢气发生反应，并且水在阳极产生。陶瓷膜传输氧离子的能力与温度密切相关，为了减小陶瓷膜传输氧离子的阻力，SOFC 必须在高温下（＞600℃）运行。由电化学动力学方程可知，高温运行也使得 SOFC 具有很高的电催化活性，可以不必使用贵金属催化剂，容易规模化，在固定式发电应用方面具有巨大的潜力。

（3）AFC（alkaline fuel cell），使用氢氧化钾水溶液作为电解质。该电解质中的电荷载体为 OH$^-$，为碱性环境。对应的电极反应为

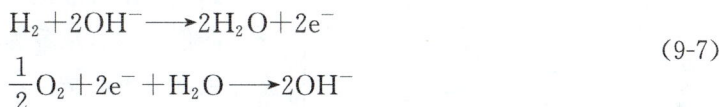

$$H_2+2OH^-\longrightarrow 2H_2O+2e^-$$

$$\frac{1}{2}O_2+2e^-+H_2O\longrightarrow 2OH^-$$

（9-7）

相对于 PEMFC 中 H$^+$ 作为正电荷载体从阳极传输到阴极，在 AFC 中 OH$^-$ 作为负电荷载体在阴极产生，从阴极传输到阳极。从式（9-7）可以看到，AFC 在阳极产生大量水，由于电解质是氢氧化钾水溶液，阳极多余的水需要从阳极排出以避免电解质溶液被稀释。碱性的体系也使得 AFC 需要使用纯氧气参与反应，因为空气中的少量 CO$_2$ 会与氢氧化钾水溶液中的 OH$^-$ 反应，破坏其离子传导机制。AFC 的优势是氧气还原反应在碱性环境中比在酸性环境中进行得快得多，这使得阴极活化超电势较小，同时阴极催化剂有更多选择。AFC 电池体系适用于航空工业领域，阿波罗计划中曾使用 UTC 公司设计的 AFC 提供太空任务的基本电力，运行良好。

（4）PAFC（phosphoric acid fuel cell），采用液态磷酸或者高浓度磷酸水溶液作为电解质，离子载体为氢离子，因此其电极反应与 PEMFC 相同。电解质被包含在一层很薄的碳化硅基体内以提供足够的机械强度，同时减小反应气体透过电解液的渗透，保证两个电极的分离。PAFC 是一种中温型电池，其工作温度一般为 180～210℃。当电池温度高于 210℃时磷酸会发生相变，无法作为电解质使用。电池工作时，磷酸溶液会不断挥发，因此需要补充电解质。尽管 PAFC 工作温度高于 PEMFC，但其也采用 Pt 基催化剂，所以对燃料纯度有要求。采用天然气重整或者氢气纯度不足的燃料有可能造成催化剂由于 CO 或 S 的存在而中毒。PAFC 早期研究较多，技术相对成熟，电解质成本低，曾有部分分布式电站的 PAFC 运行，但近年来该技术发展较为缓慢。

（5）MCFC（molten carbonate fuel cell），以 Li_2CO_3 和 K_2CO_3 的熔融混合物作为电解质，电荷载体为碳酸根离子 CO_3^{2-}，对应的阴阳极反应为

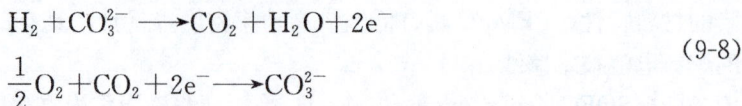

$$H_2 + CO_3^{2-} \longrightarrow CO_2 + H_2O + 2e^-$$
$$\frac{1}{2}O_2 + CO_2 + 2e^- \longrightarrow CO_3^{2-}$$

(9-8)

从电极反应可知，电池运行时，在阳极产生二氧化碳和水，在阴极消耗二氧化碳，因此为保证电池的持续稳定运行，需要不断从阳极去除掉产生的二氧化碳供应到阴极侧。实际运行中，因为燃料供应会高于反应对应的化学当量，所以一般采用将阳极产物在燃烧室燃烧后，将产物与空气混合送入阴极的方式。燃烧的热量也可以预热反应气体。MCFC 是一种高温燃料电池，通常工作于 650℃左右。

9.4 燃料电池的性能

9.4.1 燃料电池 i-V 性能曲线

燃料电池的性能通常用其电流密度（i）-电压（V）特性的曲线图来表示。该曲线图也称为电池的极化曲线，显示了给定电流密度下燃料电池的输出电压。由于每摩尔燃料经过电化学反应所提供的电子数是确定的，因此，随着燃料电池电压的降低，单位燃料产生的电能也随之降低。这意味着燃料电池电压可以作为衡量燃料电池效率的指标。理想的燃料电池 i-V 曲线是在任意电流密度下保持恒定的输出电压（热力学平衡电压）。然而，燃料电池的实际输出电压随着电流密度的增大逐渐降低。PEMFC 的典型 i-V 曲线示例如图 9-6 中的实线所示。由燃料电池 i-V 曲线上每点的电流密度和电压相乘，可以得到其功率密度曲线（见图 9-6 中的虚线）：

$$P = iV$$

(9-9)

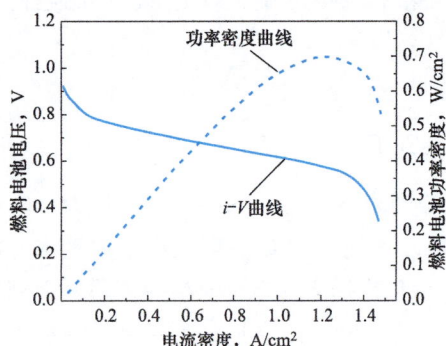

图 9-6　燃料电池 i-V 和功率密度曲线

燃料电池的功率密度一开始随着电流密度的增加而增加，达到最大值后，在更高的电流密度下快速下降。因此燃料电池的设计工况通常设定为低于最大功率密度的电流区间。

燃料电池内的不可逆损耗使得燃料电池的实际输出电压小于热力学平衡电压。电池电流密度越大，不可逆损耗越大，电池输出电压越低。燃料电池的不可逆损失主要有 3 种类型，共同决定了 i-V 曲线的形状。

（1）活化极化：由于电化学反应造成的损失，对应小电流密度时的电压快速下降。

（2）欧姆极化：由于离子和电子传导造成的损耗，对应电压线性的下降。

（3）浓差极化：由于质量运输造成的损失，对应大电流密度时电压的快速下降。

因此，燃料电池的实际输出电压可以表示为

$$V = U_{thermo} - \eta_{act} - \eta_{ohmic} - \eta_{conc}$$

(9-10)

式中：V 为燃料电池实际输出电压；U_{thermo} 为热力学平衡电压；η_{act} 为反应动力学引起的活化极化损失；η_{ohmic} 为离子和电子传导引起的欧姆极化损失；η_{conc} 为由于质量传输而造成的浓差极化损失。

9.4.2 热力学与燃料电池平衡电压

吉布斯自由能决定了电化学反应平衡电压的大小。对应氢气的半反应为 $H_2 + \frac{1}{2}O_2 \longrightarrow H_2O$。在标准状态下，对应液态水产物的吉布斯自由能变化为 $-237kJ/mol$。因此，氢-氧燃料电池在标准状态条件下产生的平衡电压为

$$U^\ominus = -\frac{\Delta G^\ominus}{nF} = -\frac{-237\,000}{2 \times 96\,485} = 1.23 \text{ （V）} \tag{9-11}$$

式中：$U^\ominus$ 为标准状态平衡电压，V；$G^\ominus$ 为反应的标准状态自由能变化，J/mol。

热力学规定氢-氧燃料电池在标准状态所能达到的最高电压是 1.23V。通过选择不同的燃料电池化学成分，可以建立不同的平衡电压。大多数可行的燃料电池反应具有 $0.8 \sim 1.5$V 范围内的平衡电压。

标准状态下燃料电池平衡电压（$U^\ominus$ 值）仅在标准状态条件（室温、大气压、所有物质的单位活度）下适用。然而，燃料电池经常在与标准状态有很大差别的条件下运行。例如，高温燃料电池在 $700 \sim 1000℃$ 下工作，并且几乎所有的燃料电池都存在反应物浓度的变化。下面将系统地讨论偏离标准状态时燃料电池的平衡电压的变化。

1. 平衡电压随温度的变化

由第 2 章可知，任意温度下的平衡电压以 U_T 表示，在恒压下，U_T 计算公式如下：

$$U_T = U^\ominus + \frac{\Delta S}{nF}(T - T_0) \tag{9-12}$$

一般情况下，我们假设 ΔS 不随温度变化。如果需要更精确的 U_T 值，则可将 ΔS 随温度的变化关系式一起代入式（9-12）中积分。可以看到，如果化学反应的 ΔS 为正，则 U_T 将随温度升高。如果 ΔS 为负值，则 U_T 将随温度降低。对于大多数燃料电池反应，ΔS 为负值，因此，燃料电池的平衡电压随温度的升高而降低。

例如，考虑我们熟悉的氢气-氧气燃料电池，对于 $H_2O(g)$ 作为产物，$\Delta S = -44.34$J/$(mol \cdot K)$。电池电压随温度的变化近似为

$$U_T = U^\ominus + \frac{-44.34}{2 \times 96\,485}(T - T_0) = U^\ominus - 2.298 \times 10^{-4}(T - T_0)$$

电池温度每增加 $100℃$，电池电压大约降低 23mV。在 1000K 下运行的氢气-氧气 SOFC 的可逆伏特约为 1.07V。

大多数燃料电池的平衡电压都随着温度的升高而降低，理论上对电池性能是不利的。但是由于燃料电池的动力学损耗会随着温度的升高而降低，所以即使热力学平衡电压降低，燃料电池的真实性能通常会随着温度的升高而增加。

2. 平衡电压随浓度的变化

对于具有任意数量产物和反应物的电化学反应，由能斯特方程可知：

$$U = U^\ominus - \frac{RT}{nF}\ln \prod a_i^{s_i} \tag{9-13}$$

式（9-13）称为能斯特方程，是燃料电池热力学的核心。能斯特方程描述了燃料电池平衡电压是如何随着物质的化学势（物质浓度、气体压力等）变化的。例如，把它应用到氢-氧燃料电池反应中：

$$H_2 + \frac{1}{2}O_2 \longrightarrow H_2O$$

这个反应的能斯特方程为

$$U = U^0 - \frac{RT}{2F}\ln\frac{a_{H_2O}}{a_{H_2}a_{O_2}^{1/2}} \tag{9-14}$$

对于该体系，用氢气和氧气的分压（$a_{H_2} = p_{H_2}$，$a_{O_2} = p_{O_2}$）来代替它们的活度。如果燃料电池在 100℃ 以下运行，从而产生液态水，将水的活度设为 1（$a_{H_2O} = 1$），则

$$U = U^0 - \frac{RT}{2F}\ln\frac{1}{p_{H_2}p_{O_2}^{1/2}} \tag{9-15}$$

由式（9-15）可知，对燃料电池加压将增加平衡电压。然而，由于压力项出现在自然对数内，其变化对电压的影响很微弱。例如，如果在 3atm 纯 H_2 和 5atm 空气中操作室温氢-氧燃料电池，电池平衡电压为

$$U = 1.229 - \frac{8.314 \times 298.15}{2 \times 96\,485}\ln\frac{1}{3 \times (5 \times 0.21)^{1/2}} = 1.254(V)$$

可见其平衡电压并没有增大多少，从热力学的角度来看，这是不值得的。然而，我们还需要考虑反应动力学的影响，在之后的章节中会看到，动力学因素是给燃料电池加压的原因。

能斯特方程中包含温度项，但其只对应活度的计算，而不涉及反应可逆电压是如何随温度变化的。在非标准状态下，能斯特方程需修正为

$$U = U^\ominus + \frac{\Delta S}{nF}(T - T_0) - \frac{RT}{nF}\ln\prod a_i^{s_i} \tag{9-16}$$

9.4.3　超电势与电化学反应动力学

Butler-Volmer 方程描述了电流密度对超电势的依赖关系：

$$i = i_0\left[\frac{c_R^*}{c_R^0}e^{\frac{anF\eta}{RT}} - \frac{c_P^*}{c_P^0}e^{\frac{-(1-\alpha)nF\eta}{RT}}\right]c_P^* \tag{9-17}$$

式中：c_R^* 和 c_P^* 分别为反应物和产物的实际表面浓度；c_R^0 和 c_P^0 为参考浓度；i_0 为参考浓度下对应的交换电流密度。

Butler-Volmer 方程说明了电化学反应产生的电流随活化超电势呈指数级增加。活化超电势 η 表示为了克服与电化学反应相关的激活能垒而损失的电压。如果要从燃料电池中获得更大的电流，就必须付出更大的电压损失。当 η 较大（室温下大于 50～100mV）的时候，Butler-Volmer 方程的第二指数项趋近于零，可简化为 Tafel 方程的形式：

$$\eta = -\frac{RT}{\alpha nF}\ln i_0 + \frac{RT}{\alpha nF}\ln i \tag{9-18}$$

可见，η 与 $\ln i$ 的曲线是一条直线。可以通过拟合 η 与 $\ln i$ 的直线来确定 i_0 和 α。式（9-18）可写成更为普遍的形式

$$\eta = a + b\ln i \tag{9-19}$$

此时，式（9-17）中阴阳极的活化超电势可采用式（9-19）的形式获得。

9.4.4 极限电流密度与浓差极化损失

当催化层中的反应物浓度下降到零时，燃料电池中的传质达到极限。相应的，燃料电池的电流密度最大，称为极限电流密度：

$$i_{lim} = nFD_{eff} \frac{c_R^0}{\delta} \tag{9-20}$$

参考式（9-13）和式（9-17），考虑浓度对于平衡电势和电极动力学速率的影响，可知：

$$\eta_{conc,N} = \frac{RT}{nF} \ln \frac{i_{lim}}{i_{lim} - i} \tag{9-21}$$

$$\eta_{conc,BV} = \frac{RT}{\alpha nF} \ln \frac{i_{lim}}{i_{lim} - i} \tag{9-22}$$

可见浓度对于可逆电压和电极动力学速率的影响在表达式形式上是一致的，可统一为

$$\eta_{conc} = \eta_{conc,N} + \eta_{conc,BV} = \frac{RT}{nF} \left(1 + \frac{1}{\alpha}\right) \ln \frac{i_{lim}}{i_{lim} - i} = c \ln \frac{i_{lim}}{i_{lim} - i} \tag{9-23}$$

从热力学预测的燃料电池电压开始，减去活化、欧姆电阻和浓度效应的损失，我们就得到了燃料电池的净性能。燃料电池的净 i-V 行为可以写为

$$V = E_{thermo} - (a_a + b_a \ln i) - (a_c + b_c \ln i) - (iASR_{ohmic}) - c \ln \frac{i_{lim}}{i_{lim} - i} \tag{9-24}$$

其中，下标 a、c 分别表示阳极和阴极；ASR_{ohmic} 为燃料电池电解质的面积比电阻，等于面积与电阻的乘积。

9.4.5 燃料电池效率

本节讨论燃料电池的理想效率和实际效率以及影响实际效率的因素。

1. 燃料电池理想效率

热力学中，系统或过程的效率定义为收益与代价之比，即能量转换过程中提取的有用能量和总能量的比。对于燃料电池，用于做功的最大能量等于吉布斯自由能。因此，燃料电池的理想效率为

$$\eta_{r,fc} = \frac{\Delta G}{\Delta H} \tag{9-25}$$

例如，在标准状态下，氢-氧燃料电池有 $\Delta G^\ominus = -237.17 kJ/mol$ 和 $\Delta H_{HHV}^\ominus = -285.83 kJ/mol$。氢-氧燃料电池的可逆 HHV 效率为

$$\eta_{r,fc} = \frac{-237.17}{-285.83} = 0.83$$

从卡诺定理可知，提高工作温度可以提高热机的可逆效率。而对于燃料电池，温度的增加则意味着可逆效率的降低。图 9-7 显示了氢-氧燃料电池的可逆 HHV 效率与热机的可逆效率随温度变化的函数关系。燃料电池在较低温度时有显著的热力学效

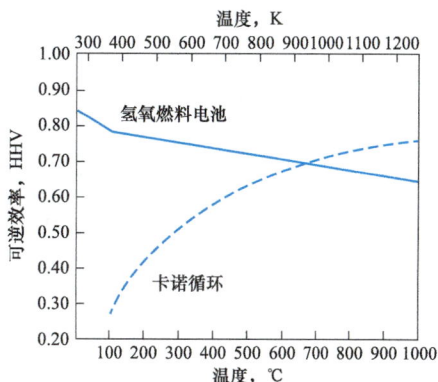

图 9-7 氢-氧燃料电池的可逆 HHV 效率与热机的可逆效率对比

率的优势，但是在较高温度时这种优势会消失。燃料电池效率曲线在 100℃处的弯曲是由于液态水到水蒸气的相变引起的。

2. 燃料电池实际效率

燃料电池的实际效率总是要比理想效率低。原因主要有两个方面：电压损耗和燃料利用损耗。

燃料电池的实际效率可以表示为

$$\eta_{fc} = \eta_{r,fc} \eta_V \eta_{fuel} \tag{9-26}$$

式中：η_V 为燃料电池的电压效率；η_{fuel} 为燃料电池的燃料利用率。

燃料电池的电压效率 η_V 反映了燃料电池中由于不可逆动力学影响而造成的损失，体现为燃料电池的实际工作电压（V）与燃料电池的热力学可逆电压（U）之比：

$$\eta_V = \frac{V}{U} \tag{9-27}$$

燃料电池的工作电压取决于燃料电池释放的电流密度，电流密度越高，电压效率越低。因此，燃料电池在低负荷时效率最高。这与内燃机形成了直接对比，内燃机通常在设计负荷时效率最高。

并非所有提供给燃料电池的燃料都参与电化学反应。有些燃料发生不产生电力的副反应，有些燃料会流过燃料电池而不发生反应。燃料利用效率 η_{fuel} 是电池中产生电流的燃料与提供给燃料电池的燃料的比率。假设 i 为燃料电池产生的电流，v_{fuel} 为燃料供给燃料电池的速率（mol/s），则

$$\eta_{fuel} = \frac{i/nF}{v_{fuel}} \tag{9-28}$$

综合两种因素的影响，燃料电池的实际效率为

$$\eta_{fc} = \frac{\Delta G}{\Delta H} \frac{V}{U} \frac{i/nF}{v_{fuel}} \tag{9-29}$$

对应电池产生电流所需要消耗的燃料，如果燃料电池的燃料过剩，就会被浪费。燃料电池的燃料供应通常是根据电流来调整的，保证实际燃料供应量比电池需要的燃料多一点。例如，给燃料电池提供的燃料是所需燃料的 1.5 倍，它的化学计量数 λ 即为 1.5。此时，可以将燃料利用率写为

$$\eta_{fuel} = \frac{1}{\lambda} \tag{9-30}$$

此时，式（9-26）可写为

$$\eta_{fc} = \frac{\Delta G}{\Delta H} \frac{V}{U} \frac{1}{\lambda} \tag{9-31}$$

9.5 PEMFC

图 9-8 所示为 PEMFC 结构示意。PEMFC 是以其电解质来命名的，其采用聚合物电解质膜，通常是全氟磺酸聚合物膜。电荷载体为质子 H^+，通常以水合氢离子 H_3O^+ 形式存在。PEMFC 中的阳极和阴极反应如下：

阳极
$$H_2 \longrightarrow 2H^+ + 2e^-$$

阴极
$$\frac{1}{2}O_2 + 2H^+ + 2e^- \longrightarrow H_2O$$

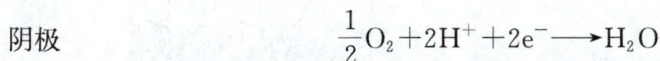

由于质子交换膜的耐温有限，同时聚合物膜必须吸水保持一定的润湿才能够保证水合氢离子的传输，维持适宜的电导率，因此 PEMFC 通常工作在 80℃左右，部分采用耐高温膜的 PEMFC 可工作在 100℃以上。由于运行温度低，电极电化学反应对催化剂活性要求高，铂基材料是目前唯一实用的催化剂，价格昂贵，对 CO、S 等的耐受性差，多种非贵金属催化剂目前在积极的开发中。在聚合物膜两侧涂覆铂基催化剂并辅以多孔碳电极支撑材料所形成的夹层结构被称为膜电极组件。整个膜电极的厚度小于 1mm。从反应活性的角度来讲，氢气是 PEMFC 最适宜的燃料，但其存储仍面临较大的挑战，燃料体积功率密度较低。PEMFC 具有良好的启停性能，非常适合于便携式电源和交通运输方面的应用。

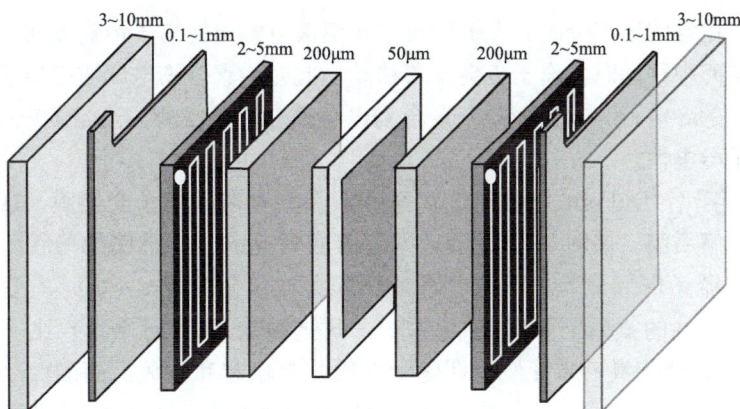

图 9-8　PEMFC 结构示意

9.5.1　PEMFC 的电解质

燃料电池的电解质材料需要提供以下功能：①能传导离子，但不能传导电子；②不透气，防止阳极和阴极气体混合；③具有一定机械强度，同时尽可能薄，以减小电池内阻。大多数质子交换膜燃料电池电解质是基于 H^+ 离子的薄膜聚合物。聚合物要成为良好的离子导体，应具备适宜的固定电荷位点和自由空间。

图 9-9 所示为聚合物电解质固定电荷位点传输离子机理。聚合物中的固定电荷位点提供了传输离子的临时中心，电荷位点上离子的结合与释放像人们接力搬运货物一样将离子从电解质的一侧传输到另一侧。固定电荷位点上电荷的正负与移动的离子相反以维持聚合物净电荷的平衡。提高单位体积内固定电荷位点的数量可有效提高聚合物的电导率。然而，由于固定电荷位点对应着聚合物的侧链结构，过量的侧链结构会降低聚合物的机械稳定性。

自由空间与聚合物的结构有关。作为燃料电池电解质使用的聚合物结构不是完全致密的，是一种多孔介质，存在小孔隙结构形成的自由空间。增加聚合物中的自由空间可以增加聚合物内部小尺度结构振动和运动的范围。这些运动促成了离子在聚合物中从一个位置到另一个位置的物理转移。因此，自由空间提高了离子在聚合物中移动的能力。与其他固态离子导电材料（如 SOFC 中的陶瓷电解质）相比，聚合物膜表现出相对较高的离子电导率。

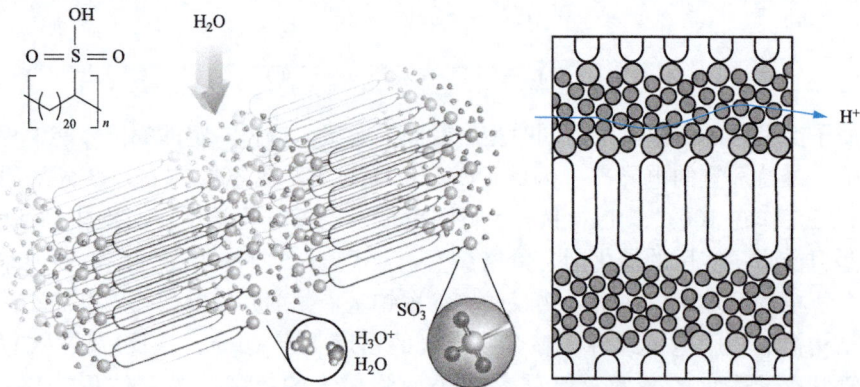

图 9-9　聚合物电解质固定电荷位点传输离子机理

聚合物的自由空间较充分时还会提供类似水溶液电解质的离子传输方式。当水分子在聚合物膜的自由空间中移动时，离子也会跟着移动。此时，聚合物电解质中离子的导电行为与水电解质中离子的导电行为非常相似。聚合物电解质厚度非常薄（通常 $50\sim200\mu m$），使其具有极好的离子导电性。

20 世纪 60 年代，DuPont 公司开发了 Nafion 系列全氟阳离子交换膜，成为 PEMFC 中应用最广泛的电解质膜。如图 9-10 所示，Nafion 膜看起来是半透明的薄膜。它的主干结构类似于聚四氟乙烯（Teflon™），不同之处在于 Nafion 包含磺酸（—SO_3^-）官能团。由于在碳链中采用高电负性的氟原子取代氢原子，C—F 键键能（485kJ/mol）比一般的 C—H 键键能高 84kJ/mol，聚四氟乙烯骨架物理化学性质非常稳定和持久，而磺酸（—SO_3^-）基团为质子传输提供电荷位点。Nafion 膜中的自由空间聚集成相互连接的纳米尺寸的孔隙，其壁面被磺酸（—$SO_3^-H^+$）基团包围。有水存在时，孔中的质子（H^+）形成水合氢离子络合物（H_3O^+）并与磺酸侧链分离。Nafion 的孔隙结构可以容纳大量的水。当孔隙中有足够的水存在时，水合氢离子在水相中的传递类似于液体电解质中的离子导电。此外，Teflon 骨架的疏水特性进一步加速了水通过膜内部孔隙的运输。Nafion 膜表现出极高的离子传输能力，与液体电解质相当。这种离子传输能力（电导率）对 Nafion 膜的水合润湿性非常敏感。在 PEMFC 运行中，通过给燃料和氧化剂气体进行加湿来维持膜的润湿，因此水管理是基于 Nafion 膜的燃料电池系统的重要配置，但是这也增加燃料电池系统的体积和成本。

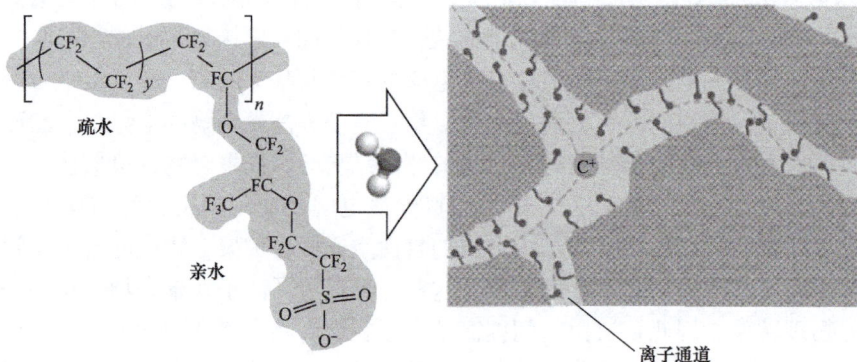

图 9-10　Nafion 膜结构

电导率和 Nafion 膜含水量密切相关。Nafion 膜含水量 λ 定义为膜中水分子数与电荷位点（磺酸基）的比值。完全脱水的 Nafion 膜的 λ 为 0，而完全饱和的 Nafion 膜的 λ 约为 22。将 Nafion 中的水分含量与燃料电池的湿度条件联系起来，就可以根据燃料电池的相对湿度来估计膜的含水量。水蒸气活度定义为

$$a_{\mathrm{w}} = \frac{p_{\mathrm{w}}}{p_{\mathrm{w}}^{\mathrm{sat}}} \tag{9-32}$$

式中：p_{w} 为水蒸气实际分压；$p_{\mathrm{w}}^{\mathrm{sat}}$ 为系统在运行温度下的饱和蒸气压。

可估计膜的水含量为

$$\lambda = \begin{cases} 0.043 + 17.18 a_{\mathrm{w}} - 39.85 a_{\mathrm{w}}^2 + 36.0 a_{\mathrm{w}}^3 & 0 < a_{\mathrm{w}} \leqslant 1 \\ 14 + 4 \times (a_{\mathrm{w}} - 1) & 1 < a_{\mathrm{w}} \leqslant 3 \end{cases} \tag{9-33}$$

经实验测定，Nafion 的质子电导率随含水量的增加呈线性增加，随温度的升高呈指数增加，如图 9-11 所示。

$$\sigma(T, \lambda) = \sigma_{303\mathrm{K}}(\lambda) \exp\left[1268 \times \left(\frac{1}{303} - \frac{1}{T} \right) \right] \tag{9-34}$$

$$\sigma_{303\mathrm{K}}(\lambda) = 0.005\,193\lambda - 0.003\,26 \tag{9-35}$$

式中：σ 为膜的电导率，S/cm；T 为温度，K。

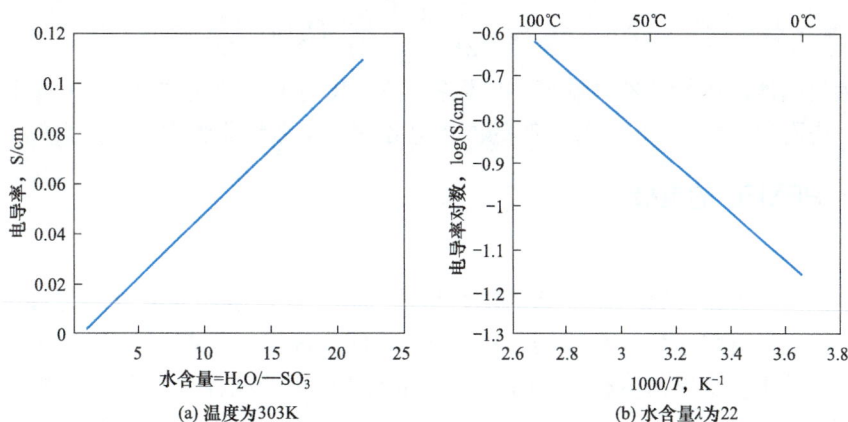

图 9-11 Nafion 膜电导率随水含量和温度的变化关系

通常水含量沿着膜的厚度方向是不均匀的，致使膜的局部电导率也不同。水含量的不均匀与水在膜中的传输机理有关。有三种驱动力促使水在膜中的传输：电渗、扩散和对流。其中在膜两侧压力接近或相同的情况下，对流的作用很微弱。这里考虑电渗和扩散两种情况。

所谓电渗是指通过 Nafion 孔隙的质子通常会拖着一个或多个水分子一起移动的现象。每个质子拖动的水分子个数称为电渗系数 n_{drag}。通常，我们假设 n_{drag} 随 λ 线性变化，有

$$n_{\mathrm{drag}} = n_{\mathrm{drag}}^{\mathrm{sat}} \frac{\lambda}{22} \quad \lambda \leqslant 22 \tag{9-36}$$

其中，$n_{\mathrm{drag}}^{\mathrm{sat}} \approx 2.5$。当膜中通过的净电流为 i 时，从阳极到阴极的水通量为

$$N_{\mathrm{H_2O,drag}} = n_{\mathrm{drag}} \frac{i}{F} \tag{9-37}$$

式中：N 为电渗引起的水的摩尔通量，$\mathrm{mol/cm}^2$；i 为燃料电池的工作电流密度，$\mathrm{A/cm}^2$。

当膜中水含量分布不均匀时，水的局部浓度也不同，在阳极/阴极水浓度梯度的驱动下，水发生扩散传输，其通量可表示为

$$N_{H_2O,diffusion} = -\frac{\rho_{dry}}{M_m} D_\lambda \frac{d\lambda}{dz} \tag{9-38}$$

式中：ρ_{dry} 为 Nafion 的干密度，kg/m^3；M_m 为 Nafion 质量当量，kg/mol；z 为穿过膜厚度的方向。

式（9-38）中的负号表示水扩散的方向与水含量梯度的方向相反。在 PEMFC 中，电渗力将水从阳极移动到阴极，随着这些水在阴极积聚，同时由于电化学反应在阴极处产生水，阴极处的水浓度通常高于阳极处的水浓度，发生反向扩散，促使水从阴极传输回阳极。而对于某些液体种类的燃料电池，如直接甲醇燃料电池，其阳极供应甲醇水溶液，导致阳极侧的水含量高于阴极，则此时发生正向扩散，使水从阳极扩散到阴极。

Nafion 膜中水的扩散率 D_λ 是含水量 λ 的函数：

$$D_\lambda = \exp\left[2416 \times \left(\frac{1}{303} - \frac{1}{T}\right)\right] \times (2.563 - 0.33\lambda + 0.026\,4\lambda^2 - 0.000\,671\lambda^3) \times 10^{-6}$$

$$\lambda > 4 \tag{9-39}$$

综合考虑水的电渗和扩散传输，则 Nafion 中的总水通量为

$$N_{H_2O} = 2n_{drag} \frac{i}{2F} \frac{\lambda}{22} - \frac{\rho_{dry}}{M_m} D_\lambda(\lambda) \frac{d\lambda}{dz} \tag{9-40}$$

根据燃料电池的运行条件（湿度和电流密度），我们可以使用式（9-40）估算膜中的含水量分布，进而通过式（9-34）计算膜的离子电导率，从而量化膜中的欧姆损耗。

9.5.2 PEMFC 的电极

1. 电极的制备

燃料电池的电极是典型的多物理场耦合传输的场所，需要能够有效地传递电子、反应物、产物并提供尽可能大的反应表面。PEMFC 的催化剂通常是基于昂贵的贵金属材料 Pt 的，应尽可能减少贵金属的担载量。图 9-12 所示为膜电极的两种制备方法。图 9-12（a）所示为 CCS（catalyst coated substrate）法，是将催化剂活性组分直接涂覆在气体扩散层上，分别制备出涂布了催化层的阴极气体扩散层和阳极气体扩散层，然后用热压法将两个气体扩散层压制在质子交换膜两侧得到膜电极（membrane electrode assembly，MEA）。图 9-12（b）所示为 CCM（catalyst coated membrane）法，是将催化剂活性组分涂覆在质子交换膜两侧，再将阴极和阳极气体扩散层分别贴在两侧的催化层上经热压得到膜电极。

CCS 法制备工艺相对简单成熟，制备过程利于气孔形成，质子交换膜也不会因膜吸水而变形。其缺点是制备过程中催化剂容易渗透进气体扩散层中，造成催化剂浪费和较低的催化剂利用率。另外，催化层和质子交换膜之间的结合力通常也较差，界面阻力大。与 CCS 法相比，CCM 法能够有效提高催化剂利用率、大幅度降低膜与催化层之间的质子传递阻力。无论是使用 CCS 法还是 CCM 法制备膜电极，制备过程中都需要将催化剂活性组分负载到支撑体上。按照具体的涂覆方式，可以分为转印法、刷涂法、超声喷涂法、丝网印刷法、溅射法、电化学沉积法等，超声喷涂方法可以自动化进行，涂覆工艺经济实用，重复性好，是目前的主流方法。

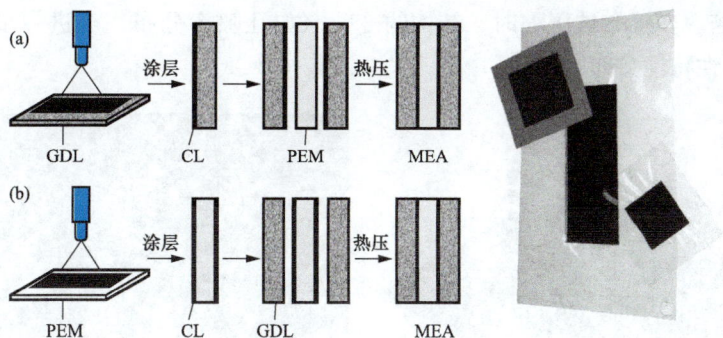

图 9-12 膜电极的两种制备方法

2. 气体扩散层

（1）气体扩散层的要求。燃料电池电极结构中较厚的一层称为气体扩散层，位于流场板和催化层之间。它的作用是支撑催化层，传递反应物和产物，并传导电流。气体扩散层通常由多孔导电的材料，如碳纸、碳布等制成。在 PEMFC 中，扩散层通常会用 PTFE 进行疏水处理，使其具有一定的疏水性，利于气体的传输和液态水的排出。虽然气体扩散层不直接参与电化学反应，但其材料、孔隙度、厚度及相对疏水性都对 PEMFC 的性能有重大影响。气体扩散层的基本要求包括以下几点：

1）良好的导电性。阴极和阳极反应产生的电子都需要经过扩散层传输到外电路形成电子的闭环，所以要求扩散层材料具有良好的导电性以降低欧姆损耗。

2）高孔隙率。扩散层的基体材料需要是高孔隙率的多孔材料（通常大于 70%），以利于气体从流场板透过扩散层孔道传输到催化层进行反应。

3）方便水的排出。对于低温 PEMFC，在阴极产生液态的水，与阴极氧气的传输为逆流过程，扩散层需要具有一定的疏水性以方便水的排出。

4）良好的机械性能。扩散层需要具有一定的强度来支撑催化层，防止催化层的脱落，同时与催化层紧密接触，接触电阻尽可能小。良好的机械性能也可以适应电池封装时的预紧力，具有一定的形变能力。

5）良好的导热能力。燃料电池的效率小于 100%，在运行过程中产生的废热需要排出，要求扩散层在各个维度有较好的导热能力。

6）高稳定性/耐腐蚀性。PEMFC 的运行环境是酸性和氧化环境，要求扩散层具有一定的耐腐蚀能力。

7）低成本，便于规模化。

（2）气体扩散层材料。目前，大多数 PEMFC 采用碳纤维基的气体扩散层，因为碳纤维材料具有良好的导电性、高孔隙率（>70%）、优良的稳定性、耐腐蚀性及良好的力学性能。最常见的两种气体扩散层材料是碳纤维布和碳纤维纸。

1）碳纤维布（也称为碳布）。图 9-13 所示为 E-TEK 碳布及微观结构。碳纤维布是由碳纤维丝编织成的一种类似织物的薄层，往往密度低（约 $0.3g/cm^3$），柔韧性和渗透性好（约 50 Darcys）。作为 PEMFC 的气体扩散层的碳布一般厚度为 $350\sim500\mu m$，但由于碳布具有很好的弹性，其在燃料电池组件组装时，会产生显著的变形，厚度可被压缩 30%～50%。碳布和碳纸在电荷和组分传输方面具有明显的各向异性特性，如平面内电导率比贯穿平面电导率高 10～50 倍。当碳布被压缩时，结构的变化（如孔隙率分布）会进一步改变电荷和组分传输的各向异性特性分布。

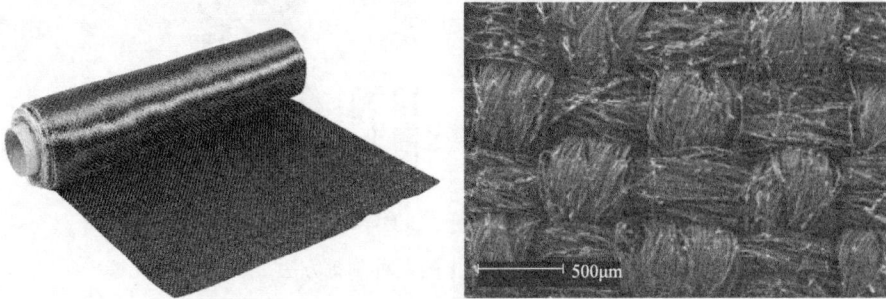

图 9-13　E-TEK 碳布及微观结构

2）碳纤维纸（也称为碳纸）。图 9-14 所示为 Toray060 碳纸及微观结构。相对于碳布的规整编制结构，碳纤维纸是通过将随机排列的碳纤维黏合成薄、硬、轻的纸张而制成的。由于黏合剂的存在，碳纸往往比碳布密度更大（约 $0.45g/cm^3$），渗透性更差（约 10 Darcys）。碳纸不像碳布一样柔韧、有弹性，而是表现出一定的刚度并且脆而易折。在 PEMFC 中作为气体扩散层使用的碳纸通常厚度比碳布薄很多，为 $150～250\mu m$。为防止碳纸断裂，在燃料电池组装时，螺栓的预紧力比碳布要小 $10\%～20\%$。

图 9-14　Toray060 碳纸及微观结构

（3）气体扩散层的处理。

1）疏水处理。是否对气体扩散层材料进行疏水处理与其使用的具体场景有关。例如，在低温 PEMFC 中，阴极产生液态水，气体扩散层材料必须能够去除燃料电池中的液态水；否则，液态水积聚在催化剂或气体扩散层层中，最终将堵塞反应物的孔隙通道，导致燃料电池的性能恶化，这种现象称为"水淹"。削弱阴极水淹的措施之一是对气体扩散层材料进行疏水处理，将气体扩散层浸泡在 PTFE 悬浊液中，使 PTFE 渗透进气体扩散层纤维材料，然后在 $350～400℃$ 的烤箱中烘烤处理气体扩散层，去除残留的溶剂并将 PTFE 颗粒烧结到气体扩散层纤维上。进行疏水处理的气体扩散层通常会含有 $5\%～30\%$ 的 PTFE。

2）微孔层。微孔层是介于气体扩散层和催化层之间的一个薄层，厚度为 $20～50\mu m$。微孔层可以有效改善 CCS 法制备膜电极时催化剂容易渗透进气体扩散层孔洞中，造成催化剂浪费的问题。在喷涂催化剂之前，先在气体扩散层表面喷涂 PTFE 溶液混合的碳粉浆料，形成气体扩散层的大孔隙度（$10～30\mu m$ 孔径）和催化剂层的细孔隙度（$10～100nm$ 孔径）

之间的过渡层。继而，在微孔层表面再喷涂担载催化剂的碳粉浆料，形成催化层。微孔层提高了催化剂层中液态水的吸湿性，降低了气体扩散层与催化剂层之间的接触电阻。对于含有微孔层的膜电极，其结构由典型的 5 层三明治结构变为 7 层膜电极，分别为阳极气体扩散层、阳极微孔层、阳极催化剂层、电解质、阴极催化剂层、阴极微孔层、阴极气体扩散层。

3. PEMFC 的催化剂

(1) 催化层的需求。催化层是燃料电池电化学反应发生的场所，同时还需要提供反应物/产物、电荷和离子 3 种不同传输机理的物质对应的传输通道，因此它是 PEMFC 中厚度最薄但过程最复杂的功能层。如图 9-15 所示，为顺利实现反应和传输，需要在催化层构建有效的界面，称为三相界面（TPBs）。由于 PEMFC 的运行温度低，所以需要用贵金属催化剂来保持高的电化学活性。这些贵金属催化剂通常被制成纳米级（2~3nm）的颗粒，然后担载在高比表面积的碳粉颗粒上，以尽量暴露催化剂活性位点，通过极少量的催化剂材料来创造非常大的有效催化剂表面积。载体材料构建出高孔隙度的催化剂层，便于反应物/产物传输。同时，电解质材料也需要添加到催化剂层，以便在催化剂颗粒处构建出离子通道。电化学反应释放（或消耗）的离子通过电解质通道传输到电解质膜；电化学反应释放（或消耗）的电子通过载体碳颗粒网络传输到气体扩散层。

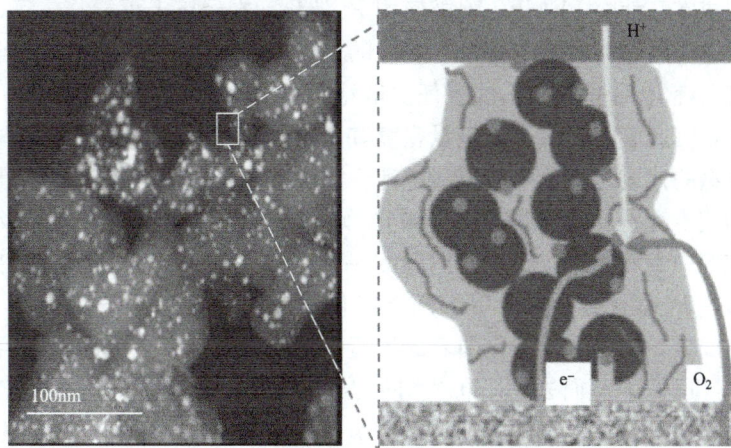

图 9-15　催化层微观结构及三相界面示意

催化剂层的要求主要包括以下几点：

1）高催化活性。高活性的催化剂是低温燃料电池的基础。根据电化学动力学的知识，PEMFC 操作温度较低，对催化剂活性提出了更高的要求，只有高活性催化剂才能支撑其达到可应用的输出性能，因此多采用 Pt 基贵金属催化剂。

2）低成本。对于低温 PEMFC，低成本与高催化活性是矛盾的。由于采用了高活性的 Pt 基贵金属催化剂，其昂贵的成本一直是该技术产业化的主要障碍之一。

3）良好的耐毒/杂质性。Pt 基贵金属催化剂的另一个缺点是杂质的耐受性不足，燃料中的杂质或者中间生成物（如 CO），会结合到活性位点上，使得催化剂中毒而失效。因此，低温燃料电池一般对燃料纯度要求较高，高温燃料电池则具有更好的燃料适应性。

4）高比表面积。高比表面积在有限的体积内可以为反应提供更大的有效反应面积，也是降低催化剂担载量的有效途径，可降低催化剂成本。

5）高电导率和离子电导率。高电导率和离子电导率促使反应生成的电子和离子等电荷载体尽快脱离活性位点，以便于反应的持续、稳定进行。

6）高稳定性。商业化的电池组运行的重要性能指标是其输出电流、功率等参数的稳定性，不会随时间发生较大的波动或者大幅的衰降。

（2）催化剂材料。

1）阳极催化剂。目前，PEMFC 的理想燃料是 H_2，在 PEMFC 阳极，发生氢氧化反应（HOR）：

$$H_2 \longrightarrow 2H^+ + 2e^-$$

对于该反应，最理想的催化剂是铂（Pt）。虽然 Pt 价格昂贵，但它是一种非常有效的氢氧化反应催化剂。Pt 和氢之间适宜的键合力可以保证 H_2 从气相吸附到 Pt 表面，也可以使生成的 H^+ 离子脱附到电解质中。如果键合力太弱，难以将 H_2 从气相吸附到催化剂表面；如果键合力太强，吸附的氢会在活性位形成稳定的氢化物，不能脱离。为了高效地利用 Pt 催化剂，通常使用成熟的碳基担载的方式，即 Pt/C 催化剂。在高比表面积的碳粉颗粒上担载纳米级的 Pt 颗粒，使催化剂颗粒进行充分的弥散，只需要极少量的 Pt 催化剂就可以制备大量的有效反应面积。PEMFC 阳极催化剂铂担载量已成功降低到 0.05mg Pt/cm^2 左右，间接降低了催化剂成本，使在 PEMFC 阳极使用 Pt 催化剂在经济上可行。

当 PEMFC 电池的燃料发生变化时，对应的催化剂也需要改变。例如，当使用甲醇、乙醇等作为燃料时，纯 Pt 催化剂则不能胜任。虽然 H_2 是 PEMFC 的理想燃料，但其存储和体积能量密度受限，因此能够提供更高能量密度和更容易存储、运输的液体燃料的 PEMFC 技术受到关注。典型的代表是直接甲醇燃料电池。甲醇的阳极氧化反应比氢气复杂得多，由一系列反应步骤构成。有些反应中间产物（如 CO），会在 Pt 催化剂表面强烈吸附而占据活性位从而导致催化剂中毒而失效。解决此问题的一种有效途径是在 Pt 催化剂中加入一种或几种其他成分，形成 Pt 基合金。对于甲醇阳极氧化反应，钌（Ru）被认为是与 Pt 形成合金催化剂的最有效成分。Ru 在 Pt 催化剂表面创造了新的活性位点，能够将结合的 CO 进一步催化反应为 CO_2 和 H^+，从而去除 CO。不同的反应体系，对应着不同的催化剂类型。对于甲醇阳极反应适宜的 Pt-Ru 合金催化剂对乙醇氧化反应的活性不佳。这是因为乙醇氧化中不仅需要 C—H 键的裂解，还需要打破 C—C。目前，最有效的乙醇氧化催化剂是 Pt-Sn 合金。目前，液体燃料 PEMFC 的催化活性仍不足，电池效率和功率密度仍无法与 H_2 相比，仍需要持续的研发投入。

2）阴极催化剂。在 PEMFC 阴极上进行的反应是氧还原反应（ORR）：

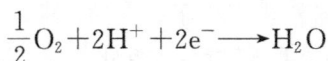

$$\frac{1}{2}O_2 + 2H^+ + 2e^- \longrightarrow H_2O$$

目前，阴极氧还原反应的主要催化剂也是 Pt。与阳极类似，阴极 Pt 催化剂通常也是 Pt/C 催化剂。但氧还原反应要比氢氧化反应复杂，动力学活性低得多，因此阴极 Pt 的担载量要比阳极高很多，为 $0.4 \sim 0.5 \text{mg Pt/cm}^2$，这使得阴极催化剂成本过高。为降低阴极 Pt 的担载量，需要进一步降低 Pt 颗粒的尺寸和提高 Pt 颗粒的分散度，避免团聚带来的有效反应面积的降低。

另外一个途径是开发新型催化剂，包括类似阳极催化剂中的 Pt 基合金催化剂和开发廉价的无 Pt 或不含贵金属的催化剂。在 Pt 基合金催化剂的研究方面，通过少量掺杂过渡金属，如 Ni、Cr、Co、Mn、Fe、Ti 等，形成的合金催化剂表现出良好的活性。实验证实 Pt_3Cr 和 Pt_3Co 催化剂表现出比纯 Pt 更高的氧还原反应催化活性。Pt 基合金催化剂面临的挑战是所引入的过渡金属从催化剂浸出继而损害质子交换膜燃料电池的问题。

另一种设计 PEMFC 阴极催化剂的方法是开发廉价、无 Pt 的催化剂材料（platinum group metal free catalyst，PGM free catalyst）。这显然是在催化剂活性和催化剂成本之间的权衡，通过降低催化剂活性来换取低成本。为了保证电池正常工作，在采用低活性催化剂时需要提高其担载量来平衡活性降低的影响，这意味着催化层厚度的增加。通常，采用无 Pt 催化剂的燃料电池催化层要比采用 Pt 催化剂的催化层厚几倍。催化层厚度的增加会增大反应物和生成物的传质阻力，延长离子的传输路径，增大电池内阻。因此，这又是一个催化剂活性和传输阻力之间的权衡。一般要求无 Pt 催化剂的活性不低于 Pt 的 1/10。

9.5.3　PEMFC 的流场板

1. 流场板的功能及材料

流场板也称为双极板，是 PEMFC 的关键部件之一，其功能包括分隔传输氧化剂和还原剂，将反应物相对均匀地分散到电极；将电化学反应产物汇集起来，通过流道排出；收集燃料电池产生的电流；提供电池冷却剂通道，维持电池良好的散热；支撑膜电极。其对材料有以下要求：

（1）高导电性。流场板将相邻的单电池连接起来，组成完整的电堆，因此要求其必须具有高导电性，以减小构成电堆后电流传输的电压损失。

（2）耐腐蚀。流场板需要适应目前 PEMFC 以全氟磺酸膜为电解质的体系，具备较强的耐腐蚀性，能够满足电池寿命要求，稳定运行几千小时甚至几万小时。

（3）高导热性。燃料电池中的电化学反应是放热反应，电堆运行过程中需要散热，高导热性保证电池良好的热管理。

（4）高气密性。流场板的两侧同时传输有氧气和氢气，需要隔离二者，要求其具有较高的气密性。

（5）机械强度高。具有较高机械强度的流场板可以有效支撑膜电极并承受电堆组装时的压紧力。

（6）易于加工。这使得流场板在生产过程中容易成型，并降低加工成本。

（7）高性价比。宜选用适宜批量化生产、成本低的材料以控制整个电堆的成本。

目前还没有一种材料能够完美地满足流场板的所有要求。主要的 PEMFC 流场板有石墨流场板、金属流场板和复合流场板，如图 9-16 所示。PEMFC 流场板最常用的材料是石墨。石墨满足上面讨论的大多数标准，但其加工复杂、成本较高，材料本身机械强度低、易碎。由于石墨机械强度较低，因此很难将其做成薄板，这使得采用石墨流场板的 PEMFC 体积比功率较低。

有些使用场景中，如车载燃料电池系统，对电堆的体积比功率有较高的要求，不适宜采用石墨流场板。替代品主要有金属流场板和复合流场板。与石墨板相比，金属板具有优良的导电性、导热性、致密性和机械强度，易于制造形成超薄的板片。其需要克服的缺点主要是在 PEMFC 高湿度、低 pH 值的环境中保持化学稳定性。常用的金属材料为不锈钢和钛，成本较高。金属板的另一个问题是表面金属氧化物的形成。即使是很薄的金属氧化物层也会增加流场板与电极之间的接触电阻，导致燃料电池性能下降。一般在金属双极板表面涂覆耐腐蚀的涂层来减轻氧化物薄膜的形成。

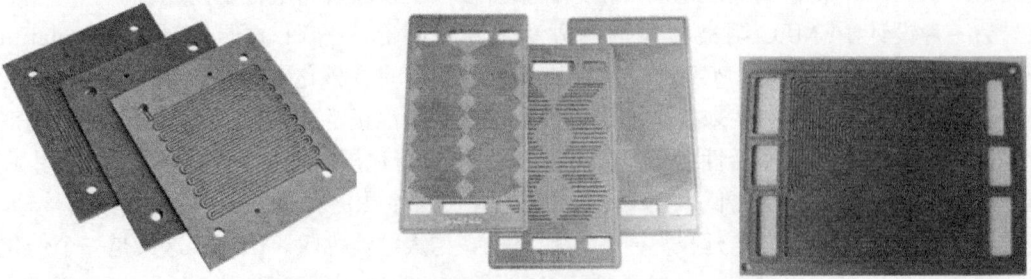

图 9-16　石墨流场板、金属流场板和复合流场板

复合双极板结合了石墨和金属双极板的优点，一般以 0.1～0.3mm 的薄金属板为基底，以薄碳板、石墨板等为流场。这样的复合材料兼具金属板的强度高、导电性好和碳材料的稳定性好的优点。其主要需要克服的是两种材料之间的接触电阻。

2. 流场结构

流场板的两侧面加工有宽度和深度在毫米尺度的通道，称为流道。数十甚至上百条流道以一定的形状分布，把阴阳极的反应气体输送到燃料电池的表面，同时将电极电化学反应产物收集起来。流场结构设计的主要目的是以尽量小的压力损失实现尽可能均匀的反应物输送和有效的产物移除。流道的形状、大小和模式可以显著影响燃料电池的性能。对于 PEMFC 来说，阳极氢气的输送过程较为简单，扩散系数大，因此阳极流场的设计较为容易。而阴极氧气的传输与液态水的传输为逆流、两相过程，防止阴极水淹并高效输送氧气是阴极流场设计的关键。如果流场的设计不能有效排出电极的液态水，会造成电极多孔层的某些区域被液态水充满，堵塞氧气传输的通道，使得电极断绝了反应物的供应，导致电池输出电流下降，这称为电极的水淹。目前，PEMFC 中的三种基本流场布局为平行流场、蛇形流场、交指型流场。

平行流场［见图 9-17（a）］是一种典型的并联模式的流场布置，多条平直的流道平行布置，理想状态下，流量均匀地分布在每个通道。平行流场中每条流道承担的流量小，流道长度短，其显著的优点是进出口之间的压降低，这意味着气体输送消耗的泵功小。其缺点在于，当流场板尺寸较大时，多条流道的布局容易造成各个通道的流量分布不均匀。由于流体的通道宽度和深度在毫米级，流体在这个尺度通道中的流动过程与十几毫米或几十毫米通道中有显著的不同，小尺度通道中的液滴或气泡的尺寸很容易达到通道截面尺寸，形成类似于弹状流的流型。通道壁面的黏附效应在小尺度通道中越发突出，造成各个通道中流体流动阻力不均匀，导致流量不均匀。PEMFC 阴极的液态水在某些通道区域积聚，导致传质损失增加和相应的电流密度下降。

对比平行流场，蛇形流场［见图 9-17（b）］是一种典型的串联模式的流场布置，只有一条通道连接流场进口和出口，呈现蜿蜒转折的形状。所有流体只能通过该通道流动，液态水将被迫排出通道。在蛇形通道具有出色的排水能力的同时，该设计也会导致较大的压降，PEMFC 面积较大时则更为严重。此外，蛇形流场相邻流道之间具有不同的压力，这种压力差可以在肋下的扩散层中形成一定的对流，从而强化传质，也利于该区域中水的排出。为克服蛇形流场进出口压力损失大的缺点，结合平行流场与蛇形流场的特点，工程师们设计出了两种流场集合的流场布置，如双蛇形流场、多蛇形流场，以及蛇形与平行串联等多种创新的流场布置方式。

交指型流场［见图 9-17（c）］中，流道在流场板上是不连通的，流体在交错布置的通道间压差的驱动下，以强制对流的方式通过肋下部的扩散层，从与入口相连的通道传输到与出口相连的通道。该流场布置极大地提高了 PEMFC 对流传质的能力和排水能力，但同时也具有最大的进出口压降，所以应用较少。

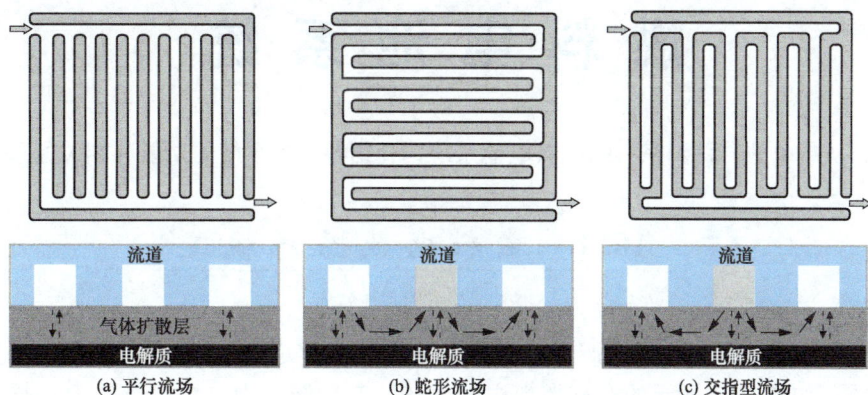

图 9-17 PEMFC 流场布局

习　题

9-1　试绘制一张燃料电池原理图，对应不同种类燃料电池的电解质中的离子载体和阴阳极反应方程式。

9-2　燃料电池的极限电流密度跟哪些因素相关，试列举 3 种以上增加燃料电池极限电流密度的措施。

9-3　什么是面积比电阻，如果一个 PEMFC 的电极面积增加一倍后电阻减小为原来的 40%，则该电池的欧姆损失增大还是减小？

9-4　燃料电池的热力学效率能否大于 1，试解释其原因。

9-5　采用氢气和氧气的某酸性燃料电池热力学理论效率 83%，平衡电压为 1.23V，当电池超电势为 0.4V 时测得氢气利用率 97%，则燃料电池实际效率为多少？

第 10 章

燃料电池系统

本章将从单电池转移到完整的燃料电池系统，介绍各个子系统的功能和相关原理与技术。

10.1 燃料电池系统概述

单独的燃料电池是一个能够产生电能的组件，要具备实用的功能必须形成一个完备的燃料电池系统。如图 10-1 所示的车载燃料电池系统，其功能是为汽车提供动力，类似燃油车的发动机系统。可以看到，为适应车辆的使用，其构型也与燃油发动机类似。除了作为核心发电部件的燃料电堆外，该系统还包括一系列的辅助装置来维持电池的正常运转，如氢气和空气的输送与处理装置、电堆的冷却装置、电力电子转换装置、监测与控制装置等。这些辅助的设备是实现电池功能必须的，同时也会占用相当的空间和成本。

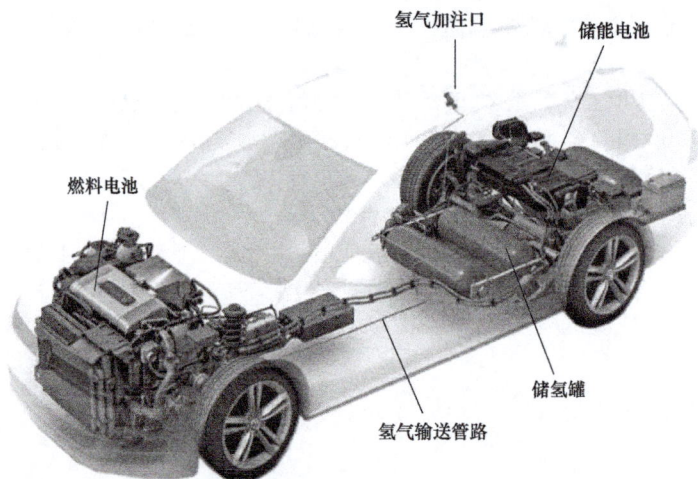

图 10-1　车载燃料电池系统

除了车载燃料电池系统外，便携式和固定式发电燃料电池系统也具有广阔的使用前景，不同的应用领域对燃料电池系统设计的要求也不同。例如固定式发电系统中需要规模化，可靠性、成本和效率是非常重要的。固定式发电系统通常对燃料有更多选择，除了采用氢气外，更普遍的场景是采用天然气、合成气等易得的燃料。而便携式则要求高度的集成性，同时需要平衡燃料的存储和电池系统的相对空间占用和对整个系统效率的影响，这也使得液体燃料受到更多关注。

典型燃料电池系统中的主要子系统包括燃料电堆，热管理子系统，燃料输送/处理子系统，以及电力电子子系统。

由式（9-31）可计算单纯燃料电池的效率，当考虑燃料电池系统时，如图 10-2 所示，燃料电池子系统将富含 H_2 的燃料流转换为直流电力。热管理子系统和燃料输送/处理子系统等部分的辅助设备耗电和电力电子子系统对燃料电池输出的直流电进行调制的损耗都会降低系统的输出。此时，燃料电池系统的效率可表示为

$$\eta_{sys} = \eta_{fc} \eta_{pc} \eta_{mech} \tag{10-1}$$

其中，η_{fc} 为根据式（9-31）计算的燃料电池效率；η_{pc} 和 η_{mech} 分别为电力电子子系统的效率和辅助设备的机械效率，有

$$\eta_{pc} = \frac{p_{pc}^{out}}{p_{fc}^{out}} = 1 - \frac{p_{pc}^{loss}}{p_{fc}^{out}} \tag{10-2}$$

$$\eta_{mech} = \frac{p_{net}}{p_{pc}^{out}} = 1 - \frac{p_{mech}}{p_{pc}^{out}} \tag{10-3}$$

其中，p_{pc}^{out}、p_{fc}^{out} 和 p_{pc}^{loss} 分别为电力电子子系统的输出功率、电池组的输出功率和电力电子子系统的损失；p_{net} 和 p_{mech} 为燃料电池系统的净输出功率和系统辅助设备的损耗。

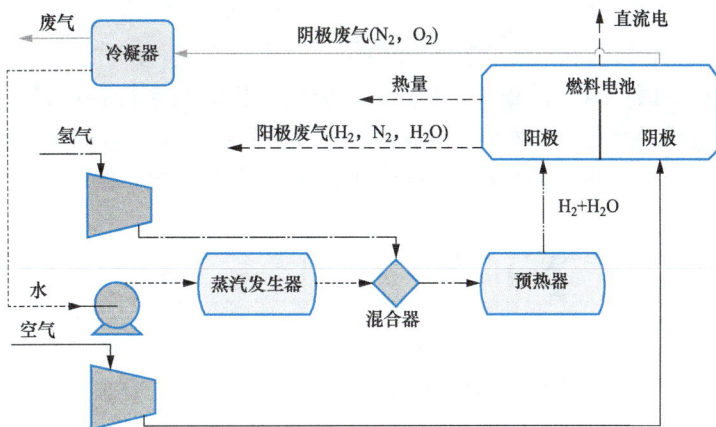

图 10-2　PEMFC 系统流程

图 10-3 显示了燃料电堆的电效率不同于净燃料电池系统的电效率。这些效率的差异是由于泵、压缩机和其他系统设备所需的功率造成的，也称为寄生功率。这种寄生功率是从燃料电堆本身输出功率中抽取的，类似于发电厂的厂用电部分，因此减小了燃料电池系统真正对外输出的功率。在图 10-3 中可以看到，当所有其他变量保持不变时，对于一个燃料电堆，在最小的电力消耗时产生最大的电池效率。相比之下，燃料电池系统的

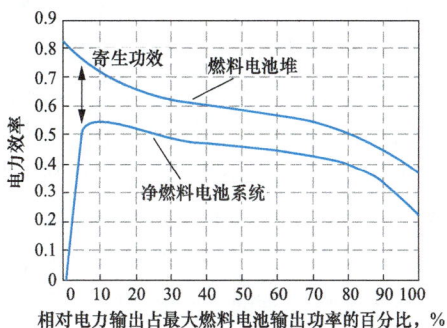

图 10-3　燃料电池系统的总效率和净效率

效率在低功率时急剧减小，这是因为泵和压缩机等辅助设备通常有最低功率限制，在系统输出低功率时，这部分损耗会更为显著。

燃料电池系统设计中需要考量的关键参数见表 10-1。

表 10-1　　　　　　　　　燃料电池系统设计中需要考量的关键参数

参数	单位	意义
P	W	电堆所能提供的输出功率
η_{therm}	—	电堆的热力学效率
V_{sys}	V	电堆设计输出电压
N_{cell}	—	电堆包含的串联单电池数
V_{cell}	V	单电池输出电压
A_{cell}	m^2	单电池面积
A_{sys}	m^2	电堆总面积
i	A/m^2	设计电压对应的电流密度

燃料电池系统设计中的关键参数多是相互关联的，在所有单电池通过串联组成电堆的情况下，电堆的输出功率为

$$P = V_{sys} I = i V_{sys} A_{cell} = i V_{cell} A_{cell} N_{cell} \tag{10-4}$$

电堆的热力学效率为不考虑燃料效率情况下的电池效率为

$$\eta_{therm} = \eta_{r,fc} \eta_V = \frac{\Delta G}{\Delta H} \frac{V}{U} \tag{10-5}$$

在电池系统设计时，系统的极化曲线（i-V 曲线）仍然是系统性能最重要的表征方式，因此，根据组成电堆的单电池的极化曲线和表 10-1 中系统关键参数的考虑，合理组织燃料电堆和辅助设备，形成满足负荷需求的系统组成，获得燃料电池系统的极化曲线。

10.2　燃　料　电　堆

通过前面的章节可知，单个燃料电池的电压、电流和功率是有限的，如单个 PEMFC 的输出电压通常为 $0.5 \sim 0.7 V$ 时电池功率密度达到最大，约 $0.5 W/cm^2$。单个燃料电池远远无法满足实际应用中几十伏甚至几百伏的电压要求，这就需要通过串并联将多组单电池组合形成满足应用中电压、功率要求的电堆。这种电池正负极的串并联结构同时也影响多个电池之间物质和热量的管理，因此，电堆的设计需要兼顾多个目标，如串并联结构带来的电流、电压损失尽量小，电池之间的反应物和产物的输运尽量通畅，电池高效的热管理和均匀的温度分布，可靠的密封，结构简单，成本低廉等。

采用双极板的串联堆叠结构是目前燃料电堆的主要构成方式。如图 10-4 所示，电池流场板的一侧作为一个电池的阳极，传输阳极物质和电流；同时，流场板的另一侧作为下一个燃料电池的阴极，将两个燃料电池单元串联起来，因此称为双极板。双极板是一种薄片型结构，作为燃料电堆的"骨架"，提供适宜的机械强度，同时这种直连结构使其具有极低的电阻，对高电压下的电堆是有利的。这种方式组合的电堆在流动组织和密封方面类似于板式换热器，需要在每个单元流道的边缘采用密封结构，防止反应气体向电池外部或阴阳极之间的

泄漏。通常的做法是采用较大面积的电解质层从而在多孔电极四周留出足够的面积以便安装密封垫片。

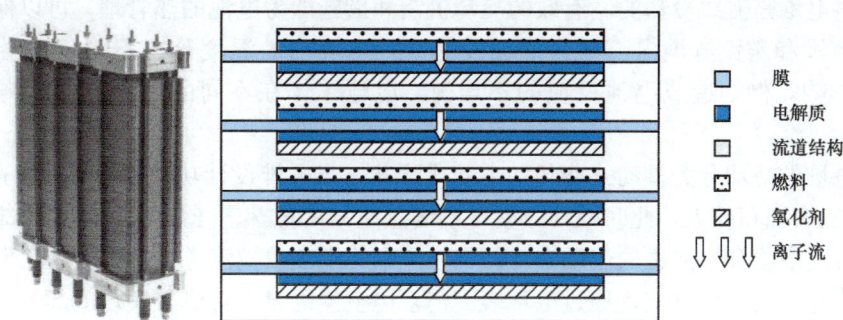

图 10-4 双极板堆叠结构

在某些特定的应用场景中，如笔记本电脑或手机等便携式设备，也可采用平面互连结构。这种结构中的多个单电池是平面布置的，如图 10-5 所示。这种布置的目的是适应使用场景中的特殊空间或需求。例如，采用被动式电池设计作为笔记本电池时，其阴极侧需要有较大的面积面向环境的空气，以使得空气中的氧气能够顺利地扩散到阴极电极参与反应。显然，平面布置的电池之间的电气连接比双极板堆叠结构复杂，且大幅增加了电阻损耗。电池平面布置的一种方式是将电池的阴极或阳极在同一侧，则串联结构必须通过交叉的连接件从一个电池的阳极连接到另一个电池的阴极，不仅增加连接件的长度，增大电阻，同时也限制了设计的灵活性，并且交叉结构的损坏也是一个难题。另一种方式是电池的阴阳极交错布置，使电池的连接变得简单，但该布置增加了反应物和产物输送的难度。

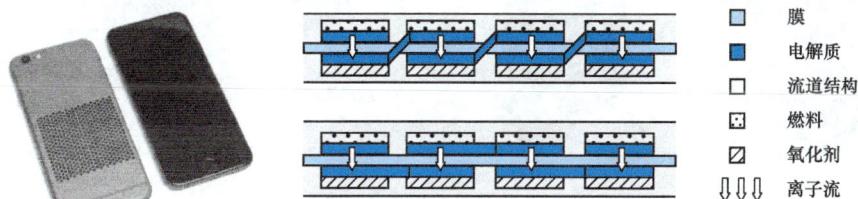

图 10-5 电池平面布置

虽然燃料电堆是燃料电池子系统的主要组成部分，但为了保证其正常运行，通常还需要在燃料电堆外部配备很多附属设备。这些设备也是燃料电池系统的必不可少的部分，例如，外部加湿器，为 PEMFC 提供加湿的入口气体；氢气的减压阀，为阳极提供适宜的入口压力；空气压缩机，为阴极提供空气等。

10.3 热管理子系统

基于热力学的知识，我们知道燃料电池通常只有 30%～60% 的效率。这意味着燃料热值的 40%～70% 没有转换成电能，该部分能量会以热量的形式被利用或者散失，称为电化学废热。电池或电堆通常需要维持在特定温度运行，例如 PEMFC 通常在 70～85℃ 运行，而 SOFC 则运行在 700~1000℃。如果电堆产生的热量超过维持电堆温度需要的热量，则燃料电堆可能会过热，此时需要对电堆进行冷却；反之，则需要对电堆进行保温。在大部分场景下，燃料电堆是需要冷却的。有效的冷却机制和措施即为电池的热管理，可以保证电堆正常的温度范围和避免电堆内部过大的温度梯度。电堆内的温度分布不均匀也会对其运行产生不利影响，例如造成电池反应的不均衡、电池工作在不同的电压下、影响材料的寿命等。

燃料电堆的冷却分为被动式冷却和主动式冷却。当电堆设计功率较小时（一般在 100W 以下），其比表面积较大，此时被动式就可以满足电堆的散热需求。在被动式冷却中，一种方式是通过反应物和生成物的流动来冷却电池，电化学废热被流道中的气流带出燃料电池实现电堆的冷却；另一种方式是通过电堆表面与环境空气的自然对流来实现冷却。

随着电堆设计功率的增大，其体积和质量也增大，此时被动式冷却不足以满足电堆的温控需求，需要采用主动式冷却技术。采用主动冷却时不仅需要在电堆中开辟冷却通道，还需要驱动冷却流体的风机和泵等设备，增加了电堆设计的难度和空间需求，以及电池系统的寄生功率。图 10-6 所示为燃料电池双极板的冷却通道。燃料电池在工作时，反应物和产物通过矩形的流场通道进行输送，冷却气体或者液体通过肋上的冷却通道流动，带走电池反应的电化学废热，维持电池工作温度的稳定。燃料电池的冷却通道有多种组织方式，总体上，冷却通道增加了燃料电池双极板加工的成本，同时也会使得电池物料输送和密封变得更为复杂。

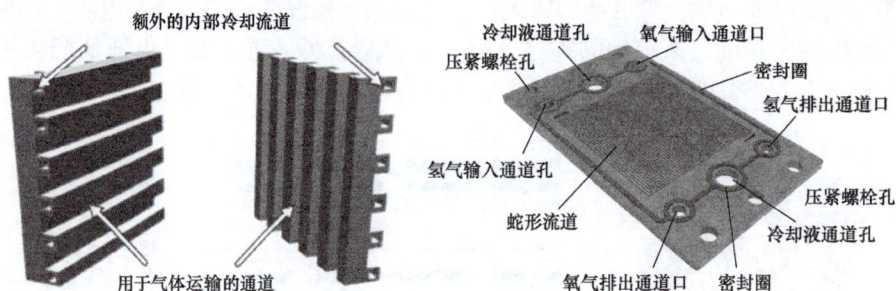

图 10-6　燃料电池双极板的冷却通道

燃料电堆主动冷却中风机或泵的选择取决于所需的冷却速率，克服冷却剂在通道中流动的压降，并受到整个燃料电池系统的质量和体积的限制。燃料电堆冷却装置的能效比定义为换热负荷和冷却装置寄生功率的比值：

$$\eta_{cool} = \frac{Q_{cool}}{P_{para}} \tag{10-6}$$

通常，电堆冷却系统的能效比为 20~40。

由于主动气体冷却（如空气）提供的冷却速率有限，高功率密度的 PEMFC 堆通常采用主动液体冷却（如水、乙二醇或二者混合液等）。由于液体的热容和传热能力远远大于气体，在相同体积流量下，液体可以带走更多的热量。特别是在空间受限的应用场景中，燃料电池需要使用主动液体冷却。这种冷却系统通常是封闭的回路，类似汽车发动机的冷却回路。冷却液在泵的驱动下循环流动。如果冷却液体是水，需要去离子化以保证其不导电。

除了电堆的冷却外，燃料电池系统的热管理也是提高系统能量利用率的重要措施。电化学废热在燃料电池内产生，在被冷却流体带出燃料电池后，可以通过外部换热器来：①加热电池的入口流体；②用于燃料电池系统中其他需要热量的环节；③用于燃料电池外部供热，如建筑采暖供热等。

对于高温燃料电池，如 MCFC 和 SOFC 等，其燃料电堆的出口气流温度在几百摄氏度，可通过余热锅炉与蒸汽动力循环形成复合发电系统，提高燃料的整体利用效率。

图 10-7 所示为一种典型燃料电池系统的热管理子系统。燃料电池系统的燃料供应为甲烷，甲烷在重整为氢气后供应燃料电池阳极。从图 10-7 中可以清楚地看到系统中热量的流向，当重整器中为放热反应时，热量从催化燃料重整器、燃料电堆、催化后燃室和废气冷凝器中回收，然后被输送到蒸汽发生器、预热器、建筑热水系统和建筑空间供暖系统加以利用。系统中每股热流的温度和流量可能都不同，这也就造成了热利用过程的差异，总体的原则是"温度对口、梯级利用"，保证尽可能少的热量散失。根据具体的工艺流程，可以是直接的热传递也可以是间接的热传递，例如，催化后燃烧器输出的热量直接加热蒸汽发生器。热管理系统的热回收效率定义为成功回收的热量占可用热量的百分比，其大小取决于换热器的设计和控制，以及整个系统设计中冷热流的集成。设计良好的热交换器系统的热回收率约为 80%。

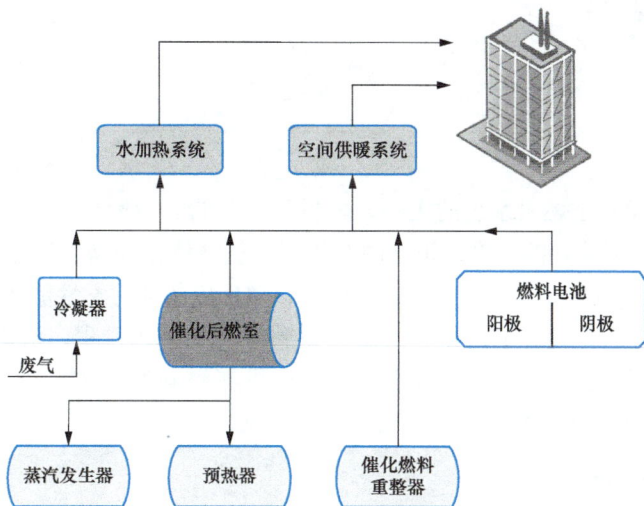

图 10-7　热管理子系统

例 10-1　以天然气为燃料的某个 SOFC 发电系统，设计功率为 500kW，对应高位热值（HHV）的电能效率为 55%。如果燃料没有转化为电能的能量均以热能的形式释放，试计算：（1）该 SOFC 系统放出的热量；（2）回收 80% 的热量来为建筑物供暖，计算回收的热量和损失的热量。

解　（1）如果燃料没有转化为电能的能量均以热能的形式释放，则燃料电池释放的热量为

$$Q_{SOFC} = \Delta H_{fuel} - P_e = \frac{P_e}{\eta_{sys}} - P_e$$

$$= \frac{500}{0.55} - 500 = 409(\text{kW})$$

（2）回收的热量为 $0.80 \times 409\text{kW} = 327\text{kW}$，散失的热量为 $0.20 \times 409\text{kW} = 82\text{kW}$。

10.4 燃料输送/处理子系统

燃料电池使用何种燃料是燃料电池系统设计的前提条件。目前，燃料电池最为理想的燃料仍然是氢气，大多数燃料电池在纯 H_2 条件下运行最好，纯氢体系的杂质/污染物含量极低，也不存在燃料转化的流程，因此燃料电池系统得到简化。但由于使用场景、工艺路线、成本等方面的限制，也会使用含氢化合物作为燃料，这种含氢化合物也称为氢载体。例如，甲烷（CH_4）就是一种含氢分子最多的氢载体，它比氢气更容易存储和运输。相对于气态燃料较低的体积能量密度，液态燃料在紧凑性和能量密度有要求的环境中更有优势，例如甲醇和氨。对于便携式燃料电池，燃料的储存效率是至关重要的。储存效率可采用质量能量密度和体积能量密度来表征：

$$\xi_m = \frac{H_f}{m_{\text{storage}}} \tag{10-7}$$

$$\xi_V = \frac{H_f}{V_{\text{storage}}} \tag{10-8}$$

这些指标表示相对于燃料系统的大小，燃料系统存储的能量含量。无论采用直接 H_2 存储系统还是 H_2 载体系统，都可以使用这两个指标。氢载体在存储、运输和能量密度方面表现出优势的同时，也具有以下缺点：直接供应电化学反应的动力学性能比氢要差得多，多数氢载体需要在进入燃料电池之前先进行裂解、重整等化学转化过程，由氢载体转化为氢后，经提纯再进入燃料电池参与反应（部分情况下也可在燃料电池内转化，如内部重整型的SOFC）。此种情况下，真正参与电化学反应的还是氢。

10.4.1 氢的存储

在使用纯氢作为燃料电池的燃料时，氢的存储是一个关键的技术问题。相对于其他燃料，相同的压力、温度下氢气的体积能量密度最低。想要提高燃料电池系统的整体能量密度就需要对氢气进行压缩存储。最常见的三种储氢方法是高压储氢、液态储氢和金属储氢。

储氢系统的有效性也可以通过质量储氢效率和体积储氢效率来衡量。这两个参数描述了相对于存储系统的大小，可存储的氢的量：

$$\zeta_m = \frac{m_{H_2}}{m_{\text{storage}}} \tag{10-9}$$

$$\zeta_V = \frac{m_{H_2}}{V_{\text{storage}}} \tag{10-10}$$

表 10-2 比较了不同储氢方法的储氢效率和能量密度。可以看到，由于氢的分子量比较低，其体积储氢效率和体积能量密度均较低，液态储氢相对于高压储氢具有明显的效率和能

量密度的优势；金属储氢由于采用金属合金，储罐质量较大，造成该种方式的质量储氢效率和质量能量密度低，体积储氢效率和体积能量密度介于高压储氢（35MPa）和高压储氢（70MPa）之间。

表 10-2		不同储氢方法的比较		
储氢方式	质量储氢效率 （kg H_2/kg）	体积储氢效率 （kg H_2/L）	质量能量密度 （kWh/kg）	体积能量密度 （kWh/L）
高压储氢（35MPa）	3.1	0.014	1.2	0.55
高压储氢（70MPa）	4.8	0.033	1.9	1.30
液态储氢	14.2	0.043	5.57	1.68
金属储氢	0.65	0.028	0.26	1.12

（1）高压储氢。高压储氢是目前最直接和最常用的储氢方法。其原理非常简单，就是把氢气加压，存储在特殊的储罐内，如图 10-8 所示。这种储罐一般对应 35MPa 和 70MPa 两种压力规格。不同的储罐大小和压力对应不同的容量和储存效率。该方法面临着高压安全风险，是限制其推广的一个技术痛点。此外，将氢气加压是需要消耗能量的。要将氢气加压至 35MPa，消耗大约 10% 的氢气能量。

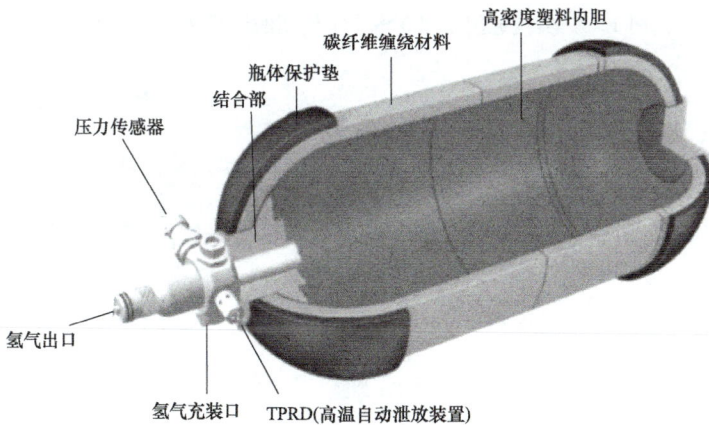

图 10-8 气态高压储氢罐

（2）液态储氢。液态储氢是把氢气冷却到 22K，使它凝结成液体，从而直接在低压下存储。液态储氢的技术路线是直接储氢方案中质量存储密度最高的。为尽可能减少液态氢存储过程中的损耗，储存容器通常采用"保温瓶"结构，通过双层壁和真空方式增大热阻，保持低温。因此，虽然液态储氢的质量存储效率很突出，但容积存储效率只是稍高于高压储氢（70MPa）。此外，将氢气液化同样是消耗能量的，而且相对于加压耗能更为显著，液化氢气所需的能量约为氢气燃料本身能量的 30%。图 10-9 所示为美国通用公司在汽车上使用的低温液态储氢装置。

（3）金属储氢。常见的储氢是采用金属氢化物材料，包括铁、钛、锰、镍和铬合金等。将金属合金研磨成极细的粉末后放入容器中，在储氢过程中，金属粉末就像"海绵"一样，将 H_2 分子分解成 H 原子，可以存储大量的 H_2。在放氢过程中，氢化物吸热后释放出储存的 H_2。该方法中金属氢化物材料本身质量占据了储罐的大部分，因此储氢的质量储氢效率和质量能量密度不高。同时，该方法相对于高压储氢和液态储氢的技术成熟度还不足，经济性较差。金属氢化物存储对于某些便携式应用是有吸引力的。图 10-10 所示为金属氢化物储氢原理。

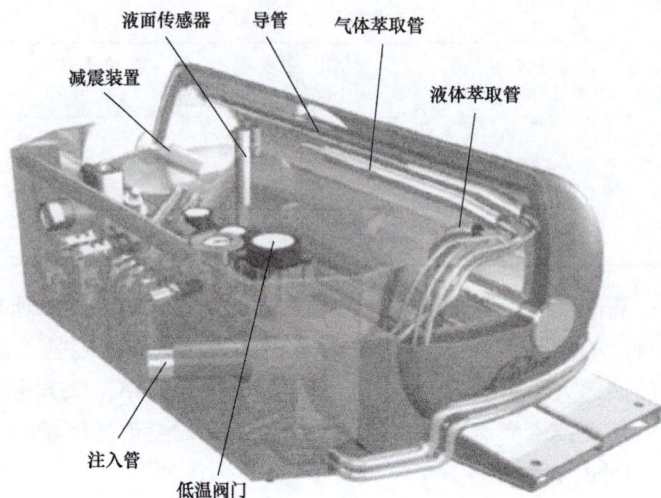

图 10-9　美国通用公司在汽车上使用的低温液态储氢装置

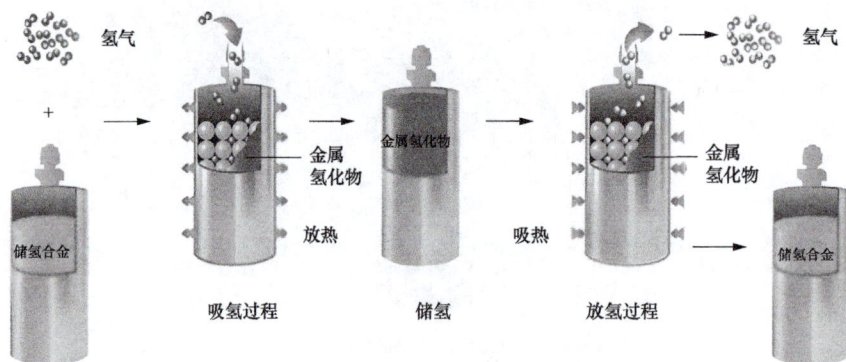

图 10-10　金属氢化物储氢原理

10.4.2　含氢燃料的处理

使用含氢燃料代替氢气可以显著提高质量和体积能量存储密度。这些氢载体对便携式和移动应用燃料电池特别有吸引力。氢不是一次能源，而是一种二次能源的载体。人们不能从自然界获取氢，它必须从另一种含氢化合物中得到，这使得应用于较大容量的燃料电池电站倾向于使用更易于获取的燃料，如天然气（主要由甲烷组成）或合成气。甲烷（CH_4）、甲醇（CH_3OH）、硼氢化钠（$NaBH_4$）、甲酸（HCO_2H）、氨（NH_3）和汽油（$C_nH_{1.87n}$）等含氢燃料都可以作为燃料电池的初始燃料。其中，甲烷（CH_4）、甲醇（CH_3OH）和氨（NH_3）由于与化工产业结合紧密、便于生产、含氢量高而受到关注，是较为理想的氢载体。

在本节前面提到，氢载体有两种利用方法。一种是直接参与燃料电池中的电化学反应发电。氢载体直接参与电化学反应的方式是最简单的，电子直接从燃料分子中剥离出来，避免了将燃料首先转化成氢的额外步骤，不需要额外的外部化学反应器或其他组件，但可能需要使用不同的催化剂、电解质和电极材料，如直接采用甲醇为燃料的 DMFC 和甲烷直接供应的 SOFC。DMFC 使用纯净的甲醇作为燃料，直接参与阳极的电化学反应，在使用 Pt-Ru 合金催化剂的情况下，在移动式应用领域表现出一定的潜力，但其性能相对于 PEMFC 仍相差很多。目前氢载体直接应用于电池参与电化学反应大多是不成功的，其动力学参数过低或易于引起催化剂中毒，造成直接使用氢载体的燃料电池功率密度和电能效率显著降低。在这种情况下，直接使用氢载体的燃料电池需要比使用氢的燃料电池大得多才能提供相同的能量。使用氢载体时所产生的高能量密度的效果被抵消了。

另一种是先将氢载体转化成氢气，然后供应燃料电池发电，例如对甲烷的重整。目前的技术条件下，大多数氢载体须转化为氢气才能供应燃料电池使用。重整技术又分为内部重整和外部重整。发生在燃料电堆内部的重整过程称为内部重整。内部重整通常发生在高温燃料电池的阳极催化剂表面。高温不仅能促进阳极催化剂上的电化学氧化，还能促进氢载体燃料的重整反应。在典型的内部蒸汽重整设计中，氢载体与蒸汽混合后被送到燃料电池阳极，混合气体在阳极催化剂表面发生催化反应生成 H_2 和 CO_2，例如甲烷的蒸汽重整反应为

$$CH_4 + 2H_2O \longrightarrow 4H_2 + CO_2, \qquad \Delta H^{\ominus} = +165.2 kJ/mol \qquad (10\text{-}11)$$

该过程中伴随发生副反应：

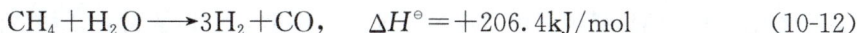

$$CH_4 + H_2O \longrightarrow 3H_2 + CO, \qquad \Delta H^{\ominus} = +206.4 kJ/mol \qquad (10\text{-}12)$$

CO 的生成对后续的燃料电池反应是不利的，因此在甲烷的蒸汽重整反应中通常需要供应足够多的蒸汽通过水气变换反应降低 CO 的含量，产生更多的 H_2：

$$CO + H_2O \longrightarrow H_2 + CO_2, \qquad \Delta H^{\ominus} = -41.2 kJ/mol \qquad (10\text{-}13)$$

内部重整不需要复杂的外部反应器，结构简单，成本低。同时，吸热的重整反应与放热电化学反应均发生在阳极催化剂表面，有利于直接热耦合，获得更高的热利用率。

氢载体的重整反应发生在燃料电池外的过程为外部重整。相对于内部重整，外部重整技术更为成熟，技术路线选择更多。甲烷蒸汽重整是吸热的，需要外部提供热量以维持反应温度在 700~1000℃；甲烷部分氧化重整是放热的，反应温度在 1000℃以上；重整器的设计中根据所采用的重整反应路线的不同，重整器内发生的反应可以是放热、吸热或热自持状态（蒸汽重整和部分氧化同时发生的自热重整，重整器温度控制在 600~900℃）。甲烷蒸汽重整反应见式（10-11）~式（10-13）。理想的甲烷的部分氧化反应为

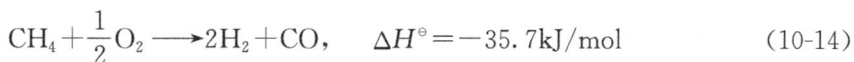

$$CH_4 + \frac{1}{2}O_2 \longrightarrow 2H_2 + CO, \qquad \Delta H^{\ominus} = -35.7 kJ/mol \qquad (10\text{-}14)$$

进而再通过式（10-13）的水气变换反应降低 CO 的含量，增加氢气的产率。甲烷部分氧化反应对氧气的化学计量数敏感，可能存在多种副反应，见表 10-3。

表 10-3　　　　　　　　　　　甲烷部分氧化重整过程的主要反应

序号	反应类型	反应方程式	$\Delta H^{\ominus}$ （kJ/mol）
1	部分氧化	$CH_4 + \frac{1}{2}O_2 \longrightarrow CO + 2H_2$	-35.7
2	部分氧化	$CH_4 + O_2 \longrightarrow CO_2 + 2H_2$	-319.1
3	热分解	$CH_4 \longrightarrow C + 2H_2$	$+75.0$
4	甲烷燃烧	$CH_4 + 2O_2 \longrightarrow CO_2 + 2H_2O_{(l)}$	-890

续表

序号	反应类型	反应方程式	$\Delta H^{\ominus}$（kJ/mol）
5	CO 燃烧	$CO + \frac{1}{2}O_2 \longrightarrow CO_2$	−283.4
6	氢气燃烧	$H_2 + \frac{1}{2}O_2 \longrightarrow H_2O\ (l)$	−286

图 10-11 所示为采用天然气（主要成分为甲烷）作为燃料的燃料电池系统的典型外部重整流程。该子系统由一系列催化反应器、换热器、分离器等组成。该重整器内是甲烷蒸汽重整反应和甲烷部分氧化反应均发生。从冷凝器来的循环利用的水经过蒸汽发生器加热为水蒸气后与压缩后的天然气和空气混合。混合器经预热器进一步加热后进入催化重整器，在600℃以上的高温环境下发生甲烷蒸汽重整反应和部分氧化重整反应。重整器出口产物中富含氢气，同时也含有未参与反应的 N_2、产物 CO_2、中间产物 CO 和未反应完全的 H_2O。重整后的产物流经水气变换反应器增加产物中 H_2 的含量，降低 CO 的含量；再通过分离器（膜分离、变压吸附等）进一步去除产物中的 CO，使其达到燃料电池入口纯度。经燃料电池反应后，部分氢气参与电化学反应生成水。阳极废气为 H_2、N_2、H_2O 和 CO_2 的混合气，阴极废气为 N_2、O_2 和 H_2O 的混合气。二者在催化后燃室中混合燃烧，消耗掉阳极未反应完的氢气，放出的热量可以供应燃料处理系统中需要加热的设备，如蒸汽发生器、预热器、重整器等，还可以作为热源供外部供暖等热利用过程。催化后燃室的产物中富含水蒸气，经冷凝器换热凝结后可以循环利用，维持系统的水平衡。同时，冷凝过程的大量潜热型释热也是系统中热量回收和利用的重要环节，对提升系统整体热效率具有较大影响。

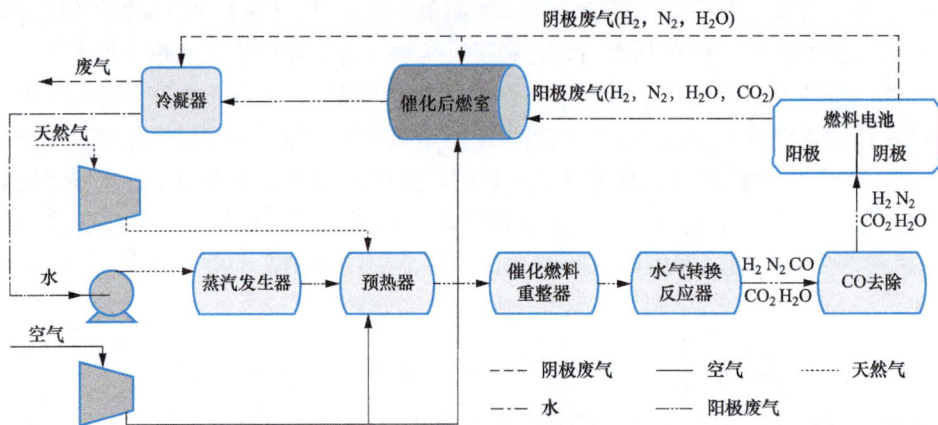

图 10-11　天然气外部重整流程

燃料处理系统的转化效率定义为系统目标产物的热值与进入系统的燃料热值的比值。对于氢载体燃料的重整来讲，其目标产物为氢气，反应物为氢载体，则该重整系统的转化效率为

$$\xi_{\text{reformer}} = \frac{H_{H_2}}{H_f} \tag{10-15}$$

其中，燃料热值中要考虑所有进入燃料处理系统的燃料，不仅包含重整反应器中参与反应的燃料，还要考虑有些技术路线中需要燃烧部分燃料来维持系统温度而消耗的燃料。通常情况

下，以天然气为氢载体的燃料重整系统的转化效率为 $75\%\sim85\%$。

10.5 电力电子子系统

电力电子子系统包括电力调制模块和系统监测、控制模块。该子系统主要提供两个方面的功能：一是电力调整以满足燃料电池系统用户侧的用电需求；二是对燃料电池系统的运行状态进行监测和控制，使电池稳定、高效地运行。

10.5.1 电力调制

在日常生活和工业生产中，几乎所有的用电设备都要求稳定的电压输入，因此燃料电池系统的输出电压必须是稳定的。然而，基于单电池的知识我们知道，电池的输出性能是 i-V 曲线型的，也就是燃料电池的工作温度、压力、反应物供应浓度、反应物化学当量数、反应物加湿水平、电池放电负荷等诸多因素都会影响到电池在 i-V 曲线上的工作点的位置。如图 10-12 所示，电堆的输出电压和电流是随着其工作参数的变化而变化的。最为显著的规律是随着电堆放电电流的增大，其输出电压会逐渐下降，如曲线上的 X 和 Y 点。由此，燃料电池系统需要有专门的设备来对燃料电堆变化的电流和电压进行调整，形成稳定的电压输出。这些设备构成了电力调制系统。通过电力调制后，无论电池工作的电压和电流处在 i-V 曲线上哪个位置，燃料电池系统的对外输出电压均稳定在要求的电压，如图中 X' 和 Y' 所在的电压为 1V 的横线。

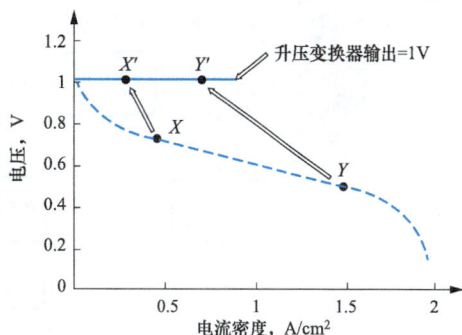

图 10-12 电力调制与电池 i-V 曲线的关系

现有用电设备有直流和交流两种电流波形。因此，燃料电池系统的电力调制单元需要能够提供稳定的直流电压和交流电压。在小型用电设备中，使用直流电的较多，如手机、笔记本电脑、小型的直流电机等。此时，电力调制单元一般采用 DC/DC 变换器进行调节。DC/DC 变换器的输入端为波动的燃料电堆电压和电流，将其转换为固定的、稳定的、要求的直流电压输出。当用电设备的电压高于电堆电压时采用升压转换器，反之采用降压转换器。无论是提高电压还是降低电压，转换过程都是有损耗的。电力调制单元的效率定义为其输出功率与输入功率的比值：

$$\xi_{\mathrm{DC/DC}} = \frac{P_{\mathrm{out}}}{P_{\mathrm{in}}} \tag{10-16}$$

图 10-13 所示为 DC/DC 转换器的升压和降压过程中输入和输出的对应关系。可以看到，在升压过程中电流是减小的，输出功率也减小了 12.5%；在降压过程中电流是增大的，功率减小了 8.3% 左右。DC/DC 转换器的效率一般为 $85\%\sim98\%$。降压转换器通常比升压转换器更有效，并且转换器的效率随着输入电压的增加而提高。因此，燃料电堆通常是多个单电池串联以尽可能提高电堆的输出电压，减小电力转化过程的损耗。

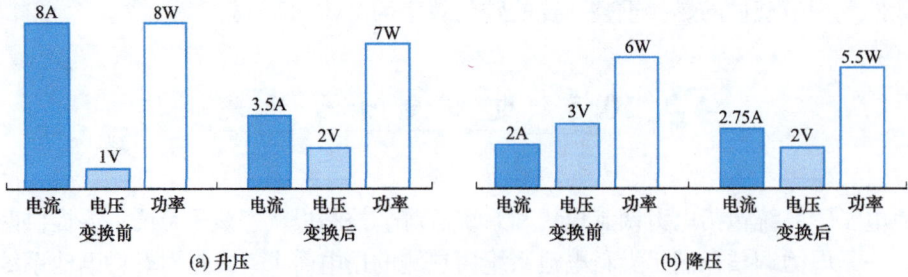

图 10-13 DC/DC 转换器的升压和降压过程中输入和输出的关系

相对于直流电，更多的用电设备和电网是采用不同电压等级的交流电。此时电力转化装置采用 DC/AC 逆变器来实现稳定的交流电压输出，如图 10-14 所示。通常 DC/AC 逆变器的效率为 $85\% \sim 97\%$。

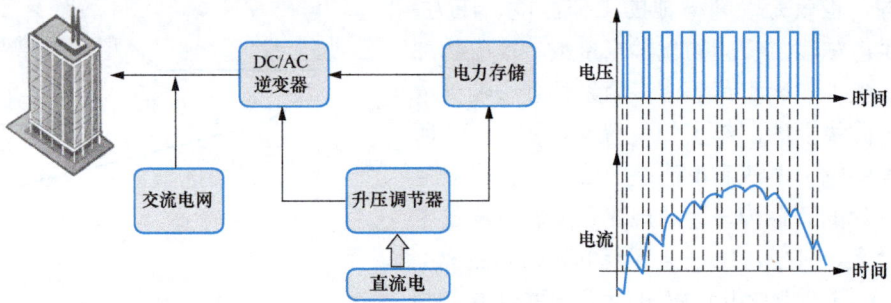

图 10-14 电力调制系统

10.5.2 系统监测与控制系统

与所有动力系统一样，燃料电池系统也需要配备系统监测和控制系统来实时获取系统中各个单元的状态，并根据这些状态和外部的要求来调整系统的运行参数。要实现这个功能需要 3 个部分的协作：①数据采集，即通过安装在电池系统各个单元的各种传感器采集系统的温度、压力、流量等表征系统运行状态的物理量；②中央控制单元，它是燃料电池运行的"大脑"，根据预先设定的算法运行，对采集到的数据进行分析和比对，判断系统运行状态是否需要调整，在需要调整时，发出调整指令；③执行单元，包括各种阀门、泵和风机的控制器、加热控制器等，负责执行"大脑"发出的指令，对电池的流量、温度、压力等进行调节。车载燃料电池系统热管理子系统的工作过程的控制逻辑如图 10-15 所示。冷却液循环回路主要包含水泵、节温器、水处理器、中冷器、水暖 PTC、散热器和冷却管路。在燃料电堆从室温启动的过程中，节温器会关闭外部循环，使得去离子水在内循环流动，令燃料电池内的温度迅速升高到工作温度；在达到工作温度后，节温器启动外部循环，此时电堆工作中的电化学废热会通过散热器散失到外部环境中；在汽车爬坡或加速时，电堆的功率增大，控制系统通过温度采集监测到电池出口温度上升，随即发出指令，增大水泵的出力以提高去离子水的流量将电池中多余的热量带走。继而散热器入口温度也会升高，系统发出指令增大散热器风扇的出力，以将热量顺利散失到环境中。

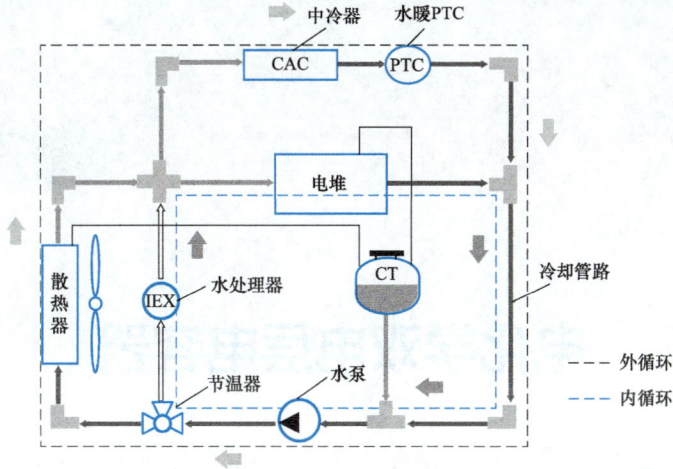

图 10-15　车载燃料电池热管理子系统的工作过程

习　　题

10-1　假设您开发了一种性能优良的质子交换膜燃料电池的单体电池技术，如果想要该技术应用于燃料电池汽车，需要考虑配备哪些单元来保障该燃料电池系统的运行？

10-2　在开发一种便携式燃料电池系统时，主要关心哪些参数，为什么？

10-3　将 DMFC 应用于移动式应用领域，需求功率为 100W，该电池的功率密度为 50W/L，配备甲醇水溶液的储罐供应燃料，能量密度为 3000Wh/L，能量利用率为 20％，试绘制燃料电池系统的尺寸和工作寿命特性。

10-4　某个 SOFC 发电系统，设计功率为 200kW，对应高位热值（HHV）的电能效率为 58％。如果燃料没有转化为电能的能量均以热能的形式释放，试计算：（1）该燃料电池系统的产热功率。（2）如果通过热回收系统能够利用 70％的热量，计算回收的热量。（3）燃料电堆冷却装置的能效比为 30，计算寄生功率。

10-5　某便携式电子设备采用 PEMFC 供电，电压为 1.5V，电流为 2A，燃料利用率为 60％，在满足一次燃料充注可连续使用 200h 的要求下，试计算：（1）采用压缩储氢方式，压力等级为 35MPa，需要多大容积的储气罐？（2）采用金属储氢方式，氢气占总质量的 6％，需要多大体积的储气罐？（金属合金密度为 9g/cm³）

第 11 章

电化学双电层电容器

电化学双电层电容器（EDLC），作为一种基于电化学原理的能量存储设备，提供了一种独特的能量储存方式。这些双电层电容器的显著特点是具有高功率密度，这在一定程度上弥补了传统电池的短板。虽然超级电容器在日常生活中不如电池普遍，但它们在众多领域发挥着至关重要的作用。例如，在混合动力系统中，EDLC 常与燃料电池等其他能源设备配合使用，主要作用是在这些系统中平衡负载。

深入了解 EDLC 的工作机制及其在何种条件下能超越电池的优势至关重要。EDLC 的两个显著优点是它的高功率密度和长久的循环寿命。本章将探讨 EDLC 的工作原理及其应用，并借助电化学的基本原理来阐释如何设计和理解 EDLC。

在学习电化学双电层电容器之前，首先简要回顾传统电容器的基本知识，以平行板电容器为例。为讨论 EDLC 的特征打下基础，并有助于理解这些不同类型电容器在基本原理上的物理差异。

11.1 电 容 器 介 绍

经典的平板电容器由两块平行的金属板构成，它们被一层电介质所分隔，这是一种电子绝缘材料。这种装置的能量存储机制基于电荷的分离，一块金属板上积累正电荷，另一块则积累等量的负电荷，如图 11-1（a）所示。电荷量 Q 指的是单一导体板上的电荷总量（而非两板之和）。电容定义为存储的电荷量与两板间电势差的比值，它将电容器内存储的电荷量与施加的电势差建立了直接的联系。

$$C = \frac{Q}{V} \tag{11-1}$$

电容的单位是法拉（F），代表每伏特电压下存储的库仑数（C/V）。此外，差分电容也可以用另一种方式来表示：

$$C_d = \frac{dQ}{dV} \tag{11-2}$$

图 11-1（a）展示了常规或静电电容器，该电容器由两块被绝缘材料隔开的导电板构成。当板之间的空间保持真空状态时，电容保持恒定，并且可以表示为

$$C = \frac{\varepsilon_0 A}{d} \tag{11-3}$$

其中，d 为两板之间的距离；ε_0 为自由空间的介电常数，$\varepsilon_0 = 8.854\,2 \times 10^{12}\,F/m$；$A$ 为平行板的面积。电容器的两块平行板中，带有正电荷的称为阳极，而带有负电荷的则称为阴极。当使用介电材料填充板间空间代替真空时，电容将与其介电常数成正比。介电常数是材料本身的介电常数与真空介电常数的相对值，可以表示如下：

$$\varepsilon_r = \frac{\varepsilon}{\varepsilon_0} \tag{11-4}$$

当平行板电容器中使用介电材料替代真空时，式（11-3）相应地修正为

$$C = \frac{\varepsilon A}{d} = \frac{\varepsilon_r \varepsilon_0 A}{d} \tag{11-5}$$

电容的大小受多种因素影响，包括导电板的材料属性、板间的距离，以及可用于电荷积累的区域面积。此外，无论是微分电容还是积分电容，它们存储的电荷量都与板间的电压差成正比。

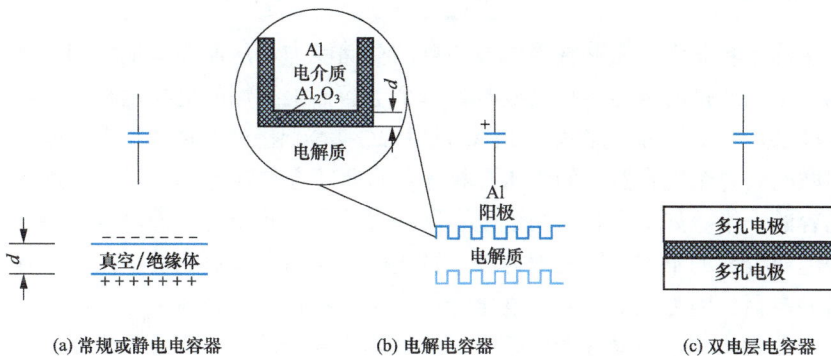

图 11-1　电容器的类型和电气符号

提升器件电容的有效方法是增加电荷存储的表面积和减小电介质的厚度。这一策略在电解电容器中得到了广泛应用，如图 11-1（b）所示。电解电容器由两片金属箔组成，它们被电解质隔开。通过蚀刻工艺，金属箔的表面积可以显著增加，如图中所示的波纹部分。在氯化物溶液中蚀刻箔片并施加电流，可以在箔片上形成许多微小的、隧道状的孔洞，这些孔洞大部分垂直于箔片表面。在低压电解电容器中表面粗糙度增加 100 倍，而在高压电解电容器中则为 25 倍。阳极电容并非由电解质与箔片之间的界面产生，而是由电解液与箔片之间的界面形成。在成型过程中，其中一个金属箔的蚀刻表面会形成一层薄薄的金属氧化物层，如图 11-1（b）中放大的波纹部分所示，这里的氧化铝就起到了与平行板电容器中电介质相同的作用。通过增大表面积和采用极薄的氧化物（作为电介质），电解电容器的电容较平行板电容器有了显著提升。

电解电容器的制造涉及阳极氧化的过程，该过程通过施加恒定电压来处理金属阳极，这是一种本质上类似于腐蚀的过程。所施加的电压可以达到几百伏，甚至超过器件的额定电压。较高的电压会导致形成较厚的金属氧化物层，致使电容器的工作电压增加，但同时也会因为表面积减小和氧化物层增厚而降低电容。以铝箔为例，阳极氧化会生成氧化铝，这层氧化铝作为电介质，隔离了导体表面与电解质。在操作过程中，大部分电压差作用于氧化层上，而非电解质中，因此可以实现非常高的电压。如前所述，通过使用极薄的氧化物（约

100nm）来增加电容，这种氧化物比传统电容器中的电介质间隔更薄，而不会导致短路。较厚的氧化层（尽管仍然很薄）能够提供更高的额定电压，但往往会封闭蚀刻产生的较小孔，因此，较高的额定电压也意味着较小的箔片面积。需要注意的是，电气符号并不能准确描绘出电解电容器的物理特性——电解电容器实际上包含两个串联的电容器，每个电极相当于一个电容器。此外，电解电容器［见图 11-1（b）］具有极性，在连接时，必须将阳极氧化金属与正极连接。这种极性在图中的电气符号中也有所体现。另外，电荷是由氧化物背面的电解质提供的，这一特性与 EDLC 相似，将在下一节中讨论。

正如前文所述，标准的电气符号并不能精确地表示出电解电容器和双电层电容器的实际物理特性。对于并联连接的电容器组合，总电容简单地为各个电容器电容值的总和：

$$C = C_1 + C_2 + C_3 + \cdots + C_n \tag{11-6}$$

相反，对于串联放置的电容器，总电容为

$$\frac{1}{C} = \frac{1}{C_1} + \frac{1}{C_2} + \frac{1}{C_3} + \cdots + \frac{1}{C_n} \tag{11-7}$$

并联连接的电容器组合能够直接相加各自的存储能力，从而简单地增加了整个系统的电容。相对地，串联连接的电容器在充电时，每个电容器上存储的电荷量是相等的，而且每个电容器两端都会产生电压降，这些电压降的总和必须等于整个电路的总电压差。当两个相同的电容器串联时，每个电容器上的电压降相等，且等于总电压差的一半。因此，总电容是单个电容器电容的一半。如果串联的两个电容器容量不同，较小容量的电容器将承受较大的电压降。这种电压分配的不均匀性是因为较小容量的电容器需要更大的电压差来存储与其他电容器相同量的电荷。因为几乎所有的电压降都会出现在这个电容器上，所以当一个大容量的电容器与一个非常小容量的电容器串联时，总电容主要受限于小容量电容器。

例 11-1　设有两个电容均为 1F 的电容器串联在一起。当这个电容器组合被充电时，整体上会经历 1V 的电压降。请计算这个串联电容器组合的总电容，以及每个电容器上的电压降各是多少。然后，针对一个 1F 电容，另一个电容为 0.1F 的不同容量电容器组合，重复进行这一计算。

解

$$\frac{1}{C_{total}} = \frac{1}{C_1} + \frac{1}{C_2} = \frac{1}{1} + \frac{1}{1} = 2(F^{-1}) \Rightarrow C_{total} = 0.5F$$

每个电容器上的电荷是相同的，故

$$Q_{total} = Q_1 = Q_2 = Q$$

$$Q = C_{total} V_{total} = 0.5 \times 1.0 = 0.5(C)$$

$$V_1 = \frac{Q}{C_1} = \frac{0.5}{1} = 0.5(V)$$

$$V_2 = \frac{Q}{C_2} = \frac{0.5}{1} = 0.5(V)$$

现在考虑两个具有不同电容的电容器的情况，有

$$\frac{1}{C_{total}} = \frac{1}{C_1} + \frac{1}{C_2} = \frac{1}{1} + \frac{1}{0.1} = 11(F^{-1}) \Rightarrow C_{total} = 0.091F$$

每个电容器的电容是相同的，故

$$Q_{total} = Q_1 = Q_2 = Q$$

$$Q = C_{total}V_{total} = 0.091 \times 1.0 = 0.091(C)$$

$$V_1 = \frac{Q}{C_1} = \frac{0.091}{1} = 0.091(V)$$

$$V_2 = \frac{Q}{C_2} = \frac{0.091}{0.1} = 0.909(V)$$

从这些结果可以清楚地看出，较小的电容器决定着两个串联电容器的性能，电压的大部分变化发生在较小的电容器上。

🔋 11.2　双电层电容

电极与电解液之间的界面通常呈现出电荷的不平衡状态。在金属表面，可能会存在过量的正电荷或负电荷，这些电荷会与靠近表面的电解液中的相反电荷相平衡，且数量相等。这种平衡电荷由吸附在内亥姆霍兹平面（IHP）上的离子、溶剂化离子、外亥姆霍兹平面（OHP）中的离子及双电层扩散区域内的离子共同组成。实际上，这种界面上的电荷分离形成了一种电容器，它能够存储能量。与其他类型的电容器一样，为了实现这种电荷分离，需要做功，而通过电流的流动可以消除这种电荷分离。为了构建一个完整的电化学双电层电容器，还需要第二个电极。在 EDLC 中，界面上的电荷分离是在不发生法拉第反应（即氧化或还原反应）的情况下发生的。因此，电子并没有通过双电层传输，离子的化合价态也保持不变。这与之前讨论的情况不同，在那些情况下，电流主要是由法拉第反应引起的。本节将重点阐述这种区别，并将那些在没有法拉第电流的情况下，通过施加电势而发生极化的电极称为理想可极化电极。

双电层能够实现电荷的分离并储存能量。通过引入第二个电极并在两个电极之间传导电流，并可以在电极上积累电荷。这本质上等同于将电荷（电子）从一侧电极转移到另一侧电极。随着电子通过外部电路的流动，溶液中的离子也相应移动，以平衡每个电极上由于电子转移而产生的电荷，这一过程如图 11-2 所示。显然，为了给 EDLC 充电，需要一个外部电

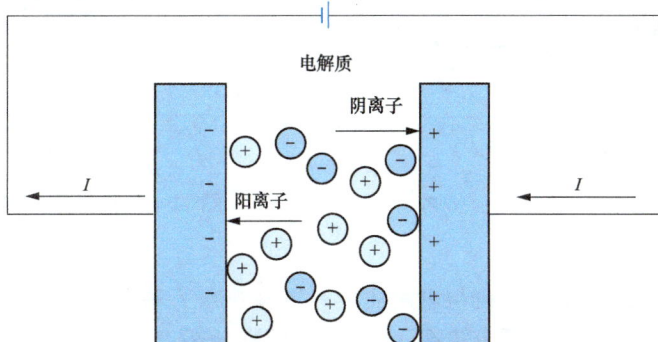

图 11-2　超级电容器充电过程

源。如图 11-2 所示，当正电流 I 通过导线流动时，电子的实际移动方向与之相反。左侧电极因此积聚了过量的负电荷，而右侧电极则积累了过量的正电荷。为了抵消这些电荷，电解液中的阳离子向左侧电极移动，同时阴离子向右侧电极移动，以补偿该电极失去的电子。离子在电解液中的移动形成了与导线中电流相等的电流。最终，当将两个双电层电容器串联起来时，串联电容器的总电容可以通过式（11-7）进行计算。

如前所述，溶液中的电荷分布在多个位置，因此双电层电容器的电容由多个部分组成。以单个电极为例，其电容可分为扩散层（GC）、电极附近致密层（OHP）和表面吸附层（IHP）三个部分。接下来，将分别对这三个部分进行详细讨论。

与扩散层相关的单位面积电容可用 C_{GC} 表示，其中下标 GC 代表 Gouy 和 Chapman 两人对这一理论的贡献。对于对称电解质，双电层扩散部分中的电荷相关电容可表示为

$$C_{GC} = \frac{\varepsilon_r \varepsilon_o}{\lambda} \cosh\left(\frac{zF\varphi_2}{2RT}\right) \tag{11-8}$$

其中，λ 为德拜长度。对称电解质是指一种盐类，它在溶解时会分解成带有相等而相反电荷的离子。例如，NaCl 和 $ZnSO_4$ 就是对称电解质的例子。式（11-8）是基于 Gouy 和 Chapman 的理论，它与 Debye 和 Hückel 在计算活度系数时所用的推理方法相似（详见第 2 章）。图 11-3 所示为对于 1∶1 的对称电解质，电容如何随电势变化。有两个关键点值得注意：首先，当电势远离零电荷点（PZC）时，电容会呈指数级增长；其次，电容随着溶液浓度的增加而增大。德拜长度计算公式如下：

$$\lambda = \left(\frac{\varepsilon RT}{F^2 \sum_i z_i^2 c_{i,\infty}}\right)^{0.5}$$

图 11-4 所示为在使用汞电极和 NaF 溶液进行实验时观察到的现象。在较低的离子浓度下，呈现出双曲余弦的行为特征。选择 NaF 作为实验溶液是因为氟离子在汞电极上的吸附作用相对较弱。在许多电容器的基础研究中，因为液态汞能够提供一个可重复极化的表面，所以得到广泛使用。此外，汞在室温下是一种优异的电导体。

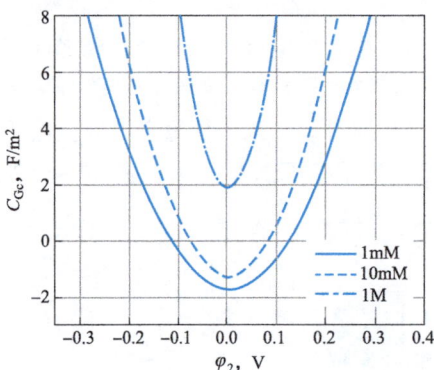

图 11-3 基于式（11-8）的 1∶1 对称
电解质的双电层电容

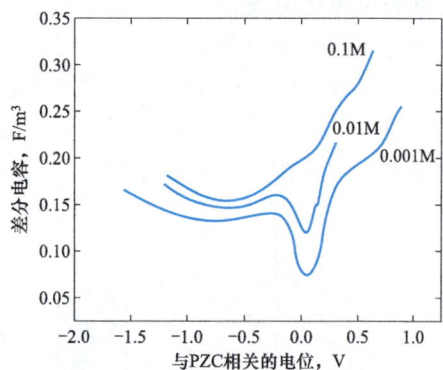

图 11-4 汞电极电容的实验数据

为了最大限度地降低电阻并确保电解质中有足够的离子来平衡电极上的电荷，EDLC 器件通常需要使用高浓度的电解质（见图 11-2）。在较高的浓度下，扩散层对电容容量的贡献显著增加，且电容会随电势的增大而呈指数级增长。然而，在实际的实验中，每单位表面积

的双电层电容通常保持在 $0.1 \sim 0.5 \mathrm{F/m^2}$，并且相对稳定。GC 模型能够描述低浓度下 PZC 附近电容随浓度的变化，但它无法完全准确地反映双电层电容的真实情况。为了解决 GC 模型的这一局限性，Stern 提出了一个修正，即电荷具有一定的半径，不能无限接近电极表面，这与 Gouy-Chapman 模型的假设不同。基于 Stern 的这一观点，在没有特定吸附作用的情况下，双电层的电容通常表示为

$$\frac{1}{C_{\mathrm{DL}}} = \frac{d}{\varepsilon_{\mathrm{r}}\varepsilon_0} + \frac{\lambda}{\varepsilon_{\mathrm{r}}\varepsilon_0 \cosh\left(\dfrac{zF\varphi_2}{2RT}\right)} = \frac{1}{C_{\mathrm{OHP}}} + \frac{1}{C_{\mathrm{GC}}} \tag{11-9}$$

其中，d 为离子间距离。此外，还可以定义另外两个电容：①位于外亥姆霍兹平面（OHP）的致密电荷层的电容 C_{OHP}，这一概念最初由亥姆霍兹提出；②扩散层的电容 C_{GC}。这两个电容通常被视为串联连接的电容器，其组合方式见式（11-9）。在整体的双电层电容 C_{DL} 中，电容值主要由式（11-9）中最小的那个电容决定。在低浓度条件下，最小的电容是 C_{GC}，它成为决定整体性能的关键因素。然而，在 EDLC 器件中使用较高浓度的电解液时，情况则有所不同。

$$C_{\mathrm{GC}} \ll C_{\mathrm{OHP}} \tag{11-10}$$

因此，在大多数超级电容器中，与扩散层相关的电容并不是决定性因素，其性能主要受 C_{OHP} 控制。

图 11-5 所示为电极/电解液界面处 OHP 层离子分布。电极表面可假定为完全被溶剂覆盖。在此模型中，不考虑直接吸附在表面上的非溶剂化离子，而是认为 OHP 主要由靠近电极表面的水合溶剂化离子组成。显而易见，即使在简化的图中，双电层的结构也比传统的平行板电容器要复杂得多。式（11-9）为电容值的近似计算方程。其中两个关键参数是电荷分离距离 d 和介电常数 ε_{r}。水的介电常数约为 80，这一数值反映了水分子的极性特性和在电场作用下大量水分子的自由重新定向。然而，在靠近电极表面，水分子的运动受限，这一介电常数不再适用，可从图 11-5 中观察到水分子紧邻电极表面。为了更准确地描述这一现象，可以将 OHP

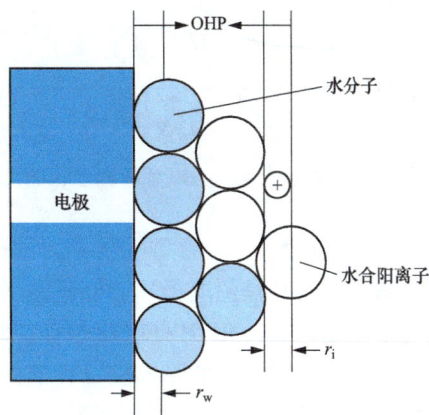

图 11-5 电极/电解液界面处 OHP 层离子分布

与电极表面之间的区域分为具有不同介电常数的两部分，这两部分的介电常数都低于水的整体值。

$$\frac{1}{C_{\mathrm{OHP}}} = \frac{2r_{\mathrm{w}}}{\varepsilon_0\varepsilon_{\mathrm{rL}}} + \frac{\sqrt{3}\,r_{\mathrm{w}} + r_{\mathrm{i}}}{\varepsilon_0\varepsilon_{\mathrm{rH}}} \tag{11-11}$$

式中：r_{w} 为水分子的半径；r_{i} 为非溶剂化离子的半径；$\varepsilon_{\mathrm{rL}}$ 为水分子对电极表面附近区域的有效低介电常数；$\varepsilon_{\mathrm{rH}}$ 为内部区域与 OHP 之间中间区域的高介电常数。

当取低介电常数为 6，水分子的半径为 $0.14\mathrm{nm}$ 时，可以得到相应的计算结果：

$$C_{\mathrm{OHP}} \approx \frac{\varepsilon_0\varepsilon_{\mathrm{rL}}}{2r_{\mathrm{w}}} = 0.19\mathrm{F/m^2} \tag{11-12}$$

该数值落在双电层电容测量的典型实验值范围内。

在接近等电点的稀溶液之外，C_{OHP} 的值远小于使用式（11-8）计算得到的扩散层的 C_{GC} 值。基于这一现象，双电层电容或多或少保持恒定，并且在很大程度上不受电极表面性质和溶液中离子类型的影响。如果溶液中的多余电荷（用于平衡电极上的电荷）主要集中在 OHP，那么将会得到更高的电容值。随着电荷与表面之间距离的增加，预计电容会相应减小。

此外，还需要考虑已经脱离水合层并专门吸附在电极表面上的离子的影响，这些离子构成了 IHP。为了阐释这些特性，通过参考实验结果，这些结果通常以差分电容的形式展现[见式（11-2）]，差分电容曲线更为复杂。图 11-6 所示为典型电极差分电容的理想化曲线，其电容值大约与从式（11-12）中预测的值相当。然而，当电极远离等电点时，由于 IHP 中离子的吸附作用，电容值会增加。这种增加通常表现出不对称性，即在正电压差时增加得更为显著。这种不对称性主要是由于负离子比正离子更容易被吸附。单纯由于吸附导致的电容增加，在电学上被视为串联电容，这通常会降低整体电容，而不会导致电容的增加。

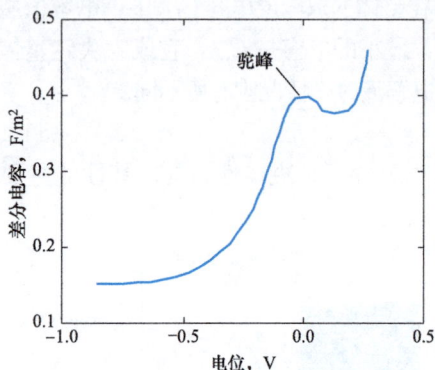

图 11-6 典型电极差分电容的理想化曲线

通过电荷平衡的原理可以更深入地理解这一现象。为了保持界面处的整体电中性，金属上的单位面积电荷 q_m 会被以下三部分电荷之和所平衡：吸附层中的电荷 q_{IHP}、外亥姆霍兹平面上的电荷 q_{OHP} 及扩散层中存在的电荷 q_{GC}，即

$$q_m + (q_{IHP} + q_{OHP} + q_{GC}) = 0 \tag{11-13}$$

离子（尤其是阴离子）能够直接吸附到金属表面，形成内亥姆霍兹平面。对于金属表面上的给定电荷 q_m，IHP 处电荷的存在意味着外亥姆霍兹平面及其后续区域的电荷量相对较少。因此，在双电层的不同位置存储的电荷量是相互依赖的。随着电势向等电点的正向或负向增加，位于 IHP 处的离子比例相应增加。IHP 处离子比例的升高会导致电容增加，这是因为吸附的离子非常靠近电极表面（即电荷分离距离 d 很小）。

IHP 上离子的吸附受到多种因素的影响，包括离子、溶剂和电极表面之间的化学键及库仑相互作用力。通常情况下，阴离子的半径比阳离子大，与溶剂的相互作用较弱，因此更容易被吸附。正电荷 q_m 有利于阴离子的吸附，而负电荷则有利于阳离子的吸附。由于阴离子更易被吸附，微分电容曲线通常表现出不对称性，在正电压处的电容较高。

与等电点的情况不同，差分电容曲线的不对称性主要是由离子吸附的增加所引起的。然而，表面电荷并非唯一的关键因素。实际上，负离子也可能吸附在带负电的表面上。此外，随着电极表面吸附的离子数量增多，离子间的相互作用逐渐显著，使新的离子吸附变得更加困难。正是这些因素的相互作用，导致电极微分电容曲线呈现出复杂的变化现象，包括如图 11-6 所示的驼峰等特征。本节在经典双电层理论的框架下讨论了 EDLC 中观察到的电容现象，由此产生的差分双电层电容对电势的依赖性与传统平行板电容器的电势依赖性有显著差异。

在实际应用中，确保 EDLC 器件在电解液稳定的电压范围内运行至关重要。在进行实际的工程计算时，通常会将双电层电容（C_{DL}）视为恒定值。EDLC 包含两个电极，在每个

电极的双电层中存储电荷。因此，器件的总电容可以表示为两个电极电容的串联组合，即

$$\frac{1}{C_{\text{device}}} = \frac{1}{C_{\text{elec1}}} + \frac{1}{C_{\text{elec2}}} \tag{11-14}$$

由于两个双电层电容器是串联的，一个电极带有正电荷，另一个电极则带有等量的负电荷。当正极上的电荷增加时，负极上的电荷也必须以相同的量增加，以保持整体的电中性。在大多数情况下，这两个电极是相同的，因此可以对它们应用相同的微分电容曲线。微分电容曲线的不对称性表明，微分容量较小的电极将在决定整体电容方面起主导作用。因此，两个电容器的串联配置减少了整个器件中总电容随电势变化的敏感性。此外，对于两个电极相同的器件，其行为与充电的极性无关。在积分电容中，差分曲线的波动被平滑化了。这些方面将在后续章节中进行了更深入的探讨。

EDLC 的一个显著优势在于其使用了具有高比表面积的电极材料。例如，碳材料的比表面积可以超过 $1000\text{m}^2/\text{g}$。如第 5 章所述，采用多孔电极可以实现电极与电解液之间的大界面面积。因此，图 11-1（c）所示的两个电极为多孔电极。与每单位实际表面积相关的双电层电容的典型值为 $0.1 \sim 0.5\text{F}/\text{m}^2$。可以通过将电极面积乘以每单位面积的电容来计算电极的电容，器件的总电容大约是单个电极值的一半，这一计算可以根据式（11-7）进行。

例 11-2 对于一个容量为 1F 的电容器，计算以下 3 种类型电容器所需的面积。

（1）若为传统电容器，其极板由绝缘体（$\varepsilon_r = 100$）隔开，极板间距离为 $50\mu\text{m}$。

（2）若为电解电容器，其介电常数为 10，厚度为 225nm，表面粗糙度 Ra 值为 $25\mu\text{m}$。

（3）若为 EDLC，碳电极厚度为 $25\mu\text{m}$，孔隙率为 0.5，$\rho_c = 2000\text{kg}/\text{m}^3$，碳的比表面积为 $1000\text{m}^2/\text{g}$，碳表面积电容为 $0.15\text{F}/\text{m}^2$。

解 （1）传统电容器

$$A = \frac{Cd}{\varepsilon_r \varepsilon_0} = \frac{1 \times 50 \times 10^{-6}}{100 \times 8.85 \times 10^{-12}} = 5.65 \times 10^4 (\text{m}^2)$$

（2）电解电容器

$$A = \frac{Cd}{\varepsilon_r \varepsilon_0 Ra} = \frac{1 \times 225 \times 10^{-9}}{10 \times 8.85 \times 10^{-12} \times 25} = 102 (\text{m}^2)$$

这里计算出的是电极的表观面积，真实表面积是该面积的 25 倍。

（3）EDLC，单位质量碳的容量为

$$1000 \times 0.15 = 150 (\text{F}/\text{g})$$

单位质量碳对应的 EDLC 体积为

$$\frac{1}{2000 \times 10^3 \times (1 - 0.5)} = 1 \times 10^{-6} (\text{m}^3/\text{g})$$

1F 所需面积为

$$\frac{1 \times 1 \times 10^{-6}}{150 \times 25 \times 10^{-6}} = 2.67 \times 10^{-4} (\text{m}^2) = 2.67 (\text{cm}^2)$$

1F 的 EDLC 电容器所需的面积仅为 2.67cm^2，主要是因为多孔碳电极具有很大的比表面积。

11.3　电容器的电流-电压关系

本节探讨电容器电流-电压关系，电流的表达式 $I=C\dfrac{\mathrm{d}V}{\mathrm{d}t}$，描绘了一个理想电容器，其

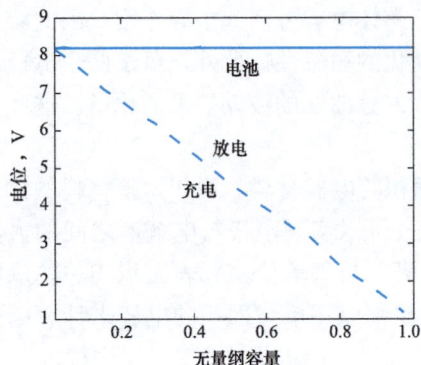

图 11-7　理想电池与恒流放电电容器
放电特性的对比

中电容 C 保持恒定。假设电容器以恒定电流进行充电或放电，电压变化率 $\mathrm{d}V/\mathrm{d}t$ 保持恒定。因此，在充电过程中，电容器两端的电压将随时间线性增长。同理，在恒流放电过程中，电压将线性下降。这一现象凸显了电容储能的一个重要特性，即电压与电容器的电荷状态成比例变化。图 11-7 所示为理想电池与恒流放电电容器放电特性的对比。对于电容器来说，在恒定电流下，电压的降低会导致放电期间可用功率的减少。然而，因为电容器的容量直接与其两端电压成正比，其充电状态易于确定。

在循环伏安法中，电势以三角波形进行扫描，其中 v 表示以 V/s 为单位的扫描速率。这个过程如图 11-8 所示，其中扫描速率作为一个关键参数。对于每个实验，扫描速率为

$$v=\frac{\mathrm{d}V}{\mathrm{d}t}=定值 \tag{11-15}$$

在这些特定条件下，可以观察到电容器中的电流保持恒定，并且与扫描速率成线性关系。因此，如果以恒定速率将电压扫描至特定值，再以相同的速率返回到初始电压，电流的变化将如图 11-8 所示。在电流与电压的关系图中，理想电容器的响应呈现为矩形形状。需要注意的是，电流的方向（符号）会随着扫描方向的改变而立即反转。这种响应与法拉第反应对扫描方向反向的响应不同，后者通常会有时间延迟。电容器的恒流充电或放电与其两端电势相对于时间的线性变化密切相关。

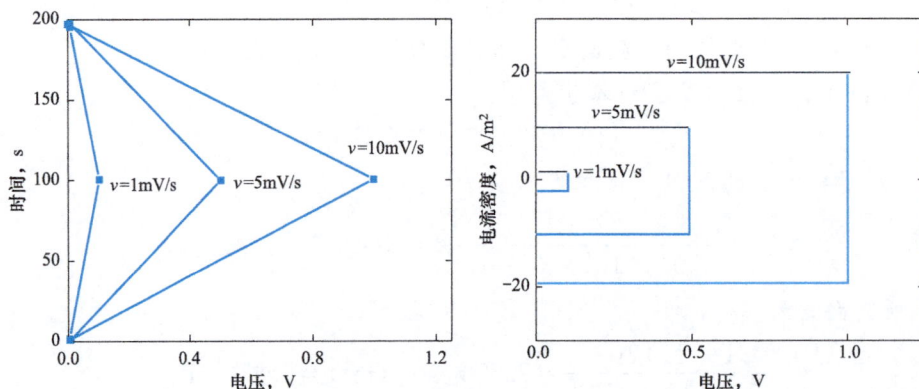

图 11-8　恒定电压扫描期间理想电容器的电压和电流

另一种常见的操作是对电容器施加一个从初始电势 V_i 到最终电势 V_f 的阶跃变化。根据

电容的定义，电荷 Q 与电容器两端的电势成正比。双电层电容器不能瞬间转移电荷，因此存在一定的电流阻力。如前所述，假设电容器上的电荷为 Q，而 Q_f 是电荷的最终值，$Q_f = CV_f$，即稳态电荷。在 $t=0$ 时刻，电路上的电势突然变为 V_f。经过一段时间，电容器将完全充电或放电，这取决于电压是增大还是减小，最终电流将降至零。电容器两端的电势降低可以简单地表示为 Q/C。根据基尔霍夫电压定律，可以得到以下关系：

$$V_f = \frac{Q}{C} + IR_\Omega = \frac{Q}{C} + R_\Omega \frac{\mathrm{d}Q}{\mathrm{d}t} \tag{11-16}$$

对式（11-16）进行积分，得出电容器电量与时间的函数关系：

$$\frac{Q_f - Q(t)}{Q_f - Q_i} = \mathrm{e}^{\frac{-t}{R_\Omega C}} \tag{11-17}$$

其中，Q_i 为 $t=0$ 时电容器上的初始电荷；Q_f 为最终值（CV_f）。$R_\Omega C$ 量纲以秒为单位，是与电容器充电或放电所需时间相关的时间常数。由于电容容量是电荷和电压之间的比例常数，因此式（11-17）也可以写为

$$\frac{V_f - V(t)}{V_f - V_i} = \mathrm{e}^{\frac{-t}{R_\Omega C}} \tag{11-18}$$

电流通过对式（11-17）求导得到

$$I(t) = \frac{\mathrm{d}Q}{\mathrm{d}t} = \frac{V_f - V_i}{R_\Omega} \mathrm{e}^{\frac{-t}{R_\Omega C}} \tag{11-19}$$

充电时电流符号为正，放电时电流符号为负。从式（11-19）可以看出，对于电势的阶跃变化，电流以指数方式减小至零，时间常数为 $\tau = R_\Omega C$。零电流是与电容器两端的恒定电压相关的端点。电阻大意味着电流小，因此电容器充电或放电所需的时间长。同样，随着电容的增加，电容器充电或放电所需的时间也会更长。

例 11-3　假设一个电极的表面积为 $25\mathrm{cm}^2$，其双电层电容为 $900\mathrm{F/m}^2$。初始时，电容器处于完全放电状态。当电位发生阶跃增加时，会产生一个 $25\mathrm{A}$ 的电流阶跃。若电路中的电阻为 $4\mathrm{m}\Omega$，请问电容器两端的电压需要多长时间才能达到其稳态值的 95%？

解　首先，计算 $R_\Omega C$ 系统的时间常数：

$$\tau = R_\Omega C = 0.004 \times 25 \times 10^{-4} \times 900 = 9(\mathrm{ms})$$

最初，所有的电压降都在电阻器上，因为放电的电容器对电流没有阻力。因此，$\Delta V = \Delta IR_\Omega = 100\mathrm{mV}$，即电阻器两端的压降。在稳定状态下，没有电流流过电容器。根据式（11-18），电压随时间的变化为

$$\frac{V_f - V}{V_f - V_i} = \frac{0.05V_f}{V_f - 0} = 0.05 = \mathrm{e}^{\frac{-t}{R_\Omega C}}$$

解得 $t=27\mathrm{ms}$。从解中可以看出，所需时间与电压阶跃的大小无关。

11.4　多 孔 电 极

在第 5 章提到，多孔电极设计是一种对提升电容器容量的非常有效的手段，因其可以显

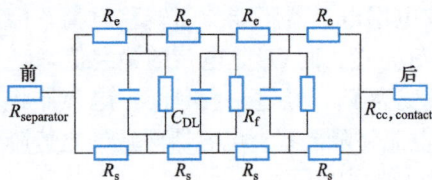

图 11-9　一个多孔电极的 EDLC 的
等效电路图

著增加电极的表面积，从而提高电化学电容器的性能。正如所有多孔电极所共有的特性，电极的局部电阻会随着位置的不同而变化。在超级电容器中，多孔电极的等效电路模型如图 11-9 所示。在这个模型中，位于顶部的电阻表示电解液在穿过电极厚度时所遇到的电阻。相对应地，底部的电阻则代表固体电极材料内部的分布电阻。电极的固体部分和电解液通过一个与双电层现象相关的电容器连接，该电容器与电阻 R_f 并联，后者与可能的法拉第反应相关联。为了确保离子电流能够到达电极的背面，它必须穿过电解液。同时，电流也会沿着电极的厚度方向流动，以便为双电层充电。在此模型中，假设固体电极材料的有效电导率远高于电解液的有效电导率。电势差 $\varphi = \varphi_2 - \varphi_1$，其中 φ_1 代表一个固定的参考电势。在电解液中，假设欧姆定律是适用的，即电流与电势差之间呈线性关系，同时忽略由于浓度差异引起的电解液电阻变化，则

$$i_2 = -\kappa \nabla \varphi \tag{11-20}$$

式（11-20）中的电导率是一个有效电导率，它综合考量了电极的孔隙率和弯曲度对电导性能的影响。第 5 章讨论了多孔电极中的电荷平衡问题，并假设在此过程中仅考虑法拉第反应，而忽略了双电层中的吸附和充电现象。基于这一假设，可得到一个简化的电荷平衡方程：

$$-\nabla \cdot i_2 + a i_n = 0$$

对于电化学双层电容器，必须对电荷平衡方程进行修正，以充分考虑电极表面的实际电流密度 i_n，它可能是由法拉第反应（通过等效电路图中的电阻 R_f）或双电层充电所引起。当将双电层充电考虑在内时，电荷平衡方程需要相应地调整为

$$-\nabla \cdot i_2 + a\left(i_{nf} + C_{DL}\frac{\partial \varphi}{\partial t}\right) = 0 \tag{11-21}$$

式中：C_{DL} 为电极单位面积的双电层电容，F/m^2；a 为比表面积，m^{-1}。

正如之前所讨论的，在某些电化学系统中，如电池、燃料电池和赝电容器，法拉第反应和非法拉第反应（如双电层充电）都起着重要作用。然而，在目前的讨论中，忽略了法拉第反应。此外，仅考虑一个空间维度，即假设电势和电流密度仅随时间和位置的一个维度变化。在这些假设的基础上，欧姆定律和电荷平衡方程可以简化为以下形式：

$$\frac{\partial \varphi}{\partial z} + \frac{i_2}{\kappa} = 0 \tag{11-22}$$

和

$$\frac{\partial i_2}{\partial z} + aC_{DL}\frac{\partial \varphi}{\partial t} = 0 \tag{11-23}$$

为了得到一个仅包含电势的二阶方程，可从这些方程中消去电流密度。首先，对式（11-22）关于位置坐标 z 求导。然后，将导数乘以负的有效电导率 $-\kappa$，并将这个结果加到式（11-23）中，从而得到一个关于电势的微分方程。通过这个过程，可以得到一个更加简洁的方程，它仅包含电势的分布情况，便于分析和理解电化学系统中的电势变化。

$$\frac{\partial \varphi}{\partial t} = \frac{\kappa}{aC_{DL}}\frac{\partial^2 \varphi}{\partial z^2} \tag{11-24}$$

式（11-24）在形式上与第 4 章讨论的 Fick 第二定律相似，Fick 第二定律描述了浓度随时间和位置变化的扩散过程。同时，式（11-24）也类似于电气工程中常见的传输线方程，传输线方程通常用于描述电信号沿导线的传播。一旦确定了初始条件和边界条件，就可以应用多种数学技术来求解这个线性偏微分方程。这些技术可能包括分离变量法、傅里叶变换、拉普拉斯变换等，具体选择取决于问题的特性和所需的解析或数值解的精度。

为了深入理解多孔 EDLC 电极的时间响应特性和电势分布的特征，可以计算出具有特定尺寸的电极在充电过程中的速度，以及在特定时间窗口内能够有效利用的电极厚度。为了进行这一计算，考虑一个厚度为 L 的电极，在电极前端电势从 φ_{ini} 突然变化到 φ_f 的情况。这个过程可以类比为电极前端的瞬间充电（或放电）。随后，评估电极剩余部分达到与前端相同充电状态所需的时间。为了便于分析，引入以下无量纲参数：

$$\theta = \frac{\varphi(t) - \varphi_{ini}}{\varphi_f - \varphi_{ini}}, \quad x = \frac{z}{L}, \quad \tau = \frac{kt}{aC_{DL}L^2}$$

其中，$\dfrac{aC_{DL}L^2}{\kappa}$ 具有时间单位。式（11-24）变为

$$\frac{\partial \theta}{\partial \tau} = \frac{\partial^2 \theta}{\partial x^2} \tag{11-25}$$

初始条件为 $\tau = 0$，$\theta = 0$；边界条件为 $x = 0$，$\theta = 1$，以及 $x = 1$，$\dfrac{\partial \theta}{\partial \tau} = 0$。最后一个边界条件实际上是在假设电解液中的电流密度在多孔电极的背面（即与集电体接触的区域）为零。通过求解式（11-25），得到了无量纲电势的分布，如图 11-10 所示。利用这个电势分布结果，可以根据欧姆定律计算出电极中任意位置的电流密度。在很短的时间间隔内，电极前端的电势梯度会变得非常陡峭，相应的电流密度也会很高。然而，电流并不会深入电极的很远位置，对于电极的大部分区域来说，电流密度基本上为零。因此，在这样短暂的时间内，电极厚度看起来是无限大的，并且穿透深度可以近似为

$$\delta = \sqrt{\frac{4\kappa t}{aC_{DL}}} \tag{11-26}$$

当半无限大的条件占据主导地位且 $\tau \leqslant \dfrac{1}{16}$ 时，式（11-26）适用。在这种情况下，电极背面的边界条件对求解过程的影响可以忽略不计，如图 11-10 所示。这表明电极的响应在短时间内主要受到电极前端电势变化的影响，而电极背面的影响可以认为是不显著的。因此，可以使用式（11-26）来简化问题。

参照图 11-9 中的分布电容模型可以看到，靠近电极前端的分布电容会更快地充电或放电，这是因为电离子从电解液传递到这一区域的距离较短，降低了通过电解液的电阻。在短时间内，电流的穿透能力受限，不会超过一定的深度，导致电极的大部分区域在此时并未被充分利用。因此，对于特定的应用场景，实际有效的电极厚度是有限的。式（11-26）可以用来计算在给定时间内的

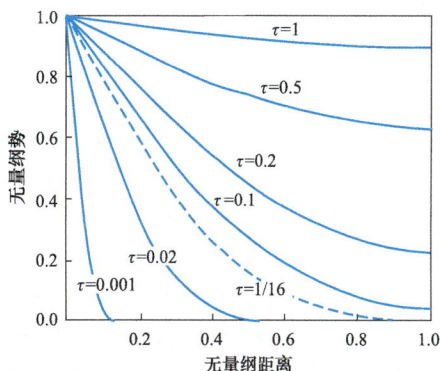

图 11-10　不同电极厚度电势的变化

电流穿透深度，见 [例 11-4]，有助于理解和优化电极的设计和使用效率。

此外，$\dfrac{aC_{DL}L^2}{\kappa}$ 具有时间单位，并且代表多孔 EDLC 电极充电的特征时间。这个特征时间与 $\tau=1$ 的时间尺度相匹配。如图 11-10 所示，该方法可用于估计对电容器充电所需时间。特征时间的倒数，$\dfrac{k}{aC_{DL}L^2}$ 表示电容器的特征频率，这个频率与电容器响应快速变化的能力相关。下一节将通过阻抗分析更深入地研究 EDLC 的瞬态行为，以便理解电容器在不同频率下的性能表现。

✴ **例 11-4** 某电容器电极特征参数为 $\kappa_{eff}=15\mathrm{S/m}$，且 $\sigma_{eff}\gg\kappa_{eff}$，厚度 $L=1\mathrm{mm}$，面积 $A=1\mathrm{cm}^2$，$C_{DL}=0.3\mathrm{F/m}^2$，$a=3\times10^8\mathrm{m}^{-1}$。请用特征时间来估计对具有以下特性的电容器充电所需的时间，并计算 120ms 时的穿透深度。

解 电容器充电所需的时间约为

$$\frac{aC_{DL}L^2}{\kappa_{eff}}=\frac{3\times10^8\times0.3\times0.001^2}{15}=6(\mathrm{s})$$

120ms 时的穿透深度可通过式（11-26）估算，因为该时间小于 $\tau/16$，有

$$\delta=\sqrt{\frac{4\kappa t}{aC_{DL}}}=\sqrt{\frac{4\times15\times0.120}{3\times10^8\times0.3}}=0.28(\mathrm{mm})$$

♻ 11.5　EDLC 的阻抗分析

本节将通过阻抗谱分析来探讨电化学双层电容器的瞬态行为。此外，阻抗分析的结果将被用作简化 EDLC 模型的基础，这将进一步帮助理解和分析这些电容器的特性。

为了分析 EDLC 的瞬态行为，使用了式（11-24）中的偏微分方程，该方程将电势描述为多孔电极中时间和位置的函数，同时假设固体基质具有无限导电性。为了得到复数阻抗的表达式，在 $x=0$ 的位置应用振荡电势，正如第 6 章所讨论的，具体而言，可得到复数阻抗表达式（单位为欧姆）：

$$Z(\omega)=\frac{L}{\kappa A}\frac{\coth\sqrt{j\omega^*}}{\sqrt{j\omega^*}} \tag{11-27a}$$

其中，ω^* 是无量纲频率，定义为频率 ω 除以特征频率：

$$\omega^*=\frac{\omega}{\dfrac{\kappa}{aC_{DL}L^2}}=\frac{\omega aC_{DL}L^2}{\kappa} \tag{11-27b}$$

式（11-27）所描述的阻抗可以通过奈奎斯特图（见图 11-11）进行表示。在高频区域，阻抗趋向于零，这一现象是由于假设固相电导率为无穷大。在这种假设下，高频的电压变化不会显著地渗透到电极内部，因此有效电阻表现为零。对于多孔电极而言，从高频到中频范围内，阻抗曲线的斜率接近 45°。这是因为，在短时间内，电势无法渗透到电极的背面，使

得电极在实际效果上表现为半无限大。随着频率的降低，电势开始更深入地渗透到电极内部。在足够低的频率下，电容器有足够的时间进行完全充电，其行为类似于理想电容器，此时阻抗变得非常大。在奈奎斯特图上，阻抗的实部（Z_r）的垂直值取决于电极的厚度。这是因为多孔电容器的电容和完全充电所需的时间都会随着电极厚度的增加而增加。

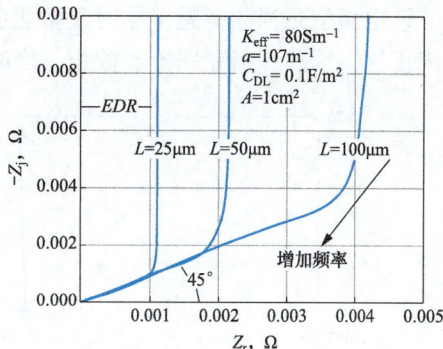

图 11-11　不同厚度 EDLC 的奈奎斯特图

在低频条件下，电容与电极厚度成正比关系，因为电极的所有部分都有机会参与到电荷存储过程中。此时，电极的每一部分都能够对电容器的整体电容做出贡献。因此，以法拉（F）为单位的低频电容可以通过考虑电极的整体几何结构和电化学特性来计算：

$$C(\omega \rightarrow 0) = aLC_{DL}A \tag{11-28}$$

关键在于理解频率与特征频率之间的关系。因此，对于标准角频率 ω 的更精确描述应该是：

$$\omega < \frac{\kappa}{aC_{DL}L^2} \tag{11-29}$$

特征频率也称为截止频率，是电容表现几乎恒定的频率点。在这种条件下，式（11-28）表明电容能够充分利用电极的全部容量。相反，在高频条件下，电容只能使用其可用容量的一小部分。因此，通常需要设计或选择一个在截止频率以下运行的电容器，以确保尽可能高效地利用其容量。截止频率可以等效地表示为 $\frac{\kappa A}{LC}$。

电极的电容也可由下式给出：

$$C = \frac{-1}{\omega \mathrm{Im}(Z)} \tag{11-30}$$

利用图 11-11 中所示的相同参数，图 11-12 所示为电容随频率变化的函数关系。正如之前所讨论的，在低频区域，电容保持恒定，并且其值直接取决于电极的厚度。当频率超过截止频率时，电容迅速减小，并在高频极限下趋近于零。

回顾图 11-11，阻抗谱在某种程度上类似于与电阻串联的理想电容器（在奈奎斯特图上表现为垂直线）的阻抗特征。这种特性可以用简化的串联 RC 电路模型来近似，如图 11-13 所示。在这个模型中，假设固相电阻为零，即固体具有无限导电性，因此电阻主要与电解液中的电流电阻相关。这个电阻称为等效分布电阻（EDR），其值可以用以下表达式来表示：

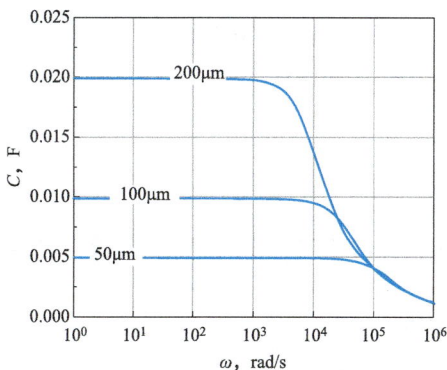

图 11-12　电容随频率变化的函数关系

$$EDR = \frac{1}{3}\frac{L}{\kappa A} \tag{11-31}$$

该电阻值是当频率趋于零时复数阻抗实部的极限值。EDR（单位为 Ω）与电极的厚度 L 成正比。因此，当频率低于截止频率时，可以采用这个简化的模型来进行近似分析。

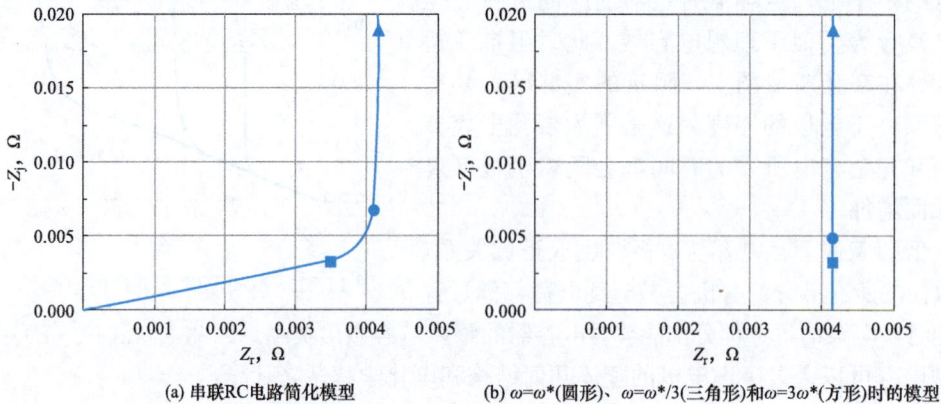

(a) 串联RC电路简化模型   (b) $\omega=\omega*$(圆形)、$\omega=\omega*/3$(三角形)和$\omega=3\omega*$(方形)时的模型

图 11-13   多孔电极阻抗模型的比较

这个简化的串联 RC 模型在描述实际电极特性时，存在一定的局限性。在高频情况下，该模型高估了电极的电阻，因为它假设电阻是恒定的，而实际上，多孔电极在高频下的电阻非常小，并且会随着电极渗透性的增加及频率的降低而增加。因此，这种简化的模型往往会导致对最大功率的低估。

然而，在较低频率下，当电极几乎能够利用其全部容量时，这个简化的串联 RC 电路模型能够较好地反映实际情况。因此，在设计电容器时，通常会考虑到使用可用容量，而在这些条件下，简化的模型能够较为准确地模拟系统的实际行为。

例 11-5   对于［例 11-4］中描述的电极，确定由 EDR 和理想电容器组成的简化串联 RC 电路模型。该模型适用于什么频率？

解
$$EDR = \frac{1}{3}\frac{L}{\kappa A} = \frac{1}{3} \times \frac{0.001}{15 \times 10^{-4}} = 0.22(\Omega)$$

$$C = aC_{DL}AL = 3 \times 10^8 \times 0.3 \times 10^{-4} \times 0.001 = 9(F)$$

因此，简化模型是一个 9F 电容器与一个 0.22Ω 电阻器串联。

截止频率可以估计如下：

$$截止频率 \approx \frac{\kappa A}{LC} = \frac{\kappa}{aL^2 C_{DL}} = 0.167(s^{-1})$$

为了充分利用电容，频率应低于该值。将简单模型的充电时间与更复杂模型计算的特征时间进行比较。对于简单模型，有

$$\tau_{RC} = RC = E_{DR}C = 0.2 \times 9 = 2.0(s)$$

对于与电阻器串联的电容器［式 (11-14)，其中 $Q_i = 0$］和充电时间为 6s 时，有

$$\frac{Q}{Q_f} = 1 - \exp\left(-\frac{t}{\tau_{RC}}\right) = 1 - \exp(-3) = 0.95$$

这与之前的结果一致，充电 95% 需要 6s。

上述讨论是针对固相电导率远大于电解质电导率的情况，这是许多实际电极都满足的条件。如果两相（固体和液体）的电阻近似或都很重要，则也可以通过分析确定阻抗：

$$Z(\omega) = \frac{L}{(\kappa+\sigma)A}\left(1 + \frac{2}{\sqrt{j\omega^*}\sinh\sqrt{j\omega^*}}\right) + \frac{L(\kappa^2+\sigma^2)}{\kappa\sigma(\kappa+\sigma)}\frac{\coth\sqrt{j\omega^*}}{\sqrt{j\omega^*}} \quad (11\text{-}32a)$$

$$\omega^* = \frac{\omega a C_{DL} L^2 (\kappa+\sigma)}{\kappa\sigma} \quad (11\text{-}32b)$$

无量纲频率 ω^* 的表达式形式与之前相同，但它采用了复合电导率，这个复合电导率综合考虑了电解液和固体的各自贡献。图 11-14 展示了对于 $100\mu m$ 厚的电极，在不同 κ/σ 比率（即电解液电导率与固体电导率的比值）作为参数时，阻抗特性的变化。所有其他参数均与图 11-12 所示的参数保持一致。因此，可以直接对这些结果进行比较，以深入了解不同参数对阻抗特性的影响。

当固相的电导率为无限大时（即 $\kappa/\sigma=0$ 的情况），多孔电极 EDLC 的电阻在高频下趋近于零，这与图 11-11 所示的结果一致。随着 κ/σ 比值的增加（由于 κ 保持恒定，这相当于 σ 的减小），阻

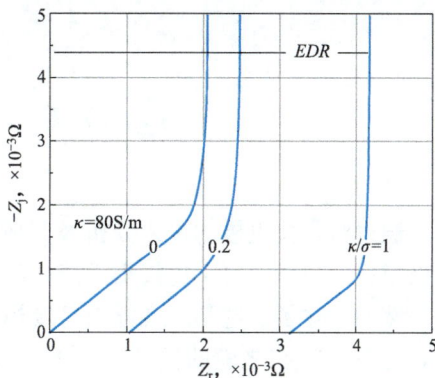

图 11-14　电解液和固相中电阻的奈奎斯特图

抗特性展现出两个显著的差异。首先，当 σ 和 κ 都有限时，Z_r 在高频下不会趋近于零。实际上，它趋近于以下极限值：

$$Z_r(\omega \to \infty) = \frac{L}{(\kappa+\sigma)A} \quad (\Omega) \quad (11\text{-}33)$$

EDR 还受到有限固体电导率的影响：

$$EDR = \frac{1}{3}\frac{L(\kappa+\sigma)}{\kappa\sigma A} \quad (\Omega) \quad (11\text{-}34)$$

式（11-34）反映了由于固体电导率的有限性而产生的额外电阻。当 σ 接近 1 时，式（11-34）可以近似为式（11-31），这是因为固体电导率 σ 的增大使得固相的电阻相对减小，从而在阻抗谱的高频区域，固相电阻的影响变得更加显著。

例 11-6　对于［例 11-4］中描述的电极，假设固体电导率有限且为 25S/m，请根据这个条件计算由等效分布电阻（EDR）和理想电容器组成的简化模型的参数值。同时，确定该模型的截止频率是多少。将这些计算结果与［例 11-5］中的值进行比较，并分析它们之间的差异。

解　　$$EDR = \frac{1}{3}\frac{L(\kappa+\sigma)}{\kappa\sigma A} = \frac{1\times0.001\times(15+25)}{3\times15\times25\times10^{-4}} = 0.356(\Omega)$$

$$C = aC_{DL}AL = (3\times10^8)\times0.3\times10^{-4}\times0.001 = 9(F)$$

因此，简化模型是 9F 的电容器与 0.356Ω 的电阻器串联。

截止频率可以估计为

$$截止频率 \approx \frac{\kappa\sigma}{aL^2 C_{DL}(\kappa+\sigma)} = 0.104s^{-1}$$

为了确保电容器的电容得到充分利用，操作频率应低于截止频率。与图 11-5 的结果进行对比，可以看到电容值保持不变，因为它不受到固相电阻的影响。然而，有限的固体电导率会导致等效分布电阻的增加，进而导致截止频率降低。原因是较高的电阻增加了电极充放电所需的时间。因此，具有有限固体电导率的电极不会像[例 11-5]中描述的电极那样快速地进行充放电循环。

☸ 11.6　超级电容器整体分析

通过对多孔电极的深入分析及其所推导出的简化模型，可以将 EDLC 构建一个由两个电极组成的模型，每个电极都用简化模型表示，从而得到两个串联的电容器和两个串联的电阻。然而，除了这些与多孔电极直接相关的元件外，还存在其他一些与之无直接关联的电阻，这些电阻在之前的模型中尚未被考虑。因此，为了更全面地模拟 EDLC 的实际行为，需要引入一个等效串联电阻（ESR）来代表这些额外的电阻。ESR 主要包括电极间隔膜的电阻，同时还包括接触电阻等因素。所有这些电阻可以合并为一个总的有效电阻 ESR_{eff}，表示为

$$ESR_{eff} = ESR + EDR_1 + EDR_2 \tag{11-35}$$

其中，下标 1、2 表示的是两个电极，也可以用一个等效电容来代表两个串联电极的总电容。对于 EDLC，要实现特定的容量，需要考虑电极的尺寸（面积），并根据这一尺寸确定电极的必要厚度，以及设备能够在保持该容量的条件下运行的最高频率。另外，对于给定的容量和所需的工作频率，还需要计算出所需的电极面积和厚度。需要注意的是，电容器材料的比表面积通常以每单位质量来表示，因此，还需要了解电极材料单位体积的质量。EDLC 能够运行的最大电压通常受限于电解液的稳定性。

⚙ 例 11-7　计算由多孔膜隔开的两个多孔碳电极构成的电化学双电层电容器的电极容量和有效电阻 ESR_{eff}。计算该电容器能够工作的最大频率和在该频率下仍可使用其全部容量。假设已知的参数包括：接触电阻为 $0.4m\Omega$，隔膜厚度为 $25\mu m$，隔膜中电解液的有效电导率为 $55S/m$，表面电极面积为 $30cm^2$，隔膜孔隙率 ε_s 为 0.5，电极厚度为 $50\mu m$，比电容为 $0.13F/m^2$，电解液的有效电导率为 $35S/m$，比表面积为 $600m^2/g$，碳密度为 $2050kg/m^3$，电极孔隙率 ε_e 为 0.4，有效电子电导率为 $10^4 S/m$。提供具体的计算方法和步骤。

解　比表面积 a 为

$$a = 2050 \times (1-0.4) \times 1000 \times 600 = 7.38 \times 10^8 (m^{-1})$$

在截止频率以下，一个电极的电容为

$$C = a C_{DL} LA = 7.38 \times 10^8 \times 50 \times 10^{-6} \times 0.13 \times 30 \times 10^{-4} = 14.4(F)$$

由式（11-7）可知，两个电极串联的电容为 7.2F。固相的电导率很高，可以忽略固体碳电极对 ESR 的贡献。

$$ESR_{eff} = R_c + 2\left(\frac{1}{3}\frac{L_e}{\kappa_e A}\right) + \frac{L_s}{\kappa_s A} = 0.0004 + \frac{\frac{2}{3}\times 50\times 10^{-6}}{30\times 10^{-4}\times 35} + \frac{25\times 10^{-6}}{30\times 10^{-4}\times 55} = 0.87(m\Omega)$$

由于额外电阻的影响，增加了电极充电或放电所需的时间，因此基本满容量的最大工作频率将低于与单个电极相关的截止频率。为了估计所需的频率，使用等效电路的 3 倍 RC 时间常数，即达到最终值的 95% 所需的时间。最大频率可近似为该值的倒数。

$$3ESR_{eff}C_{eff} = 3\times (8.7\times 10^{-4})\times 7.2 = 0.0188(s)$$

$$\omega_{max} = 53s^{-1}$$

11.7　功率和能量密度

能量和功率密度都是衡量电容器性能的重要指标。电容器的能量变化与其电压的变动密切相关，有

$$dE = VdQ = CVdV \tag{11-36}$$

这一变化通过积分计算能够得出电容器所存储的总能量：

$$E = \int dE = C\int VdV = \frac{CV^2}{2} = \frac{QV}{2} \tag{11-37}$$

在理想情况下，假设电容 C 为常数，其单位通常为法拉，这在物理上等同于每伏特电压下能存储的库仑电量，也可以表达为 J/V^2 或 C/V。通过应用特定的公式，如式（11-37），可以精确地估算不同类型电容器中所存储的能量。

例 11-8　计算［例 11-2］中描述的三个电容器（静电电容器、电解电容器和 EDLC 电容器）中各自存储的能量。在计算过程中，已知隔板的面积为 $10cm^2$，并且各电容器的电压分别为静电电容器 20V、电解电容器 100V、EDLC 电容器 3V。请提供具体的计算步骤。

解　对于 1F 电容器，需要 $5.65\times 10^4 m^2$ 的表面积。这相当于 $1.77\times 10^{-5}F/m^2$。

$$E_1 = \frac{CV_1^2}{2} = 1.77\times 10^{-5}\times \frac{0.001}{2}\times \frac{20}{2} = 3.5\times 10^{-6}(J)$$

$$E_2 = \frac{CV_2^2}{2} = 0.0098\times \frac{0.001\times 100^2}{2} = 0.049(J)$$

$$E_3 = \frac{CV_3^2}{2} = 1873\times 0.001\times 3^2 = 8.4(J)$$

用于 EDLC 计算的单位面积电容是图 11-2 中值的一半，EDLC 相当于有两个串联电容器。该电压是 EDLC 两端的总电压。

功率是单位时间的能量，表示为

$$P = IV \tag{11-38}$$

该功率将是电容器初始放电的最大值。式（11-38）中使用的电势是两端电势，由于 ESR 中的电阻损耗，该电势较低。对于 EDLC 电容器，可获得的最大可用功率为

$$P_{\max} = \frac{V^2}{4 \times ESR_{\text{eff}}} \tag{11-39}$$

其中，ESR_{eff} 为式（11-35）定义的有效串联总电阻，V 为 EDLC 两端的电压。

例 11-9 计算 [例 11-8] 中所示电容器的最大比能量和比功率。假设该电容器的最大电势为 1V，计算过程中使用的所有参数与 [例 11-8] 中所示的参数相同。此外，已知分离器的密度为 1800kg/m^3，电解液密度为 1000kg/m^3。请写出详细的计算步骤。

解 为了确定比能量和功率，需要计算 EDLC 的质量，包括所有 EDLC 组件的质量，包括隔膜、两个碳电极和电解质，不包括外壳的质量。

$$
\begin{aligned}
m &= m_s + 2m_c + m_e \\
&= A\left[\rho_s \times (1 - \varepsilon_s)L_s + 2 \times (1 - \varepsilon_e)\rho_c L_e + \rho_e \times (2\varepsilon_e L_e + L_s \varepsilon_s)\right] \\
&= 0.594 (\text{g})
\end{aligned}
$$

$$\text{比能量} = \frac{E}{m} = \frac{CV^2}{2} \frac{1}{m} = \frac{7.2 \times 1^2}{2} \frac{1}{5.94 \times 10^{-4}} = 6060 (\text{J/kg})$$

此外，通过单位换算，比能量为 1.68Wh/kg。

$$\text{最大比功率} = \frac{V^2}{4 \times ESR_{\text{eff}}} = \frac{1^2}{4 \times 8.7 \times 10^{-4} \times 5.94 \times 10^{-4}} = 4.8 \times 10^5 (\text{W/kg})$$

图 11-15 展示了在 $1\mu\text{m}$ 至 1mm 范围内，不同电极厚度的比能量和最大比功率的变化情况。对于较厚的电极，其倍率能力较低，并且比能量趋于一个恒定值。当电极足够厚以致其他电池组件的质量不再显著影响整体性能时，比能量达到一个恒定值。因此，尽管存储在电极中的绝对能量随着电极厚度的增加而增加，电极本身的比能量却保持不变。

类似地，对于较薄的电极，最大功率接近一个常数。这是因为随着电极变得更薄，电极的电阻可以忽略不计，而最大功率主要受到隔膜中的欧姆损耗和接触电阻的影响。然而，随着电极变得更薄，比能量却下降，因为存储的能量与电极厚度成正比，而电极的厚度减小会导致单位质量的能量存储量减小。

在电化学双层电容器的充电和放电过程中，都会产生热量。只要设备不受电解质中离子传输的限制，作为热量损失的功率可以近似估计为

$$P_{\text{loss}} = I^2 ESR_{\text{eff}} \tag{11-40}$$

EDLC 的效率定义为电容器传递的能量与在特定放电/充电周期期间电容器的能量之比，这一比值在电容器的起始和结束状态（即剩余电荷量 SOC 相同）下进行计算。对于低于截止频率的恒流充电和放电操作，有

$$\eta = \frac{E_{\text{DCH}}}{E_{\text{CH}}} = \frac{1 - \dfrac{4}{3}\dfrac{IESR_{\text{eff}}}{V_{\max}}}{1 + \dfrac{4}{3}\dfrac{IESR_{\text{eff}}}{V_{\max}}} \tag{11-41}$$

式（11-41）假设电容器只能放电至其最大电压 V_{max} 的一半。如图 11-16 所示，低电流通常对应于较长的放电时间，而低电流可以转化为较高的效率。然而，当放电时间达到 $R_\Omega C$ 量级或更小，由于高电阻导致的损耗，效率会急剧下降。在极端情况下，这种高电阻损耗可能会产生过多热量，从而损坏设备。

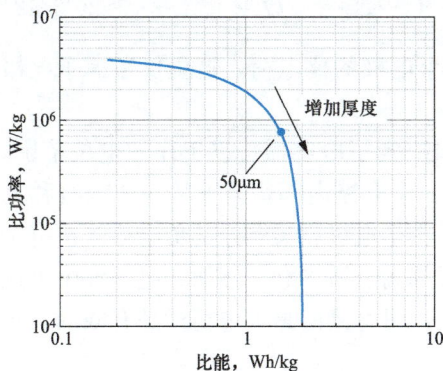

图 11-15　最大比功率和比能量

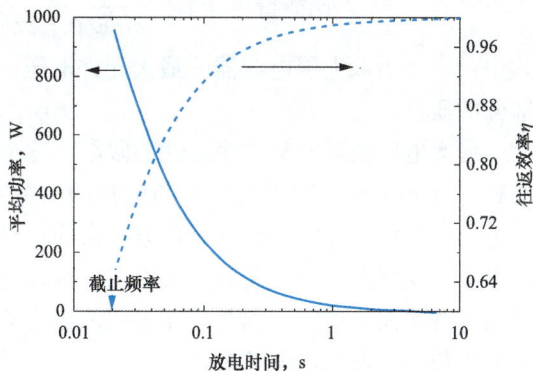

图 11-16　充电和放电速率对电容器效率的影响

11.8　电化学电容器设计、实际操作和性能

典型 EDLC 的结构如图 11-17 所示。双电层电容器与电池在结构上有很多相似之处，都包含两个多孔电极，这些电极被涂在集流体上并由电解液/隔膜分隔开来。典型的 EDLC 可以采用圆柱形、棱柱形或纽扣电池的形状。与介电电容器相比，EDLC 的工作电压范围相对较小，这个范围称为电压窗口。电解质的电化学稳定性决定了电容器可以维持的最大电压差。对于水性体系，由于氢和氧的反应，溶剂水的稳定性被限制在 1.2V 左右。而有机电解质与锂离子电池中使用的电解质相似，在电压约 3V 时保持稳定。尽管水性电解质的电导率通常远高于有机电解质，但能量与电势的平方成正比，采用有机电解质的电容器往往可以储存更多的能量。另外，功率与 ESR 成反比，最大功率与电导率大致呈线性关系。因此，具有水性电解质的电容器往往能得到更高的功率。

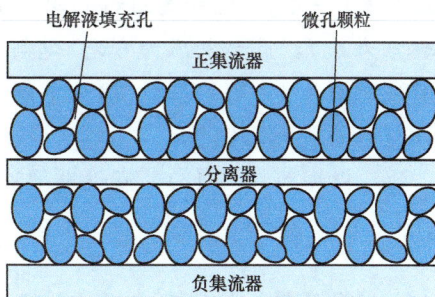

图 11-17　典型 EDLC 的结构

由于单个双电层电容器的电势相对较小，双电层电容器通常需要以串联的方式连接，以实现所需的工作电压。尽管通过每个电容器的电流和存储在每个电容器中的电荷是相同的，但由于串联电容器之间的电压降可能不同，串联串中的电容器有可能超过其工作电压。因此，为了防止电容器过载，要么需要额外的电路来平衡电容器之间的电压，要么必须将实际电压限制设置得足够低，以确保电容器不会过度充电。

此外，将电容器放电至接近零伏的情况也很少发生，因为这会使系统的电压调节变得复杂。在实际应用中，这些设备运行时的电压限制通常仅为设备最大额定电压的 40%～80%，以避免电容器在低电压下运行，从而减少潜在的性能问题和安全隐患。

单个电极材料的比容量 C_ρ（单位为 F/g）和电解液的工作电压窗口是影响比能量的两个要素。根据式（11-37），最大比能量为

$$\text{比能量}[J/g] = \frac{\frac{1}{2}C_{total}V_{max}^2}{2(\text{每个电极质量})} = \frac{1}{8}C_\rho V_{max}^2 = \frac{1}{4}Q_\rho V_{max} \tag{11-42}$$

式中：V_{max} 为双电层电容器的最大允许电压；Q_ρ 为单个电极的比电荷，这里仅考虑了电极部分的质量。

最大电压受到电解质稳定性的限制，这个稳定窗口决定了电容器可以工作的电位范围。在式（11-42）中，最大比能量与电极的电荷密度有关。在电极内部，电子从一个电极移动到另一个电极，导致一个电极积累多余的正电荷，而另一个电极积累多余的负电荷。在每个电极上，这些多余的电荷被溶液中相应数量但电荷相反的离子所中和。然而，电解液中可用的离子并非无限供应，因此，在多孔电极内的电解液中，可达到的最大电荷量是有限的，这个最大值即为最大比电荷量。

$$Q_\rho = \frac{\varepsilon}{\rho(1-\varepsilon)}\alpha F\nu^+ z^+ c_0 \tag{11-43}$$

式中：Q_ρ 为最大比电荷量，C/g；ε 为电极的孔隙率；ρ 为固体材料的密度；α 为电解质的离解度；c_0 为电解质的浓度。

当电势增加时，可能在达到最大电压之前就耗尽了电解液中的离子。因此，在某些条件下，储存的能量可能受到电解液中离子数量的限制。此外，值得注意的是，电导率也可能与离子浓度有关。如果溶液中的大部分离子被吸附在电极上，那么溶液的电导率可能会显著下降。

例 11-10 已知某材料的单位质量电容为 60F/g，其密度 ρ 为 2000kg/m³，介电常数 ε 为 0.7，最大电压为 3V。电解液是浓度为 1.1M 的有机溶剂，假设 α 值为 0.5，电解液比例为 1：1。同时，假设电解液中存在大量电荷。请问，基于上述条件，如何计算该材料的最大比能量。

解 根据式（11-42），假设电解液具有充足的电荷，最大比能量为

$$E_\rho = \frac{1}{8}C_\rho V^2 = \frac{1}{8} \times 60 \times 3^2 = 67.5(J/g)$$

进行相同的计算，但使用可用的电解质电荷式（11-43），最大比电荷量为

$$Q_\rho = \frac{\varepsilon}{\rho(1-\varepsilon)}\alpha F\nu + Z + C_0 \frac{0.7}{2000 \times (1-0.7)} \times 0.5 \times 96\,485 \times 1 \times 1.1 = 61.9(C/g)$$

相关的最大比能量为

$$E_\rho' = \frac{1}{4}Q_\rho V = \frac{1}{4} \times 61.9 \times 3 = 46.4(J/g)$$

此外，EDLC 中会发生自放电现象。尽管其机制相当复杂，但通常可以通过一个简化的模型来描述，即将漏电流表示为与电容器并联的一个简单电阻 R_ρ，称为零阶模型。在这个

模型中，如果将电容器充电至一个固定的电位，然后保持其处于开路状态，即电容器两端没有净电流通过（$I_{app}=0$），那么电容器的电压将会随着时间缓慢下降。从图 11-18 可知

$$I = I_{app} + I_{leak} \tag{11-44}$$

漏电流定义为使器件保持在固定电压所必须施加的电流。在电化学双层电容器中，自放电现象会导致电容器两端的电位随时间下降，即使在没有外部电流通过的情况下。为了维持电容器的电位不变，需要施加一个与自放电方向相反的电流，这个电流就是漏电流。

$$I_{leak} = \frac{V}{R_p} = C\frac{dV}{dt} \tag{11-45}$$

漏电流是由电容器在开路状态下电压随时间的变化率，或者是为了维持恒定电压而必须施加的电流来确定的。从这个模型中可以看出，开路状态下的漏电流会随时间的推移而减小。因此，在计算漏电流时，必须指明时间，例如 72h 小于 $5\mu A$。

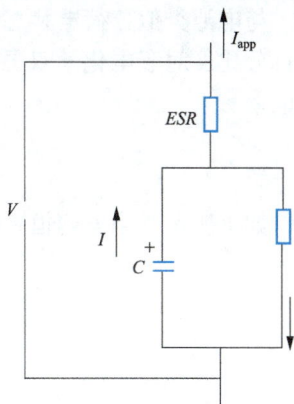

图 11-18　含有漏电流的等效电路

例 11-11　已知为了维持 1F 的电容器在 3.0V 的电压下，需要 $2.5\mu A$ 的电流。假设漏电流遵循零阶模型，即电容器通过一个并联电阻进行放电。根据这些信息，计算维持电容器电压所需的并联电阻值和电容器放电的时间常数。

解
$$R_p = \frac{V}{I_{leak}} = \frac{3.0}{2.5\times10^{-6}} = 1.2(M\Omega)$$

为了近似时间常数，将自放电过程表示为与 R_p 串联的电容器的放电。自放电时间常数为

$$\tau = R_p C = 1.2\times10^6\times1 = 1.2\times10^6(s)$$

自放电机制通常与电池中的机制相似，包括电短路、扩散控制的氧化还原穿梭机制及杂质的法拉第反应。对于商业化的双层电容器，使用零阶模型的漏电流估计过于简化。在没有内部短路的情况下，漏电流通常非常小，在这种情况下，可以合理地假设塔菲尔动力学来描述电容器的自放电行为：

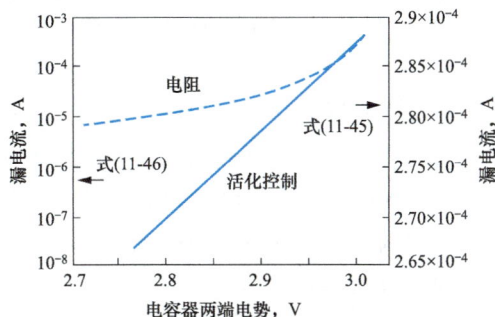

$$I_{leak} = A i_0 \exp\left(\frac{\alpha\eta F}{RT}\right) \tag{11-46}$$

因此，只要超电势保持在符合塔菲尔特征范围内，漏电流的对数就会与电容器的电势成正比。这两种模型展示了明显不同的特性，如图 11-19 所示。漏电流随着电容器电压的降低而迅速减少。即使是相对较小的电势变化，也会导致漏电流减少一个数量级。相反，漏电流与零阶电阻模型的电势成正比。

由于电化学双层电容器理论上不发生

图 11-19　两种模型漏电流的比较

法拉第反应，因此它们具有长循环寿命，理论上可达到 100 000～1 000 000 次循环。然而，实际应用中，EDLC 经常会出现不可逆的法拉第反应，这些反应通常与电容器中的杂质有关。这些反应不仅影响电容器的自放电性能，还会导致循环寿命的下降。

与电池类似，荷电状态（state of charge，SOC）被定义为可用电量占电容器标称容量的百分比。对于电化学双层电容器，其 SOC 通常由其开路电压来确定，而不是直接测量可用电量。

$$SOC = 100\% \frac{V_{ocp}}{V_{max}} \tag{11-47}$$

如上所示，当电容恒定时，电压与电荷呈线性关系。

11.9 赝 电 容

电化学双电层电容器具有一个显著特点，即在其双电层上并不发生电荷的转移，同时氧化态也不会因化学反应而改变。因此，其电流-电压行为主要呈现出纯电容性的特征。然而，需要指出的是，真实电容器特性往往更为复杂，并不总是与理论模型完全一致。以炭黑电极为例，其循环伏安（cyclic voltammetry，CV）曲线如图 11-20 所示，在约 0.5V 附近可以观察到明显的峰值。这些峰值是由于碳表面上发生的可逆反应引起的，具体来说，就是氢醌（HQ）与醌（Q）之间的氧化还原反应。在正扫描过程中，碳表面的 HQ 会被氧化成 Q，但这种反应并不会无限制地进行下去。一旦表面的 HQ 完全转化为 Q，反应就会自然停止。而在负扫描时，反应方向相反，Q 会重新被还原为 HQ。

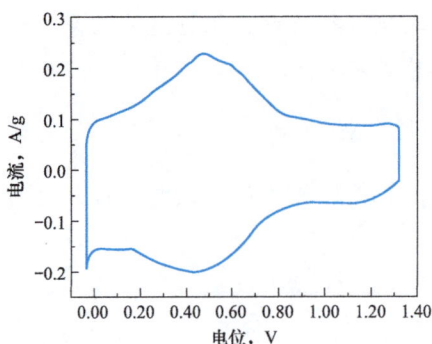

图 11-20　Vulcan XC-72 在磷酸中氧化后的循环伏安特性

尽管 CV 曲线在形态上与电容器相似，但仔细观察会发现，其中的电流并非完全由双电层充电产生。实际上，部分电流是由于 HQ/Q 氧化还原电对引发的法拉第反应所贡献的。这些材料兼具了电池和电容器的特性，然而对于典型的碳基电化学双电层电容器而言，由表面氧化物反应性导致的电流贡献通常不超过 5%。这意味着在大多数情况下，这些碳材料仍然表现出电化学双电层电容器的主导特性。因此，在实际应用中，依然可以将它们视为电化学双电层电容器来处理。

现在设想一个电极，该电极不仅具有双电层特性，还伴随着法拉第反应。然而，在这种情况下，电势随着电荷的变化呈线性关系，这从物理角度来看，可能是由仅限于电极表面的氧化还原反应或吸附过程导致的。回顾式（11-2），电势随电荷的变化实际上定义了微分电容。在传统情况下，电容的物理起源是由双电层中的电荷积累引起的。但在这种情况下，电容的起源并非仅仅来自双电层电荷的积累，而是法拉第反应的直接结果。为了区分这种由法拉第反应引起的电容与传统的双电层电容，引入一个新的符号 C_φ 来表示这种所谓的赝电容。尽管赝电容与双电层充电相关的电容有相似之处，但在许多情况下，C_φ 的值远大于

C_{DL}，即双电层电容。

具有双电层和赝电容的超级电容可以用图 11-21 所示的等效电路来表示。在这个等效电路中，双电层电容和赝电容是并联连接的。由于赝电容通常远大于双电层电容，因此在实际应用中，双电层电容的贡献往往较小。赝电容器的一个显著特征是**法拉第反应**主要发生在电极表面。这意味着**电荷转移**过程受到电极可用表面积的限制。因此，在设计和优化赝电容器时，增加电极的表面积是提高其电容性能的有效途径。此外，由于赝电容的法拉第反应特性，这类电容器通常具有比传统双电层电容器更高的能量密度。然而，因为长期的充放电过程可能导致电极表面的活性物质发生结构变化或耗尽，所以法拉第反应也可能导致赝电容器的循环稳定性较差。因此，在开发高性能赝电容器时，需要综合考虑能量密度、循环稳定性和生产成本等因素。

赝电容的一个常见例子是氧化钌。在充电和放电过程中

$$RuO_x(OH)_y + H^+ + e^- \rightleftharpoons RuO_{x-1}(OH)_{y+1} \tag{11-48}$$

式（11-48）描述了法拉第反应的关键过程，即电子与金属氧化物之间的转移。这种反应主要发生在电极的表面，因此电极的表面积成为决定其能量存储能力的关键因素。为了获得更高的能量存储性能，提高电极的表面积显得尤为重要。典型的赝电容器循环伏安（CV）曲线如图 11-21 所示，它直观地展示了这种表面法拉第反应的特性及其与能量存储之间的关系。

曲线近似理想矩形，电容可为

$$C_\varphi = \frac{\dfrac{dq}{dt}}{\dfrac{dV}{dt}} \approx \left| \frac{i_{avg}}{v} \right| \tag{11-49}$$

图 11-21　RuO_2 在 20mV/s 的循环伏安曲线及其等效电路

赝电容器材料通常具备较高的电容值，一般为 5～10F/m² ，而典型的双电层电容（C_{DL}）值通常仅为 0.25F/m² 左右。观察图 11-22 可以发现，平均电流密度（基于表面面积计算）约为 25A/m² 。特别值得一提的是，图 11-22 中的数据所展示的电容值，当对应到每个表面或几何电极面积时，高达 420F/m² 。虽然赝电容器通常具备比电化学双电层电容器更高的电容值，但由于赝电容器材料的成本相对较高，导致了其市场价格更为昂贵。

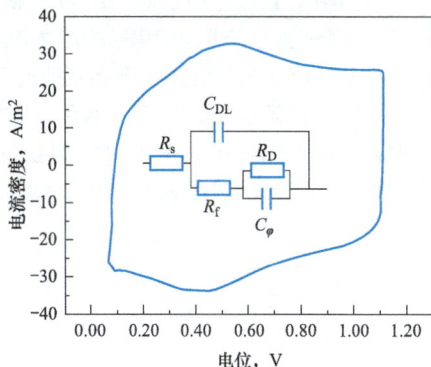

习　　题

11-1　在图 11-1 中，碳的比电容计算为 150F/g。为了制造电化学双电层电容器，即使忽略隔膜、集流体和包装的质量，电容的理论值也会缩减至 1/4。这是为什么？

11-2　电解电容器有极性，为什么受到错误极性的 1.5V 以上的电压时会损坏？当两个有极性的电解电容器串联时，有什么影响？

11-3　针对碳多孔电极的 EDLC 使用温度为 25℃的 0.05M 的 KOH 作为电解质。

（1）在零电荷点（PZC）和距 PZC 0.1V 的电位处，请计算每单位面积的电容（F/m²）中，亥姆霍兹对双电层电容的贡献。在计算内部区域的电容时，不使用水的体介电常数，而是使用值 11。已知 K 的原子

直径为 0.46nm。

(2) 在同样的电位条件下，请计算 Gouy 和 Chapman 理论对扩散层的电容贡献。

(3) 请给出这两种电容贡献的组合值。

(4) 已知水溶液中双电层电容的典型实验值为 $0.2 \sim 0.5 F/m^2$，请讨论在计算中，使用亥姆霍兹区域校正介电常数的重要性。

11-4　如果两个平行的带相反电荷的无限极板之间的空间被两个具有不同介电常数的区域分隔开，那么电容应该如何表示？请给出电容的表达式，并解释其含义。

11-5　请比较双电层电容器和氧化还原反应循环伏安图的差异。

11-6　计算一个 EDLC 在 13A 恒流放电和充电下的效率？已知该电容器的电容值为 150F，有效 *ESR* 为 14mΩ，最大电压为 2.7V，放电在 1.35V 时终止。

11-7　第 7 章描述了锂离子电池中一些常嵌入电极的电压与 SOC（荷电状态）的曲线关系。其中，提到二硫化钛锂作为一种嵌入材料，其电势会随着二硫化钛通道之间的锂浓度线性变化。考虑到第 11.8 节对法拉第反应的讨论，其中电势随承认的电荷而变化，分析这些嵌入材料是否也可以被归类为赝电容器。如果可以，请给出证明；如果不可以，请说明原因。

11-8　为了达到 50C/g 的比电容，请问需要多少浓度的电解质才能避免耗尽？假设使用的是完全解离的 1∶1 电解质，且材料的孔隙率为 0.65，活性材料的密度为 $1800 kg/m^3$。

11-9　请证明与 ESR 电阻串联的理想电容器最大功率为 $V^2/(4ESR)$。另外，如何证明理想的电池的最大功率为 $V^2/(4R_{cell})$，请提供详细的证明过程或解释。

11-10　测量漏电流通常有哪些常用方法？在开路状态下测量器件的电压随时间的变化是其中的一种方法，请解释如何根据得到的 $V(t)$ 数据转换为 $I(t)$ 数据，能否根据转换结果画出电流随时间的变化图。此外，分析为什么指定报告泄漏电流的时间点对于测量来说非常重要，请详细阐述。

第 12 章

混合动力和纯电动力汽车

随着机动车市场的不断发展，内燃机和电动汽车之间的竞争也日益激烈。燃油车中的内燃机虽然噪声大，启动困难，排放污染严重，但其效率和可靠性高。而电动车虽然面临一些可靠性欠佳、续航里程短的问题，但其使用成本较低，逐渐占据了市场主导地位。尤其在大城市中，电动出租车的数量逐渐超过内燃机出租车。但在农村地区，电动汽车面临的主要挑战是续航里程和充电设施的便利性。过去由于连接主要城市地区的道路条件较好，距离焦虑并不突出，因此续航里程和充电问题并未成为主要关注点。然而，随着远距离里程的需求越来越大，续航里程等这些问题逐渐成为焦点。

为解决这些问题，混合动力汽车应运而生，它结合了电力驱动的优点，并且内燃机可为电池充电。尽管早在 1894 年就出现了混合动力车，但直到 1901 年才出现第一辆石油电池混合动力车。然而，随着 1912 年电动启动器的商用推广，汽油的供应增加，内燃机的效率、清洁性和可靠性都有了显著提升，使内燃机驱动的汽车成为市场主流。

随着能源安全和环境问题的日益突出，混合动力汽车在经历了 100 年的沉寂后，再次成为关注的焦点。在新的发展中，内燃机和电动汽车之间的竞争再次点燃。如今，以内燃机驱动的燃油车因其高度可靠的特性，仍然在汽车市场中占据主导地位。随着能源和环境问题的加剧，电动汽车的发展前景广阔，逐渐成为未来交通的重要组成部分。

12.1 电动和混合动力系统

混合动力系统在可再生能源领域中的应用非常重要，尤其电动汽车和混合动力汽车对能量存储系统（energy storage systems，ESS）有着迫切需求。这些系统的关键特征是它们能够积累多余的能量以备未来使用。在电动汽车和混合动力汽车中，ESS 主要用于存储电能，以供电动机在行驶过程中使用。而在可再生能源系统中，ESS 则用于平衡供需之间的差异，确保能源的稳定供应。对于可再生能源系统，例如基于单一风能的发电系统，当风力涡轮机产生的电量超过电网需求时，或者在无风的情况下，能量无法直接利用。这时，ESS 可以储存多余的电能，以便在需要时（如风力不足）释放出来。这种系统通常使用电池或类似的可充电能量存储系统（rechargeable energy storage system，RESS）来储存能源。

由于电力需求随时间变化，而电力供应几乎总是恒定的，因此，非用电高峰时段产生的多余电力可以通过 ESS 储存起来，以便在用电高峰时使用。例如，电解水制氢是一种有效的能量储存方法，可以将多余的电力转化为氢气，然后在需要时通过燃料电池（fuel cell，FC）将氢气与氧气结合，产生电力。在汽车领域，ESS 的作用同样重要。对于电动汽车和混合动力汽车，ESS 可以帮助提高车辆的效率，降低对化石燃料的依赖，并减少污染物排放。对于传统的内燃机驱动汽车，ESS 可以作为能量的额外来源，提高车辆的性能和燃油效率。本章将重点讨论车载 ESS，探讨如何提高电动汽车和混合动力汽车的效率，以及如何通过 ESS 实现更清洁、更高效的移动出行。

图 12-1 所示为内燃机车辆中燃料化学能的转换过程。燃料在燃烧时释放化学能，这些能量在内燃机中转换成机械能，驱动车辆前进。然而，这个过程受到卡诺效率的限制，意味着能量转换过程中会有能量损失。图 12-1 所示只有约 26% 的可用化学能最终到达传动系统。在这个过程中，又有 6% 的能量损失。因此，燃料中大约只有 20% 的化学能转化为对车轮产生扭矩的能量。其中，6% 的化学能用于车辆在制动后重新加速，而为了克服车辆的空气阻力，需要 8% 的化学能。此外，为了克服轮胎的滚动阻力，还需要 6% 的化学能。这些数据清楚地表明，图 12-1 所示的情况难以有效利用燃料能量。实际上，能量损失是内燃机车辆效率低下的主要原因之一。因此，提高内燃机车辆的效率，减少能量损失，是提高燃油经济性和减少环境污染的关键。

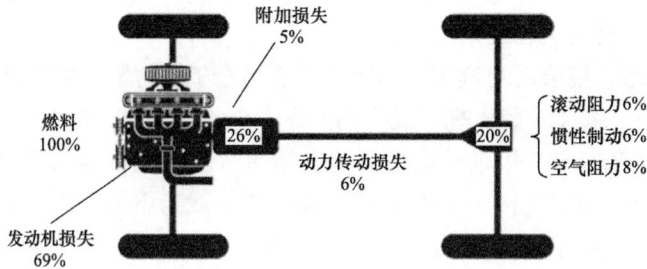

图 12-1　内燃机车辆中燃料化学能的转换过程

了解内燃机和车辆驾驶的相关知识有助于更好地解释图 12-1 中的结论。内燃机的燃油效率并不总是与功率成正比。内燃机等热力机械设备有一个最大效率值，当功率水平低于这个值时，效率会降低。因此，关键在于找到这个效率最大值所对应的功率点，并尽可能在这个点上运行发动机。

在实际驾驶中，大多数情况都需要频繁地启动和停止，这意味着驱动器通常需要的功率远低于发动机的额定功率。事实上，发动机的额定功率未得到充分利用。如果发动机经常在低功率状态下运行，而偶尔需要高功率，那么它的效率将会很低。因此，图 12-1 中最大的能量损失主要归因于发动机本身的效率低下。为了提高效率，可以采用混合推进系统。在这种系统中，内燃机可以提供所需的平均牵引功率，并根据实际需要进行调整，以保持较高的效率。当需要额外的高功率时，第二个电源（如电动机）可以作为内燃机的补充。此外，制动过程中的能量回收也是一个提高效率的方式。当车辆减速时，动能会因为刹车摩擦而转化为热量。如果能将这些动能储存起来，并在需要时重新利用，那么效率将会得到提高。

除了上述提到的方法，还有其他几种策略可以进一步提高燃料化学能的利用率，从而提高燃油效率和减小环境影响。

（1）**能量管理策略**。通过优化车辆的速度、加速和制动模式，可以减少能量损失。例如，通过智能的制动能量回收系统，可以将制动过程中损失的能量重新转化为电能并存储起来，以便在需要时使用。

（2）**动力总成优化**。通过改进内燃机的燃烧效率、变速箱的设计和电子控制单元（ECU）的编程，可以减少能量在动力传递过程中的损失。

（3）**车身结构优化**。使用轻质材料和空气动力学设计可以降低车辆的总质量和空气阻力，从而减少能量损失。

（4）**轮胎和轮辋设计**。使用低滚动阻力的轮胎可以减少因轮胎滚动而产生的能量损失。

与内燃机不同，**车载可充电能量存储系统**（onboard rechargeable energy storage system，ORESS）提供了一种新的能量利用方式。这些系统与电驱动系统相结合，可以提供额外的扭矩和功率，以补充或替代内燃机的输出。图 12-2 所示为混合动力汽车的关键组成部分，这些组成部分将在本章的后续内容中进行详细讨论。ORESS 可以采用多种技术来实现能量的存储和释放，包括电池、电化学电容器、机械储能系统等。其中，电化学储能系统因其高能量密度和快速充放电能力而成为主流。其他机械储能系统，如抽水蓄能、压缩空气储能、液压储能和飞轮储能，虽然具有各自的优点，但在车辆应用中不如电化学储能系统普遍。

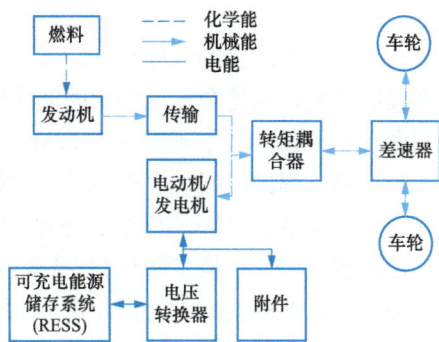

图 12-2　混合动力汽车关键组成部分

电化学储能系统通过电池单元实现能量的化学转换和存储，这些电池单元可以是锂离子电池、镍氢电池或铅酸电池等。这些电池单元可以串联或并联连接，以形成一个能够提供所需电压和电流的电堆。电化学储能系统的优势在于它们能够快速响应车辆的功率需求，并且在充放电过程中能量转换效率较高。

总的来说，混合动力汽车和电动汽车通过结合内燃机和电驱动系统，以及使用高效的 ORESS，提供了一种更高效、更环保的移动解决方案。随着技术的进步，这些系统将继续优化，以进一步提高能源利用效率，降低对化石燃料的依赖，并减少对环境的影响。

在混合动力汽车中，可充电能量存储系统和发动机的电能都可以用来驱动汽车。这种并行架构将车轮的扭矩与发动机提供的扭矩解耦，使发动机可以在更高效的工作条件下运行，这是混合动力系统的一个重要优势。此外，如果 RESS 足够大，也可以实现纯电力运行。混合动力汽车的架构能够在车辆停车时捕获和存储动能，避免了这部分能量因刹车摩擦而转化为热能损失掉。为了回收这些能量，电动机也充当了发电机的作用，将动能转换为电能并储存在 RESS 中供以后使用。混合系统需要添加额外的组件来增加灵活性，例如电动机/发电机和电压转换器，这会增加车辆的质量、成本和复杂性。因此，设计工程师需要在效率、复杂性和成本之间进行权衡，以提供一个最优的车辆系统。

综上所述，混合动力系统中用于提高汽车燃油效率的关键概念包括：在最高效的速度下运行发动机；回收摩擦制动过程中浪费的动能；在车辆短时间停车时，将发动机关闭以降低待机/急速损失；在 RESS 足够大的情况下，允许全电动运行。

电池和电化学双层电容器是 RESS 的重要组成部分，它们在混合动力汽车中发挥着关键作用。此外，电化学储能与燃料电池结合使用的混合动力汽车，使用氢作为能源，而不是传统的石油内燃机，这为未来能源转型提供了另一种可能性。综上所述，混合动力系统中用于提高汽车燃油效率的关键概念是以最高效的速度运行发动机，回收摩擦制动过程中浪费的动能。有效的操作方法如下：当车辆短时间停车时，将发动机关闭以降低待机/怠速损失，或者在 RESS 足够大的情况下，允许全电动运行。电池和电化学双层电容器是储能器件，它们在混合动力汽车中的作用十分重要。电化学储能与燃料电池结合使用氢而不是石油内燃机的混合动力汽车。

🌀 12.2　车辆行驶时间及功率需求特征

在分析动力系统的性能时，通常将车速视为时间的变化函数。图 12-3 所示为某城市车辆驾驶时间表，这是众多标准化时间表中的一个实例，它描绘了车辆在城市环境中的速度随时间变化的规律。当车辆行驶了 12km 的距离时，其平均速度大约为 40km/h。

为了将从驾驶时间表中获得的速度数据转换为车轮所需的动力牵引力——转矩，需要考虑几个关键参数：车辆的质量、轮胎的滚动阻力及空气动力阻力。通过应用车辆动力学模型，可以将这些驾驶信息转化为车辆在各个时刻所需的瞬时功率。

通过应用车辆模型，可以将图 12-3 中的部分车速数据转化为瞬时功率需求。图 12-4 中所示为功率（左侧纵轴）与时间的关系。正值代表车辆从内燃机或燃料电池及可充电能源存储系统组合中获取的能量；负值则表示车辆在减速过程中，能量被回收并储存起来。需要注意的是，图中所展示的车辆功率需求并不包括所有功耗，因为车辆的一些辅助设备，如车辆控制、照明和空调系统，不论车速如何，都需要消耗一定的电力。

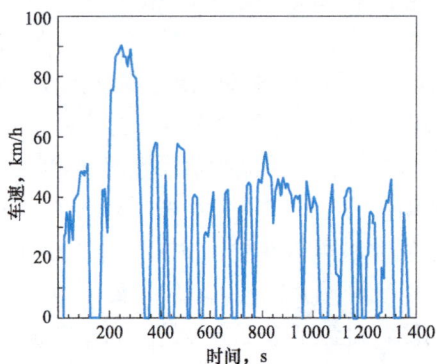

图 12-3　某城市车辆驾驶时间表

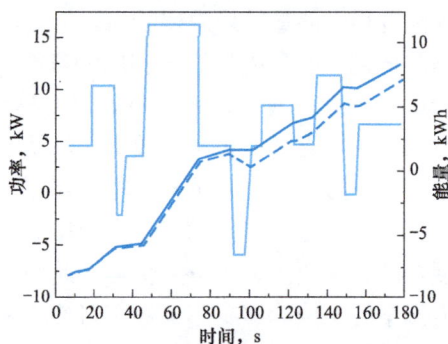

图 12-4　车辆功率和能量时间关系

结合瞬时功率与时间的关系，可以确定完成特定驾驶行程所需的总体能量。图 12-4 中使用右侧纵坐标的两条线，展示了这一能量累积的过程。实线表示在不考虑能量回收的情况下所需的能量总量，而虚线则假设在减速过程中所有动能都能被储存并重新利用。这两条线之间的差异揭示了混合动力系统的潜在优势。虽然这个例子覆盖的时间短，但这个方法可以重复应用或与其他驾驶模式（如高速公路行驶）结合，以模拟车辆在更长使用周期内的能耗。不同行驶方式下 1500kg 车辆的能源数据见表 12-1。值得注意的是，在某些城市驾驶模式下，制动过程中回收的能量几乎占总能量的一半（每100km为4.52~10.47kWh）。

表12-1 不同行驶方式下 **1500kg** 车辆的能源数据

行驶方式	FTP-75，城市驾驶，频繁停车，空转	FTP-75，高速公路行驶，不停车	US06，高速，野蛮驾驶
平均速度（km/h）	27.9	79.3	77.5
最大速度（km/h）	86.4	97.7	128.05
牵引能量（kWh/100km）	10.47	10.45	17.03
牵引能量效率（km·kW/h）	9.6	9.6	5.9
制动能量（kWh/100km）	4.52	0.98	5.30

在可充电能源储存系统的设计中，三个关键的参数是功率、总可用能量和寿命，这些构成了本章的核心。需要考虑如何在RESS和内燃机（ICE）或燃料电池之间分配功率以及再生制动能量被RESS吸收的最大速率。能量的接收和传输的额定功率（以kW为单位）通常是相似的，因为这两个过程经常受到内部阻力和散热能力的限制。不过，RESS的最终额定功率主要取决于设计目标和系统架构，这在不同的系统之间可能会有显著的差异。同时，能量需求也直接影响RESS的规模。决定能量大小的关键因素是车辆在仅依靠电池驱动的情况下的行驶里程，或者在RESS无法提供牵引力且没有ICE辅助的情况下的停车时间。

混合动力系统的寿命是设计过程中的一个关键考虑因素。影响电池寿命的一个关键因素是电池在运行时的SOC范围。不同的混合动力汽车对电池的要求差异很大，这对RESS在寿命方面的设计产生了显著影响。为了更深入地探讨可充电能源存储系统的规模，研究四种类型的汽车是必要的，即全电动、启停混合动力、全混合动力和燃料电池混合动力汽车。下面将采用一种简化的方式，即能源存储系统唯一可变的方面是它的大小。在第8章和第11章提到电极设计等其他方面也会影响性能，本章中将予以忽略。

例12-1 一辆1600kg的混合动力乘用车以60km/h的速度行驶。该电池的标称电压为300V，容量为8kWh。（1）在3s内停止车辆，由再生制动确定可用功率。（2）通过发电机的电流是多少？用安培数和电池C速率（C-rate）表示电流。（3）电池SOC有什么变化？该电池的标称电压为300V，容量为8kWh。

解 （1）假设功率恒定，忽略制动过程中的滚动阻力和气动阻力。动能为

$$\frac{1}{2}M_v v^2 = \frac{1600}{2} \times \left(\frac{60}{3.6}\right)^2 = 0.222(\text{MJ}) = 222(\text{kJ})$$

这种能量必须在车辆停下来的时间（3s）内消耗或捕获。因此，功率 $P = 222\text{kJ}/3\text{s} = 74\text{kW}$。

（2）电流为功率除以电池电压 $I = \frac{P}{V} = \frac{74\,000}{300} = 247(\text{A})$

电池的容量为 $\frac{8000}{300} = 26.7(\text{Ah})$

因此，根据定义1C速率为26.7A。

（3）$\Delta SOC = \frac{247 \times 1 \times 3}{3600 \times 26.7} \times 100\% = 0.8\%$

在讨论具体的汽车架构之前，需要先考虑再生制动，它在提高混合动力汽车效率方面发挥着重要作用。本章考虑车辆策略的一个关键优势是动能和势能可以在制动过程中回收。汽车加速或爬坡都需要能量，可在停车或下坡时，设法恢复和储存这些能量。对于高速公路行驶，制动能可能只是总牵引能的一小部分，然而对于包括频繁启动和停止在内的城市驾驶，制动消耗的能量可能超过总牵引能量的 50%。这与图 12-3 中出现多期减速的数据是一致的。因此，需要一个强大的动力来恢复这种能量。汽车的动能通过发电机转化为电能（驱动汽车的同一台电动机可以被控制为发电机），并将这种能量储存在电池或电容器中。

[例 12-1] 简单讨论一辆汽车能量恢复速率或保持一个恒定的减速速率。在硬制动期间，汽车产生的功率很大，从每小时 60km 在 3s 内停下来，这并不困难；尽管如此，与电池的大小相比，必须通过电动机/发电机回收的能量却是很大的——C-rate 接近 10。通常制动产生的电机转矩大于电动机/发电机允许的最大转矩，从系统的角度来看，回收所有能量所需的额外成本及质量和体积较大的电机可能是没有必要的。同样，电流可能超过电池的最大充电电流，而电压不超过电池的最大充电电压。

♻ 12.3　纯电动力系统

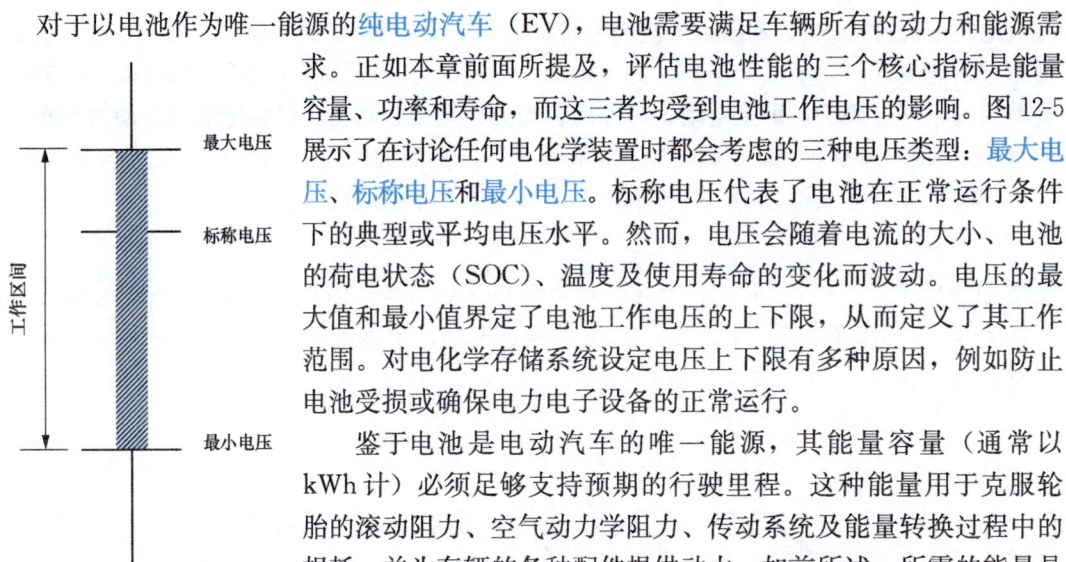

对于以电池作为唯一能源的纯电动汽车（EV），电池需要满足车辆所有的动力和能源需求。正如本章前面所提及，评估电池性能的三个核心指标是能量容量、功率和寿命，而这三者均受到电池工作电压的影响。图 12-5 展示了在讨论任何电化学装置时都会考虑的三种电压类型：最大电压、标称电压和最小电压。标称电压代表了电池在正常运行条件下的典型或平均电压水平。然而，电压会随着电流的大小、电池的荷电状态（SOC）、温度及使用寿命的变化而波动。电压的最大值和最小值界定了电池工作电压的上下限，从而定义了其工作范围。对电化学存储系统设定电压上下限有多种原因，例如防止电池受损或确保电力电子设备的正常运行。

鉴于电池是电动汽车的唯一能源，其能量容量（通常以 kWh 计）必须足够支持预期的行驶里程。这种能量用于克服轮胎的滚动阻力、空气动力学阻力、传动系统及能量转换过程中的损耗，并为车辆的各种配件提供动力。如前所述，所需的能量是根据典型的驾驶时间表和特定的车辆设计来确定的。对于一辆乘用车而言，仅使用电池可以行驶大约 6km/kWh。从表 12-1 的最后一行可以看出，在适当的条件下，每千瓦时可以覆盖更大的距离。然而，表 12-1 中的数值是基于车轮的能量参考，未考虑动力系统的损失。

图 12-5　电化学装置工作电压范围

电池的能量是以化学形式储存在活性物质中的。电池的容量与活性物质的质量成正比。因此，要使车辆的行驶里程加倍，活性物质的质量也必须加倍。这将导致电池的额定容量（以 Ah 或 kWh 计）增加一倍。在确定所需的质量时，需要考虑电池的可用 SOC（荷电状态）窗口。实际上，操作电池时很少从完全充电到完全放电，SOC 窗口通常小于额定容量。

SOC 窗口的缩小主要是为了提高电池的循环寿命。随着 SOC 窗口的减小，虽然需要更大的电池来实现相同的行驶范围，但电池的可用寿命会增加。

可见，电池必须提供满足汽车驾驶要求的所有电力。这种动力需求取决于车辆的性能目标，包括加速度、最高速度和车辆的大小。车辆所需的功率可以通过完成 UDDS（城市驾驶循环）所需的功率来估计，或者在最大功率的 2/3 下维持 90km/h 的速度所需的功率。乘用车的典型功率需求大约是 50kW，但这个数值同样高度依赖于车辆的性能目标。

为了评估电池的功率能力，在这里采用了一个简化的电阻模型来描述电池的行为。具体而言，假设电池单元的潜能可以表示为

$$V = V_{ocv} - IR_{\Omega} \tag{12-1}$$

此表达式定义了电池可提供最大功率的计算方式。功率是电流和电压的乘积，可以用式（12-1）来表示电压 V 随电流 I 变化的关系。接着，将 V 乘以 I，此时 V 是电流的函数，便得到了功率作为电流函数的表达式。通过对该功率表达式关于电流进行微分，可以找到最大功率值。对该表达式重新排列后，得到

$$P_{max} = \frac{V_{ocv}^2}{4R_{\Omega}} \tag{12-2}$$

鉴于电阻 R 与面积成反比，根据式（12-2），可以推断出，对于给定的电池容量，电池能够产生的最大功率大致与隔板的面积成正比。

电池的运行时间是设计中的一个关键指标。电池的能量与其活性物质的质量（以 kWh 计量）成正比，而电池的功率则与隔板的面积（以 kW 计量）成正比。因此，能量与功率的比值，即能量功率比，定义了电池的运行时间。

根据式（12-2），最大功率对应于电池电压等于其开路电压的一半。然而，在实际应用中，正如前面所提到的，对电压有一个最低限制，称为截止电压。如果截止电压大于开路电压的一半，那么最大功率将被限制为

$$P_{max} = V_{cutoff} \frac{V_{ocv} - V_{cutoff}}{R_{\Omega}} \tag{12-3}$$

电池的能量和功率需求必须同时得到满足。这两个需求的比值以时间为单位，称为电池的运行时间，这是电池选择和设计中的一个关键标准。例如，用于提供短暂电力的电池与需要长时间供电的电池在设计上存在显著差异。电池设计的多样性，很大程度上体现在电极厚度的变化上。

电池的使用寿命是决定电池尺寸的另一个重要因素。电池的容量会随着使用寿命的增加而逐渐减小，但预测电池的寿命是一个复杂的问题。如果假设电池的退化与电池中通过的电荷数或所谓的容量周转成比例，那么电池只能充电和放电一定数量的电荷。显然，一个容量更大的电池比容量较小的电池能够传递更多的电荷。因此，容量周转率（一个无量纲的指标），定义为每次充电和放电循环的容量消耗量除以电池的名义容量。容量周转率反映了电池的标称容量在每次循环后容量不再足够之前可以使用的次数。图 12-6 所示为电池的容量用转率，是一组通用的曲线，表明容量周转率高度依赖于电池的化学性质，通常随着 SOC 窗口的扩大和温度的升高而降低。

循环寿命是指电池在其使用周期内能够重复充放电的次数，它与电池的容量周转率之间存在直接关联：

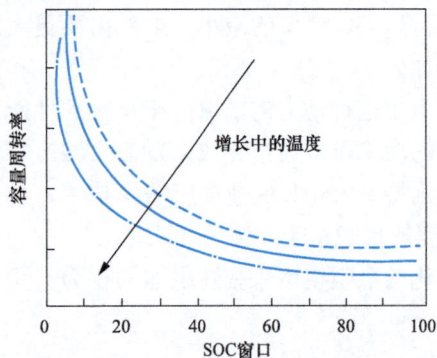

图 12-6　电池的容量周转率

$$循环寿命 = 额定容量[Ah] \times \frac{循环次数}{Ah} \times 容量周转率$$

$$(12\text{-}4)$$

这三个因素共同决定了电动汽车电池的尺寸需求。

例 12-2　某储能装置由 100 个标称电压为 3.2V 的电化学电池串联而成。

（1）使用 6km·kW/h 的值，估计实现 100km 续航里程所需的电池大小。以 kWh 和 Ah 表示大小。电池容量以 kWh 直接确定。

（2）如果电池的 SOC 窗口限制在 0.15～0.85，电池容量如何改变？

（3）要使电池的最大功率达到 75kW，需要多大的电池电阻？假设电池的截止电压为 2.5V。

（4）如果 70%SOC 窗口的容量周转率为 1300，并且假设车辆平均每天行驶 50km，电池的使用寿命是多少？

解　（1）

$$100 \times 1/6 = 16.7(kWh)$$

$$\frac{16\,700}{100 \times 3.2} = 52(Ah)$$

单个电池的容量也为 52Ah，每个电池的能量容量为 0.167kWh。

（2）由于 SOC 变化超过 0.7（即只有 70% 的容量被使用），容量必须增加到每个电池 52Ah/0.7＝74Ah 和 24kWh 的电池。

（3）由于截止电势大于名义电势的一半，使用式（12-3），得

$$R_\Omega = \frac{V_{cutoff}(V_{OCV} - V_{cutoff})}{P_{max}} = \frac{250 \times (320 - 250)}{75\,000} = 0.23(\Omega)$$

（4）电池寿命内可用的总电荷可以从容量转换和标称容量中获得。还知道行驶 6km 所需的能量，以及 kWh/(Ah) 用于电池，则电池的使用寿命为

$$\frac{6 \times 24 \times 74 \times 1300}{50 \times 74 \times 365} = 10.3(年)$$

可见，电池的充放电效率通常相当高。然而，纯电动汽车并未广泛使用，主要原因在于续航里程和成本。当前电池的能量密度（及比能量）相对较低，无法在实际车辆中实现长达 400km 的续航里程。尽管可以通过增加电池体积来提升续航能力，但这会占用更多空间，增加车辆质量，并导致成本上升。此外，根据固定驾驶时间表行驶的车辆，其效率会随着质量的增加而降低。尽管更先进的电池能够提供更高的比能量，但高昂的成本仍然是一个障碍。

12.4　混合动力系统

在混合动力系统中，存在着众多不同的体系结构。本节核心目标是深入了解一些具有代

表性的架构。在接下来的内容中，将进一步探讨专门针对特定混合架构的能源存储电化学装置。鉴于存在多种应用环境和使用模式，本节仅展示了一部分示例。

混合动力系统的最基本形式是所谓的启动-停止混合动力系统（见图 12-7）。在车辆停止时，内燃机会自动关闭。当内燃机关闭后，储能系统便开始供电以应对各种负载（如空调运行）。随后，车辆将利用同一储能系统重新启动发动机，接着发动机将为 RESS 充电。在启动-停止混合动力车辆中，所有的牵引力都是由发动机提供的。即便是采用这个

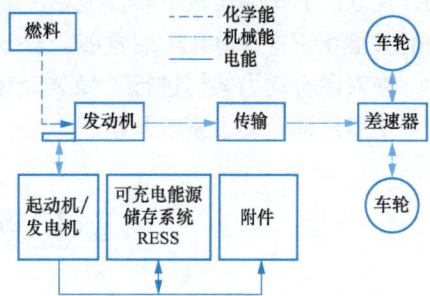

图 12-7　传统汽车的基本框图

相对简单的系统，也能实现燃油经济性提升 3%～8%。这种效率的提升，主要是由于内燃机在怠速期间的低效率。启动-停止混合动力系统还可以避免发动机空转，从而降低了污染。

图 12-7 所示为传统汽车的基本框图。在启停混合动力系统中，主要的改进在于集成了起动机/发电机和 RESS（储能系统）。这些新增部件能够实现发动机的迅速启动，并在车辆临时停靠时，为车辆配件提供必要的能量支持。

串联和并联混合动力架构属于全混合动力系统的范畴。这两种架构与启停混合动力系统在两个方面存在显著差异：首先，它们能够回收制动时产生的能量；其次，它们可以利用 RESS 的能量来直接为车轮提供牵引力。在这些混合动力系统中，储能是一个关键组成部分，它需要大量的能量，因此电池成为唯一实用的电化学储能解决方案。在大多数混合动力车辆设计中，尽管所有动力最终来源于燃料的转换，但部分能量会暂时储存在 RESS 中，以便在需要时使用，从而优化整个系统的性能。

图 12-8 所示为串联混合动力设计。图中实线表示电能的流动，点画线则代表机械能的传递。与启停式和微型混合动力车辆不同，RESS 在串联混合动力车辆中用于推进。在这种设计中，电动机是向车轮提供扭矩的唯一动力源。发动机（通常是内燃机）驱动发电机，将发动机产生的所有能量转换为电能。这些电能用于给电池充电或直接供应给电动机以推进车辆。由于所有车轮的动力都必须通过电动机提供，所以电动机的尺寸需要满足最大的动力需求。同时，内燃机不直接连接到传动系统，它可以始终在最佳工作条件下运行，从而提高效率和减少排放。这种架构在频繁启停的驾驶条件下尤其有效，与传统汽车相比，可以显著降低燃料消耗。然而，在长时间连续行驶的情况下，例如在高速公路上，串联混合动力系统的优势就不那么

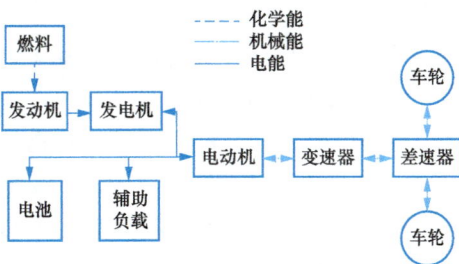

图 12-8　串联混合动力设计

明显了，因为发动机产生的动力需要先转换为电能，再转换为机械能，而内燃机与车轮之间没有直接的连接。

［例 12-2］所示的并联混合动力设计提供了一种灵活的体系结构，能够解决某些技术挑战。在并联混合动力系统中，车轮的牵引力可以由内燃机通过机械联轴器直接提供，也可以通过电动机由电池提供。电池通过发动机和制动过程进行充电，而电动发电机则负责在机械能和电能之间进行转换。

与使用高能量密度的碳氢化合物燃料的内燃机相比，电池和燃料电池系统的比能量较低。在固定的车辆质量下，低能量密度或低比能量意味着行驶距离的减少。混合动力汽车成功的关键在于这些电化学装置能否有效地储存和利用能源。

在对混合动力架构进行了简要介绍之后，接下来将探讨在几种特定情况下的 RESS 应用，从启停混合动力系统开始。

12.5 启 停 系 统

当设计启停混合动力系统的储能需求时，可参考图 12-8 中串联混合动力系统的功率需求，以及混合动力和电动汽车在能量储存与转换方面与时间的关联。由于 RESS 在启停混合动力系统中不直接提供车辆驱动能量，这种类型混合动力汽车的储能系统设计无须复杂地考虑预定的行驶时间表和使用细节。所需的动力和能量需求可以通过一个简单的循环来估算，该循环具有引擎关闭、引擎重启和充电三个主要的重复阶段（见图 12-9），其中正值表示储能装置正在释放能量，负值表示正在充电。除了相对较长的充电和放电时间（大约 1min）之外，重新启动引擎还要求储能系统提供高脉冲功率。根据图 12-9 所示的循环所确定的电能和能量需求，可以相对简单地确定储能设备所需的尺寸，具体方法可参考 ［例 12-3］。

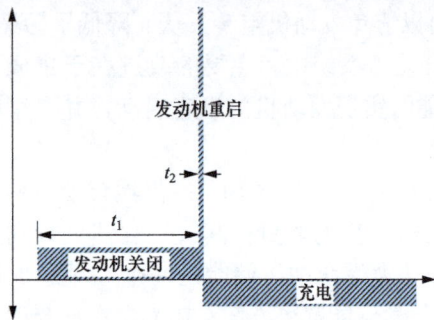

图 12-9 启停混合动力汽车的功率循环

在选择能源存储方案时，电化学双层电容器和电池是两种可行的选项，它们都必须满足循环所需的能量和功率需求。虽然这些设备的基本原理已经讨论过，但在实际应用中还需考虑其他多种因素。例如，对于电池而言，需要考虑循环寿命和容量周转率，以及完成一个典型循环所需的能量，如图 12-9 所示，所需的电池容量相对较小。传统汽车上常见的启动-点火（SLI）电池的额定容量大约为 60Ah。

相比之下，EDLC 在数万次循环中的性能衰减非常微小。如第 11 章所述，电容器中存储的能量由 $CV^2/2$ 决定。与电池的 SOC 窗口限制其可用能量的方式相似，EDLC 也存在类似的限制。电池的 SOC 窗口是有限的，而限制 EDLC 的原因则不同。最大电压受到物理约束的限制，例如电解液的稳定性极限。同时，电容器的电压与电荷量成正比。因此，在恒流放电期间，输出电压会从最大值线性下降到零（图 11-9 比较了电池和 EDLC 在放电期间电压特性），这就需要电力电子设备来维持恒定的输出电压。作为一个实际的设计问题，输出电压可能只允许降低到最大电压（V_{max}）的一半。由于存储的能量与电压的平方成正比，如果电压以这种方式受限，那么电容器中存储的能量的四分之一将无法使用，如图 12-10 所示。因此，当最小电压等于 $V_{max}/2$ 时，可用能量为最大能量的四分之三，即

$$可用能量 = \frac{3}{4} \times \left(\frac{1}{2} CV_{max}^2 \right) = \frac{3}{8} CV_{max}^2 \tag{12-5}$$

在使用再生制动技术时，为了确保能够持续回收能量，保持一定的存储容量始终是可用的。因此，充电过程可以在 EDLC 达到其最大电压 V_{max} 之前就停止。标称电压和最大电压

之间的差异（见图 12-5）将决定未被利用的能量。

另外，与传统的电池相比，EDLC 的自放电速率更快。这就意味着 EDLC 必须设计得更大一些，以补偿自放电损失，或者可以与电池结合使用，形成一个混合 RESS，以优化整体的能源管理和效率。

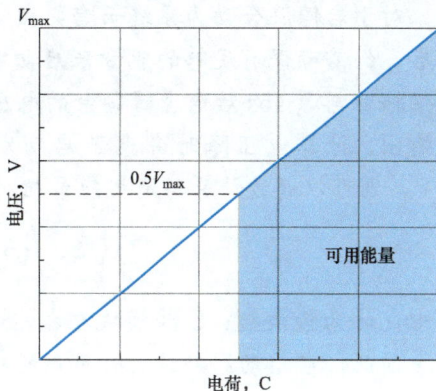

图 12-10　EDLC 的能量曲线

例 12-3 基于所给表格中的信息，需要设计出具有启动-停止功能的混合动力 RESS 系统。假设该 RESS 系统每年有 12 500 次启停，并且寿命为 5 年。要求采用铅酸电池和电化学双层电容器的组合来构建 RESS。铅酸电池的容量周转率为 800，标称电压为 12V，比能量为 42Wh/kg。EDLC 的额定电压和容量为 15V 和 230F，内部电阻（等效串联电阻 ESR）为 3mΩ。每个模块的质量为 1.7kg。请计算所需铅酸电池和 EDLC 的容量、数量及组合方式，以满足 RESS 在启动-停止功能中的能量和功率需求，见表 12-2。

表 12-2　　　　　　　　　　　**［例 12-3］RESS 系统的基本参数数据**

工况	功率（W）	时间（s）
熄火，P_{acc}	600	$t_1 = 45$
重启，P_s	5000	$t_2 = 0.4$

解 首先设计铅酸电池的规格，单个循环铅酸电池的容量为

$$\frac{600 \times 45 + 5000 \times 0.4}{3600 \times 12} = 0.671 (Ah)$$

根据式（12-4），计算电池在 5 年寿命期内所需的充电容量为

$$12\,500 \times 5 \times 0.671 \times (1/800) = 52.4 (Ah)$$

以上方程左边的最后一项（1/800）是指容量周转率。根据计算出的容量，其质量为

$$52.4 \times 12/42 = 15.0 (kg)$$

假设其循环寿命不受限制，因此 EDLC 的规格将基于满足每个循环的能量和功率需求。已知每个循环所需的具体能量，并且考虑到电容器的工作电压为 15V（如前所述），根据式（12-5）可用于计算所需的电容量。需要特别指出的是，由于启停混合动力系统不涉及再生制动，因此在电容器不需要额外的能量存储空间，不考虑自放电的影响。

$$\frac{(600 \times 45 + 5000 \times 0.4) \times \frac{8}{3}}{152} = 343.7 (F)$$

鉴于上述单个模块的电容规格（230F），至少需要将两个这样的模块并联组合以满足系统需求。同时，还必须考虑电容器能够提供的最大功率，该功率的计算方法在第 11 章中有所阐述。

$$P = \frac{V^2}{4ESR}$$

对于启停混合动力系统而言，核心要求是在车辆停止状态下，即使在运行辅助设备之后，仍需确保有足够的能量来启动发动机。因此，在能量方程中使用的电压 V 是指在提供辅助电源45s后电容器剩余的电压。此外，为了确保在整个启动过程中都能维持功率输出，计算电压降时考虑了启动发动机期间消耗的能量。假设电容器初始电压为15V，则可以通过计算与消耗能量相对应的电压降来确定启动周期结束时的电压。

$$V = \sqrt{V_{max}^2 - \frac{2(P_{acc}t_1 + P_s t_2)}{mC}}$$

式中：m 为模块数；C 为模块电容。

因此，在启动周期结束时可用的功率为

$$P_{start} = \frac{V_{max}^2 - \dfrac{2(P_{acc}t_1 + P_s t_2)}{mC}}{4ESR}$$

当模块数量 m 为2时，系统可提供大约8kW的电力，这足以启动发动机。因此，可以确定需要两个EDLC模块，总质量为3.4kg。显然，这个质量远低于之前估计的电池质量。然而，电容器无法长时间保持电荷，如果由于车辆长时间未使用而导致电容器放电，那么将需要依靠电池来启动发动机。

12.6 混合动力车辆电池系统

本节重点探讨的是全混合动力车辆，这类车辆能够在制动过程中回收能量，并利用RESS的能量来推进车辆。全混合动力车辆包括多种不同的架构，如之前讨论的并联和串联结构。与启停混合动力车辆相比，全混合动力车辆具有多项优势，但同时也意味着系统更加复杂且成本更高。本节通过结合车辆模型，将这些数据转换为功率与时间的对应关系，并从车辆的行驶计划（即车速与时间的关联）开始进行分析。在全电动车辆中，电池提供所有的动力需求；而在启停混合动力车辆中，电池并不提供牵引力。对于全混合动力车辆，需要确定在行驶计划的每个时间点，发动机和电池各自需要提供多少动力。

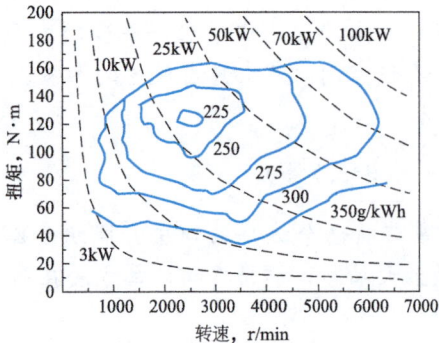

图 12-11 发动机转速-扭矩图

全混合动力车辆的驱动策略可以通过发动机转速-扭矩图来展示。内燃机的效率与比油耗（SFC，g/kWh）成反比，比油耗与发动机转速的关系在图 12-11 中用实线表示。虚线则代表恒功率曲线。随着扭矩在固定速度下的增加，效率先提升再降低。发动机的功率输出是由行驶时间表的需求来设定的。此外，因为发动机通过机械连接直接驱动车轮，所以其转速是固定的。同时，发动机的尺寸必须满足最大功率的需求，并且其转速与驾驶条件相关，因此在大多数情况下，内燃机的运行效率通常较低（见图 12-1）。即使有可能遵循最佳效率曲线，从 40kW 降至 5kW，最小 SFC 也会从 225g/kWh 增加到 300g/kWh。考虑到典型的行驶计划中平均功率远低于峰值功率，发动机大部分时间将在最大功率的一小部分范围内运行，这时候效率较低。

综上所述，研究全混合动力汽车如何通过制动过程中的能量回收来进一步提高效率，需要深入理解引擎的工作原理。对于非插电式混合动力车，所有驱动汽车的动力都源自燃料。然而，混合动力汽车的独特之处在于，它能够将发动机的转速与车辆的行驶速度分离开来，从而提升内燃机的工作效率。通过在高效区间运行发动机，并在其他时段关闭发动机，可以有效提高整车的综合效率。这是因为，相较于内燃机，电池、电容器和电动机通常能以更高的效率运行。

并联和串联混合动力系统的工作机制如下：在并联混合动力车中，发动机和车轮之间存在直接的机械连接，这意味着发动机无法完全脱离行驶状态独立运行。因此，内燃机的操作范围不能被严格限制在某个狭窄或恒定的转速区间内。当发动机在低转速下运行时，其效率会降低。当车辆停止时，发动机会自动关闭，这一点与启停混合动力车相似，从而提升了效率。此外，通过电力辅助来降低发动机所需输出的功率，也是一种提高效率的有效途径。在这种并联工作模式下，可充电能量存储系统（RESS）与内燃机协同工作，根据需要提供额外的电力支持。如图 12-12 所示，在混合动力操作的实际案例中，发动机的最大功率约为 10kW。当车辆所需总功率超过 10kWh 时，电池（RESS）便会介入，提供额外的功率。反之，当所需总功率低于发动机的输出能力时，发动机则可以利用富余的功率为电池充电，如图 12-12 中发动机功率大于总功率的区域所示。这种并联混合动力模式，不仅有效降低了发动机的持续工作负荷，还使其能够运行在更高效的区间。因此，一个更小、

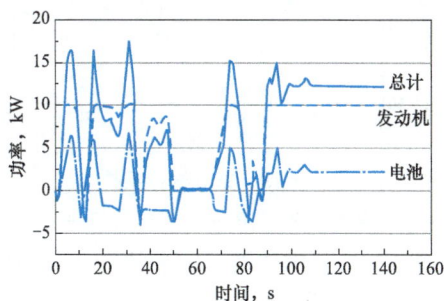

图 12-12 混合动力的功率

更高效的发动机就足以满足相同驱动周期的动力需求。由于并联混合动力车中的内燃机与车轮有机械连接，因此当车辆停止时，内燃机不能用于给 RESS 充电。可见，全混合动力汽车通过在制动过程中回收能量，不仅优化了能量利用效率，而且减少了燃料消耗，实现了更环保、更经济的驾驶体验。

在串联混合动力车辆中，内燃机（ICE）与驾驶循环的解耦显得尤为重要。在这些车辆中，车轮与引擎之间不存在直接的机械连接，因此，引擎的唯一作用是给可充电能量储存系统（RESS）充电。这种设计允许引擎的转速与车辆的行驶需求完全分离，从而使引擎能够在最有效的转速范围内运行，以最大化发电效率。串联混合动力车辆因此成为城市驾驶的理想选择，尤其是在频繁启停的交通环境中，它们能够展现出极高的效率。然而，对于长途高速公路驾驶，串联混合动力车辆的效率可能不如并联混合动力车辆，因为在串联系统中，从燃料到车轮的能量传递过程中需要经过多次能量转换，这会增加能量损失。

在混合动力电动汽车中，电池的运作主要分为两种模式：充电保持模式和放电模式。在充电保持模式下，电池不仅能够在发动机关闭时提供动力辅助，还在制动过程中回收能量，并支持有限的纯电动驾驶。在此模式下，电池的状态（SOC）可能会经历波动，但随着车辆的使用，SOC 会保持在相对稳定的范围内。与此相对的是放电模式，此时电池不仅为车辆

提供短时纯电动推进，还能在更长的时间内支持纯电动驾驶。在放电模式下，SOC 同样可能波动，但随着时间的推移，RESS 的 SOC 总体呈现下降趋势。这种放电过程可能是由纯电动驾驶或混合动力运行模式触发的。

12.6.1 电量保持模式

图 12-12 所示为一个运行在充电保持模式的并联混合动力系统。在这种模式下，发动机的功率输出被限制在 10kW，任何超出 10kW 的功率需求都由电池来补充。可充电能量存储系统（RESS）必须具有足够大的容量，以补偿所需功率和发动机功率之间的差额。同时，RESS 的尺寸还必须考虑到制动期间返回电池的功率。这意味着 RESS 要么足够大可以存储所有这些能量，要么在制动过程中部分能量会以热能的形式散失。

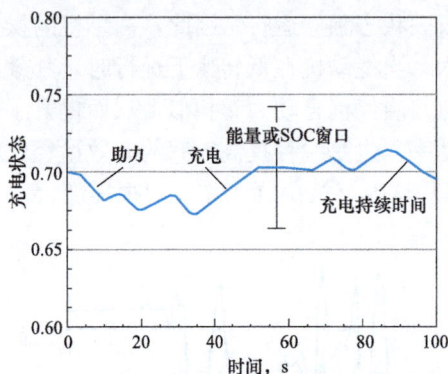

图 12-13　充电维持系统
（电池 SOC 保持在一个小窗口内）

在充电维持系统中，电池的 SOC 并非严格恒定，而是会在一个相对狭窄的范围内波动。图 12-12 所示的电池能量的变化（以 kWh 为单位），在图 12-13 中得到了直观展示。在车辆进行纯电动启动、需要动力辅助，或者处于停止状态时，电池的 SOC 会下降。然而，这种能量的消耗很快会通过再生制动和其他能量回收机制得到补充，从而维持 SOC 在一个设定的范围内。为了准确确定电池的容量，需要考虑 SOC 波动的范围，以及电池在整个使用周期内所需的充放电循环次数。

随着发动机尺寸的减小，电池的容量必须相应增加，这是因为两者需要协同工作以满足车辆在高峰功率需求时的性能要求。同时，随着发动机体积的缩小，电池需要容纳的能量波动范围也会扩大。评估电池相对大小的指标之一是混合化程度，这一指标反映了电池与内燃机在提供动力输出方面各自的贡献比例。混合化程度越高，电池在动力系统中的作用越重要，相应的电池容量和能量管理系统的设计也就越复杂。衡量电池混合化程度（degree of hybridization，DOH）为

$$DOH = \frac{P_{电池}}{P_{引擎} + P_{电池}} \tag{12-6}$$

在混合动力汽车的设计中，需要谨慎平衡电池的混合化程度。如果电池容量过小，对应的 DOH 可能降至 25% 或更低，进而电池没有足够的容量或功率来吸收回收的能量，限制制动过程中能量回收的潜力。另外，过高的 DOH 也会带来问题。例如，汽车需要能够在 6.5% 的坡度上保持速度，并且能够在较长的距离上实现这一要求。这意味着，如果发动机功率不足，电池的充电将无法持续，从而影响车辆的爬坡能力和续航表现。因此，DOH 的上限通常设定在约 60%。

此外还需要考虑限制 SOC 窗口，其原因是多方面的。首先，在混合动力汽车中，不推荐将电池完全充满或完全放电。例如，如果电池已充满，它将无法在制动过程中继续回收能量。其次，过度充电或放电会降低电池的有效使用容量，降低其达到系统最大充电量的可能性，尤其是在与再生制动相关的快速能量回收期间。即使电池没有完全充满，接近最大充电量也会妨碍额外的能量回收，限制系统的效率。同样地，如果电池放电至接近零，加速时电

池的可用能量可能会受到限制，导致车辆性能下降，因为可用的功率不足。因此，限制SOC窗口有助于延长电池的使用寿命，同时确保系统的高效运行和车辆性能的稳定。

例 12-4 镍氢电堆用于混合动力电池，要求电池必须提供 25kW 的峰值功率和260Wh 的能量，以及大约 200V 的电压。其中，单个电池的名义电压为 1.2V，开路电压为 1.3V，截止电压为 1.0V，单个电池的理论额定容量为 6.6Ah。将六个电池单元组装在一起，并在模块中串联连接，单个模块的电阻为 20mΩ，SOC 窗口限制在 20%，以达到预期寿命。问：(1) 串联需要多少电池和模块？(2) 每个电池的工作容量是多少？(3) 计算模块的总电阻。

解 (1) 串联单个电池数量为 $\frac{200}{1.2} = 167$ 个。模块数量为 $\frac{167}{6} = 27.8$，大约是 28 个模块。

(2) 每个电池的容量

$$\frac{260}{28 \times 6 \times 1.2} = 1.29 \ (\text{Ah})$$

这个值假定电池可以完全放电。如果 SOC 窗口限制在 20%，则每个电池的容量为 $\frac{1.29\text{Ah}}{0.2} = 6.45\text{Ah}$。

该值接近电池的额定容量，是可以接受的。

(3) 由于截止电压大于 OCV 的一半，适用式 (12-3)，将其重新排列为

$$R_\Omega \approx N_m V_{\text{截止}} \frac{N_m(V_{\text{oc}} - V_{\text{截止}})}{\frac{P}{m}} = \frac{6^2 \times 1.0 \times (1.3 - 1.0)}{\frac{25\,000}{28}} = 12.1(\text{m}\Omega)$$

其中，N_m 为一个模块中的电池单元数。计算出的电阻值（12.1mΩ）低于模块的实际电阻值（20mΩ）。因此，模块的实际电阻过高，这将导致电池无法提供所需的功率，表明该设计不合理。此外，第 8 章所指出，将模块连接在一起还会引入额外的电阻。尽管这些电池能够满足能量和电压要求，但它们的高电阻使其不适用于这一特定应用。

12.6.2 电量消耗模式

全混合动力汽车还有一种常见的运行模式，即在较长时间内，车辆的动力完全由电池独立提供。在这种模式下，电池的荷电状态 SOC 随着时间的推移而逐渐减少。当 SOC 降至一个预设的下限时，车辆将自动从纯电动模式切换至保持 SOC 模式，如图 12-14 所示。这种特性使得耗电混合动力汽车与纯电动汽车有所区别。

一个关键的设计目标是在纯电动模式下的行驶里程，它直接决定了电池的规格大小。纯电动行驶里程越长，电池的规格就越大。因此，在尺寸上，混合动力汽车与电动汽车主要有两个区别：①电池必须足够大，以满足所有动力需求；②电池的 SOC 窗口比充电维持设计要大得多。混合动力和电动汽车电池比较见表 12-3。

除了提升燃油效率，全混合动力汽车在放电模式下运行的特点还在于能源来源的灵活

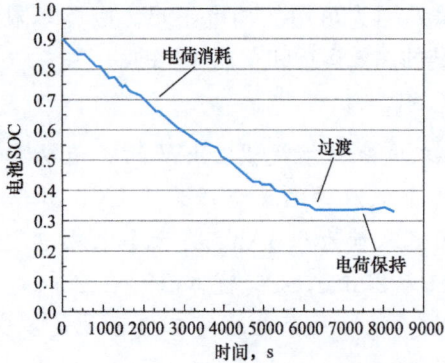

图 12-14　混合动力汽车放电
模式下的荷电状态变化

性，增强了能源的安全性。具体而言，当汽车电量耗尽时，可以通过外部电源充电，从而在不依赖发动机的情况下继续行驶一定距离。这一概念构成了插电式混合动力汽车（PHEV）的核心。在放电模式下，车辆的运行方式与全电动汽车极为相似。因此，设计用于此模式运行的车辆往往采用串联架构，其中内燃机仅用于为电池系统充电。在实际应用中，还可以采用结合串联和并联架构优点的组合混合动力系统，这在混合动力汽车市场中占据重要位置。然而，这些组合车辆在硬件和软件上都需要更高的复杂性，包括对内燃机与驱动桥的机械和电气连接的需求，以及复杂的控制算法。

表 12-3　　　　　　　混合动力和电动汽车电池比较

混动类型	轻度混动汽车	强混动汽车	全电动汽车
平均功率	5kW	20kW	20kW
能量	0.5kWh	8kWh	25kWh
运行时间	0.1h	0.4h	1.2h

　　所有的全混合动力汽车都配备有电动马达和电池，作为内燃机的辅助，并具备再生制动功能。从轻微到强烈的驾驶模式代表了不同程度的混合动力效果，这与其驱动系统电力输出和通过再生制动回收的能量水平成正比。随着电池容量的增加，电堆的电压也随之提升。启停混合动力车的电池电压通常为 12～42V，全混合动力和全电动汽车则采用 300～400V 的电池电压。

12.7　燃料电池混合动力系统

　　燃料电池动力系统是内燃机的一种替代方案，通常以氢气作为燃料。氢燃料电池的一个关键优势是它们能够消除二氧化碳和传统污染物的排放。燃料电池混合动力汽车有几个显著的特点。首先，燃料电池与电池类似，能够产生直流电；因此，燃料电池混合动力汽车可以被视为一种全电动汽车。其架构如图 12-15 所示的串联混合，其中所有的牵引动力都通过电动机传递。燃料电池产生的电能既可以驱动电动机，也可以用来为电池充电。与任何串联配置一样，电动机必须足够强大，以提供最大的动力输出到车轮。

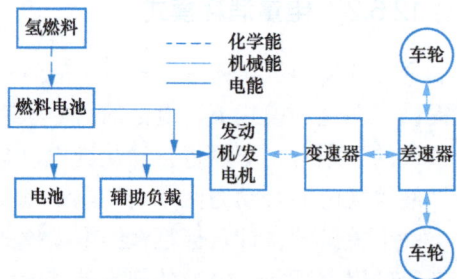

图 12-15　典型燃料电池混合动力系统的架构

　　燃料电池系统的效率特性与内燃机截然不同。回顾第 9 章和第 10 章的内容，燃料电池的效率与其工作原理紧密相关，通常在高电压和低功率条件下效率更高。这种特性可以从电池单元的极化现象中得到理解。随着功率的增加，电流也会增加，这会导致欧姆极化、动力学极化和传质极化的增加。每一种极化都代表着效率的损失，因此燃料电池本身的效率随着功率的降低而提高。

然而，燃料电池系统的效率并不会随着功率的减小而无限增加。相反，如图 12-16 所示，系统效率存在一个峰值。这个最大效率值可计算如下：

$$\eta_{sys}=\frac{IV-P_{附加}-P_{电损耗}}{P_{燃料}} \tag{12-7}$$

无论燃料电池系统的功率大小如何，辅助电源的参与都是不可或缺的。例如，为燃料电池供应必要的空气，往往需要借助鼓风机这类设备来实现。在净功率的计算过程中，必须考虑从燃料电堆的总电力输出中扣除辅助电源所消耗的功率及其他形式的电力损失。特别是在低功率运行状态下，当燃料电池系统的效率达到最佳状态时，这些辅助电源的损耗往往占据主导地位。

理想燃料电池系统的其效率最高点往往出现在低功率的运行水平。通过与如图 12-11 所示的发动机转速-扭矩图，可以清晰地观察到，在较低功率输出时，效率会有所降低。图 12-16 则描绘了一个典型的驾驶时间表内所需的牵引功率变化。实际上，在绝大多数驾驶场景中，车辆都是在部分动力状态下运行。更值得注意的是，最常见的功率水平往往远低于其最大功率的一半，这一规律在几乎所有驾驶场景中都有所体现。因此，燃料电池混合动力系统尤为适用于那些动力负载频繁变化但峰值功率需求较少的车辆。

图 12-17 直观地展示了燃料电池混合动力系统的一种典型操作模式，它清晰地描绘了车辆与燃料电池系统在各个时刻的功率需求变化。在此过程中，燃料电池的输出基本保持稳定，而电池则负责满足短时的峰值需求，并能在再生制动时回收能量。通过这种方式，燃料电池和电池都能够得到高效利用，以应对大功率需求。相较于内燃机，燃料电池在部分功率运行状态下展现出了更高的效率优势。

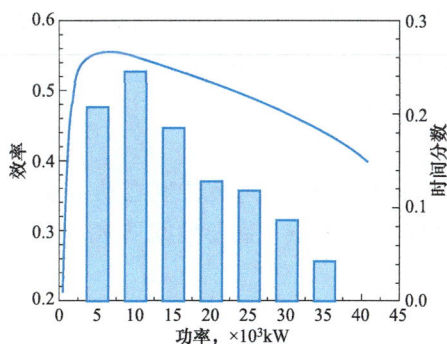

图 12-16　典型的驾驶时间所需的牵引功率

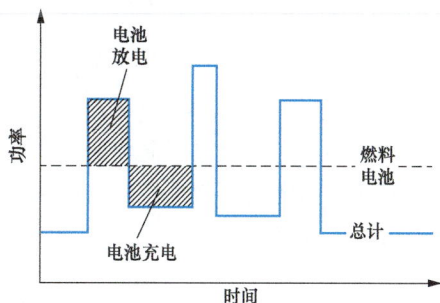

图 12-17　燃料电池混合动力汽车充放电过程

例 12-5　比较三种系统对发动机、燃料电池和电池的功率要求：（1）仅为 ICE（内燃机）系统；（2）ICE 与电池混合动力系统；（3）燃料电池与电池混合动力系统。

这些混合动力车通过外部充电来保持电池的能量。在完成行驶计划表的过程中，平均功率需求为 10kW，而最大功率需求为 90kW。要求在提供平均 10kW 功率的同时，实现最大的效率。请使用图 12-11 所示的 ICE 效率数据，并结合燃料电池的相关图表来进行分析这三种系统。

解 （1）仅为 ICE 系统时，发动机的功率必须满足行驶过程中所需的最大功率。由于能量储存是以碳氢化合物燃料的形式存在，其能量密度非常高，因此能量储存不是问题。在这种情况下，发动机必须能够输出 90kW 的功率，大致对应于图 12-11 中 ICE 效率曲线上的最大值点。然而，当发动机运行在最大功率时，其效率通常较低。从图中可以观察到，在提供较低功率（如平均功率 10kW）时，发动机的效率会更高。其最高效率接近 35kW，在 5kW 时的比油耗为 300g/Wh，而在 35kW 时的比油耗为 225g/Wh，效率明显较低。

（2）对于 ICE 与电池混合动力系统，发动机的尺寸可以减小，以便在提供平均功率时运行在最高效率点。根据图 12-11，可以假设发动机在 10kW 时运行在最高效率。若按照线性缩放来估算，则 ICE 在最高效率点时的最大功率为

$$P_{max,ice} = \frac{90}{35} \times 10 = 26(kW)$$

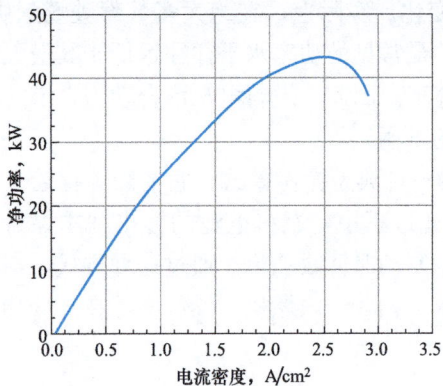

图 12-18　同一系统的净功率

然而，这个功率值仍然不足以满足行驶过程中所需的最大功率 90kW。因此，电池必须补充剩余的功率需求。由于发动机和电池的总功率必须达到 90kW，可以计算出电池需要提供的功率为

$$P_{batt,ice} = 90 - 26 = 64(kW)$$

（3）如图 12-16 所示，设计燃料电池系统时，系统效率最高可达 10kW 左右。同一系统的净功率如图 12-18 所示。该燃料电池系统的最大功率约为 43kW。因此，为了满足行驶过程中的最大功率需求，电池需要补充的功率为

$$P_{batt,fc} = 90 - 43 = 47(kW)$$

虽然［例 12-5］经过了简化处理，但它清晰地展示了不同类型车辆之间在动力系统配置和功率需求方面的权衡与选择。每种系统都具有其独特的优缺点，需要根据具体应用场景和需求来做出最佳选择。

习　题

12-1　混合动力和全电动汽车不完全依赖再生制动的原因是什么？

12-2　考虑一款小型 SUV，其质量为 1750kg，装备有 2kWh 的电池容量。假设电池中储存的能量可以完全转化为势能，且转化效率为 100%，请计算这 2kWh 能量所对应的等效海拔变化。

12-3　对于一款动力辅助混合动力汽车，其电池需要提供 25kW 的功率和 300Wh 的能量。电池的特性包括每平方米的容量为 12.2Ah/m^2，内部电阻为 2mΩ/m^2，开路电压 $U = 3.8 - B(1 - SOC)$，其中 $B = 0.2V$，SOC 的变化范围为 0.3。计算在这种条件下电池所需的隔膜面积。如果 SOC 的变化范围限制在 0.2，结果会有何不同？请解释这两种情况下结果的变化。

12-4　阐述串联和并联混合动力传动系统之间的关键差异。通常情况下，与并联混合动力车辆相比，串联混合动力车辆的电池容量更大，发动机尺寸更小，探讨这一现象的原因。在城市频繁启停的驾驶条件下，哪种系统表现更佳？在高速公路驾驶条件下，情况又如何？

12-5　在［例 12-3］中，若将铅酸电池替换为锂离子电池，该锂离子电池的电压为 42V，循环寿命为 400 次，比能量为 130Wh/kg。计算所需锂离子电池的质量。

12-6　列举全混合动力汽车的三个优势及三个不足之处，并探讨储能技术的进步如何能够减轻这些缺陷。

12-7　电池的平均工作电压为 3.8V，负载电流密度为 $31Ah/m^2$，内部电阻为 $40m\Omega \cdot m^2$，电堆的最大工作电压设定为 300V，放电截止电压为 3.1V。此外，电池的容量被限制为 30Ah。设计一个能够提供 100km 纯电续航能力的电堆。计算电堆能够提供的最大功率，并分析提高电堆的最大工作电压会带来哪些优势。

12-8　计算在 6% 的坡度上以 90km/h 的速度行驶时，相比平地所需的额外功率。在此计算中，不考虑滚动阻力的变化。车辆的质量为 1700kg。

12-9　一辆汽车为了完成典型的驾驶周期，需要 12kW 的平均功率和 70kW 的最大功率。如果在 6% 的坡道上以 90km/h 的速度行驶，车辆需要额外的 22kW 功率，那么这辆汽车的最大混动程度是多少？

12-10　计算一辆质量为 1500kg 的汽车在 10s 内从静止加速到 90km/h 所需的动力。接着，计算在 4s 内将这款车从同样速度减速至停止所需的动力。

12-11　对于一个混合动力汽车的电堆，它由 80 个串联的电池单元组成。假设电池的行为类似于电阻受限，其标称电压为 3.8V，最大电压为 4.2V。在制动过程中，如果允许回收的最大功率为 80kW，计算此时电池的最大电阻值。同时，计算在这个制动过程中产生的焦耳热。

第 13 章

工业电解、电化学反应器和液流电池

本章主要介绍电化学体系工业应用相关的一些过程、原理和概念，包括工业电解、电化学反应器和液流电池，将应用前面章节学习过的电化学热力学、动力学和传递过程的原理和方法。

13.1 工业电解概况

具有悠久历史的电化学工业是将电化学的基本原理应用于化工、冶金、材料、能源、电子等行业解决物质的合成、转化、分离、精制、浓缩、镀制和涂装等一系列生产加工过程的重要工业部门，在国民经济中发挥重要的作用。工业电解（industrial electrolysis）是把电能转变为化学能作为合成新物质、分离化合物的重要手段，可分为电解合成和电解加工两大部分。金属和化学品的电化学制备统称为电解工业。在金属提取与精炼方面，主要的熔盐电解产品有 Al、Na、K、Li、Mg；湿法电冶产品有 Cu、Zn、Pb、Ni、Co、Sn、Ag、Au 等；主要的无机电合成或电解产品有 Cl_2、NaOH、H_2、氯的含氧酸盐、F_2、$KMnO_4$、K_2CrO_4、$Na_2S_2O_8$ 等强氧化剂，以及 MnO_2、Cu_2O 等电活性金属氧化物；主要的有机产品有己二腈、邻苯二甲酸、C_3F_7COF、$C_8F_{17}COF$、蒽醌和葡萄糖酸等。其中，电解铝和氯碱过程所消耗的电能就占所有电解工业所耗电能的 90% 左右。

当工业电解的产品是作基础原材料的大宗化学品时，采用连续生产工艺；当产品是高附加值先进功能材料时，常采用半连续生产工艺或间歇批次生产方式。电化学反应速率，特别是单位体积的反应速率显得尤为重要，通常通过增大反应物和产物进出电极的传递速率来实现。电化学反应器设计的关键参数之一是电流密度，它决定了所需要的电极面积大小，并进而决定了实现所需产量需要的电解槽尺寸和数量。电解槽的电压损失决定了生产过程的电能消耗和能量效率。电解工业的能耗巨大，世界各国电解工业的耗电量约占总发电量的 6%。多个重要的工业电解产品是气体。气体析出反应是水电解和氯碱过程的主要反应，也是众多金属沉积过程的副反应，是电解工业能耗高的主要根源之一。

氯碱生产是世界上规模最大的电化学过程，Cl_2 的年产量高达 7.1×10^7 t 以上，NaOH 的年产量超过 8×10^7 t，每年消耗的电能约 1.8×10^{11} kWh。所用的原料是精制的饱和 NaCl 水溶液，产品有 Cl_2 和 NaOH 并副产 H_2。电解总反应一般表示为

$$2NaCl + 2H_2O \longrightarrow Cl_2 + H_2 + 2NaOH$$

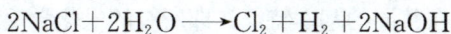

电极反应如下：

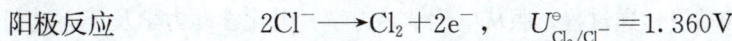

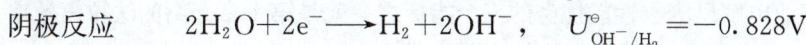

阳极反应　　　　　　$2Cl^- \longrightarrow Cl_2 + 2e^-$,　　$U_{Cl_2/Cl^-}^\ominus = 1.360V$

阴极反应　　　$2H_2O + 2e^- \longrightarrow H_2 + 2OH^-$,　　$U_{OH^-/H_2}^\ominus = -0.828V$

标准电解电压为 2.188V。隔膜（diaphragm）法是最早出现的 NaCl 水溶液电解技术，已历经多次重大技术革新。我国现在全部采用更先进的离子膜（membrane）法工艺技术。氯碱生产的技术关键是使阴、阳极反应的产物隔离，以免因发生各种副反应和次级反应而造成电能损失、产量下降和产品品质劣化，甚至引起爆炸等安全事故。图 13-1 所示为氯碱生产阳离子膜法电解槽示意。30% 的精制 NaCl 水溶液连续流入阳极室，而电解产生的 Cl_2 和 H_2 分别由阳极室和阴极室上方输出，生成的 33%～35% 的 NaOH 溶液连续地由阴极室排出。目前广泛使用的尺寸稳定阳极（dimensionally stable anode, DSA）是涂有 RuO_2 等催化剂的钛基材料制的不溶性金属阳极。Cl_2 的纯度是 98%，析出 Cl_2 的电流效率接近 100%。钢阴极上涂敷镍合金催化剂。所用的阳离子交换膜具有通透选择性，能够阻止阴离子的传递，甚至对 Na^+ 和 H^+ 的传递也有一定程度的选择性。离子膜电解槽通常采用板框压滤式结构，操作电压为 3.0～3.6V，电流密度可达 $5kA/m^2$。副反应有

图 13-1　氯碱生产阳离子膜法电解槽示意

$$Cl_2 + 2NaOH \longrightarrow NaOCl + NaCl + H_2O$$
$$3NaOCl \longrightarrow NaClO_3 + 2NaCl$$

采用同样的工艺技术可以由 KCl 生产 KOH。

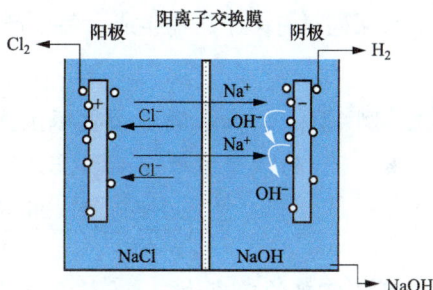

例 13-1　隔膜法氯碱生产的电解槽工作电压是 3.45V，如果全世界 Cl_2 的年产量是 $7.1 \times 10^7 t$，全部采用隔膜法生产时，需要消耗多大功率？

解　首先把 Cl_2 的年产量单位转化为

$$\dot{m} = \frac{71 \times 10^6 \times 10^6}{365 \times 24 \times 60 \times 60} = 2.25 \times 10^6 \quad (g/s)$$

再由法拉第定律确定生产 Cl_2 所需的电流为

$$I = nF\frac{\dot{m}}{M} = 2 \times 96\,485 \times \frac{2.25 \times 10^6}{71} = 6.12 \times 10^9 \quad (A)$$

所以需要的功率为

$$P = IV = 6.12 \times 10^9 \times 3.45 = 21.1 \quad (GW)$$

13.2　工业电解反应器性能指标和电压损失

实现电化学反应的设备或装置称为电化学反应器，简称电解槽。它们的大小与结构不

同，功能和特点各异，但存在共同的基本特征，即所有的电化学反应器都是由两个电极（阳极和阴极）和电解质构成；所有的电化学反应器中发生的主要反应是电化学反应，包括电荷转移、质量传递、热量传递和动量传递过程，服从电化学热力学、电化学动力学及传递过程的基本规律。用于衡量工业电解反应器性能优劣的三个指标之一就是第 1 章介绍的法拉第效率：

$$\eta_F = \frac{目标产物的实际生成量}{全部电量用于生成目标产物的理论产量} \times 100\%$$

$$= \frac{m_i}{QM_i/nF} \times 100\% = \frac{nF\dot{m}_i}{IM_i} \times 100\% \tag{13-1}$$

式中：m_i 为产物的质量；Q 为电解通过的总电荷量；$\dot{m}_i$ 为目标产物的质量流率；I 为总电流（视为定值）。

如果同时有多个产物生成，每个产品的法拉第效率是不同的。

例 13-2 如果隔膜法氯碱生产的法拉第效率为 96%，重做 [例 13-1]。

解 Cl_2 的质量流率 $\dot{m} = 2.25 \times 10^6$ g/s。考虑法拉第效率时，生产 Cl_2 所需的电流为

$$I = \frac{nF\dot{m}}{\eta_F M} = \frac{2 \times 96\,485 \times 2.25 \times 10^6}{0.96 \times 71} = 6.37 \times 10^9 \ (A)$$

所以需要的功率为

$$P = IV = 6.37 \times 10^9 \times 3.45 = 22.0 \ (GW)$$

法拉第效率小于 100% 的原因有多种。最重要的一个原因是电解过程中存在副反应和二次反应。第 3 章中由电流效率来表示副反应的影响。氯碱电解槽中阳极的析氧反应：

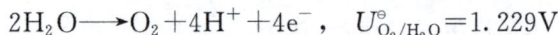

$$2H_2O \longrightarrow O_2 + 4H^+ + 4e^-, \quad U^\ominus_{O_2/H_2O} = 1.229V$$

这就是寄生（消耗电流）副反应。阳极和阴极的法拉第效率通常不相等。上述阳极析氧副反应的发生就减少了氯气的生成量，降低了阳极的法拉第效率，但因为并不影响阴极上氢气的生成量，对阴极析氢反应的法拉第效率没有影响。

法拉第效率与第 3 章所定义的电流效率稍有不同，需要注意其间的差别。**法拉第效率**关注产物最终的产量，不仅仅是该电极上电子转移反应产物生成的量。**电流效率**是法拉第效率的重要组成部分，还有一些过程只影响法拉第效率而不影响电流效率，横跨电解槽的物质传递就是这样的过程。例如，隔膜法氯碱电解槽中在阳极上析出的氯气消耗了电流，氯气在阳极液中有一定的溶解度，这些溶解的氯气跨过隔膜传递到阴极液中并与氢氧化钠发生了反应而没有被回收，这样在阴极液中损失掉的氯气就降低了法拉第效率但不影响电流效率。类似地，氢气和氢氧化钠也由阴极液扩散至阳极液，既降低了法拉第效率又污染了产品。另一个降低法拉第效率的原因是原料中所含的杂质与目的产物发生的化学反应。例如卤水中含有的杂质碳酸钠与氯气反应：

$$Na_2CO_3 + 2Cl_2 + H_2O \longrightarrow 2HOCl + 2NaCl + CO_2$$

就减少了由电量转化而生成的产物氯气的量，从而降低了法拉第效率。最后，产物的回收也会影响法拉第效率。例如，由于溶解度的原因，少量的氯气随着阳极液排出，这部分损失氯气不能作为产品而得到回收。

电流效率虽然不是影响法拉第效率的全部因素，但却是其中至关重要的部分。电极上同

时涉及多个电化学反应时的电流效率可由电极电势和电极表面浓度由反应动力学计算得出，以用于过程的优化。

例 13-3 氯碱电解槽中阳极上还可能发生析氧副反应，造成法拉第效率的下降。电解槽阳极侧的 pH=4，工作温度是 60℃。

两个电极反应动力学均可由 Tafel 方程 $\eta_s = a + b\lg i$ 表示，具体数值如下：

析氯反应　　　　$b=30\text{mV}$，$i_0=10\text{A/m}^2$，$U_{Cl_2}=1.31\text{V}$（SHE）

析氧反应　　　　$b=40\text{mV}$，$i_0=10^{-9}\text{A/m}^2$，$U_{O_2}=0.99\text{V}$（SHE）

当析氯反应的超电势为 0.08V 时，求析氯反应和析氧反应的速度，以及阳极的法拉第效率。

解 （1）已知析氯反应的超电势 η_{Cl_2} 为 0.08V，那么阳极的电势为

$$V = 0.08 + U_{Cl_2} = 1.39 \text{（V）}$$

则析氧反应的超电势为　$\eta_{O_2} = V - U_{Cl_2} = 1.39 - 0.99 = 0.4$（V）

由 Tafel 方程分别计算两个反应对应的电流是

$$i_{Cl_2} = i_0 \exp\left(\frac{2.303}{b}\eta_{Cl_2}\right) = 10 \times \exp\left(\frac{2.303}{30\times10^{-3}}\times0.08\right) = 4647 \text{（A/m}^2\text{）}$$

$$i_{O_2} = i_0 \exp\left(\frac{2.303}{b}\eta_{O_2}\right) = 10^{-9} \times \exp\left(\frac{2.303}{30\times10^{-3}}\times0.4\right) = 10 \text{（A/m}^2\text{）}$$

（2）根据上述两个反应的相对速度，忽略其他副反应，可得出阳极生成氯气的法拉第效率是

$$\eta_{F,Cl_2} = \frac{i_{Cl_2}}{i_{Cl_2} + i_{O_2}} = \frac{4647}{4647 + 10} = 99.8\%$$

第二个性能指标是空时产率（space-time yield）。空时产率的定义是单位体积反应器的产品流率：

$$Y = \frac{\dot{m}_i}{\mathbb{V}_R} = \eta_F \frac{IM_i/nF}{\mathbb{V}_R} = \eta_F \frac{ia_r M_i}{nF} \tag{13-2}$$

其中，a_r 为反应器的比电极面积，即反应器中电极表面除以反应器的体积，与多孔电极的比表面积 a 类似，但区别是 a_r 中的体积指反应器的总体积，而 a 中却只涉及电极体积；M_i 为摩尔质量；$\mathbb{V}_R$ 为反应器体积；Y 为空时产率，$\text{kg/(s·m}^3\text{)}$；电流 I 和电流密度 i 分别为与目标产品相对应的电流和电流密度；ia_r 为单位体积反应器的电流。空时产率是直接影响设备成本的性能指标。

电解过程是投资密集型的过程，不仅设备成本高，而且需要消耗大量的电能。最重要的工艺调节参数是电流密度，电流密度既代表着反应速率和生产能力，又与温度、浓度、传质速率等参数密切联系。提高电流密度意味着电解槽生产能力的增大，相当于减少设备投资，但由于欧姆电压降的增大，单位质量产品的耗能指标必然上升。因此，在工程实践中要求在最佳的电流密度下对能量成本和设备投资进行平衡优化。

第三个性能指标是能量效率（energy efficiency）。能量效率是指生成一定量的产品所需的理论能耗与实际能耗之比，即

$$\eta_E = \frac{理论能耗}{实际能耗} = \eta_F \eta_V = \eta_F \frac{U}{V} \tag{13-3}$$

其数值等于法拉第效率与电压效率的乘积。由此可见，能量效率的高低主要取决于法拉第效率和电压效率，电解槽的电压是关键因素。

例 13-4 如果隔膜法氯碱电解槽的平衡电压为 2.25V，工作电压为 3.45V，法拉第效率是 96%，求能量效率。

解 根据能量效率的定义：

$$\eta_E = \eta_F \frac{U}{V} = 96\% \times \frac{2.25}{3.45} = 65\%$$

仅有约 2/3 输入的电能用于电化学反应本身，其余的或者用于副反应或者转化成为热能。

第 4 章给出电解槽电压与各种电压损失的关系式：

$$V = U + |\eta_{s,阳极}| + |\eta_{s,阴极}| + |\eta_{浓差,阳极}| + |\eta_{浓差,阴极}| + |\eta_\Omega|$$

仍以隔膜法电解池为例，先考虑工业电解槽中特别重要的欧姆电压降损失。两个平行电极间距为 h 的欧姆电压降损失为

$$\eta_\Omega = \frac{ih}{\kappa} = iR_\Omega \tag{13-4}$$

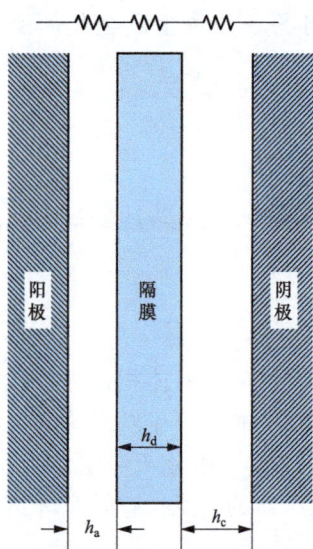

图 13-2 隔膜法电解槽电阻示意

如图 13-2 所示，隔膜厚度为 h_d，隔膜为多孔材料，其有效电导率由空隙率、曲折因子对电解质溶液的电导率进行修正。隔膜与阳极、阴极间的间距分别为 h_a 和 h_c，再考虑导线电阻，隔膜电解槽的欧姆电阻表示为

$$R_\Omega = \frac{h_a}{\kappa} + \frac{h_d\tau}{\kappa\varepsilon_d} + \frac{h_c}{\kappa} + R_{导线} \tag{13-5}$$

式（13-5）中的 $R_{导线}$ 取决于系统电连接方式和所用的汇流条等，有时还需要考虑接触电阻。

当电解过程伴有气体产生时，虽然提高了传质速率，但是也增大了欧姆电压降。如图 13-3 所示，气泡覆盖在电极表面上会使有效的反应面积减小，引起超电势的上升；此外，气泡分散在电解质溶液中会降低溶液的电导率，在高电流密度下操作时气泡效应尤其严重。气泡均匀分散在电解质溶液中对电导率的影响可用下式较准确地计算：

$$\kappa_{eff} = \kappa(1-\varepsilon_g)^{3/2} \tag{13-6}$$

其中，ε_g 为气泡体积分率。式（13-6）适用于 ε_g 小于 40% 的情形。

欧姆电压降在槽电压中占很大比重，为了减小电解质溶液欧姆电压降，需要尽量减小电极间距。针对氯碱电解槽，已广泛采用零间隙或膜极距技术。

电解槽中常见的隔膜材料主要有非选择性隔膜和选择性隔膜两大类。非选择性隔膜属机械性多孔材料，纯粹靠机械作用传递，不能阻止因浓度梯度存在而产生的渗透作用。这类隔膜主要包括石棉、多孔陶瓷和多孔玻璃等。选择性隔膜又称为离子交换膜，分为阳离子

交换膜和阴离子交换膜。离子交换膜对离子具有选择透过性，通常由高分子材料制成，其中含有离子交换基团，这些基团可以与溶液中的离子进行可逆的交换。

离子膜法是最新氯碱技术，能耗低。在我国离子膜法已全部取代隔膜法，且膜极距电解槽产能已超过 55％。图 13-4 所示为离子膜法电解槽所用双层离子膜结构示意，可采用双层膜结构，一侧使用具有磺酸基的全氟聚合物，成为强酸型交换膜，其中的 NaOH 浓度不能超过 20％；另一侧则使用带有羧基的聚合物，成为弱酸型交换膜，允许 NaOH 浓度超过 40％，可以提高 NaOH 的有效产量。

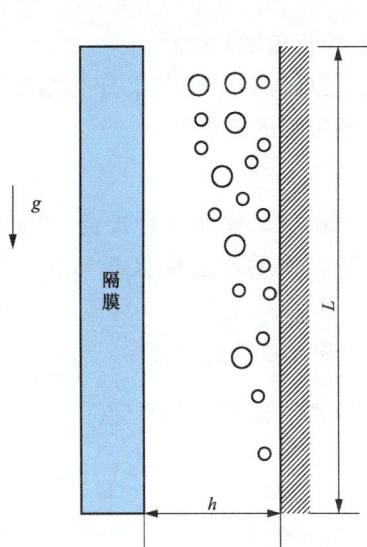

图 13-3　气泡覆盖电极表面示意　　　图 13-4　离子膜法电解槽所用双层离子膜结构示意

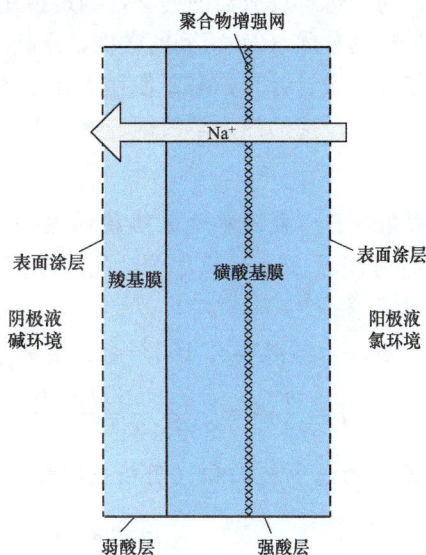

除了上述欧姆电压降外，动力学损失或表面超电势也很重要。工业电化学过程动力学常用 Tafel 方程来描述。氯碱电解槽中的两个电极反应都有些迟缓，阳极氯析出的动力学表示式为

$$i = i_0 \exp\left(\frac{\alpha_a F}{RT}\eta_a\right) \tag{13-7}$$

其中，$\alpha_a = 2$，60℃时 $i_0 = 10\text{A/m}^2$。当电流密度 $i = 1940\text{A/m}^2$ 时，阳极超电势 $\eta_a = 75\text{mV}$。阴极氢的析出反应动力学是

$$i = -i_0 \exp\left(\frac{\alpha_c F}{RT}\eta_c\right) \tag{13-8}$$

其中，$\alpha_c = 1$，60℃时 $i_0 = 0.07\text{A/m}^2$。当电流密度 $i = 1940\text{A/m}^2$ 时，阳极超电势 $\eta_a = 0.29\text{V}$。

此处浓差超电势不大，可忽略不计，再加上 60℃时的平衡电势为 2.25V，可得此电解槽电压 $V = 3.45\text{V}$，与［例 13-3］中的值相同。以上方法建立的电解槽电压和电流密度之间的关系可应用于电解槽的设计过程。

13.3　工业电化学反应器的设计

电化学反应器是一类特殊的化学反应器，电化学反应器的设计与一般化学反应器的设计

存在某些共同之处，但也具有自身的特点及需要特殊处理的问题。电化学反应器中，液相中传质总比气相中的慢，电极反应容易受传质控制，电极/溶液界面区的传质是电化学反应工程中最重要的问题之一；电极表面的电势及电流分布，只有当电极上各部分都保持合适的电势差，才能使目的反应高效地进行。

电化学反应器的工艺设计大致按如下步骤进行：

（1）初步估算电解过程所需的总电流，这可由预定操作周期内的总物料衡算求得。在初步的物料衡算中可暂时假定电流效率为100％。

（2）初步选择反应器的类型，确定拟用的电极尺寸。

（3）根据步骤（2）得到的数据，重新核算总电流、电流效率和能耗。

为了完成设计计算，需要使用大量的基本数据，包括反应体系中各组分的物理化学性质、所有可能反应的热力学数据、电极上的电流密度与超电势的关系等。

例 13-5 氯碱单元电解槽的电极尺寸为 $1m \times 2m$，工作电流密度为 $4000A/m^2$，每年运行时间按 360 天计，当氯气的年产量为 6800t 时，需要的总电极面积和单元电解槽的数量为多少？

解 当法拉第效率为100％时，首先求达到所需产量对应的总电流

$$I = \frac{\dot{m}}{M}nF = \frac{6800 \times 10^6}{360 \times 24 \times 3600 \times 70.9} \times 2 \times 96\,485 = 5.95 \times 10^5 \ (A)$$

所需要的总电极面积（阴极或阳极）是

$$总电极面积 = \frac{5.95 \times 10^5}{4000} \approx 150 \ (m^2)$$

单元电解槽的数量 m 为

$$m = \frac{150}{2} = 75$$

13.3.1 电解槽的分类

电解槽作为一种特殊的化学反应器，虽然可以仿照化学反应器的分类原则进行分类，但从电化学工程实际出发，通常以反应器的结构和工作方式进行分类。

目前在电化学工程中应用的电解槽结构主要可分为两大类。

1. 箱式电解槽

箱式电解槽一般为长方体，具有不同的三维尺寸（长、宽、高），电极常为平板状，大多数垂直平行交错放置在槽内，电解液盛装在槽内。箱式电解槽既可以采用间歇工作方式，也可以采用半间歇工作方式。箱式电解槽中很少引入外加的强制对流，而往往利用溶液中的自然对流。例如电解析气时，气泡上升运动产生的自然对流可有效地强化传质。由于箱式电解槽的结构简单、设计和制造较容易、维修方便，因而得到了广泛应用，但其缺点是空时产率较低，难以满足大规模连续生产以及需要控制传质条件的生产过程。

2. 板框压滤机式电解槽

板框压滤机式电解槽由很多单元反应器组合而成，每一单元反应器都包括电极、板框、

隔膜，电极大多垂直安放，电解液从中流过。图 13-5 所示为板框压滤机式电解槽结构示意。在一个板框单元内，有一绝缘隔板将空间区分为阳极室与阴极室。两个板框单元透过一张离子交换膜相接，使第一个板框单元的阳极室与第二个板框单元的阴极室共同组成一个单元反应器，而后续可用更多的板框单元来增加单元反应器数量。一台板框压滤机式电化学反应器的单元反应器数量可达 100 个以上。

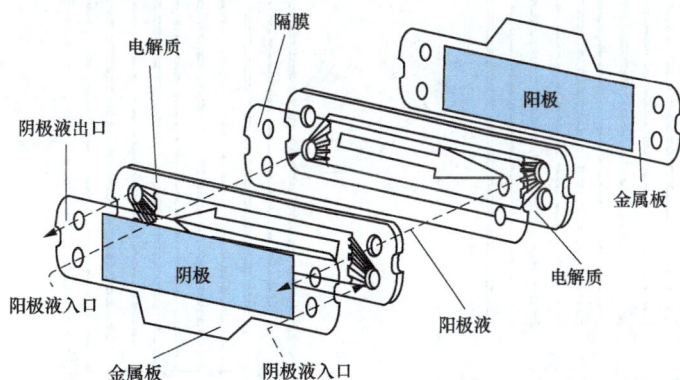

图 13-5　板框压滤机式电解槽结构示意

板框压滤机式电解槽得到广泛应用的原因如下：①单元反应器的结构可以简化及标准化，便于大批量生产，也便于在维修中更换；②电极材料及膜材料的选用较为广泛，可以满足不同的需要；③电极表面的电势及电流分布较为均匀；④可采用多种湍流促进器来强化传质及控制电解液流速；⑤通过改变单元反应器的电极面积及单元反应器的数量可以方便地改变生产能力，形成系列产品，适应不同用户的需要；⑥既可按双极式连接，减小极间电压降，节约材料，并使电流分布较均匀，也可按单极式连接。目前，板框压滤机式电解槽已成功应用于氯碱生产、水电解制氢和电解合成己二腈等产品。

13.3.2　电化学反应器的连接

现代电化学工业中，电化学反应器的容量不断增大，结构及性能不断改进，生产电流密度也有所提高，但是单台电化学反应器的生产能力毕竟有限，一般电化学工业的工厂（车间）中必须装备多台电化学反应器。电化学反应器的组合与连接成为电化学工程中的普遍问题，既关系到工厂的设计和投资，也影响生产操作及运行的技术经济指标。

电化学反应器的连接包括电连接和液路连接。

当电化学反应器由多对电极组成时，电极间的电连接方式可选择单极式（monopolar）和双极式（bipolar），如图 13-6 所示。在单极式连接中，所有的阴极和阳极各自以并联方式与外部电源连接，槽电压加在各对阴、阳极之间，见图 13-6（a）。单极式连接需要低电压、高电流的供电。在双极式连接中，只是两个端电极与外部电源连接，见图 13-6（b），各个电极两侧的极性不同，即一面做阴极，另一面做阳极。双极式连接的优点是电连接简单，由若干电极板组成结构紧凑的压滤机式反应器，可在低电流、高电压的供电条件下进行操作，电能利用较为合理。由于双极式连接时各电极之间存在电势差，一旦存在电流的其他通路（如相邻电解槽具有共同的电解液进料通道或排料通道），便引起漏电电流，这不仅会降低电流效率，而且可能导致设备腐蚀和产品纯度下降，甚至危及安全。氯碱生产、碱性水电解和盐酸溶液电解制氢就采用双极式连接。

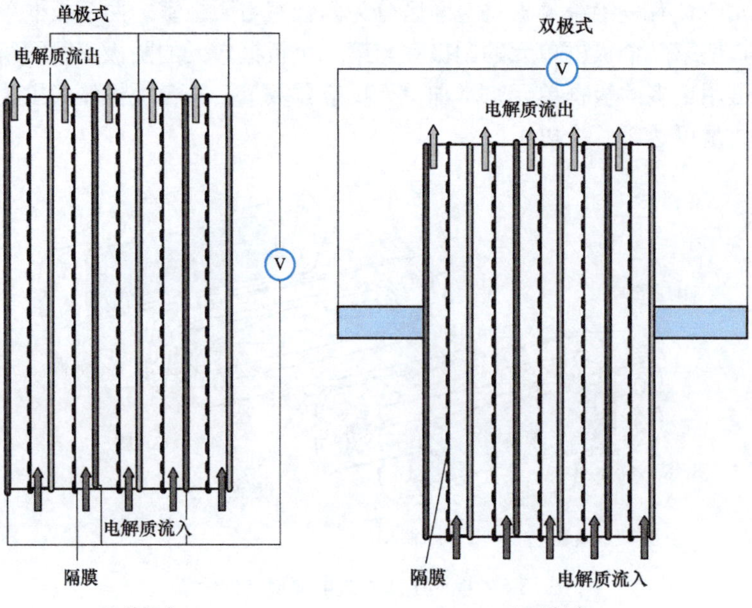

图 13-6 电化学反应器的电极连接

电化学反应器之间的电连接，主要考虑直流电源的要求。根据整流器输出的直流电压决定电化学反应器的串联数量，通过适当选择整流器的容量或通过电化学反应器的并联来满足产量的要求。

例 13-6 电解铝生产过程所用整流电源的电压为 1200V，电解槽的工作电压为 4.2V，求需要多少个电解槽串联。

解 电解槽串联的数量 m 为

$$m = \frac{V_s}{V} = \frac{1200}{4.2} = 286（个）$$

电化学反应器在液路中可以通过并联和串联两种方式连接，如图 13-7 所示。在实际应

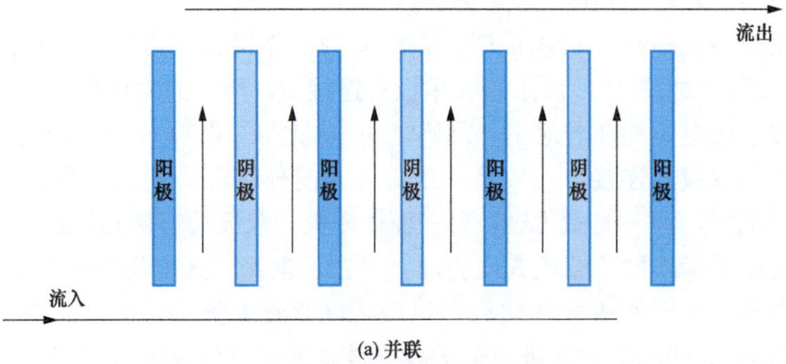

(a) 并联

图 13-7 电化学反应器的液路连接方式（一）

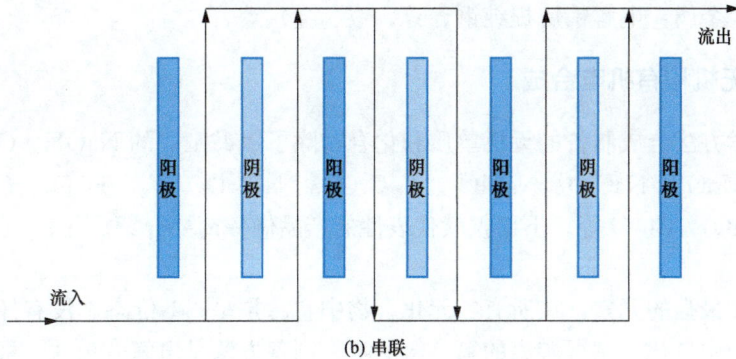

(b) 串联

图 13-7 电化学反应器的液路连接方式（二）

用中，电化学反应器的液路连接方式可能介于两种典型连接之间，会出现多种非理想情况，如混合不均匀、流体旁路等。反应器的液路连接既可部分或完全再循环，也可部分串联或并联，这取决于电解质溶液循环流动的目的。单极式电连接比较符合串联流动的要求，双极式电连接符合并联流动时各单元反应器电流相等的要求；串联流动的流速比并联流动时的低，并联流动时的转化率比串联流动时的低。

例 13-7 重做 [例 13-5]，改为采用离子交换膜法工艺，工作槽电压为 2.95V，分别计算单极式电连接和双极式电连接时电解槽的电压、电流和总功率。

解 单极式电连接时，各个单元电解槽彼此并联，总电流值同[例 13-5]的计算过程，总电极面积（阴极或阳极）是 $150m^2$，共需 75 个单元电解槽，每个单元电解槽的电流为

$$I = 150 \times 4000 = 6 \times 10^5 \ (A)$$

各个单元电解槽的电压 $V = 2.95V$。

总的电解功率为 $P = IV = 6 \times 10^5 \times 2.95 = 1.77 \times 10^6 \ (W)$

双极式电连接时，各个单元电解槽彼此串联，通过的电流相等，此时

$$I = iA = 4000 \times 2 = 8000 \ (A)$$

$$V_{总} = Vm = 2.95 \times 75 = 221.25 \ (V)$$

总的电解功率为 $P = IV_{总} = 8000 \times 221.25 = 1.77 \times 10^6 \ (W)$

13.4 工业电解过程范例

电化学合成就是把电能转化为物质的过程，输入的电能变成了物质合成的化学能，也称为电解反应。电解合成法可以生产许多传统的化学合成法不能生产的物质，如氧化性和还原性很强的物质，且电解合成法可在常温常压下进行，通过调节电极电势改变电极反应的速率，环境污染少，产品纯净。电化学合成包括无机电化学合成（如氯碱工业、高锰酸钾、氟）和有机电化学合成（如己二腈）、金属的电解提取与精炼（如电解熔融电解质制取铝、

锂、钙、镁等轻金属，电解精炼提纯铜、锌、银、金）等。

13.4.1 无机和有机电合成

采用电化学方法合成制备的无机单质和化合物除了氯碱工业的 $NaOH$、Cl_2、H_2 外，还有强氧化剂 $KMnO_4$、$NaClO$、$NaClO_3$、K_2CrO_7、$Na_2S_2O_8$、F_2、H_2O_2、O_3 等与高活性金属氧化物 MnO_2、Cu_2O 等。下面仅就代表性的产品做一简要介绍。

1. 氟

氟是氧化性最强的元素，在所有二元化合物中它总是呈 -1 价态，没有任何一种氧化剂能将它从氟化物中氧化，制得游离的氟。氟的唯一制备方法是电解合成法，即通过阳极氧化将 F^- 氧化为 F_2。氟的电解只能在熔盐中进行，因为在水溶液中，氟的标准电极电势高达 2.65V，如果通电电解，在 F^- 发生氧化之前，其他氧化反应如氧气析出反应已猛烈进行，因而不能制得氟。几乎所有的氟熔盐电解法都采用 KF 与 HF 的二元电解质，如现在广泛使用的 KF·2HF，熔点为 82℃，可在 90～110℃下进行电解，其电解总反应为

$$2HF \longrightarrow F_2 + H_2$$

随着电解的进行，HF 被不断消耗，为使电解持续进行，必须周期性地添加 HF，使其含量保持在 38%～42%。电解制氟的能耗高达 15000kWh/t，尽管如此，电解法仍被采用，原因在于除电解法外，迄今尚无其他生产方法可与之竞争。世界氟年产量为 1.5 万～2 万 t。

2. 次氯酸钠

目前次氯酸钠的电解合成并非工厂化的大规模生产，而是以一种小型的"现场发生器"方式随时随地为用户制造少量低浓度的次氯酸钠溶液（浓度一般低于 10g/L）。次氯酸钠电解合成采用无隔膜电解槽，通过均相二次化学反应生成产物。电解液为 3%～5% 的 NaCl 水溶液。当电解时，阳极析出 Cl_2，溶于电解液后生成 HCl 和 HClO：

$$Cl_2 + OH^- \longrightarrow HClO + Cl^-$$

由于电解槽无隔膜，阴极析出 H_2 后生成 OH^-，生成的 HClO 与 OH^- 在离电极表面较远的区域生成次氯酸钠，反应式为

$$HClO + OH^- \longrightarrow ClO^- + H_2O$$

总反应式为

$$NaCl + H_2O \longrightarrow NaClO + H_2$$

3. 氯酸钠

氯酸钠主要用于造纸工业的纸浆漂白和饮用水消毒。目前，世界约 90% 的氯酸钠用于制备二氧化氯，作为纸浆漂白剂和饮用水消毒剂。氯酸钠电解合成采用无隔膜电解槽，以饱和氯化钠溶液为原料，电极反应如下：

阳极反应
$$2Cl^- \longrightarrow Cl_2 + 2e^-$$

阴极反应
$$2H_2O + 2e^- \longrightarrow 2OH^- + H_2$$

阳极产生的溶解氯在 OH^- 的促进下水解生成次氯酸盐，次氯酸盐可进一步生成氯酸盐，溶液中的主要化学反应为

$$Cl_2 + H_2O \longrightarrow HClO + H^+ + Cl^-$$

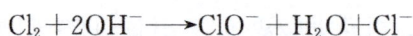
$$Cl_2 + 2OH^- \longrightarrow ClO^- + H_2O + Cl^-$$

以上反应形成的 ClO^- 和 HClO 则进一步发生均相化学反应

$$2HClO+ClO^-\longrightarrow ClO_3^-+2Cl^-+2H^+$$

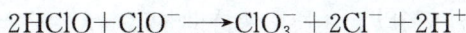

因此，该反应宜在较低的温度和微酸性的溶液中进行，电解合成的总反应为

$$NaCl+3H_2O\longrightarrow NaClO_3+3H_2$$

电流效率达到 90% 以上，直流电耗为 4800～5200kWh/t。

4. 二氧化锰

作为高性能锌锰电池材料，全世界电解二氧化锰年总产量约 45 万 t，我国年产量可达 24 万 t，占世界年总产量的 50% 以上，是电解二氧化锰第一生产大国。理论上任何二价锰盐均可作为电解质在合适的电极上生成二氧化锰，如 $MnSO_4\text{-}H_2SO_4$，$MnCl_2\text{-}HCl$、$Mn(NO_3)_2\text{-}HNO_3$ 等，但工业上一直采用 $MnSO_4\text{-}H_2SO_4$ 体系来生产二氧化锰。电解反应如下：

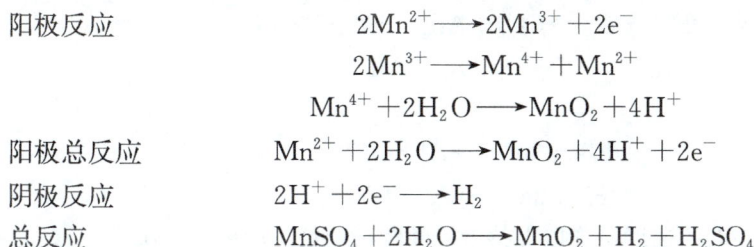

阳极反应　　　　　　　$$2Mn^{2+}\longrightarrow 2Mn^{3+}+2e^-$$
$$2Mn^{3+}\longrightarrow Mn^{4+}+Mn^{2+}$$
$$Mn^{4+}+2H_2O\longrightarrow MnO_2+4H^+$$
阳极总反应　　　　　　$$Mn^{2+}+2H_2O\longrightarrow MnO_2+4H^++2e^-$$
阴极反应　　　　　　　$$2H^++2e^-\longrightarrow H_2$$
总反应　　　　　　　　$$MnSO_4+2H_2O\longrightarrow MnO_2+H_2+H_2SO_4$$

5. 己二腈

第一个大规模成功商业化的、最杰出的有机电化学合成反应是丙烯腈氢化二聚生成己二腈的工艺。

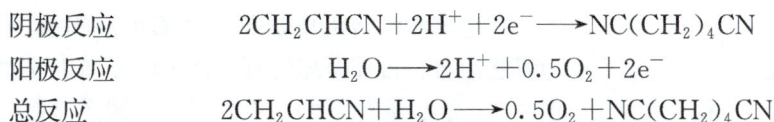

阴极反应　　　　$$2CH_2CHCN+2H^++2e^-\longrightarrow NC(CH_2)_4CN$$
阳极反应　　　　　　$$H_2O\longrightarrow 2H^++0.5O_2+2e^-$$
总反应　　　$$2CH_2CHCN+H_2O\longrightarrow 0.5O_2+NC(CH_2)_4CN$$

实际上丙烯腈在阴极上的氢化二聚生成己二腈的反应机理和电极过程是很复杂的。电解在无隔膜的双极式电解槽内进行，槽电压为 3.85V，所用电极是镀镉的碳钢板。硫酸水溶液为电解质，添加硼砂和季铵盐 Na_4EDTA，以降低电极的腐蚀速度，防止过渡金属在阴极表面沉积并对阴极表面有缓慢但连续的更新作用；Na_4EDTA 还可抑制阴极放氢。己二腈的生产能耗约为 2500kWh/t。

13.4.2　金属的电解提取和精炼

金属的电解提取（electrowinning）就是用电解法把矿物中稳定氧化态的金属离子还原为零价的金属，可克服火法冶金不能提取碱金属、碱土金属和铝等活泼金属及杂质含量较高的缺点。

由于受耗电量的制约，目前电解路线主要用于提取负电性很大的金属，如 Al、Na、Li、Mg 等，这些过程采用的电解质是熔盐，称为熔盐电解。从熔盐提炼金属时，期望能以熔点低、密度适当、电导率高、蒸汽压低和金属溶解度低的盐类作为原料，但单一盐类往往难以满足这些需求，所以实际电解时常采用混合熔盐，如提取碱金属时，常混合氯化盐和氟化盐作为原料；提炼金属 Al 时常混合冰晶石（Na_3AlF_6）和氧化铝。Al 是地壳中含量最高的金属，是现代工业和生活中重要的功能与结构材料，重要地位仅次于铁，是第一大有色金属。Al 的世界年产量约 7.5×10^7t，几乎全部采用熔盐电解法生产，每年消耗电能约 1×10^{12}kWh。2024 年，我国电解铝产量高达 4.4×10^7t，电解铝耗电占有色金属行业电力消耗的 80%，占全国总用电量的 5% 以上，长期保持世界第一大铝生产与消费国。目前广为采用的 Hall-Héroult 电解炼铝生产工艺以 Na_3AlF_6-Al_2O_3 熔盐为电解质，为了降低熔点和提高电导率，加入碱金属或碱土金属的氟化物做添加剂，依靠电流的 Joule 热维持电解温度 950～970℃，阳极上的电解产物是氧，使碳阳极氧化而析出气体 CO_2 和 CO。阴极上的电解产物是液体铝，沉在电解质下面的碳素阴极上。直流电通过碳阳极，流经熔融电解质进入铝液层熔池和碳素阴极，铝液层熔池和碳块阴极联合组成了阴极，铝液的表面为阴极表面。Hall-Héroult 法铝电解槽示意见图 13-8。电解的总反应为

$$2Al_2O_3(s)+3C(s)\longrightarrow 4Al(l)+3CO_2(g)$$

当熔盐中 Al_2O_3 浓度为 3%～5% 时，阳极反应实际上是

$$2AlOF_5^{4-}+C\longrightarrow CO_2+AlF_6^{3-}+AlF_4^-+4e^-$$

或

$$2AlOF_3^{2-}+C\longrightarrow CO_2+2AlF_3+4e^-$$

阴极反应实际上是

$$AlF_6^{3-}+3e^-\longrightarrow Al+6F^-$$

或

$$AlF_4^-+3e^-\longrightarrow Al+4F^-$$

碳阳极以每天 2cm 左右的速度下降以保持电极间距，约每 4 周更换一次。

电解的理论电压为 1.2V，工业生产时的实际槽电压为 3.9～4.3V，电极间距为 5cm，电流效率约为 92%，电流密度约为 $9000A/m^2$，耗电量为 12～15kWh/kg（Al），产品的纯度为 99.8%。

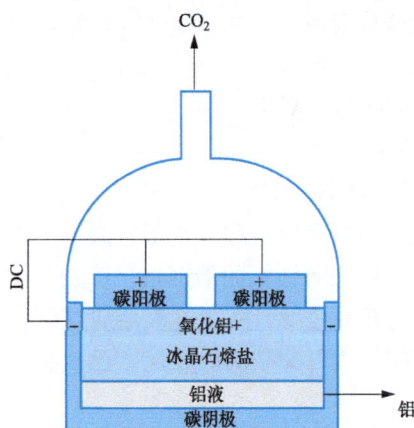

图 13-8　Hall-Héroult 法铝电解槽示意

在电解质水溶液中进行的金属电解提取过程称为湿法冶金。目前全球约有 80% 的 Zn 和 15% 的 Cu 是由电解法制备的，2023 年我国电解铜产量是 1.2×10^7 t。此外，Ni、Co、Cr、Mn、稀土、Nb、Ta 等金属也用电解法进行批量生产。

铜电解提取的大致步骤如下：硫化物矿石经过焙烧生成氧化物，再用硫酸溶解成为硫酸铜的酸性水溶液，用沉淀法或溶剂萃取法除去溶液中比 Cu^{2+} 更易还原的金属离子，然后进行电解。湿法电冶金用的电解槽比较简单，通常是内衬橡胶或塑料的敞开水泥槽，阳极和阴极交替排列，相距 5～15cm，采用单极式连接。电解液的进料组成为 2M 的 H_2SO_4 和 0.5～1.0M 的 $CuSO_4$，同时含少量添加剂。添加剂的作用是增大结晶度、抑制枝晶生长和气孔形成，从而提高金属产品的品质。阴极反应为

$$Cu^{2+}+2e^-\longrightarrow Cu$$

阴极的基体一般是 Al 或 Ti，待金属沉积层厚度达到 3～5cm 后，取出阴极并剥离沉积的金属。阴极发生的副反应主要是

$$2H^++2e^-\longrightarrow H_2$$

致使电流效率只能达到 80%～90%。为使金属沉积层厚度均匀，阳极面积通常比阴极的大。阳极反应为

$$2H_2O\longrightarrow O_2+4H^++4e^-$$

阳极常采用 Pb 或其合金〔含 Ag，Sb(5%) 或 Ca(0.05%)〕，Pb 电极表面最后会被

PbO_2 覆盖。电解液的流动有助于提高传质速率，但是流动过快时，电解槽中的固体杂质会漂到阴极而污染产品。因此一般不采用机械搅拌，而是在阴极下方通入空气以气流辅助传质，提高阴极的极限电流密度。操作条件与电解液中的杂质含量有关，典型的工艺条件如下：温度 $60\sim80℃$，槽电压 $1.9\sim2.5V$，槽电压的 43% 是阳极的超电势，电流密度 $150\sim1500A/m^2$，电流效率 $80\%\sim96\%$，铜的纯度超过 99.5%，耗电量 $1.9\sim2.5kWh/kg(Cu)$。

电解精炼（electrorefining）是除去不纯金属中的杂质元素的工业电化学技术。在电解精炼过程中，纯度低的金属材料作为阳极，欲提纯的金属溶解在电解液中，然后在阴极上重新析出。采用水溶液电解精炼的重要金属有 Cu、Sn、Pb、Ni、Co、Au 和 Ag。以铜的电解精炼为例，电极反应如下：

阴极反应 $\qquad\qquad Cu^{2+}+2e^-\longrightarrow Cu$

阳极反应 $\qquad\qquad Cu\longrightarrow Cu^{2+}+2e^-$

杂质元素有 Au、Ag、Fe、Ni、Zn、As、Sb 和 Bi。其中，Au 和 Ag 的活性小于 Cu，在电解精炼过程中保持固体金属状态，存留在槽底阳极泥中。Fe 和 Ni 等活性高的杂质与 Cu 一起溶解成离子，以离子形式存留在电解液中。阴极上可得到纯度比阳极更高的精炼金属。电解精炼过程可进行多次，将金属的纯度不断提高。

在阴极除了有金属 Cu 析出，有时还会发生不完全的还原反应：

$$Cu^{2+}+e^-\longrightarrow Cu^+$$

操作温度越高，Cu^+ 的含量越多。虽然 Cu^+ 也会还原成金属 Cu，但若发生水解，则会形成 Cu_2O 沉淀而导致原料损失：

$$2Cu^++H_2O\longrightarrow Cu_2O+H^+$$

提高 H_2SO_4 浓度，可以抑制 Cu^+ 的水解。此外，温度过高会导致已析出的 Cu 溶解或电解液蒸发，但温度过低则无法抑制 As、Sb 和 Bi 在阴极的析出，因此最佳的操作温度在 $55\sim60℃$。在阳极区也有氧化不完全的问题，例如形成 Cu_2O：

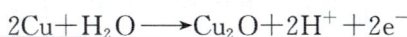

$$2Cu+H_2O\longrightarrow Cu_2O+2H^++2e^-$$

所生成的固态 Cu_2O 具有纯化作用，会抑制电流，降低阴极产率。为了避免阳极发生纯化，常会在溶液中加入 HCl 或 NaCl，以协助 Cu 溶解形成 Cu^{2+}。

电解精炼 Cu 所需施加电压不高，只需要 $0.2\sim0.3V$；能量消耗也不高，只需 $0.28kWh/kg(Cu)$，产品纯度可达到 99.999% 以上。

例 13-8 碳阳极的尺寸为 $1.5m\times0.7m\times0.7m$，密度为 $1500kg/m^3$，每天铝的产量是 500kg，法拉第效率为 95%，试求：（1）每生产 1kg 铝需要消耗多少碳。（2）碳阳极多长时间就需要更换。

解 （1）由法拉第定律和法拉第效率的定义，碳的消耗量为

$$m_C=\frac{m_{Al}}{M_{Al}}\times\frac{3}{4}\times\frac{M_C}{\eta_F}=\frac{1}{27}\times\frac{3}{4}\times\frac{12}{0.95}=0.35[kg(C)/kg(Al)]$$

（2）更换碳阳极的时间是

$$t=\frac{V\rho}{m_C\dot{m}}=\frac{1.5\times0.7\times0.7\times1500}{0.35\times500}=6.3（天）$$

13.5 电解池热管理

一些工业电解过程是在高温下操作的，最显著的案例是铝的电解提炼，熔盐的温度接近 1000℃。温度控制和能量衡算是工业过程的关键要素之一，对电能消耗多的电解过程也不例外。

考虑有多个电化学反应发生的稳定流动敞开体系，能量衡算关系式可表示为

$$mC_p \frac{\mathrm{d}T}{\mathrm{d}t} = \sum_m \dot{n}_m H_{\mathrm{in},m} - \sum_p \dot{n}_p H_{\mathrm{out},p} + \dot{q} - \dot{W} - \sum_i \sum_j r_i \Delta_r H_j \tag{13-9}$$

式中：m 为体系的质量，对稳定流动体系为定值；C_p 为体系的平均热容；$H_{\mathrm{out},p}$ 为出口产品流股 p 的焓；$H_{\mathrm{in},m}$ 为入口原料流股 m 的焓；$\dot{n}_p$ 为出口产品流股 p 的摩尔流率；$\dot{n}_m$ 为入口原料流股 m 的摩尔流率；$\dot{q}$ 为体系从环境得到的热量；$\dot{W}$ 为体系对环境所做的功；r_i 为组分 i 的反应速率；$\Delta_r H_j$ 为每反应 1 摩尔组分 i 的反应 j 的反应热。

本章所考虑的电解体系中，$-\dot{W}$ 为正，等于 IV，因为要给体系输入电能。反应过程的热效应是电解操作的主要影响因素，实际的电解过程是在不可逆条件下进行的，电解时超电势和欧姆电压降也产生热量。对于稳态操作的体系，式（13-9）左侧项为零。能量衡算的一个重要应用就是确定需要输入还是移出多少热量以维持体系温度保持稳定。

例 13-9 铝电解槽中发生的电解反应为

$$2Al_2O_3 + 3C \longrightarrow 4Al + 3CO_2$$

法拉第效率为 95%，工作温度 970℃、工作电压和电流分别为 4.2V 和 200kA。原料 Al_2O_3 和 C 在室温下加料，产物在工作温度下出料，求在稳态操作下需要给该电解槽输入多少热量。

已知铝的熔融温度 $T_{\mathrm{fus}} = 933.47K$，熔融热 $\Delta H_{\mathrm{fus}} = 10\,700 \mathrm{J/mol}$。

热容 $C_p [\mathrm{J/(mol \cdot K)}]$ 数据如下：

Al(s)：$20.38 + 1.29 \times 10^{-2} T$

Al(l)：31.75

CO_2：$32.2 + 2.22 \times 10^{-2} T - 3.47 \times 10^{-6} T^2$

解 该电解反应中每 1mol Al_2O_3 转移的电子数 $n = 6$。

由法拉第定律，得出 Al_2O_3 的摩尔流率

$$\dot{n}_{Al_2O_3} = \frac{\eta_F I}{nF} = \frac{0.95 \times 200 \times 10^3}{6 \times 96\,485} = 0.328 \ (\mathrm{mol/s})$$

其余各物质的摩尔流率由化学计量关系得出

$$\dot{n}_C = \dot{n}_{Al_2O_3} \times \frac{3}{2} = 0.492 \ (\mathrm{mol/s})$$

$$\dot{n}_{Al} = \dot{n}_{Al_2O_3} \times 2 = 0.656 \ (\mathrm{mol/s})$$

$$\dot{n}_{CO_2} = \dot{n}_C = 0.492 \ (\mathrm{mol/s})$$

由参与反应各物质的生成热数据，得出 25℃时电解反应的反应热

$$\Delta_r H = \frac{3}{2}\Delta H_{f,CO_2} - \Delta H_{f,Al_2O_3} = \frac{3}{2}\times(-393.52) - (-1675.7)$$
$$= 1.085\times 10^3 [kJ/mol(Al_2O_3)]$$

以 25℃为参考温度，产物的焓为

$$H_{CO_2} = \int_{298}^{1243} C_p dT = \int_{298}^{1243}(32.2 + 2.22\times 10^{-2}T - 3.47\times 10^{-6}T^2)dT = 44.403(kJ/mol)$$

对于 Al，还需要考虑相变和熔融热

$$H_{Al} = \int_{298}^{933.47} C_p(T)dT + \int_{933.47}^{1243} C_p(T)dT + \Delta H_{fus} = 38.526 kJ/mol$$

Al_2O_3 的反应速率就是 $\dot{n}_{Al_2O_3}$，对铝电解槽进行能量衡算

$$\dot{q} = \dot{W} + \dot{n}_{CO_2}H_{CO_2} + \dot{n}_{Al}H_{Al} + \dot{n}_{Al_2O_3}\Delta_r H$$

解出

$$\dot{q} = -200\times 10^3\times 4.2 + 0.492\times 44.402 + 0.656\times 38.526 + 0.328\times 1.085\times 10^3$$
$$= -437(kW)$$

由于计算出的 $\dot{q}$ 为负，表明需要移出热量，很多电化学过程都是如此。

由［例 13-9］可见，必须从铝电解槽移出热量，许多工业电解过程都是放热的。如果不能及时把电解过程产生的热全部移去，必将导致电解槽温度上升，结果会提高电解质的电导率并降低动力黏度。电导率的变化将影响恒电压操作的实际电极电势值，黏度的变化则影响传质和传热条件。倘若温度上升过高，甚至可能引发副反应。这些问题对间歇操作或连续操作的电解过程都很重要。铝电解槽工作温度很高，有利于向环境散热，熔体上部形成的固化熔盐保温层保持了所需的温度。但其他电解过程却没有以上这些有利条件，特别是在接近室温下工作的电解过程。因此，必须根据热效应的大小，为电解槽设置相应的热交换设备，例如采用外设的热交换器或者采取循环操作，对于大型的电解系统还需要设有蒸发冷却塔。

13.6　可持续未来电解过程

可再生能源（如太阳能、风能、水电等）作为替代能源大规模使用受到其固有的间歇性、波动性与随机性的制约。氢能是一种来源丰富、绿色低碳、应用广泛的二次能源载体，采用可再生能源实现大规模制氢，通过氢气的桥接作用，既可为燃料电池提供氢源，也可转化为绿色液体燃料，从而有可能实现由化石能源顺利过渡到可再生能源的可持续循环，催生可持续发展的氢能经济。氢能作为连接可再生能源与传统化石能源的桥梁，可以为实现"氢经济"与现在或"后化石能源时代"能源系统起到桥接作用。氢能是未来国家能源体系的重要组成部分，氢能作为可再生能源规模化高效利用的重要载体，具有大规模、长周期储能优势，通过氢能、电能和热能系统融合，发挥跨能源网络协同优化潜力，可促进电能、热能、燃料等异质能源之间的互联互通，将有利于形成多元互补融合的现代能源供应体系，以及电化学储能、氢储能等多种储能技术相互融合的新型电力系统储能体系。氢能是用能终端实现

绿色低碳转型的重要载体，是推动传统化石能源清洁高效利用和促进可再生能源消纳的重要载体，是实现交通、电力、建筑、工业等领域深度脱碳的重要途径。当前，全球氢能发展以氢燃料电池汽车为主，在碳达峰碳中和目标驱动下，氢能应用拓展至掺氢天然气、氢冶金、氢能发电（包括热电联供分布式发电、发电储能、备用电源）、高品质热源、氢能替代化石能源应用等领域，使高碳工艺向低碳工艺转变，促进高耗能行业绿色低碳发展。

13.6.1 水电解制氢

水电解制氢是指水分子在直流电作用下被解离生成氢气和氧气，分别从电解槽阴极和阳极析出。25℃液体水电解反应的标准 Gibbs 自由焓变 $\Delta_r G^\ominus = 237 kJ/mol$，标准焓变 $\Delta_r H^\ominus = 286 kJ/mol$，标准平衡电势 $U^\ominus = 1.23V$。图 13-9 所示为不同温度下水和水蒸气电解需要的能量。水电解平衡电势与温度、压力有关。图 13-10 所示为不同温度下水蒸气电解的平衡电势 U 和热中性电势 U_{Tn}（thermoneutral potential）。热中性电势的定义为电化学体系与环境热量交换为零时的平衡电势，相当于电解反应的焓变 $\Delta_r H$ 全部由电能提供时的平衡电势，即

$$U_{Tn} = \frac{\Delta_r H}{nF} = U + \frac{T\Delta_r S}{nF}$$

25℃时水电解反应的热中性电势为 1.48V。水蒸气电解的平衡电势与电解反应的 Gibbs 自由焓变成正比，随温度的升高而下降，而热中性电势的变化却不显著。由于水电解可逆热效应 $T\Delta_r S$，如果水电解槽工作在平衡电势以上、热中性电势以下，需要给电解槽加热；如果水电解槽工作在热中性电势以上，就会产生废热。因为对电解槽这样的开放体系还需要考虑进出流股的焓变，用热中性电势只能做大致的近似分析，准确计算时需对电解槽做全面的能量衡算。

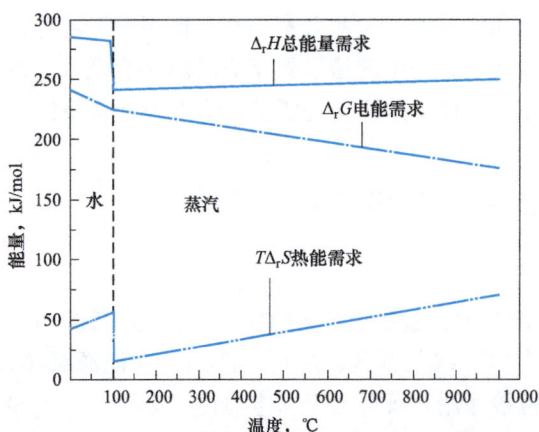

图 13-9　不同温度下水和水蒸气电解需要的能量

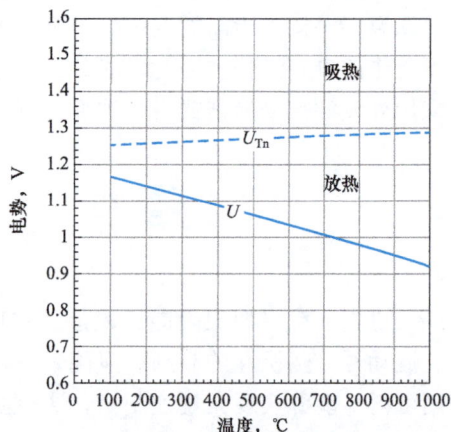

图 13-10　水蒸气电解的平衡电势和热中性电势

水电解制氢与氢氧燃料电池发电的过程恰好相反，根据电解槽所用隔膜材料的不同，水的电解技术也主要分为碱性水电解（alkaline water electrolysis，AWE）、质子交换膜（proton exchange membranes，PEM）水电解和固体氧化物（solid oxide electrolysis，SOE）水电解三大类。

碱性水电解是最早商业化的成熟水电解技术，其电极反应如下：

阴极反应 $\qquad$ $2H_2O + 2e^- \longrightarrow 2OH^- + H_2$

阳极反应 $\qquad$ $2OH^- \longrightarrow 0.5O_2 + H_2O + 2e^-$

图 13-11 所示为碱性水电解槽示意。碱性水电解槽结构主要有单极式电解槽和双极式电解槽两种。在单极式电解槽中电极是并联的，电解槽在高电流、低电压下操作；在双极式电解槽中电极则是串联的，电解槽在低电流、高电压下操作。双极式电解槽结构紧凑，导致制造成本较低，电解效率高，现在工业用电解槽多为双极式电解槽。

通常从电解槽产生的氢气会与排出的电解液一起流入气体分离器，分离器将气体与电解液分开。热的电解液经冷却和过滤后，返回至电解槽继续使用，而纯化后的气体经降温后即为产品。根据电解液回流的方式可分为双循环流程与混合循环流程。双循环流程是指阴极侧的电解液回流至阴极，而阳极侧的电解液回流至阳极，各自形成一个循环系统，电解液互不混合，获得的氢气、氧气纯度可达 99.5% 以上。此外，也有只回流阳极电解液的单循环过程，因为阴极侧可以收集氢气，而不设置回流管道。混合循环流程是两极回流的电解液先混合，再共同送回电解槽，这样可降低设备成本，大多数生产采用此流程。

40℃时典型碱性水电解槽电压损失随电流密度的变化见图 13-12。阳极和阴极的电压损失都很明显。不出意外，欧姆损失在高电流密度时变得更加重要。商用碱性水电解槽电压的电压约为 2V，电流密度为 1000~3000A/m²，效率为 70%~80%。可使用非贵金属电催化剂（如 Ni、Co、Mn 等），因而电解槽中的催化剂造价较低，电解质是 25%~30% KOH 溶液，产生气体压力为 0.1~3.0MPa，温度为 65~100℃，寿命可达 15 年。碱性水电解槽内阻大，腐蚀性液体电解质的使用增加了维修频率和运营成本，难以快速启动或变载、无法快速调节制氢的速度，因而与可再生能源发电的适配性较差。

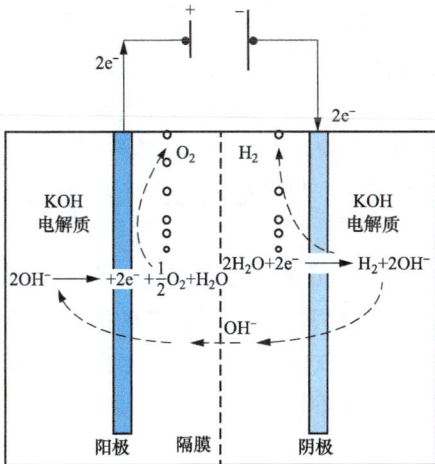

图 13-11　碱性水电解槽示意

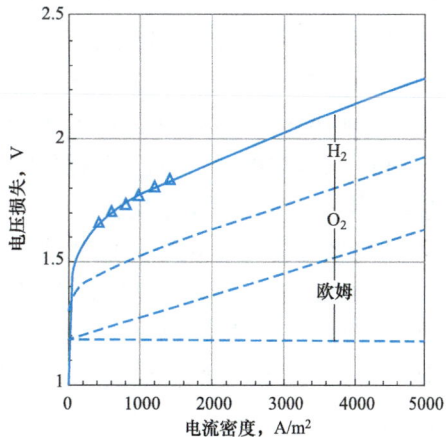

图 13-12　40℃时碱性水电解槽电压损失随电流密度的变化

例 13-10　某功率为 100kW 的双极式碱性水电解槽在 80℃下工作，电流密度为 1500A/m²，法拉第效率为 98.5%，电极面积为 1m²，阳极与阴极之间的工作电压为 1.85V，工作温度下的平衡电压为 1.18V。求：（1）电解槽的工作电流和电压。（2）电解槽中电解小室的数量、制氢速率、能量效率、制氢单位能耗 [kWh/(Nm³)] 和高热值效率，其中 Nm^3 指 0℃和 100kPa 下的标准立方米。

解 （1）电解槽的工作电流 $I=iA=1500\times1=1500$（A）

电解槽的工作电压 $V_{槽}=P/I=100\times10^3/1500=66.7$（V）

（2）电解槽中电解小室的数量 $m=V_{槽}/V=66.7/1.85=36$（个）

制氢速率

$$\dot{N}=\frac{mi\eta_F}{nF}=\frac{36\times1500\times0.985}{2\times96\,485}=0.276(mol/s)=992(mol/h)$$

由理想气体状态方程，氢气体积流量

$$\dot{v}=\frac{\dot{N}RT}{p}=\frac{992\times8.314\times273.15}{100\times10^3}=22.5(Nm^3/h)$$

能量效率

$$\eta_E=\eta_F\eta_V=0.985\times\frac{1.18}{1.85}=63\%$$

制氢单位能耗 $[kWh/(Nm^3)]$ $100/22.5=4.44kWh/(Nm^3)$

氢气高位热值为 $3.54kWh/Nm^3$。

高热值效率

$$\eta_{HHV}=3.54/4.44\times100\%=79.7\%$$

质子交换膜（PEM）水电解的电极反应如下：

阴极反应 $\qquad\qquad\qquad 2H^++2e^-\longrightarrow H_2$

阳极反应 $\qquad\qquad\qquad H_2O\longrightarrow 0.5O_2+2H^++2e^-$

PEM 水电解槽以具有良好化学稳定性、质子传导性、气体分离性的全氟磺酸质子交换膜作为固体电解质，隔绝电极两侧的气体，氢气渗透率较低，产生的氢气纯度高，压力调控范围大，氢气输出压力可达数兆帕；电解槽采用零间距结构，欧姆电阻较低，电流密度高（>1000A/m²）、电解槽体积小、运行灵活、利于快速变载，与风电、光伏（发电的波动性和随机性较大）具有良好的匹配性。

PEM 水电解槽的阴极析氢催化剂材料以耐腐蚀的 Pt、Pd 贵金属及其合金为主。相比阴极，阳极极化更突出，是影响 PEM 水电解制氢效率的重要因素。苛刻的强氧化性环境使得阳极析氧电催化剂只能选用抗氧化、耐腐蚀的 Ir、Ru 等少数贵金属或其氧化物作为催化剂材料，其中 RuO_2 和 IrO_2 对析氧反应催化活性最好，IrO_2 催化活性稍弱，但稳定性更好，且价格比 Pt 便宜。

投资和运行成本高是 PEM 水电解制氢需要解决的主要问题。目前，PEM 水电解制氢技术已在加氢站现场制氢、风电等可再生能源电解水制氢、储能等领域得到示范应用并逐步推广。

高温固体氧化物水电解制氢的电极反应如下：

阴极反应 $\qquad\qquad H_2O+2e^-\longrightarrow H_2+O^{2-}$

阳极反应 $\qquad\qquad O^{2-}\longrightarrow 0.5O_2+2e^-$

图 13-13 所示为管式固体氧化物水电解槽示意，高温水蒸气进入管状电解槽后，在内部

的阴极处被分解为 H^+ 和 O^{2-}，H^+ 得到电子生成 H_2，而 O^{2-} 则通过固体电解质 ZrO_2 到达外部的阳极，生成 O_2。SOEC 采用全固态的电解池设计，阴极材料选用多孔金属陶瓷 Ni/YSZ（yttria-stabilized zirconia），阳极材料选用钙钛矿氧化物等非贵金属催化剂，常用电解质为 YSZ 基氧离子导体或 BZCY 基质子导体，工作温度可达 800℃ 以上，有效降低了电解能耗。根据水分解热力学性质与温度的关系（见图 13-10），1000℃ 时水解反应的平衡电势为 0.922V，热中性电势为 1.291V。高温操作条件使电解水反应能够在热中性电压下进行。这意味着通过合理的热回收，制氢过程所需的总能量（$\Delta_r H$）可由电能（$\Delta_r G$）与热能（$T\Delta_r S$）共同提供，降低了电能的需求，整体电效率大大提升。此外，从动力学方面分析较高的操作温度也大大降低了析氧、析氢两个电极反应的超电势，使高温电解制氢具有天然的高效率优势，固体氧化物水电解槽目前是三种电解槽中效率最高的。

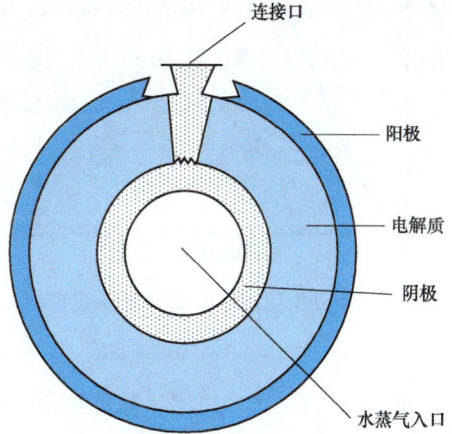

图 13-13　管式固体氧化物水电解槽示意

目前 SOEC 制氢技术仍处于实验阶段。材料高温条件下的化学稳定性、热机械稳定性及高温密封等较高要求，一定程度上限制了该制氢技术的大规模推广和应用。

13.6.2　废水处理

随着污水排放标准的日益严格，传统污水处理技术越来越难以满足排放要求，电化学废水处理技术一般无须添加氧化还原剂，处理条件温和，占地面积小，后处理设备简单，产生的污泥量少，对环境友好，操作简便，可以与多种水处理技术联用。特别地，利用电解法去除低浓度重金属离子，还能将其从溶液中分离出来并加以利用，不产生二次污染。

在下面的计算过程中，假设：①污染物浓度很低，其脱除不改变液体的流率；②污染物的脱除受传质过程控制；③操作在稳态连续状态下进行；④反应器是一维的，只存在轴向方向的浓度变化，扩散作用不显著可忽略；⑤体系中存在支持电解质。

采用三维多孔电极，受传质过程控制下，只在一维 x 方向存在浓度分布，浓度表示式为

$$c_A = c_{A,in} e^{-ax} \tag{13-10}$$

其中，$\alpha = \dfrac{k_c a}{\varepsilon v_x}$，$v_x$ 为孔隙内实际的流体流速，εv_x 为表观流体流速。

溶液中的电流密度表示式为

$$i_2 = nF\varepsilon v_x c_{A,in}(e^{-ax} - e^{-aL})$$

在最常见的情况下，$\sigma \gg \kappa$，溶液中的电压降是

$$\Delta\varphi_2 = \frac{\beta}{\alpha}(1 - e^{-aL}) - \beta L e^{-aL} \tag{13-11}$$

其中，$\beta = \dfrac{nF\varepsilon v_x c_{A,in}}{\kappa_{eff}}$。

体系受传质过程控制在极限电流下工作，要特别关注电压降和超电势变化。有副反应的

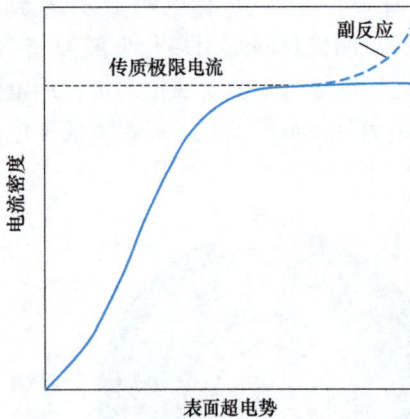

图 13-14 有副反应的电流-超电势关系曲线

电流-超电势关系曲线见图 13-14，处于传质极限电流时电流不随超电势的变化而变化；但当超电势过大时，由于副反应的发生，电流会随之增加。副反应的发生不仅会消耗电能，还会对过程造成许多不利影响，应尽量避免。对所研究的体系，可以通过限制溶液中的电压降来避免副反应的发生。$\Delta\varphi_2$ 的最大值一般为 $100\sim300\text{mV}$，依体系的化学组成而变化。

式（13-11）可展开为

$$\Delta\varphi_2 = \varphi_2\big|_{x=0} - \varphi_2\big|_{x=L}$$
$$= \frac{nFv_s^2}{\kappa_{\text{eff}}k_c a}\left(c_{\text{A,in}} - c_{\text{A,out}} - \frac{k_c a}{v_s}Lc_{\text{A,out}}\right) \quad (13\text{-}12)$$

其中，表观速度 $v_s = \dfrac{\dot{V}}{A_c}$。

根据式（13-10）由出口处的浓度求出电极厚度 L 为

$$L = \frac{v_s}{ak_c}\ln\frac{c_{\text{in}}}{c_{\text{out}}} \quad (13\text{-}13)$$

其中，k_c 是 v_s 的函数，在低 Re 数时的关联式是

$$\frac{k_c\varepsilon}{v_s}(Sc)^{2/3} = 1.09(Re)^{-2/3} \quad (13\text{-}14)$$

关联式（13-14）适用于球形颗粒填充床，$0.0016 < Re < 55$，$168 < Sc < 70600$，$0.35 < \varepsilon < 0.75$。电化学反应器传质系数 k_c 的范围通常为 $10^{-6}\sim10^{-4}\text{m/s}$。

对流穿式电化学反应器进行初步设计计算时，截面积和长度有多个组合都可以满足出口浓度的要求，由图 13-14 可知，多孔床层长度应尽可能短，以使电压降和压力降均为最小，实际上还要考虑大截面积时电流分布的均匀性。建议尽可能采用已有商品化电化学反应器的截面积尺寸，以避免特殊定制，最终的设计决策取决于经济成本优化。初步设计计算的步骤如下：

（1）选择初始的电化学反应器截面积，最好选已有商品化电化学反应器的截面积尺寸。

（2）由总流率、截面积和空隙率计算表观速度 v_s 和实际流速 v_x。

（3）由 v_x 估算 k_c。

（4）由式（13-13）计算床层长度 L。

（5）对于可能的截面积尺寸，重复上述步骤，直至床层长度 L 值适宜。

（6）利用式（13-12）校核电压降。

（7）如果电压降低于指定最大电压降，初步设计结束；否则，增大截面积直到电压降满足要求为止。

具体计算过程见 [例 13-11]。

例 13-11 采用流穿式电极将一流股中所含的 4×10^{-6} 的 Hg 脱除至 0.05×10^{-6}，流股的流量为 $20\text{m}^3/\text{h}$，填充床是由直径为 1mm 的球形颗粒组成的，空隙率为 45%，电解质的有效电导率为 10S/m。Hg 的脱除反应是 2 个电子的阴极反应，阳极在上游。最大的

电压降是 200mV，可溶性 Hg 组分的扩散系数是 $0.7\times10^{-9}\,m^2/s$。求所需多孔电极床层的尺寸。

解 先初步选择经常采用的截面积 $A_c=1\,m^2$。

表观速度
$$v_s=\frac{\dot{V}}{A_c}=\frac{20}{1}=20(m/h)=0.005\,6(m/s)$$

利用 $\rho=997kg/m^3$ 和 $\mu=0.89mPa\cdot s$，算出 $Sc=12\,766$，$Re=6.22$。

因此，由式（13-14）得 $k_c=3.4\times10^{-5}\,m/s$。

床层的比表面积由球形颗粒的直径求出
$$a=\frac{6(1-\varepsilon)}{d_p}=3300\,m^{-1}$$

求出的床层长度是
$$L=\frac{v_s}{ak_c}\ln\left(\frac{c_{in}}{c_{out}}\right)=\frac{0.005\,6}{3300\times3.4\times10^{-5}}\ln\left(\frac{4}{0.05}\right)=0.22(m)$$

以 mol/m^3 为单位的 Hg 进出口浓度分别是
$$c_{in}=0.019\,9mol/m^3,c_{out}=0.000\,249mol/m^3$$

校验溶液中的电压降
$$\Delta\varphi_2=\varphi_2|_{x=0}-\varphi_2|_{x=L}=\frac{nFv_s^2}{\kappa_{eff}k_ca}\left(c_{Ain}-c_{Aout}-\frac{k_ca}{v_s}Lc_{Aout}\right)$$
$$=0.10V<200mV$$

因此这个尺寸可以接受。如果床层截面是方形，床层的长度小于其宽度。可能的话，应降低其截面积来增大长度，计算结果列于表 13-1。

表 13-1 [例 13-11] 计算结果

A_c （m^2）	L （m）	$\Delta\varphi$ （V）
1	0.22	0.10
0.75	0.27	0.16
0.5	0.35	0.32

考虑到溶液中的电压降最大值，选择截面积为 $0.75m^2$。

13.7 液流电池

液流电池是一种与传统二次电池结构完全不同的可重复充、放电使用的电池。传统二次电池的电活性物质与其他电极材料一般为一体的，封存在电池壳体内部，正、负电极间的隔膜采用多孔膜，且充、放电过程中一般有相变化或形貌的改变，电池输出功率固定后，其储能容量也相应固定。液流电池通过正、负极电解液活性物质发生可逆氧化还原反应（即价态的可逆变化）实现电能和化学能的相互转化。充电时，正极发生氧化反应使活性物质价态升高，负极发生还原反应使活性物质价态降低；放电过程与之相反。有些学者把液流电池称为**氧化还原液流电池**（redox flow battery），但通常而言，化学电池都是通过电池活性物质的氧化还原反应实现化学能与电能的相互转化的。因此，在国际电工委员会（IEC）的国际液流电池术语标准和中国液流电池术语国家标准中，都定义为液流电池（flow battery）。

与一般传统电池不同的是，双液流电池（如铁/铬液流电池、全钒液流电池、多硫化钠/溴液流电池等）的正极和负极的储能活性物质电解液储存于电池外部的储罐中，通过电解液循环泵和管路输送到电堆内部并在电极上实现充放电反应，因此液流电池的输出功率与储能容量可独立设计。液流电池的功率为 $100kW \sim 100MW$，能量为 $100kWh \sim 100MWh$。液流电池具有固有的安全性、易于扩展、成本适中、操作灵活等优点，是一种很有前途的大规模储能技术。

全钒液流电池利用 VO_2^+ 的氧化性及 V^{2+} 的还原性，采用 VO_2^+/VO^{2+} 作为正极电化学反应电对，采用 V^{3+}/V^{2+} 作为负极电化学反应电对，其电极反应如下：

正极反应 $\qquad\qquad VO^{2+} + H_2O \rightleftharpoons VO_2^+ + 2H^+ + e^-$

负极反应 $\qquad\qquad V^{3+} + e^- \rightleftharpoons V^{2+}$

总反应 $\qquad\qquad VO^{2+} + V^{3+} + H_2O \rightleftharpoons VO_2^+ + V^{2+} + 2H^+$

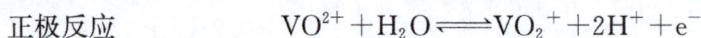

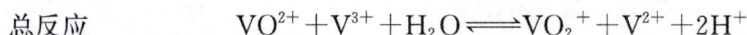

正极反应的标准电极电势为 $1.004V$，负极反应的标准电极电势为 $-0.255V$，故全钒液流电池标准开路电压为 $1.259V$。但由于运行过程中钒离子浓度、酸浓度及充电状态等因素均会对其电极电势造成一些影响，因此在实际使用中，电池的开路电压一般约为 $1.2V$。

全钒液流电池通过电解液中不同价态离子在电极表面发生氧化还原反应，完成电能和化学能的相互转化，实现电能的存储和释放。在液流电池充、放电循环过程中，正、负极电解液在循环泵的作用下，通过管道流经电池的正、负极，发生电化学反应后回到电解液储罐中。全钒液流电池工作原理和过程示意如图 13-15 所示。电池充电时，正极电解液中的 VO^{2+} 失去电子形成 VO_2^+，负极电解液中的 V^{3+} 得到电子形成 V^{2+}，电子通过外电路从正极到达负极形成电流，H^+ 则以水合质子的形式通过离子交换膜从正极传递电荷到负极形成闭合回路。放电过程与充电过程恰好相反，负极的 V^{2+} 失去电子变为 V^{3+}，正极的 VO^{2+} 得到电子变为 VO_2^+，同时水合质子通过离子交换膜迁移到正极侧。电解液中的 H^+ 有两个功能，一是参与电化学反应，二是充当导电离子。在电池内部，离子通过离子交换膜定向移动形成了电流内部导电回路，从而保持了电荷平衡，而反应所产生的电子通过外电路定向移动，形成电流。

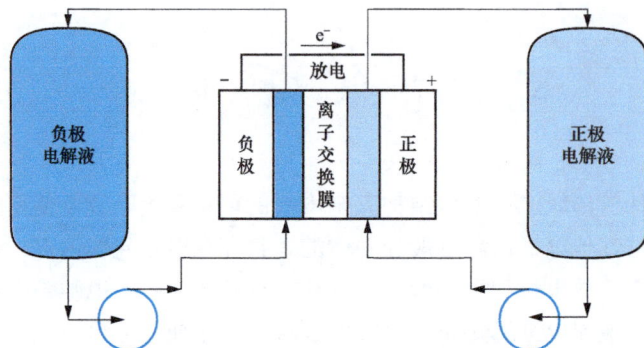

图 13-15　全钒液流电池工作原理和过程示意

全钒液流电池通常采用硫酸水溶液作为支持电解质。在硫酸体系全钒液流电池中，正极电解液中 VO_2^+/VO^{2+} 大致呈蓝黑色，负极电解液中 V^{3+}/V^{2+} 大致呈黑绿色，通过电解液的颜色可以粗略判断电解液中钒离子的价态组成。

液流电池的输出功率和储能容量相互独立，可以灵活设计。液流电池储能系统的输出功率由电堆的大小和数量决定，而储能容量由电解液的浓度和体积决定。要增加液流电池系统的输出功率，只要增大电极面积和电堆数量就可实现；要增加液流电池系统的储能容量，只要提高电解液的浓度或者增加电解液的体积就可实现。全钒液流电池系统具有高能效、循环寿命长、响应时间短等特点，特别适合于大容量、长时间固定式储能领域的应用。

例 13-12 某全钒液流电池储能系统在直流电压 400V 时能以 1MW 的功率工作 4h。单电池的电压为 1.23V，电流密度为 $4kA/m^2$，电解液浓度均为 1M。求总的电极面积和单电池数量及所需储罐体积。

解 电极面积取决于功率，总电极面积是

$$A=\frac{P}{iV}=\frac{1\times10^6}{4\times10^3\times1.23}=203(m^2)$$

单电池数量由电压决定

$$m=\frac{V_s}{V}=\frac{400}{1.23}=325$$

每个单电池的电极面积是

$$A_单=\frac{A}{m}=\frac{203}{325}=0.625(m^2)$$

储罐体积由电能需要来确定，每个储罐体积都要满足 4h 的容量

$$\mathbb{V}=\frac{Ait}{Fc}=\frac{Pt}{FcV}=\frac{1\times10^6\times4\times3600}{96\,485\times1\times10^3\times1.23}=121(m^3)$$

注意到放电时间不影响电极面积大小，储罐体积大小由功率与时间的乘积即储存的电能多少决定，独立于速率。

液流电池是一种具有充、放电过程的储能装置，电池性能由库仑效率、电压效率、能量效率、电解液利用率及容量保持性能来评价，在充、放电过程中互相制约、互相影响。如果忽略副反应、气体渗透和寄生功率，液流电池的能量效率近似等于电压效率：

$$\eta_E=\frac{E_{放电}}{E_{充电}}\approx\frac{\overline{V_{放电}}}{\overline{V_{充电}}}=\eta_V$$

由图 13-16 所示的全钒液流电池充放电极化曲线，因为相应的充、放电电压分别为 2.09V 和 1.35V，可以估计电压效率为 65% 时所需的电流密度约 $2400A/m^2$。

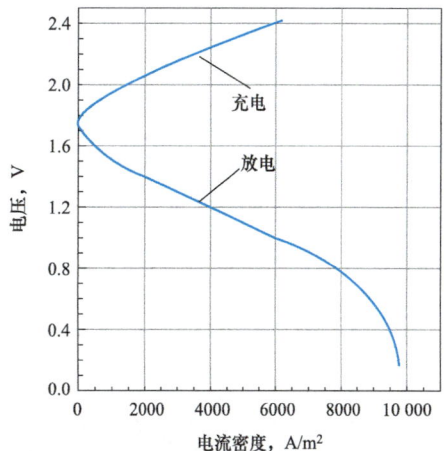
图 13-16 全钒液流电池充放电极化曲线

习 题

13-1 有人提议在氯碱生产过程中，用氧的还原反应代替析氢反应。试写出氧阴极的电极反应，计算平衡电压和理论能耗并与现有生产过程进行比较。

13-2 许多工业生产过程副产 HCl(g)，试写出利用质子交换膜电解方法直接转化 HCl 的电极反应、总的电解反应并计算其平衡电压。

13-3 电解提炼铝的工作电压是 4.19V，电解槽在 960℃ 下操作，平衡电压为 1.22V，法拉第效率为 92%，求该过程的能量效率。

13-4 某氯碱厂每年生产 35 000t 氯气，法拉第效率是 95%，电价为 0.5 元/kWh，计算超电势每下降 1mV，该厂每年可节省多少电费。若采用形稳阳极（DSA），可使超电势降低约 1V，能节省多少电费？

13-5 有一铜电解精炼装置采用单极式电解槽，电连接方式为并联，阴极和阳极间距为 75mm，电流密度是 $280A/m^2$，法拉第效率是 84%，求空时产率。

13-6 若将电解提炼铝 Hall-Héroult 工艺中的碳阳极改为惰性阳极，阳极反应为氧的析出反应，试写出总的电解反应并计算其标准平衡电势。

13-7 电解法生产己二腈的槽电压是 4.6V，法拉第效率为 95%，求己二腈的年产量是 $1×10^5$ t 时需要的电能。

13-8 [例 13-11] 中如果多孔电极填充床颗粒直径尺寸提高到 2mm，截面积是 $0.75m^2$，为了达到同样的 Hg 脱除率，有效电导率应该是多少？

13-9 某 Fe-Cr 液流电池储能系统能在 650V 的电压下供电 3h，功率为 8MW。两个电极反应分别是：

$$Fe^{3+} + e^- \rightleftharpoons Fe^{2+}$$
$$Cr^{3+} + e^- \rightleftharpoons Cr^{2+}$$

（1）该液流电池的标准平衡电压是多少？

（2）在欧姆损失控制情况下，电阻为 $0.05m\Omega \cdot m^2$，循环效率为 80%，充、放电的电流密度相等，求电极面积。

附录 A 符号说明

a	比表面积，m^{-1}
a_i	组分 i 的活度，无因次
A	面积，m^2
Ar^*	Archimedes 数，无因次
c	浓度，mol/m^3
$c_i(x)$	组分 i 在离电极表面 x 处的浓度，mol/m^3
$c_i(x, t)$	组分 i 在离电极表面为 x、时间为 t 时的浓度，mol/m^3
$c_i(y)$	组分 i 在旋转电极下方距离为 y 处的浓度，mol/m^3
C	电容，F
C_d	微分电容，F
d	直径，m
d_h	水力直径，m
D_i	组分 i 的扩散系数，m^2/s
E	电池能量，J 或 Wh
f_i	组分 i 的逸度，Pa
F	法拉第常数，96 485C/mol
g	重力加速度，m/s^2
G	Gibbs 自由能，J/mol；电导，Ω^{-1}
Gr	Grashof 数，无因次
h	厚度，电解池间隙，m
H	焓，J/mol
$i, \boldsymbol{i}$	电流密度，A/m^2
I	电流，A
i_o	交换电流密度，A/m^2
J_i	组分 i 摩尔通量，$mol/(m^2 \cdot s)$
k_a, k_c	阳极和阴极反应速率常数
k_c, k_m	传质系数，m/s
k	热导率，$W/(m \cdot K)$
L	特征长度，m
L_p	穿透深度，m
m	质量，kg；质量摩尔浓度，mol/kg
$\dot{m}$	质量流率，kg/s
M_i	摩尔质量，g/mol
n	转移电子数
n_i	组分 i 的摩尔数，mol

N_A	Avogadro 数，$6.02 \times 10^{23} \text{mol}^{-1}$	
$\boldsymbol{N}_i$	组分 i 的摩尔通量，$\text{mol}/(\text{m}^2 \cdot \text{s})$	
p	压强，Pa	
P	功率，W	
q	元电荷，$1.602 \times 10^{-19} \text{C}$	
$\dot{q}$	热生成的速率，W	
Q	电荷，C 或 Ah	
r	半径，m	
R	通用气体常数，$8.314 \text{J}/(\text{mol} \cdot \text{K})$	
Re	Reynolds 数，无因次	
R_i	组分 i 的生成速率，$\text{mol}/(\text{m}^3 \cdot \text{s})$	
R_Ω	欧姆电阻，Ω 或 $\Omega \cdot \text{m}^2$	
s_i	计量系数，无因次	
S	熵，$\text{J}/(\text{mol} \cdot \text{K})$	
Sc	Schmidt 数，无因次	
Sh	Sherwood 数，无因次	
t	时间，s	
t_i	组分 i 的迁移数，无因次	
T	温度，K 或 ℃	
U	平衡电势，V	
U_{dc}	电势的直流组分，V	
U_{ac}	电势的交流组分，V	
U_λ	循环伏安法中的换向电势，V	
u_i	离子 i 的淌度，$\text{m}^2 \cdot \text{mol}/(\text{J} \cdot \text{s})$	
ΔU	连续和阶梯伏安法中阶跃高度，mV	
ΔU_p	循环伏安法中的 $\lvert U_{pa} - U_{pc} \rvert$，V	
v	速度，m/s	
v_s	表观速度，m/s	
V	电势或电压，V	
$\dot{\mathbb{V}}$	体积流量，m^3/s	
$\mathbb{V}$	体积，m^3	
W	功，J	
Wa	Wagner 数，无因次	
x_i	组分 i 在凝聚相的摩尔分率，无因次	
y_i	组分 i 在气相的摩尔分率，无因次	
z_i	电荷数	

希腊字母

α_a，α_c	阳极和阴极的传递系数，无因次	

β	传递系数，无因次
γ	活度系数，无因次
ε	空隙率，无因次
ε	介电常数，$C/(V \cdot m)$ 或 F/m
ε_0	真空介电常数，$8.854 \times 10^{-12} C/(V \cdot m)$
ε_r	相对介电常数，无因次
η_c	电流效率，无因次
η_C	库仑效率，无因次
η_F	法拉第效率，无因次
η_s	表面超电势，V
κ	电导率，S/m
λ	Debye 长度，m
λ_i	当量电导，$S/(m^2 \cdot mol)$
Λ	电导，S/m
μ	黏度，$Pa \cdot s$
μ_i	化学势，J/mol
ν	运动黏度，m^2/s
ρ	密度，kg/m^3
σ	固体电导率，S/m
τ	特征时间，s
τ	曲折因子，无因次
φ	电势，V

上标和下标

a	阳极
aq	水溶液
avg	平均值
b	气泡
c	电荷，阴极
ct	电荷转移
dl	双电层
eff	有效值
eq	平衡
f	生成
i	组分
lim	极限值
M	金属
ocv	开路电压
r	反应

s	溶液，分隔器或表面
∞	远离电极表面主体值
o	初始值
$\ominus$	标准态
0	标准或参考状态

附录 B 常用数据表

附表 B-1 在 25℃、100kPa 下，水溶液中一些电化学反应的标准平衡电势

电化学还原反应	标准平衡电势 $U^{\ominus}$ （V）
$F_2 + 2e^- \longrightarrow 2F^-$	2.866
$O_3 + 2H^+ + 2e^- \longrightarrow O_2 + H_2O$	2.076
$S_2O_8^{2-} + 2e^- \longrightarrow 2SO_4^{2-}$	2.010
$Ag^{2+} + e^- \longrightarrow Ag^+$	1.980
$Co^{3+} + e^- \longrightarrow Co^{2+}$	1.92
$H_2O_2 + 2H^+ + 2e^- \longrightarrow 2H_2O$	1.776
$Ce^{4+} + e^- \longrightarrow Ce^{3+}$	1.72
$Au^+ + e^- \longrightarrow Au$	1.692
$PbO_2 + SO_4^{2-} + 4H^+ + 2e^- \longrightarrow PbSO_4 + 2H_2O$	1.685
$2HClO + 2H^+ + 2e^- \longrightarrow Cl_2 + 2H_2O$	1.611
$Mn^{3+} + e^- \longrightarrow Mn^{2+}$	1.541 5
$MnO_4^- + 8H^+ + 5e^- \longrightarrow Mn^{2+} + 4H_2O$	1.507
$Au^{3+} + 3e^- \longrightarrow Au$	1.498
$Cr_4O_7^{2-} + 14H^+ + 6e^- \longrightarrow 2Cr^{3+} + 7H_2O$	1.36
$Cl_2 + 2e^- \longrightarrow 2Cl^-$	1.360
$O_3 + H_2O + 2e^- \longrightarrow O_2 + 2OH^-$	1.24
$O_2 + 4H^+ + 4e^- \longrightarrow 2H_2O$	1.229
$MnO_2 + 4H^+ + 2e^- \longrightarrow Mn^{2+} + 2H_2O$	1.224
$ClO_4^- + 2H^+ + 2e^- \longrightarrow ClO_3^- + H_2O$	1.189
$Br_2(l) + 2e^- \longrightarrow 2Br^-$	1.066
$NO_3^- + 4H^+ + 3e^- \longrightarrow NO + 2H_2O$	0.957
$2Hg^{2+} + 2e^- \longrightarrow Hg_2^{2+}$	0.920
$Hg^{2+} + 2e^- \longrightarrow Hg$	0.851
$ClO^- + H_2O + 2e^- \longrightarrow Cl^- + 2OH^-$	0.841
$2NO_3^- + 4H^+ + 2e^- \longrightarrow N_2O_4 + 2H_2O$	0.803
$Ag^+ + e^- \longrightarrow Ag$	0.799 6
$Hg_2^{2+} + 2e^- \longrightarrow 2Hg$	0.797 3
$Fe^{3+} + e^- \longrightarrow Fe^{2+}$	0.771
$Hg_2SO_4 + 2e^- \longrightarrow 2Hg + SO_4^{2-}$	0.612 5
$MnO_4^{2-} + 2H_2O + 2e^- \longrightarrow MnO_2 + 4OH^-$	0.60
$I_2 + 2e^- \longrightarrow 2I^-$	0.535 5
$Cu^+ + e^- \longrightarrow Cu$	0.521
$NiO_2 + 2H_2O + 2e^- \longrightarrow Ni(OH)_2 + 2OH^-$	0.490
$Ag_2CrO_4 + 2e^- \longrightarrow 2Ag + CrO_4^{2-}$	0.447 0
$O_2 + 2H_2O + 4e^- \longrightarrow 4OH^-$	0.401

电化学还原反应	标准平衡电势 $U^\ominus$ （V）
$ClO_4^- + H_2O + 2e^- \longrightarrow ClO_3^- + 2OH^-$	0.36
$[Fe(CN)_6]^{3-} + e^- \longrightarrow [Fe(CN)_6]^{4-}$	0.358
$Cu^{2+} + 2e^- \longrightarrow Cu$	0.341 9
$Bi^{3+} + 3e^- \longrightarrow Bi$	0.308
$Hg_2Cl_2 + 2e^- \longrightarrow 2Hg + 2Cl^-$	0.267 6
$AgCl + e^- \longrightarrow Ag + Cl^-$	0.222
$Cu^{2+} + e^- \longrightarrow Cu^+$	0.153
$HgO + H_2O + 2e^- \longrightarrow Hg + 2OH^-$	0.098
$AgBr + e^- \longrightarrow Ag + Br^-$	0.071 33
$2H^+ + 2e^- \longrightarrow H_2$	0
$Fe^{3+} + 3e^- \longrightarrow Fe$	−0.037
$Pb^{2+} + 2e^- \longrightarrow Pb$	−0.126 2
$Sn^{2+} + 2e^- \longrightarrow Sn$	−0.137 5
$In^+ + e^- \longrightarrow In$	−0.14
$AgI + e^- \longrightarrow Ag + I^-$	−0.152 24
$Ni^{2+} + 2e^- \longrightarrow Ni$	−0.257
$Co^{2+} + 2e^- \longrightarrow Co$	−0.28
$PbSO_4 + 2e^- \longrightarrow Pb + SO_4^{2-}$	−0.356
$Cd^{2+} + 2e^- \longrightarrow Cd$	−0.403 0
$Fe^{2+} + 2e^- \longrightarrow Fe$	−0.440
$S + 2e^- \longrightarrow S^{2-}$	−0.476 27
$Cr^{3+} + 3e^- \longrightarrow Cr$	−0.744
$Zn^{2+} + 2e^- \longrightarrow Zn$	−0.761 8
$2H_2O + 2e^- \longrightarrow H_2 + 2OH^-$	−0.828
$Cr^{2+} + 2e^- \longrightarrow Cr$	−0.913
$V^{2+} + 2e^- \longrightarrow V$	−1.175
$Mn^{2+} + 2e^- \longrightarrow Mn$	−1.185
$Ti^{2+} + 2e^- \longrightarrow Ti$	−1.628
$Al^{3+} + 3e^- \longrightarrow Al$	−1.676
$Ce^{3+} + 3e^- \longrightarrow Ce$	−2.336
$Mg^{2+} + 2e^- \longrightarrow Mg$	−2.372
$Na^+ + e^- \longrightarrow Na$	−2.71
$Ca^{2+} + 2e^- \longrightarrow Ca$	−2.868
$Sr^{2+} + 2e^- \longrightarrow Sr$	−2.899
$Ba^{2+} + 2e^- \longrightarrow Ba$	−2.912
$K^+ + e^- \longrightarrow K$	−2.931
$Rb^+ + e^- \longrightarrow Rb$	−2.98
$Cs^+ + e^- \longrightarrow Cs$	−3.026
$Li^+ + e^- \longrightarrow Li$	−3.040 1

注 标准态，25℃，标准压力 $p^\ominus = 100kPa$；①气体，纯理想气体；②液体和固体，纯物质；③水溶液，质量摩尔浓度 1m。

附表 B-2   25℃，100kPa 一些物质的标准摩尔生成焓、标准摩尔熵、
标准摩尔生成 Gibbs 自由能

物质	标准摩尔生成焓 $\Delta H_f^{\ominus}$ （kJ/mol）	标准摩尔熵 $S^{\ominus}$ ［J/(mol·K)］	标准摩尔生成 Gibbs 自由能 $\Delta G_f^{\ominus}$ （kJ/mol）
Ag(s)	0	42.6	0
AgBr(s)	−100.4	107.1	−96.90
AgCl(s)	−127.0	96.3	−109.8
AgI(s)	−61.84	115.5	−66.19
AgNO$_3$(s)	−124.4	140.9	−33.41
Ag$_2$CO$_3$(s)	−505.8	167.4	−436.8
Ag$_2$O(s)	−31.05	121.3	−11.20
Al$_2$O$_3$(s,刚玉)	−1675.7	50.92	−1582.3
Br$_2$(l)	0	152.23	0
Br$_2$(g)	30.907	245.5	3.110
C(s,石墨)	0	5.740	0
C(s,金刚石)	1.895	2.377	2.900
CO(g)	−110.525	197.675	−137.168
CO$_2$(g)	−393.509	213.8	−394.359
CS$_2$(g)	116.7	237.84	67.12
CaC$_2$(s)	−59.8	69.96	−64.9
CaCO$_3$(s,方解石)	−1207.6	91.7	−1129.1
CaCl$_2$(s)	−795.4	108.4	−748.8
CaO(s)	−634.9	38.1	−603.3
Cl$_2$(g)	0	−223.1	0
CuO(s)	−157.3	42.63	−129.7
CuSO$_4$(s)	−771.36	109.2	−662.2
Cu$_2$O(s)	−168.6	93.14	−146.0
F$_2$(g)	0	202.78	0
Fe(s)	0	27.28	0
FeS$_2$(s)	−178.2	52.93	−166.9
Fe$_2$O$_3$(s)	−824.2	87.4	−742.2
Fe$_3$O$_4$(s)	−1118.4	146.4	−1015.4
H$_2$(g)	0	130.684	0
HBr(g)	−36.3	198.695	−53.4
HCl(g)	−92.307	186.908	−95.299
HF(g)	−273.3	173.779	−275.4
HI(g)	26.48	206.594	1.7
HCN(g)	135.1	201.78	124.7
HNO$_3$(l)	−174.10	155.6	−80.71
HNO$_3$(g)	−133.9	266.9	−73.5
H$_2$O(l)	−285.830	69.91	−237.129
H$_2$O(g)	−241.818	188.825	−228.572
H$_2$O$_2$(l)	−187.78	109.6	−120.35

物质	标准摩尔生成焓 $\Delta H_f^{\ominus}$ (kJ/mol)	标准摩尔熵 $S^{\ominus}$ [J/(mol·K)]	标准摩尔生成Gibbs 自由能 $\Delta G_f^{\ominus}$ (kJ/mol)
$H_2O_2(g)$	−136.31	232.7	−105.57
$H_2S(g)$	−20.63	205.79	−33.4
$H_2SO_4(l)$	−813.989	156.904	−690.003
$HgCl_2(s)$	−224.3	146	−178.6
$HgO(s,正交)$	−90.83	70.29	−58.539
$Hg_2Cl_2(s)$	−265.4	191.6	−210.745
$H_2SO_4(s)$	−743.12	200.66	−625.815
$I_2(s)$	0	116.135	0
$I_2(g)$	62.438	260.69	19.327
$KCl(s)$	−436.75	82.6	−408.5
$KI(s)$	−327.900	106.32	−324.892
$KNO_3(s)$	−494.63	133.1	−394.86
$K_2SO_4(s)$	−1437.79	175.56	−1321.37
$N_2(g)$	0	191.61	0
$NH_3(g)$	−45.9	192.8	−16.4
$NH_4Cl(s)$	−314.43	94.6	−202.87
$(NH_4)_2SO_4(s)$	−1180.85	220.1	−901.67
$NO(g)$	91.3	210.761	87.6
$NO_2(g)$	33.18	240.1	51.31
$N_2O(g)$	81.6	220	103.7
$N_2O_4(g)$	11.1	304.4	99.8
$N_2O_5(g)$	13.3	355.7	117.1
$NaCl(s)$	−411.2	72.13	−384.138
$NaNO_3(s)$	−467.85	116.52	−367.00
$NaOH(s)$	−425.8	64.4	−379.7
$Na_2CO_3(s)$	−1130.68	134.98	−1044.44
$NaHCO_3(s)$	−950.81	101.7	−851.0
$Na_2SO_4(s,正交)$	−1387.08	1479.58	−1270.16
$O_2(g)$	0	205.138	0
$O_3(g)$	142.7	238.93	163.2
$PCl_3(g)$	−287.0	311.78	−267.8
$PCl_5(g)$	−374.9	364.58	−305.0
$S(s,正交)$	0	32.1	0
$SO_2(g)$	−296.830	248.22	−300.1
$SO_3(g)$	−395.72	256.76	−371.06
$SiO_2(s,\alpha-石英)$	−910.7	41.5	−856.3
$ZnO(s)$	−350.5	43.7	−320.5
$CH_4(g)甲烷$	−74.6	186.264	−50.5
$C_2H_6(g)乙烷$	−84.0	229.2	−32.0
$C_3H_8(g)丙烷$	−103.85	270.3	−23.37

续表

物质	标准摩尔生成焓 $\Delta H_f^{\ominus}$ (kJ/mol)	标准摩尔熵 $S^{\ominus}$ [J/(mol·K)]	标准摩尔生成 Gibbs 自由能 $\Delta G_f^{\ominus}$ (kJ/mol)
C_4H_{10}(g)正丁烷	−125.7	310.23	−17.02
C_4H_{10}(g)异丁烷	−134.2	294.75	−20.75
C_5H_{12}(g)正戊烷	−146.9	349.06	−8.21
C_5H_{12}(g)异戊烷	−153.6	343.2	−14.65
C_6H_{14}(g)正己烷	−166.9	388.51	−0.05
C_7H_{16}(g)庚烷	−187.6	428.01	8.22
C_8H_{18}(g)辛烷	−208.45	466.84	16.66
C_2H_4(g)乙烯	52.4	219.3	68.4
C_3H_6(g)丙烯	20	267.05	62.79
C_4H_8(g)1−丁烯	−0.13	305.71	71.4
C_4H_6(g)1,3−丁二烯	110	278.85	150.74
C_2H_2(g)乙炔	227.4	200.9	209.9
C_3H_4(g)丙炔	190.5	248.22	194.46
C_3H_6(g)环丙烷	53.3	237.5	104.5
C_6H_{12}(g)环己烷	−123.4	298.35	31.92
C_6H_{10}(g)环己烯	−5.36	310.86	106.99
C_6H_6(l)苯	49.1	173.4	124.5
C_6H_6(g)苯	82.93	269.2	129.73
C_7H_8(l)甲苯	12.4	220.96	113.89
C_7H_8(g)甲苯	50.5	320.77	122.11
C_8H_{10}(l)乙苯	−12.3	255.18	119.86
C_8H_{10}(g)乙苯	29.9	360.56	130.71
C_8H_{10}(l)间二甲苯	−25.4	252.17	107.81
C_8H_{10}(g)间二甲苯	17.3	357.8	119
C_8H_{10}(l)邻二甲苯	−4.4	246.02	110.62
C_8H_{10}(g)邻二甲苯	19.1	352.86	122.22
C_8H_{10}(l)对二甲苯	−24.43	247.69	110.12
C_8H_{10}(g)对二甲苯	18	352.53	121.26
C_8H_8(l)苯乙烯	103.8	237.57	202.51
C_8H_8(g)苯乙烯	147.9	345.21	213.9
$C_{10}H_8$(s)萘	78.5	167.4	201.6
$C_{10}H_8$(g)萘	150.6	333.1	224.1
C_2H_6O(g)甲醚	−184.1	266.4	−112.5
C_3H_8O(g)甲乙醚	−216.44	309.2	−117.54
$C_4H_{10}O$(l)乙醚	−279.5	253.5	−122.75
$C_4H_{10}O$(g)乙醚	−252.1	342.7	−112.19
C_2H_4O(g)环氧乙烷	−52.63	242.53	−13.01
C_3H_6O(g)环氧丙烷	−94.7	286.9	−25.69
CH_4O(l)甲醇	−239.2	126.8	−166.6
CH_4O(g)甲醇	−201.0	239.9	−162.3

物质	标准摩尔生成焓 $\Delta H_f^{\ominus}$（kJ/mol）	标准摩尔熵 $S^{\ominus}$［J/(mol·K)］	标准摩尔生成 Gibbs 自由能 $\Delta G_f^{\ominus}$（kJ/mol）
C_2H_6O(l)乙醇	−277.6	160.7	−174.8
C_2H_6O(g)乙醇	−234.8	281.6	−167.9
C_3H_8O(l)丙醇	−302.6	193.6	−170.52
C_3H_8O(g)丙醇	−255.1	322.6	−162.86
C_3H_8O(l)异丙醇	−318.1	181.1	−180.26
C_3H_8O(g)异丙醇	−272.59	309.2	−173.48
$C_4H_{10}O$(l)丁醇	−327.3	225.8	−160.00
$C_4H_{10}O$(g)丁醇	−274.9	363.28	150.52
$C_2H_6O_2$(l)乙二醇	−460.0	163.2	−323.08
CH_2O(g)甲醛	−108.57	218.77	−102.53
C_2H_4O(l)乙醛	−192.20	160.2	−127.6
C_2H_4O(g)乙醛	−166.19	263.8	−133.0
C_3H_6O(l)丙酮	−248.4	199.8	−133.28
C_3H_6O(g)丙酮	−217.1	295.3	−152.97
CH_2O_2(l)甲酸	−425.0	128.95	−361.4
$C_2H_4O_2$(l)乙酸	−484.3	159.8	−389.9
$C_2H_4O_2$(g)乙酸	−432.2	283.5	−374.2
$C_3H_4O_2$(g)丙烯酸	−336.23	315.12	−285.99
$C_7H_6O_2$(s)苯甲酸	−385.2	167.57	−245.14
$C_7H_6O_2$(g)苯甲酸	−294.0	369.1	−210.31
$C_4H_8O_2$(l)乙酸乙酯	−479.3	257.7	−332.55
$C_4H_8O_2$(g)乙酸乙酯	−443.6	362.86	−327.27
C_6H_6O(s)苯酚	−165.1	144	−50.31
C_6H_6O(g)苯酚	−96.36	315.71	−32.81
C_7H_8O(g)间甲酚	−132.3	356.88	−40.43
C_7H_8O(g)邻甲酚	−128.62	357.72	−36.96
C_7H_8O(g)对甲酚	−125.39	347.76	−30.77
CH_5N(l)甲胺	−47.3	150.21	35.7
CH_5N(g)甲胺	−22.5	242.9	32.7
C_2H_7N(g)乙胺	−47.5	283.8	36.3
C_5H_5N(l)吡啶	100.2	177.9	181.43
C_6H_7N(g)苯胺	87.5	317.9	−7.0
C_3H_3N(g)丙烯腈	180.6	274.04	195.34
CH_3Cl(g)一氯甲烷	−81.9	234.58	−57.37
CH_2Cl_2(l)二氯甲烷	−124.2	177.8	−67.26
$CHCl_3$(l)氯仿	−134.1	201.7	−73.7
CCl_4(l)四氯化碳	−128.2	216.4	−65.21

注　标准态，25℃，标准压力 $p^{\ominus}=100$kPa：①气体，纯理想气体；②液体和固体，纯物质；③水溶液，质量摩尔浓度 1m。

附表 B-3　25℃，100kPa 水溶液中一些离子和化合物的标准摩尔生成焓、标准摩尔
生成 Gibbs 自由能、标准摩尔熵

物质	标准摩尔生成焓 $\Delta H_f^{\ominus}$ (kJ/mol)	标准摩尔生成 Gibbs 自由能 $\Delta G_f^{\ominus}$ (kJ/mol)	标准摩尔熵 $S^{\ominus}$ [J/(mol·K)]
H^+	0	0	0
Li^+	−278.5	−293.3	13.4
Na^+	−240.1	−261.9	59.0
K^+	−252.4	−283.3	102.5
NH_4^+	−132.5	−79.3	113.4
Ag^+	105.6	77.1	72.7
Cu^+	71.7	50.0	40.6
Cs^+	−258.3	−292.0	133.1
Hg_2^{2+}	172.4	153.5	84.5
Hg^{2+}	171.1	164.4	−32.2
Mg^{2+}	−466.9	−454.8	−138.1
Ca^{2+}	−542.8	−553.6	−53.1
Ba^{2+}	−537.6	−560.8	9.6
Be^{2+}	−382.8	−379.7	−129.7
Zn^{2+}	−153.9	−147.1	−112.1
Cd^{2+}	−75.9	−77.6	−73.2
Pb^{2+}	−1.7	−24.4	10.5
Cu^{2+}	64.8	65.5	−99.6
Fe^{2+}	−89.1	−78.90	−137.7
Ni^{2+}	−54.0	−45.6	−128.9
Co^{2+}	−58.2	−54.4	−113.0
Mn^{2+}	−220.8	−228.1	−73.6
Pd^{2+}	149.0	176.5	−184.0
Al^{3+}	−531.0	−485.0	−321.7
Fe^{3+}	−48.5	−4.7	−315.9
Co^{3+}	92.0	134.0	−305.0
F^-	−332.6	−278.8	−13.8
Cl^-	−167.2	−131.2	56.48
Br^-	−121.6	−104.0	82.4
I^-	−55.19	−51.57	111.3
S^{2-}	33.1	85.8	−14.6
OH^-	−230.0	−157.2	−10.75
ClO^-	−107.1	−36.8	42.0
ClO_2^-	−66.5	17.2	101.3
ClO_3^-	−104.0	−8.0	162.3
ClO_4^-	−129.3	−8.5	182.0
SO_3^{2-}	−635.5	−486.5	−29.0
SO_4^{2-}	−909.3	−744.5	20.1
$S_2O_3^{2-}$	−652.3	−522.5	67.0

物质	标准摩尔生成焓 $\Delta H_f^{\ominus}$（kJ/mol）	标准摩尔生成 Gibbs 自由能 $\Delta G_f^{\ominus}$（kJ/mol）	标准摩尔熵 $S^{\ominus}$ $[J/(mol \cdot K)]$
HS^-	−17.6	12.1	62.8
HSO_3^-	−626.2	−527.7	139.7
NO_2^-	−104.6	−32.2	123.0
NO_3^-	−207.4	−111.3	146.4
PO_4^{3-}	−1277.4	−1018.7	−220.5
CO_3^{2-}	−677.1	−527.8	−56.9
HCO_3^-	−692.0	−586.8	91.2
CN^-	150.6	172.4	94.1
SCN^-	76.4	92.7	144.3
$HC_2O_4^-$	−818.4	−698.3	149.4
$C_2O_4^{2-}$	−825.1	−673.9	45.6
$HCOO^-$	−425.6	−351.0	92.0
CH_3COO^-	−486.0	−369.3	86.6
MnO_4^-	−541.4	−447.2	191.2
$Cr_2O_7^{2-}$	−1490.3	−1301.1	261.9
$[Fe(CN)_6]^{3-}$	561.9	729.4	270.3
$[Fe(CN)_6]^{4-}$	455.6	695.1	95.0
$S_2O_8^{2-}$	−1344.7	−1114.9	244.3
$HCl(aq)$	−167.15	−131.25	56.5
$FeCl_2(aq)$	−423.4	−341.3	−24.7
$FeCl_3(aq)$	−550.2	−398.3	−146.4

注　标准态，25℃，标准压力 $p^{\ominus}=100kPa$：①气体，纯理想气体；②液体和固体，纯物质；②水溶液，质量摩尔浓度 1m。

附表 B-4　　　　　　　　　　25℃ 时一些离子在无限稀释水溶液中的淌度

离子	淌度 $[m^2 \cdot mol/(J \cdot s)]$	离子	淌度 $[m^2 \cdot mol/(J \cdot s)]$
H^+	36.24×10^{-8}	Na^+	5.19×10^{-8}
Rb^+	8.06×10^{-8}	Li^+	4.01×10^{-8}
Cs^+	8.00×10^{-8}	OH^-	20.52×10^{-8}
K^+	7.62×10^{-8}	$Fe(CN)_6^{4-}$	11.4×10^{-8}
NH_4^+	7.62×10^{-8}	$Fe(CN)_6^{3-}$	10.5×10^{-8}
Ba^{2+}	6.59×10^{-8}	SO_4^{2-}	8.29×10^{-8}
Ag^+	6.42×10^{-8}	Br^-	8.13×10^{-8}
Sr^{2+}	6.25×10^{-8}	I^-	7.96×10^{-8}
Ca^{2+}	6.16×10^{-8}	Cl^-	7.91×10^{-8}
Cu^{2+}	5.86×10^{-8}	NO_3^-	7.40×10^{-8}
Mg^{2+}	5.49×10^{-8}	F^-	5.74×10^{-8}
Zn^{2+}	5.47×10^{-8}	HCO_3^-	4.61×10^{-8}

参 考 文 献

［1］ 中国科学院. 电化学［M］. 北京：科学出版社，2021.

［2］ 查全性. 电极过程动力学导论［M］. 3 版. 北京：科学出版社，2002.

［3］ Fuller T F, Harb J N. Electrochemical Engineering［M］. Hoboken：John Wiley & Sons，2018.

［4］ 孙彦平. 关于多孔电极理论数模及非线性分析［J］. 化工学报，2007，58（9），2161-2168.

［5］ 张华民. 液流电池储能技术及应用［M］. 北京：科学出版社，2022.

［6］ 理查德·G. 康普顿，克雷格·E. 班克斯. 伏安法教程（原书第 3 版）［M］. 王伟，周一歌，纪效波，译. 北京：科学出版社，2023.

［7］ 张鉴清. 电化学测试技术［M］. 北京：化学工业出版社，2010.

［8］ 巴德，福克纳. 电化学方法——原理和应用［M］. 2 版. 邵元华，等，译. 北京：化学工业出版社，2005.

［9］ 约翰. G. 海斯，G. 阿巴斯·古德猜. 电驱动系统：混动、纯电动与燃料电池汽车的能量系统、功率电子和传动［M］. 刘亚彬译. 北京：机械工业出版社，2021.

［10］ 梅尔达德·爱塞尼，高义民，斯蒂法诺·隆戈，等. 现代电动汽车 混合动力电动汽车和燃料电池电动汽车（原书第 3 版）［M］. 杨世春，华旸，熊素铭，等，译. 北京：机械工业出版社，2019.

［11］ 肖友军，李立清. 应用电化学［M］. 北京：化学工业出版社，2013.